变电检修标准化
作业指导书

国网黑龙江省电力有限公司 编

中国电力出版社
CHINA ELECTRIC POWER PRESS

内 容 提 要

本书重点对变电检修标准化作业中各项业务进行全面解读，对标准化作业卡中各环节流程进行详细说明。

全书共 23 章，主要内容包括油浸式变压器、断路器、组合电器、隔离开关、开关柜、电流互感器、电压互感器、避雷器、并联电容器组、干式电抗器、串联补偿装置、母线及绝缘子、穿墙套管、消弧线圈、高频阻波器、耦合电容器、高压熔断器、接地装置、端子箱及动力电源箱、站用变压器、站用交直流电源系统、避雷针共 22 类设备的标准化检修流程及相关要求，以及每类设备的标准化作业卡。

本书可供电力行业从事变电检修的管理和技术人员学习、培训使用。

图书在版编目（CIP）数据

变电检修标准化作业指导书/国网黑龙江省电力有限公司编. —北京：中国电力出版社，2022.8
（2024.12重印）

ISBN 978-7-5198-6898-7

Ⅰ. ①变⋯　Ⅱ. ①国⋯　Ⅲ. ①变电所—检修—标准化　Ⅳ. ①TM63-65

中国版本图书馆 CIP 数据核字（2022）第 125755 号

出版发行：中国电力出版社
地　　址：北京市东城区北京站西街 19 号（邮政编码 100005）
网　　址：http://www.cepp.sgcc.com.cn
责任编辑：薛　红
责任校对：黄　蓓　郝军燕
装帧设计：赵丽嫒
责任印制：石　雷

印　　刷：中国电力出版社有限公司
版　　次：2022 年 8 月第一版
印　　次：2024 年 12 月北京第二次印刷
开　　本：787 毫米×1092 毫米　16 开本
印　　张：27.25
字　　数：572 千字
印　　数：2501—3000 册
定　　价：109.00 元

编 委 会

前 言

电能已成为现代社会经济发展的主要能源，堪称社会"命脉"，作为电力系统的"心脏"，变电站是电网网架中的重要组成部分，站内电气设备的健康情况是衡量电网可靠性的重要指标。因此编写《变电检修标准化作业指导书》一书，重点对变电检修标准化作业中各项业务进行全面解读，对标准化作业卡中各环节流程进行详细说明。致力于通过安全、全面、正确地开展变电检修标准化作业，提升变电设备的健康水平，提高变电设备的安全稳定运行能力。为进一步加强变电检修业务管理，深化落实国家电网有限公司战略目标和"一体四翼"发展布局添砖加瓦。

本书共分 23 章，分为标准化检修流程及相关要求和油浸式变压器、断路器、组合电器、隔离开关、开关柜、电流互感器、电压互感器、避雷器、并联电容器组、干式电抗器、串联补偿装置、母线及绝缘子、穿墙套管、消弧线圈、高频阻波器、耦合电容器、高压熔断器、接地装置、端子箱及动力电源箱、站用变压器、站用交直流电源系统、避雷针共 22 类设备标准化检修要求。每类设备结合《国家电网公司变电检修管理规定》《国家电网公司变电检修管理规定细则》工作要求，对标准作业卡使用进行细化，便于现场指导检修人员工作。

经过一年的实践，变电检修标准化不仅保证了变电施工作业现场检修工艺及检修质量，也持续提升了变电检修人员技能水平，对于保证设备健康水平和运行可靠起到了积极的作用。

本书由国网黑龙江省电力有限公司及其所属地市公司各级管理人员、资深检修专责、检修班长、专业技术人员组成团队编写，经过不断完善各项工作，编纂而成。

本书的出版凝聚了有关领导、专家和技术人员的辛勤汗水，因编者水平有限，书中不妥之处在所难免，敬请同行专家和广大读者批评指正，我们将不胜感激。

编 者

2022 年 6 月

目 录

第1章 标准化检修流程及相关要求

1.1 检修流程

检修流程图见图 1-1。

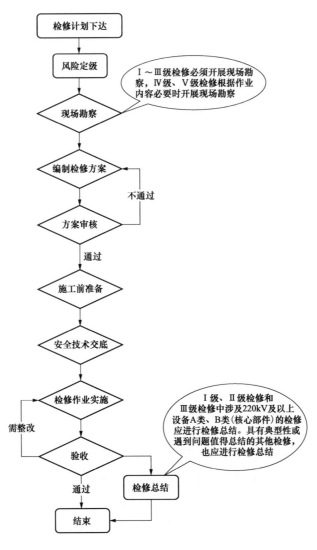

图 1-1 检修流程图

1.2 标准化检修要求

1.2.1 作业风险分级

按照设备电压等级、作业范围、作业内容对检修作业进行分类，突出人身风险，综合考虑设备重要程度、运维操作风险、作业管控难度、工艺技术难度，确定各类作业的风险等级（Ⅰ～Ⅴ级，分别对应高风险、中高风险、中风险、中低风险、低风险），形成"作业风险分级表"（详见《国家电网有限公司关于进一步加强生产现场作业风险管控工作的通知》），用于指导作业全流程差异化管控措施的制定。

1.2.2 检修计划管理

1.2.2.1 计划编制与审批

220kV 及以上的检修（抢修）计划由超高压公司、地市级单位设备管理部门组织编制，省公司设备部与省调控中心审核、批准；110kV 及以下的检修（抢修）计划由检修工区、县公司级单位组织编制，地市级单位设备管理部门与地市调控中心审核、批准。

1.2.2.2 计划执行与变更

（1）变电站内各类停电及不停电作业应纳入检修计划进行管控，严禁无计划作业。

（2）检修计划下达后，原则上不得进行调整。若确因气象、水文、地质、疫情等特殊原因导致检修计划出现变更时，应逐层逐级汇报，并办理变更手续。

（3）检修计划变更后，应根据新的计划内容重新确定作业风险等级。

1.2.3 现场勘察管理

1.2.3.1 勘察原则

Ⅰ～Ⅲ级检修必须开展现场勘察，Ⅳ、Ⅴ级检修根据作业内容必要时开展现场勘察。作业环境复杂、高风险工序多的检修，还应在项目立项、检修计划申报前开展前期勘察，确保项目内容、停电范围和停电时间的准确性。因停电计划变更、设备突发故障或缺陷等原因导致停电区域、作业内容、作业环境发生变化时，根据实际情况重新组织现场勘察。

1.2.3.2 勘察人员

Ⅰ、Ⅱ级检修现场勘察由地市级单位设备管理部门组织开展，Ⅲ级检修现场勘察由县公司级单位组织开展，Ⅳ、Ⅴ级检修由工作负责人或工作票签发人组织开展，运维单位和作业单位相关人员参加（邻近带电设备的起重作业，起重指挥和司机应一同参加）。省电科院、设备厂家、设计单位（如有）、监理单位（如有）相关人员必要时参加。

1.2.3.3 勘察内容

现场勘察时，应仔细核对检修设备台账，核查设备运行状况及存在缺陷，梳理技改大修、隐患治理等任务要求，分析现场作业风险及预控措施，并对作业风险分级的准确性进行复核。涉及特种车辆作业时，还应明确车辆行驶路线、作业位置、作业边界等内容。现场勘查完成后应采用文字、图片或影像等方式规范填写勘察记录，明确停电范围、保留带电设备、作业现场环境、危险点及预控措施等关键要素，为检修方案编制提供依据。

1.2.4 检修方案管理

1.2.4.1 方案编制与审批

（1）Ⅰ级检修方案由省公司设备部组织编制，检修项目实施前15日完成。

（2）Ⅱ级检修方案由地市级单位设备管理部门组织编制，检修项目实施前15日完成。

（3）Ⅲ级检修方案由地市级单位设备管理部门组织编制，检修项目实施前7日完成。

（4）Ⅳ级检修方案由县公司级单位组织编制，检修项目实施前3日完成。

（5）Ⅴ级检修方案由班组组织编制，检修项目实施前3日完成。

1.2.4.2 方案内容与要求

（1）Ⅰ～Ⅲ级检修方案应包括编制依据、工作内容、组织措施、安全措施、技术措施、物资采购保障措施、进度控制保障措施、检修验收要求等内容。多作业面同时开展或涉及重大项目的检修，必要时按作业面或重大项目分别编制专项方案，作为附件与检修方案共同审批。

（2）如Ⅲ级检修单个作业面的安全与质量管控难度低、作业人员相对集中，其检修方案可用"Ⅳ、Ⅴ级检修方案＋标准作业卡"替代。

（3）Ⅳ、Ⅴ级检修方案应包括项目内容、人员分工、停电范围、备品备件及工机具等内容。

（4）检修方案编写时，应参考"标准作业卡"（见附录）将作业过程中涉及的关键工序及管控措施覆盖全面，并在工作进度图中对高、中风险工序进行重点标注。

（5）严禁无方案作业。因停电计划临时变更、设备突发故障或缺陷等原因导致检修内容变化时，应结合实际内容补充完善检修方案，并重新履行审批流程。作业风险等级提级时，应按照新的作业风险等级履行方案编审批。

1.2.5 检修现场管理

1.2.5.1 标准作业

作业单位应按照检修方案编制标准作业卡，明确检修项目、细化工序流程、量化工艺要求，突出风险点及预控措施，规范检修人员作业行为和作业步骤。检修人员应严格持卡标准作业，加强工序执行过程和检修试验数据的记录，确保检修范围内的设备"应修必修"。

1.2.5.2 特种车辆管理

严格执行特种车辆入场核查，强化相关人员安全技术交底。特种车辆进出变电站应由专人引导，作业间断期间应停放到指定地点，作业过程中应设专人指挥、专人监护。严禁擅自变更特种车辆作业方案，如因现场实际情况确需变更时，应停止作业，并重新履行方案编审批。

1.2.5.3　风险管控措施落实

严格落实"日风险管控"机制，根据检修实施进度，按日梳理统计高、中风险工序，动态调整现场到岗到位和远程督查安排。高风险工序开工前，应再次进行专项安全、技术交底，实施过程中应设置专责监护人进行监护。Ⅰ、Ⅱ级检修执行"日检修例会"和"检修日报"机制，日报中应重点突出高风险工序及相应管控措施。

1.2.6　检修验收管理

1.2.6.1　验收流程

检修工作全部完成后以及隐蔽工程、高风险工序等关键环节阶段性完成后，作业班组应及时开展自验收，自验收合格后申请所属运维单位验收。各级设备管理部门按照作业风险分级开展验收工作监督，其中Ⅰ、Ⅱ级检修由省公司设备部选派专业技术人员参加，Ⅲ～Ⅴ级检修由地市级单位设备管理部门选派专业技术人员参加。

1.2.6.2　验收要求

Ⅰ、Ⅱ级检修验收前，应根据规程规范要求、设备说明书、标准作业卡、检修方案等编制验收标准作业卡，验收完成后编制验收报告。验收人员应在验收报告或标准作业卡（Ⅲ～Ⅴ级验收）的"执行评价"栏中记录验收情况并签字，验收资料至少保留一个检修周期。

1.2.7　检修总结

（1）Ⅰ、Ⅱ级检修和Ⅲ级检修中涉及 220kV 及以上设备 A、B 类（核心部件）的检修应进行检修总结。具有典型性或遇到问题值得总结的其他检修，也应进行检修总结。

（2）Ⅰ、Ⅱ级检修总结由省公司设备部组织地、市级单位编制，并在检修项目竣工后7日内完成。

（3）Ⅲ级检修中涉及 220kV 及以上设备 A、B 类（核心部件）的检修总结由地、市级单位设备管理部门组织县公司级单位编制，并在检修项目竣工后7日内完成。

1.3　检修周期

（1）基准周期：35kV 及以下断路器每4年进行一次检修、110（66）kV 及以上3年。

（2）可依据设备状态、地域环境、电网结构等特点，在基准周期的基础上酌情延长或缩短检修周期，调整后的检修周期一般不小于1年，也不大于基准周期的2倍。

（3）对于未开展带电检测设备，检修周期不大于基准周期的 1.4 倍；未开展带电检测老旧设备（大于 20 年运龄），检修周期不大于基准周期。

（4）110（66）kV 及以上新设备投运满 1～2 年，以及停运 6 个月以上重新投运前的设备，应进行例行检查。对核心部件或主体进行解体性检修后重新投运的设备，可参照新设备要求执行。

（5）现场备用设备应视同运行设备进行检修；备用设备投运前应进行检修。

（6）符合以下各项条件的设备，检修可以在周期调整后的基础上最多延迟 1 个年度：

1）巡视中未见可能危及该设备安全运行的任何异常；

2）带电检测（如有）显示设备状态良好；

3）上次试验与其前次（或交接）试验结果相比无明显差异；

4）没有任何可能危及设备安全运行的家族缺陷；

5）上次检修以来，没有经受严重的不良工况。

第 2 章 油浸式变压器
标准化检修方法

2.1 概述

变压器是借助于电磁感应，以相同的频率，在两个或更多的绕组之间交换电压或电流的一种静止电气设备。油浸式变压器是变压器的其中一种应用较为常见的结构型式，是以矿物质油作为变压器主要的绝缘手段和冷却介质，即变压器的铁芯及线圈是浸泡在变压器油中。油浸式变压器由于防火的需要，一般安装在单独的变压器室内或室外。

2.1.1 油浸式变压器型号含义

变压器型号标称比较复杂，其整体标称含义如下。

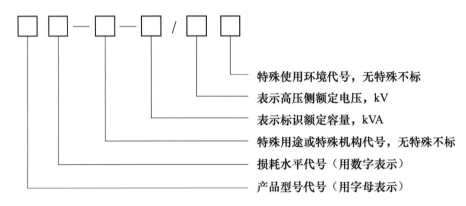

电力变压器产品型号代号见表 2-1。

表 2-1　　　　　　　　电力变压器产品型号代号排列顺序及含义

序号	分　类	含　义	符号代表
1	绕组耦合方式	独立	—
		自耦	O
2	相数	单相	D
		三相	S

序号	分 类	含 义		符号代表
3	绕组绝缘介质	变压器油		—
		空气（干式）		G
		气体		Q
4	绝缘系统温度	油浸式	105℃	—
			120℃	E
		干式	120℃	E
			155℃	—
5	冷却装置种类	自然循环冷却		—
		风冷		F
		水冷		S
6	油循环方式	自然油循环		—
		强迫循环		P
7	绕组方式	双绕组		
		三绕组		S
		分裂绕组		F
8	调压方式	无励磁调压		—
		有载调压		Z
9	线圈材质	铜线		
		铝线		L
		铜铝		TL
		电缆		DL
10	铁芯材质	电工钢		—
		非晶合金		H
11	特殊用途或材质	全密封式		M
		无励磁调容用		T
		有载调容用		ZT
		全绝缘		J

例：型号 SFPZ11-50000/220 的变压器中，S：三相，油浸式；F：风冷，双绕组；P：强迫油循环；Z：有载调压，线圈铜导线，铁芯电工钢；11：损耗水平代号；50000：容量为 50000kVA；220：一次侧额定电 220kV。

2.1.2 油浸式变压器的类型

油浸式变压器按照不同的容量、结构、冷却方式等分为多种不同的类型。

2.1.2.1 按照冷却方式

（1）油浸自冷变压器（ONAN）。指绕组浸在变压器油中，依靠油的自然热循环将热量带到油管散热器，并由油管散热器自然通风冷却的变压器。

（2）自然油循环风冷变压器（ONAF）。指绕组浸在变压器油中，依靠油的自然热循环将热量带到油管散热器，并由电风扇吹风冷却的变压器。

（3）强迫（导向）油循环风冷变压器（OFAF/ODAF）。指绕组浸在变压器油中，依靠油泵强迫将油泵到油管散热器，并由电风扇吹风冷却的变压器。

（4）强迫（导向）油循环水冷变压器（OFWF/ODWF）。指绕组浸在变压器油中，依靠油泵强迫将油泵到水冷却器的变压器。

2.1.2.2 按照调压方式

（1）有载调压变压器。指具有专用的分接头切换开关，能够在不停电（带着负载）的情况下改变分接头位置从而改变变比，进而进行调压的变压器。其调压范围比较大，一般为 15%以上甚至可达 30%。

（2）无励磁（无载）调压变压器。指必须在停电的情况下才能调节其高压绕组的分接头，从而改变变压器的变比以达到调节低压侧电压的变压器。其调压范围比较小，一般为±5%以内。在满足电网电压变动范围的情况下，500（330）kV 优先选用无励磁调压变压器。

2.1.2.3 按照绕组形式

（1）双绕组变压器。指变压器只有两个绕组，即在一相铁芯上套有两个绕组（线圈）的变压器。主要应用在电子产品中。

（2）三绕组变压器。指每相具有三个独立绕组的变压器。主要应用在电力系统中。

（3）自耦变压器。指至少有两个绕组具有公共部分的变压器。主要应用在大型变压器中。

2.1.2.4 按照容量不同

（1）小型变压器。指容量为 10～630kVA 的变压器。

（2）中型变压器。指容量为 800～6300kVA 的变压器。

（3）大型变压器。指容量为 8000～63000kVA 的变压器。

（4）特大型变压器。指容量为 90000～400000kVA 的变压器。

2.1.3 油浸式变压器的基本结构

油浸式变压器的类型很多，结构比较复杂，但从总体上来说由以下几部分组成：器身部分（铁芯、绕组）、调压装置（有载调压或无励磁调压）、油箱及冷却装置（散热器、冷却器）、引出装置部分（高、低压绝缘套管）和保护装置（储油柜、防爆装置、气体继电器、呼吸器、测温装置）等。主要组件如下：

（1）铁芯。铁芯是变压器磁路的主体，铁芯结构分为芯式结构和壳式结构两种变压器。

（2）绕组（线圈）。绕组是变压器的电路部分，用绝缘铜线绕制而成。绕组的作用是电流的载体，产生磁通和感应电动势。又分为高压绕组、低压绕组、同心式绕组和交叠式绕组。

（3）油箱。即油浸式变压器的外壳，用于散热，保护器身（变压器的器身放在油箱内），箱中有用来绝缘的变压器油。

（4）储油柜（油枕）。装在油箱上，使油箱内部与外界隔绝。

（5）压力释放阀。保护设备，防止出现故障时损坏油箱，当变压器发生故障而产生大量气体时，油箱内的压强增大，气体和油将冲破防爆膜向外喷出，释放内部压力，避免油箱爆裂。

（6）气体继电器（瓦斯继电器）。装在变压器的油箱和储油柜间的管道中，是最主要的非电量保护装置。

（7）分接开关。利用开关与不同接头连接，可改变原绕组的匝数，达到调节电压的目的。分接开关分为有载调压分接开关和无励磁分接开关。

（8）绝缘套管。装在变压器的油箱盖上，作用是把线圈引线端头从油箱中引出，并使引线与油箱绝缘。电压低于 1kV 采用瓷质绝缘套管，电压在 10～35kV 采用充气或充油套管，电压高于 110kV 采用电容式套管。

（9）冷却装置。主要对变压器进行散热，降低变压器油温；一般分成散热器和冷却器。目前推荐采用自然冷却（ONAN）或自然油循环风冷（ONAF）形式。

2.1.4　油浸式变压器的主要技术参数

技术参数主要用以体现变压器的工作能力及效率，主要参数有：额定容量、额定电压、额定电流、联结组别、短路损耗、空载损耗、空载电流、额定温升等。

（1）额定容量。指变压器在额定电压、额定电流连续运行时所输出的容量。对多绕组变压器应给出每个绕组的额定容量，如果一个绕组的额定值并不是其他绕组额定容量的总和时，则要给出负载组合，单位：kVA、MVA。

（2）额定电压。指变压器长时间运行所能承受的最高工作电压，单位：kV。

（3）额定电流。指变压器在额定容量、额定电压下允许长期通过的电流，单位：kA。

（4）短路损耗（负载损耗，铜损）。指变压器的二次绕组短路时，一次绕组在额定电流时变压器消耗的功率，单位：kW。

（5）空载损耗（铁损）。指变压器在二次绕组侧开路、一次侧施加额定电压时，变压器铁芯所消耗的功率，单位：kW。

（6）空载电流。指变压器在额定电压下空载运行时，一次侧绕组中通过的电流（合闸后的稳态电流），单位：%。

（7）额定温升。指变压器内绕组或上层油温与设备外围空气的温度之差，单位：℃。

（8）联结组别。指用字母和时钟序数表示变压器一、二次绕组组合接线方式的一种表示方法。

2.1.5 油浸式变压器的调压装置

油浸式变压器的调压装置（分接开关）是其重要的组成部分。用以调节设备电压，确保电网电压稳定。主要分为有载调压装置（有载分接开关）和无励磁调压装置（无励磁分接开关）两种。有载或无励磁分接开关应布置在铁芯旁柱的两侧，避免分接引线与异相高压绕组间过高场强。

2.1.5.1 有载调压装置

（1）有载调压装置的额定电流必须和变压器额定电流相配合。

（2）有载调压装置由装在与变压器本体油相隔离的密封容器内的切换开关，及位于其下部的选择开关等组成。

（3）切换开关需要定期检查，检查时应易于拆卸而不损坏变压器油的密封。开关仅应在运行 5～6 年之后或动作了 5 万次之后才需要检查。切换开关触头的电寿命不应低于 20 万次动作，其机械寿命不小于 80 万次动作无损伤。

（4）为了防止切换开关严重损坏，有载调压装置的选择开关应具有机械限位装置。

（5）投运前制造厂应提供有载调压装置的型式试验报告。

（6）每个有载调压装置应配备一个用于驱动电机及其附件的防风雨的驱动控制箱，还应设有独立的储油柜、保护继电器（附跳闸触点及隔离阀）、吸湿器和油位计等。

（7）制造厂应提供在控制室进行有载调压装置远方操作的专用屏，屏上设有供远方操作时用的操作开关、位置指示器及功能切换开关等。切换开关应标明三个控制位置（就地、控制室、调度中心）并应进行闭锁，还应提供与计算机连接用的接口。

（8）变压器有载调压装置应布置在其驱动控制箱旁，能够站在地面上进行手动操作。

（9）两台及以上变压器并联运行时，有载调压装置应装设可以同步调压的跟踪装置。

（10）有载调压装置宜附有在线滤油器。

（11）长期不动作或长期不使用的有载调压装置，应在有停电机会时，在最高和最低分接间操作机构循环。

2.1.5.2 无励磁调压装置

（1）无励磁调压装置应能在停电情况下方便地进行分接位置切换。

（2）无励磁调压装置应能在不吊芯（盖）的情况下方便地进行维护和检修，还应带有外部的操动机构用于手动操作。

（3）无励磁调压装置的分接头引线和连线的布线设计应能承受暂态过电压。

（4）无励磁调压装置应具有安全闭锁功能，以防止带电误操作和分接头未合在正确的位置时投运。

（5）无励磁调压装置应具有位置接口（远方和就地），以便操作运行人员能在现场和控制室看到分接头的位置指示。

（6）无励磁调压装置在变换分接时，应作多次转动，以便消除触头上的氧化膜和油污。

2.1.6 油浸并联电抗器

油浸并联电抗器是远距离输电系统的主要设备，用于轻负荷时补偿容性无功功率，限制线路过电压，并可降低线路损耗。三相用并联电抗器型号为：BKS 型，单相为：BKD 型。

（1）并联电抗器一般要求在 120%～140%的额定电压时，电压与电流呈线性关系，超过上述电压时磁通将趋向饱和。

（2）油浸电抗器的油箱结构有防磁要求。

（3）电抗值允许偏差，在额定电压与频率下电压器额定电抗的允许偏差为±5%。

（4）损耗值允许偏差，损耗值实测值与允许值不应超过＋10%。

（5）油浸电抗器的顶层油温升≤55K，油箱壁温升≤80K，铁芯及其他结构元件一般不超过 80K。

（6）电抗器所有管道最高处或容易窝气处应设置放气塞。

2.2 油浸式变压器的检修分类及要求

2.2.1 适用范围

适用于 35kV 及以上变电站的油浸式变压器的检修作业，其余电压等级油浸变压器可参考执行。

2.2.2 检修分类

A 类检修。指整体性检修，包含变压器整体更换、现场解体检修、返厂检修。

B 类检修。指局部性检修，包含变压器的主要部件的解体检查、维修更换及返厂检修。

C 类检修。指例行检查及试验，包含变压器的本体及附件检查维护、例行试验。

D 类检修。指在不停电状态下进行的检修，包含专业巡视、带电水冲洗、冷却系统部件更换工作、辅助二次元器件更换、金属部件防腐处理、箱体维护等不停电工作。

2.3 油浸变压器标准化检修要求

2.3.1 检修前准备

根据工作安排合理开展检修前的各项准备工作，准备工作内容及其标准见表 2-2。

表 2-2   检修前准备内容

序号	内容	标准
1	根据检修计划安排，提前做好作业风险定级工作	按照《变电现场作业风险管控实施细则》中相关要求，明确作业风险等级
2	结合检修作业风险，必要时开展现场勘察工作	全面掌握检修设备状态、现场环境和作业需求，检修工作开展前应按检修项目类别组织合适人员开展设备信息收集和现场勘察，并填写勘察记录
3	根据实际作业风险，按照模板进行检修方案的编制	按照模板内容进行方案编制，在规定时间内完成审批。并提前准备好标准化作业卡
4	准备好施工所需工器具与仪器仪表、备品备件与相关材料、相关图纸及相关技术资料	仪器仪表、工器具应试验合格，满足本次施工的要求，材料应齐全，图纸及资料应符合现场实际情况
5	开工前确定现场工器具摆放位置	确保现场施工安全、可靠
6	根据本次作业内容和性质确定好检修人员，并组织学习检修方案	要求所有工作人员都明确本次工作的作业内容、进度要求、作业标准及安全注意事项

2.3.2 检修流程图

根据油浸变压器的结构和检修工艺，将作业的全过程优化后形成检修流程图，见图 2-1。

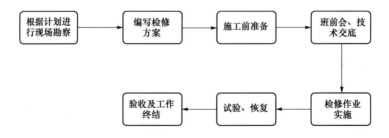

图 2-1 油浸变压器检修流程图

2.3.3 检修程序与工艺标准

2.3.3.1 开工管理

油浸变压器的检修作业实施应办理开工许可手续，之前应检查落实的内容，见表 2-3。

表 2-3   开 工 许 可 手 续

序号	内容与要求
1	工作负责人按照有关规定办理好工作票许可手续
2	工作许可手续完成后，由总工作票负责人进行安全交底，宣读工作票，交待工作任务、计划工作时间、人员分工等内容，并组织工作票所列人员确认签字。然后对分工作票进行工作许可
3	总工作票负责人进行完安全交底后，各分工作票负责人带领各自工作班成员前往作业现场，再次对工作班成员进行安全交底，交待本工作票工作内容和人员分工，并在分工作票上确认签字
4	对辅助（外来）人员、新入职员工采用差异化标识进行身份标注，差异化分派工作任务，差异化实施现场监护，确保人员行为可控、在控

2.3.3.2 检修项目与工艺标准

按照"油浸变压器标准作业卡"对每一个检修项目明确工艺标准、管控关键工艺质量、提醒安全注意事项等内容，同时填写相关数据，标准作业卡见附录 A-1～附录 A-5。

2.3.3.2.1 关键工艺质量控制

（1）变压器器身应清洁无油垢，本体裸露处需补漆。相色及相序标识清晰、正确。

（2）本体感温电缆布置合理，安装牢固，应避开检修通道。

（3）本体渗漏处理，密封胶垫放置位置准确，密封垫压缩量为 1/3（胶棒压缩 1/2），焊点准确，焊接牢固，处理完成后开展油中色谱检测应无异常，法兰对接面螺栓均匀紧固，力矩满足标准要求。

（4）储油柜油位指示满足温度曲线要求，储油柜及连接管无渗漏，注意区分本体储油柜和有载调压装置储油柜。吸湿器矽胶无变色，油杯的变压器油在刻度线内（如有）。

（5）绕组及油面温度计表内应无潮气凝露，防雨罩良好。温度计座内应充满变压器油，接点整定值正确，二次回路传动正确。比较压力式温度计和电阻（远传）温度计的指示，差值应在 5℃ 之内。

（6）压力释放装置无喷油、渗漏油现象。动作测试回路传动正确。动作指示杆应保持灵活。动作应可靠，微动开关密封良好，开启和关闭压力符合要求。

（7）气体继电器无渗、漏油现象，防雨罩固定良好，观察窗清洁，刻度清晰。视窗封盖应敞开。集气盒内没有气体，无渗漏。

（8）有载分接开关应进行两个循环操作，各部件的全部动作顺序及限位动作应符合技术要求。各分接位置显示应正确一致，并三相联调远传无误。可采用 500～1000V 绝缘电阻表测量辅助回路绝缘电阻应大于 1MΩ。

（9）无励磁分接开关密封良好。限位及操作正常。进行两个循环操作，转动灵活，无卡涩现象。分接位置显示应正确一致。

（10）套管瓷件应无放电、裂纹、破损、渗漏、脏污等现象，法兰无锈蚀。外绝缘爬距满足污秽等级要求。套管导电连接部位应无松动。接线端子等连接部位表面应无氧化或过热现象。电容型套管其末屏接地应良好，无断股、无放电过热痕迹，密封良好，无渗漏油。

（11）冷却装置阀门应开启正确，风扇等应无不正常的振动和异音。冷却器管和支架无脏污、锈蚀。逐台关闭冷却器电源一定时间（30min 左右）后，冷却器负压区无渗漏现象。电源按规定投入和自动切换，信号正确。备用、辅助冷却器按规定投入。

（12）油流继电器指针位置正确，无渗漏，油泵启动后指针应达到绿区，无抖动现象。油泵转向正确无噪声、振动、过热现象。密封良好。

（13）应采用 500V 或 1000V 绝缘电阻表测量气体继电器、油温指示器、油位计、压力释放阀等装置的二次回路的绝缘电阻，其数据应大于 1MΩ。二次接线盒、控制箱等防雨、防尘措施良好，接线端子无松动和锈蚀现象。

（14）控制箱（本体端子箱，有载分接开关、冷却系统控制箱）应密封封堵良好，接线排列整齐清晰美观，内部断路器、接触器等元器件动作灵活无卡涩。交直流不能混用。

（15）应进行变压器油化验，绕组及套管绝缘电阻、介损、交流耐压测量，套管末屏电阻试验，有载分接开关测量等试验。

2.3.3.2.2　安全注意事项

（1）变压器设备检修试验工作，作业人员应注意与带电设备保持足够的安全距离。

（2）检修、试验负责人应由有经验的人员担任，开始试验前，试验负责人应向全体试验人员详细布置试验中的安全注意事项，交待邻近间隔的带电部位，以及其他安全注意事项。

（3）检修电源应从检修电源箱取得，严禁使用绝缘破损的电源线，必须使用带剩余电流动作保护装置的移动式电源盘，试验设备和被试设备应可靠接地，工作结束后应及时将电源断开。

（4）装、拆试验接线应在接地保护范围内，穿绝缘鞋。在绝缘垫上加压操作。

（5）拆接二次电缆时，认清元器件的编号，做好防触电、误动措施。作业人员必须断开与变压器相关的各类电源并确定所拆电缆确实无电压，并在监护人员监护下进行作业。

（6）进行加压试验前，应有人监护并进行呼唱，提醒作业人员远离被试设备，防止触电。试验结束后应拆除自装的试验用接地短接线，恢复至试验前状态。

（7）拆掉后的设备一次连接线应绑扎固定，防止设备连接线摆动造成邻近设备损坏，或碰触附近带电设备。拆接引线前应做好接地，防止感应电伤人。

（8）高处作业应正确使用工具袋、安全带，作业人员在转移作业位置时不准失去安全保护。严禁人员攀爬套管，安全带应高挂低用，人员应穿着防滑鞋，严禁上下抛掷物品。

（9）起重机及高空作业车应设置专人指挥、监护，车辆摆放平稳，使用 16mm^2 以上的接地线且接地良好，其支脚应避开孔洞、电缆沟等最少距离 1.5m。

（10）使用合适且合格的绝缘梯，梯子必须架设在牢固基础上，与地面夹角 60°～75°，顶部必须绑扎固定，无绑扎条件时必须有专人扶持，禁止两人及以上在同一梯子上工作。

（11）检修作业现场应配备足够的消防器材并放置在合适的位置。

2.3.3.3 验收及工作终结

工作结束后，相关单位组织开展验收。并按照相关要求清理工作现场、关闭检修电源、清点工具、回收材料，填写检修记录，办理工作票终结等内容。具体见表 2-4。

表 2-4　　　　　　　　　　　　验收及工作终结具体内容与要求

序号	内容与要求
1	清理工作现场，将工器具清点、整理并全部收拢，废弃物清除按相关规定处理完毕，材料及备品备件回收清点结束，资料图纸收回
2	按相关规定，关闭检修电源
3	验收内容： （1）检查有无漏检项目，有无遗留未处理问题。 （2）检修后必要的试验项目符合相关要求。 （3）检查本体、散热器及所有的附件清洁、无缺陷、无渗漏现象；油漆完整，相序标志清晰，变压器顶盖无异物。 （4）需排气的部位已经多次排气。 （5）变压器接地装置（包括铁芯、夹件等接地）安全可靠。 （6）储油柜和充油套管的油位正常。吸湿器硅胶、油杯油位及呼吸正常。 （7）所有电气连接正确无误，所有控制、保护和信号系统运行可靠，指示位置正确。 （8）套管型电流互感器二次回路连接正确。 （9）所有保护装置整定正确并能可靠动作。 （10）所有阀门状态正确无误。 （11）消防设施功能完好，动作正确，符合设计或厂家标准
4	验收流程及要求： （1）检修工作全部完成后以及隐蔽工程、高风险工序等关键环节阶段性完成后，作业班组应及时开展自验收，自验收合格后申请所属运维单位验收。各级设备管理部门按照作业风险分级开展验收工作监督。 （2）验收人员应在验收报告或标准作业卡的"执行评价"栏中记录验收情况并签字，验收资料至少保留一个检修周期
5	经各级验收合格，填写检修记录，编制验收报告，办理工作票终结手续

2.4 运维检修过程中常见问题及处理方法

油浸变压器设备在运行及检修过程中发现的问题、缺陷、隐患，专业人员应及时处理，实行闭环管理。常见缺陷及处理方法举例见表 2-5。

表 2-5 常见缺陷及处理方法

缺陷现象	缺陷原因	处理方法
本体或有载调压开关油位异常报警	（1）油位指示器故障损坏； （2）油位指示器二次信号故障； （3）本体或分接开关变压器油位异常	（1）检查油位指示器特别是连杆元器件是否变形，如变形应更换； （2）检查油位指示器二次接线盒密封是否良好，其接点是否短路导致误报； （3）如确实是因为变压器内部变压器油缺少或过多，可带电补油或放油
储油柜渗漏油	（1）法兰盘不平； （2）上下胶垫错位； （3）胶垫接头工艺不好	（1）将刚性连接限位密封改成弹性连接密封，取消限位垫铁； （2）用整根的橡胶棒或胶垫密封
电动机构与远方控制分接位置指示不一致	电动机构内的位置转换器与分接开关的位置错位	对电动机构内的位置转换器与分接开关的实际位置进行重新校验
冷却装置失电	（1）装置电源跳闸未自动切换； （2）风扇端子箱内部接触器故障	（1）检查装置电源回路是否失电，如失电重点检查电源箱内的接触器等； （2）检查风扇端子箱内部接触器是否动作，予以检修更换
油温表远传数据偏差大	油温表内部故障，铂热电阻误差大	油温表远传数据与现场数据偏差较大，可综合调节油温表背面的铂热电阻调节装置
压力释放装置冒油	（1）装置冒油，气体继电器未动作； （2）装置冒油且瓦斯保护动作	（1）检查本体与储油柜的连接阀是否已开启，吸湿器是否畅通； （2）应及时安排停电，对压力释放阀进行开启和关闭动作试验

2.4.1 低压套管瓷压盖处渗油

问题描述：低压套管瓷压盖处渗漏油，处理前见图 2-2。

处理方法：此处渗漏油一般为胶垫老化或胶垫长时间受力变形。处理时先排油，再更换胶垫，必要时调整一次引线长度，使套管内导电杆不再额外受力导致胶垫变形。处理后见图 2-3。

图 2-2 套管渗漏处理前图

图 2-3 套管渗漏处理后图

2.4.2 变压器本体渗漏油

问题描述：变压器本体箱沿处渗漏油，处理前见图2-4。

处理方法：检查渗漏油部位，确定渗漏油原因。如果是连接处胶垫未压紧则压紧胶垫，如胶垫老化失去弹性，则需更换；如是油箱本体存在砂眼，则需堵漏处理（带压焊接或样冲眼处理），处理后见图2-5。

图2-4　本体渗漏处理前图　　　　　　　　图2-5　本体渗漏处理后图

2.4.3 储油柜吸湿器硅胶变色

问题描述：储油柜吸湿器硅胶受潮变色超过2/3，处理前见图2-6。

处理方法：吸湿器在储油柜长时间的呼吸过程中硅胶会逐渐变色，如变色超过2/3则需全部更换，并在油杯中注入足量的变压器油。处理后见图2-7。

图2-6　硅胶变色处理前图　　　　　　　　图2-7　硅胶变色处理后图

2.4.4 有载分接开关储油柜油位异常

问题描述:某站主变压器的有载分接开关的储油柜的油位计指示异常,处理前见图2-8。

处理方法:异常升高的原因一般有两种,一是油位计故障,查找油位计二次接线是否虚接或是油位计连杆弯曲,对其进行检修更换处理。二是有载分接开关的绝缘筒与变压器本体油箱已连通,本体的变压器油通过较高的压力进入有载分接开关的绝缘筒内导致油位升高,需解体进行堵漏或更换分接开关绝缘筒,处理后见图2-9。

图2-8　油位指示异常处理前图　　　　　　图2-9　油位指示异常处理后图

2.4.5 套管将军帽过热

问题描述:某主变压器(简称主变)中压侧A相套管将军帽处过热,处理前见图2-10。

处理方法:经红外测温确定了过热点,工作人员打开A相套管将军帽检查发现固定螺丝松动并进行重新锁紧,消除了缺陷。同时也检查了导线接线板,其表面光泽清晰未发现放电痕迹。处理后见图2-11。

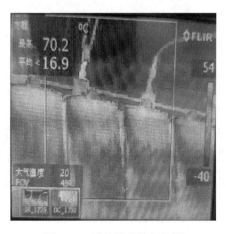

图2-10　过热处理前红外图　　　　　　图2-11　过热处理后红外图

2.4.6　气体继电器动作

问题描述：某主变本体储油柜内胶囊破损，导致气体继电器重瓦斯保护动作，处理前见图 2-12 和图 2-13。

处理方法：原因是胶囊破损，胶囊外部的油逐步进入胶囊内部导致胶囊下沉，将机械式油位计浮杆压弯，胶囊下沉至底部将气体继电器和储油柜放油孔堵死（胶囊外还有油），阻断了储油柜与本体之间的油路，导致气体继电器内部因无油重瓦斯保护动作。检修人员更换储油柜的胶囊和油位计并补油后恢复正常。

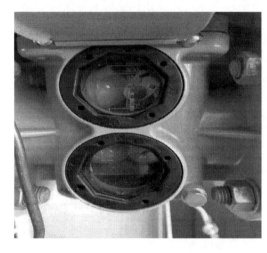 

图 2-12　气体继电器动作后图　　　　图 2-13　胶囊破损图

第3章 断路器标准化检修方法

3.1 概述

断路器是指能够关合、承载、开断运行回路正常电流，并能在规定时间内关合、承载及开断规定的过载电流（包括短路电流）的开关设备，担负着控制和保护的双重任务。如果断路器不能在电力系统发生故障时迅速、准确、可靠的切除故障，就会使事故扩大，造成大面积的停电或电网事故。因此，断路器性能的可靠程度是决定电力系统安全的重要因素。如何对断路器进行检修，保证其运行的可靠性也变得尤为重要。

3.1.1 断路器型号含义

断路器型号含义如下：

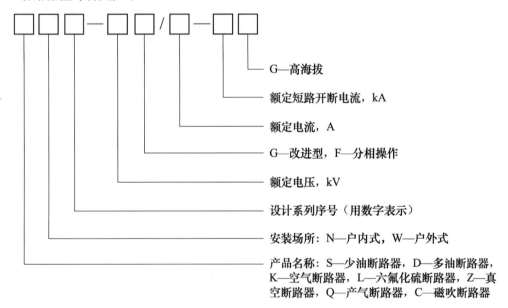

例：型号 LW10B-252（H）/4000-50 中，L 表示 SF$_6$ 断路器，W 表示户外式，10B 表示设计系列序号，252（H）表示额定电压为 252kV，4000 表示额定电流为 4000A，50 表示额定短路开断电流为 50kA。

3.1.2 高压断路器的类型

高压交流断路器通常按照绝缘和灭弧介质、结构特点等方面进行分类。

3.1.2.1　按照灭弧介质的不同分类

（1）油断路器。采用油作为灭弧介质的断路器，称为油断路器，可分为多油断路器和少油断路器。其触头是在油中开断、接通的。目前这种断路器在电力系统中已经淘汰。

（2）真空断路器。利用真空的高介质强度来灭弧的断路器，称为真空断路器。触头在真空中开断、接通，在真空条件下灭弧。

（3）SF_6断路器。采用 SF_6 气体作为灭弧介质的断路器，称为 SF_6 断路器。SF_6 气体具有优良的灭弧性能和绝缘性能。

3.1.2.2　按照外形结构的不同分类

（1）瓷柱式断路器。这一类型断路器的结构特点是安置触头和灭弧室的容器处于高电位，靠支持瓷柱对地绝缘。

（2）罐式断路器。其特点是触头和灭弧室安装在接地金属箱中，导电回路由绝缘套管引入，对地绝缘由 SF_6 气体承担。

3.1.3　断路器基本组成

高压断路器的类型很多，结构比较复杂，但从总体上由以下几部分组成：

（1）开断元件。开断元件包括断路器的灭弧装置和导电系统的动、静触头等。

（2）支持元件。支持元件用来支撑断路器器身，包括断路器外壳和支持瓷套。

（3）底座。底座用来支撑和固定断路器。

（4）操动机构。操动机构用来操动断路器分、合闸。

（5）传动系统。传动系统将操动机构的分、合运动传动给导电杆和动触头。

3.1.4　断路器主要技术参数

（1）额定电压（最高电压）。额定电压为在规定的使用和性能条件下连续运行的最高电压，并以它来确定高压断路器的有关试验条件。

（2）额定电流。额定电流为在规定的使用和性能条件下，高压断路器主回路能够连续承载的电流数值。

（3）额定峰值耐受电流（额定动稳定电流）。额定峰值耐受电流为在规定的使用和性能条件下，高压断路器在闭合位置所能承受的额定短时耐受电流第一个大半波的峰值电流。

（4）额定短路持续时间（额定热稳定时间）。额定短路持续时间为高压断路器在闭合位置所能承载其额定短时耐受电流的时间间隔。

（5）额定短路关合电流。额定短路关合电流为在额定电压以及规定的使用和性能条件下，高压断路器能保证正常关合的最大短路峰值电流。

（6）额定短路开断电流。额定短路开断电流为在规定条件下，高压断路器能保证正常开断的最大短路电流（以触头分离瞬间电流交流分量有效值和直流分量百分数表示）。

（7）额定短时耐受电流（额定热稳定电流）。额定短时耐受电流为在规定的使用和性能条件下，在确定的短时间内，断路器在闭合位置所能承载的规定电流有效值。

（8）额定操作顺序。额定操作顺序是指在规定的时间间隔内进行的一连串规定的操作。额定操作顺序分为两种：①自动重合闸操作顺序，即分—θ—合分—t—合分；$θ$ 为无电流时间，取 0.3s 或 0.5s，t 为 180s；②非自动重合闸操作顺序，即分—t—合分—t—合分，通常 t 取 15s，断路器的开断能力与操作顺序相对应。

（9）合闸线圈、分闸线圈额定电源电压。交流为 220、380V，直流为 48、110、220V，合闸线圈一般配一套，分闸线圈为满足可靠性的要求，一般可配两套及以上，其动作电压为：合闸 [85%（80%）～110%] U_N。分闸为 [（30%～65%）～110%] U_N。

3.1.5 断路器操动机构

3.1.5.1 断路器操动机构种类

（1）弹簧操动机构（CT）。弹簧操动机构结构简单、制造工艺要求适中、体积小、操作噪声小、对环境无污染、耐气候条件好、可靠性高；是目前系统内应用最为广泛的操动机构。

（2）气动操动机构（CQ）。一般为气动分闸，弹簧合闸，用压缩空气作为储能和传动介质，介质惯性小；动作快、反应灵敏、输出功大、环境温度对机械特性的影响很小、结构稍复杂、制造工艺要求适中，表面处理工艺要求高；一般用于 126～550kV 压气式灭弧室高压 SF_6 断路器。

（3）液压操动机构（CY）。用氮气或碟簧作为储能介质，用液压油作为传动介质，容易获得高压力；动作快、反应灵敏、输出功大、操作噪声小、可靠性高；环温对机械特性的影响稍大、结构复杂、制造工艺及材料的要求很高。一般用于 126～1100kV 压气式灭弧室高压 SF_6 断路器。

3.1.5.2 对断路器操动机构的要求

（1）合闸。正常工作时，用操动机构使断路器合闸，这时电路中流过的是工作电流，关合是比较容易的。但在电网事故情况下，断路器要合到有故障的电路上时，出现短路电流，受到阻碍断路器合闸的电动力，有可能出现不能可靠合闸，即触头合不到位，从而引起触头严重烧伤，甚至会发生断路器爆炸等严重事故。因此，操动机构必须具有克服短路电动力的阻碍能力，即具有关合短路故障的能力。

（2）保持合闸。在合闸过程中，合闸命令的持续时间很短，而且操动机构的操作功也只在短时间内提供，因此，操动机构中必须有保持合闸的部分，以保证在合闸命令和操作功消失后，断路器保持在合闸位置。

（3）分闸。操动机构应具有电动和手动分闸功能，当接到分闸指令后，为满足灭弧性能要求，断路器能快速分闸，分断时间尽可能缩短，以减少短路故障存在的时间。为了达到快速分闸和减少分闸功，在操动机构中应有分闸省力机构。

（4）自由脱扣。自由脱扣的含义是在断路器合闸过程中，如操动机构又接到分闸命令，则操动机构不应继续执行合闸命令而应立即分闸。当断路器关合有短路故障的电路，若操动机构没有自由脱扣能力，则必须等到断路器的动触头关合到底后才能分闸。对有自由脱扣的操动机构，则不管触头关合到什么位置，也不管合闸命令是否解除，只要接到分闸命令，断路器都应能立刻分闸。

（5）防"跳跃"。当断路器关合有短路故障的电路时，断路器将自动分闸。此时若合闸命令还未解除，则断路器分闸后又将再次合闸，接着又会由于短路而分闸。这样，有可能使断路器连续多次合分短路电流，这一现象称为"跳跃"。出现"跳跃"现象时，断路器将连续多次合分短路电流，造成触头严重烧伤，甚至引发断路器爆炸事故，防"跳跃"措施有机械和电气两种方法。

（6）复位。断路器分闸后，操动机构中的各个部件应能自动地回复到准备合闸的位置。因此，在操动机构中还需装设一些复位用的零部件。

（7）连锁。为了保证操动机构的动作可靠，要求操动机构有一定的连锁装置，常用的连锁装置有分合闸位置连锁，低气（液）压与高气（液）压连锁和弹簧机构中的位置连锁。

（8）缓冲。断路器的分合闸速度很高，要使高速运动的零部件立即停下来，不能简单地采用在行程终止处装设止钉的办法，而必须用缓冲装置来吸收运动部分的动能，防止断路器中某些零部件受到很大的冲击力而损坏。

3.2 断路器检修分类及要求

3.2.1 适用范围

适用于 35kV 及以上变电站内断路器。

3.2.2 检修分类

A 类检修：包含整体更换、解体检修。

B 类检修：包含部件的解体检查、维修及更换。

C 类检修：包含本体检查维护、操动机构检查维护及整体调试。

D 类检修：包含专业巡视、可不停电进行的 SF_6 气体补充、液压油补充、空压机润滑油更换、密度继电器校验及更换、压力表校验及更换、辅助二次元器件更换、金属部件防腐处理、传动部件润滑处理、箱体维护等工作。

3.3 断路器标准化检修要求

3.3.1 检修前准备

根据工作安排合理开展准备工作，准备工作内容、标准见表3-1。

表3-1　　　　　　　　　　　检 修 前 准 备

序号	内　　容	标　　准
1	根据检修计划安排，提前做好作业风险定级工作	按照《变电现场作业风险管控实施细则》中相关要求，明确作业风险等级
2	结合检修作业风险，必要时开展现场勘察工作	全面掌握检修设备状态、现场环境和作业需求，检修工作开展前应按检修项目类别组织合适人员开展设备信息收集和现场勘察，并填写勘察记录
3	根据实际作业风险，按照模板进行检修方案的编制	按照模板内容进行方案编制，在规定时间内完成审批。并提前准备好标准化作业卡
4	准备好施工所需工器具与仪器仪表、备品备件与相关材料、相关图纸及相关技术资料	仪器仪表、工器具应试验合格，满足本次施工的要求，材料应齐全，图纸及资料应符合现场实际情况
5	开工前确定现场工器具摆放位置	确保现场施工安全、可靠
6	根据本次作业内容和性质确定好检修人员，并组织学习检修方案	要求所有工作人员都明确本次工作的作业内容、进度要求、作业标准及安全注意事项

3.3.2 断路器检修流程图

根据断路器的结构和检修工艺以及作业环境，将作业的全过程优化后形成检修流程图，见图3-1。

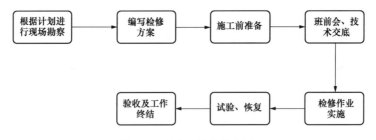

图3-1　断路器检修流程图

3.3.3 检修程序与工艺标准

3.3.3.1 开工管理

办理开工许可手续前应检查落实的内容，见表3-2。

表 3-2   开 工 内 容 与 要 求

序号	内容与要求
1	工作负责人按照有关规定办理好工作票许可手续
2	工作许可手续完成后，由总工作票负责人进行安全交底，宣读工作票，交待工作任务、计划工作时间、人员分工等内容，并组织工作票所列人员确认签字。然后对分工作票进行工作许可
3	总工作票负责人进行完安全交底后，各分工作票负责人带领各自工作班成员前往作业现场，再次对工作班成员进行安全交底，交待本工作票工作内容和人员分工，并在分工作票上确认签字
4	对辅助（外来）人员、新入职员工采用差异化标识进行身份标注，差异化分派工作任务，差异化实施现场监护，确保人员行为可控、在控

3.3.3.2 检修项目与工艺标准

按照"断路器标准作业卡"对每一个检修项目，明确工艺标准、注意事项等内容，同时填写相关数据，见附录 B-1～附录 B-7。

3.3.3.2.1 关键工艺质量控制

（1）外绝缘应清洁，无破损，法兰无裂纹，排水孔畅通，胶合面防水胶完好。

（2）均压环无锈蚀、变形，安装牢固、平正，排水孔无堵塞。

（3）SF_6 密度继电器动作值符合产品技术规定。

（4）SF_6 密度继电器指示正常，无漏油，气体无泄漏。

（5）油断路器油位符合产品技术规定。

（6）轴、销、锁扣和机械传动部件无变形或损坏。

（7）操动机构外观完好，无锈蚀，箱体内无凝露、渗水。

（8）按产品技术规定要求对操动机构机械轴承等活动部件进行润滑。

（9）分、合闸线圈电阻检测应符合产品技术规定，无明确要求时，以初值差应不超过5%作为判据。

（10）储能电动机工作电流及储能时间检测，检测结果应符合产品技术规定。储能电动机应能在 85%～110% 的额定电压下可靠工作。

（11）辅助回路和控制回路电缆、接地线外观完好，绝缘电阻合格。

（12）缓冲器外观完好，无渗漏。

（13）检查二次元件动作正确、顺畅无卡涩，防跳和非全相功能正常，联锁和闭锁功能正常。

（14）并联合闸脱扣器在合闸装置额定电源电压的 85%～110% 范围内，应可靠动作；并联分闸脱扣器在分闸装置额定电源电压的 65%～110%（直流）或 85%～110%（交流）范围内，应可靠动作；当电源电压低于额定电压的 30% 时，脱扣器不应脱扣，并做记录。

（15）对于液（气）压操动机构，还应进行下列各项检查，结果均应符合产品技术规定要求：

1）机构压力表、机构操作压力（气压、液压）整定值和机械安全阀校验；

2）分闸、合闸及重合闸操作时的压力（气压、液压）下降值校验；

3）在分闸和合闸位置分别进行液（气）压操动机构的保压试验；

4）液压机构及气动机构，进行防失压慢分试验和非全相试验。

（16）应进行机械特性测试，各项试验数据符合产品技术规定。

3.3.3.2.2 安全注意事项

（1）机构检修前，应拉开储能电源、控制电源，将机构储能压力释放，防止伤及人员，并在机构箱端子排上拆除远控分合闸命令线，机构全部工作结束恢复接线并进行传动验证。

（2）高处作业应正确使用安全带，作业人员在转移作业位置时不准失去安全保护。

（3）断路器进行充气时，必须使用减压阀，人员应站在充气口的侧面或上风口，应佩戴好劳动保护用品。

（4）户内充气或回收时，应将窗门及排风设备打开，作业人员应进行不间断巡视，随时查看气体检测仪含氧量是否正常，并检查通风装置运转是否良好、空气是否流通，如有异常，立即停止作业，组织作业人员撤离现场。再次进入时，应佩戴防毒面具或正压式空气呼吸器。

（5）拆掉后的设备连接线应绑扎固定，防止设备连接线摆动造成邻近设备损坏，拆搭一次引线前应做好接地，防止感应电伤人。

（6）在调整断路器传动装置时，严格按照标准作业卡进行，将机构充分释能，防止断路器意外脱扣伤人，做好监护。

（7）设备试验工作不得少于 2 人，试验负责人应由有经验的人员担任，开始试验前，试验负责人应向全体试验人员详细布置试验中的安全注意事项，交待邻近间隔的带电部位，以及其他安全注意事项。试验作业前，必须规范设置封闭安全隔离区域，向外悬挂"止步，高压危险！"的警示牌。设专人监护，严禁非作业人员进入。设备试验时，应将所要试验的设备与其他相邻设备做好物理隔离措施。

（8）调试过程试验电源应从试验电源屏或检修电源箱取得，严禁使用绝缘破损的电源线，必须使用带漏电保护器的移动式电源盘，试验设备和被试设备应可靠接地，设备通电过程中，试验人员不得中途离开。工作结束后应及时将试验电源断开。

（9）装、拆试验接线应在接地保护范围内，穿绝缘鞋。在绝缘垫上加压操作，与加压设备保持足够的安全距离。

（10）拆接二次电缆时，作业人员必须断开与断路器相关的各类电源并确定所拆电缆确实无电压，并在监护人员监护下进行作业。

3.3.3.3 竣工验收

工作结束后，按相关要求进行清理工作现场、自验收、关闭检修电源、清点工具、回收材料，填写检修记录，办理工作票终结等内容。竣工内容与要求见表3-3。

表 3-3	竣 工 内 容 与 要 求
序号	内容与要求
1	清理工作现场，将工器具清点、整理并全部收拢，废弃物清除按相关规定处理完毕，材料及备品备件回收清点结束
2	按相关规定，关闭检修电源
3	验收内容： （1）检查无漏检项目，无遗留问题。 （2）对本体及外观验收：包括设备外观、铭牌、相色、封堵、机构箱等进行验收。 （3）对 SF₆ 气体系统验收：包括 SF₆ 密度继电器、SF₆ 气体压力等进行验收。 （4）对操动机构验收：包括机构本体、操作及位置指示、辅助开关等进行验收。 （5）对其他方面验收：包括加热、驱潮装置、照明装置、一次引线等进行验收。 （6）对设备全部工作现场进行周密的检查，确保无遗留问题和遗留物品
4	验收流程及要求： （1）检修工作全部完成后以及隐蔽工程、高风险工序等关键环节阶段性完成后，作业班组应及时开展自验收，自验收合格后申请所属运维单位验收。各级设备管理部门按照作业风险分级开展验收工作监督。 （2）验收人员应在验收报告或标准作业卡的"执行评价"栏中记录验收情况并签字，验收资料至少保留一个检修周期
5	经各级验收合格，填写检修记录，办理工作票终结手续

3.4 运维检修过程中常见问题及处理方法

断路器常见的故障类型、现象、原因及处理方法见表 3-4。

表 3-4　　　　　　　　　　　断路器常见问题及处理方法

缺陷现象		缺陷原因	处理方法
SF₆ 气体压力报警		（1）低温导致 SF₆ 气体液化，造成压力降低（如罐式断路器伴热带损坏）。 （2）SF₆ 气体泄漏。 （3）密度继电器损坏	（1）检查加热回路及加热装置是否正常、及时进行气体补充并更换问题元件。 （2）利用检漏仪检测，判断泄漏部位，更换密封件和其他已损坏部件。重点对阀门、密度继电器等易损部件进行检查。 （3）若气体检漏未发现泄漏点，且报警现象频繁，可考虑对密度继电器进行校验，发现问题及时更换
开关拒动	线圈铁芯端子无电压	（1）二次回路接触不良。 （2）转换开关触点接触不良或未切换。 （3）微动开关接触不良	（1）检查、拧紧连接螺丝，使二次回路接触良好。 （2）修理转换开关接触不良的触点，或更换转换开关。 （3）更换微动开关
	线圈铁芯端子有电压	（1）线圈断线或烧坏。 （2）线圈铁芯主动件与分合闸掣子间隙太大，行程不足。 （3）分、合闸掣子卡滞，无法动作	（1）更换线圈。 （2）调整机构位置，必要时更换零件。 （3）维修或更换分、合闸掣子
开关误动	合后分闸	（1）分闸掣子扣入深度太浅，或扣入面变形、扣入不牢。 （2）防脱扣部件的限位功能不到位	（1）检查分闸掣子的扣入深度，表面磨损情况，维修或者更换部件。 （2）调整定位销，或更换部件

缺陷现象		缺陷原因	处理方法
弹簧储能异常	弹簧未储能	（1）储能回路不通或触电接触不良。 （2）电动机损坏或虚接	（1）检查储能回路和触电接触情况，并进行修理。 （2）更换储能电机
	弹簧储能未到位	限位开关位置不当	调整限位开关位置
	弹簧储能过程中打滑	棘轮或大小棘爪损伤	检查棘轮、大小棘爪是否有损伤，必要时进行更换
液压机构异常	液压机构不能建压	（1）回路不通或触电接触不良。 （2）机构密封不良，或安全阀动作未复位	（1）检查回路和触电接触情况，并进行修理。 （2）检查密封件是否破损、安全阀是否复归，更换损坏部件
	液压机构频繁打压	（1）管路接头渗漏。 （2）高压放油阀密封不良	（1）检查管路接头密封性、更换密封件。 （2）检查高压放油阀密封性、更换密封件

图 3-2　断路器辅助开关接触不良

3.4.1　辅助开关触点接触不良

问题描述：辅助开关质量不佳，触点接触不好。

处理方法：现场将故障接点改用备用触点（红色改至绿色），见图 3-2。

3.4.2　分闸线圈烧损

问题描述：分闸线圈烧损，见图 3-3。

处理方法：更换同规格的新线圈，见图 3-4。

图 3-3　烧损的线圈　　　　　　　　　图 3-4　更换新线圈

3.4.3 储能机构异常

问题描述：储能凸轮板扇面未能将行程开关压实，导致控制回路中储能触点未接通。

处理方法：对储能凸轮位置进行调整，保证凸轮板扇面与行程开关压紧良好，见图3-5。

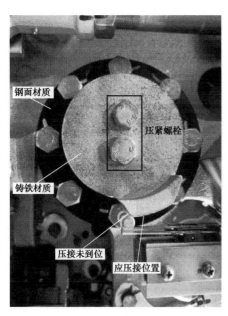

3.4.4 断路器局放信号异常

问题描述：断路器内固定粒子捕捉器螺丝松动，造成超声波局部放电异常，见图3-6。

处理方法：对松动螺丝进行紧固处理。

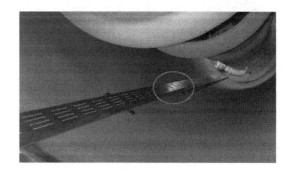

图 3-5 储能机构异常

图 3-6 固定粒子捕捉器螺丝松动

3.4.5 套管表面脏污、不清洁

问题描述：瓷套管表面不清洁，存在破损、裂纹、放电痕迹现象，见图3-7。

处理方法：及时清理瓷套管表面，必要时补涂防污涂料。对存在破损、裂纹、放电痕迹的套管进行更换，见图3-8。

图 3-7 瓷套管表面不清洁

图 3-8 清洁瓷套管表面后

3.4.6 加热器损坏

问题描述：加热器损坏，见图3-9。

处理方法：更换新的加热器，见图3-10。

图 3-9　损坏的加热器　　　　　　　图 3-10　新加热器

3.4.7 罐式断路器伴热带损坏

问题描述：罐式断路器温控器、伴热带等元件损坏，见图3-11。

处理方法：对温控器、伴热带等损坏元件进行更换。

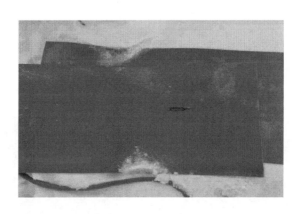

图 3-11　损坏的伴热带部件

3.4.8 组合阀漏气

问题描述：断路器机构内部组合阀漏气，见图3-12。

处理方法：对组合阀密封圈等部件进行更换，必要时更换整个组合阀。

图 3-12　组合阀漏气现象

第 4 章　组合电器标准化检修方法

4.1　概述

组合电器主要分为 SF$_6$ 全封闭组合电器（GIS），插接式开关装置（PASS）。

GIS 是指将断路器、隔离开关、检修接地开关、快速接地开关、负荷开关、电流互感器、电压互感器、避雷器、母线等单独元件连接在一起，并封装在金属封闭外壳内，与出线套管、电缆连接装置、汇控柜等共同组成，充以一定压力的 SF$_6$ 气体作为灭弧和绝缘介质，并且只有在这种形式下才能运行的高压电气设备。

PASS 电气设备，即插接式开关装置，也是组合电器的一种，是在 GIS 紧凑、可靠性高、运行维护工作量小等优点的基础上，将发生事故概率极低的母线保留为常规的布置，同时也将原常规设备占地面积大、可靠性不高、检修维护工作量大等缺点巧妙地进行了解决。

4.1.1　组合电器型号含义

组合电器型号含义如下：

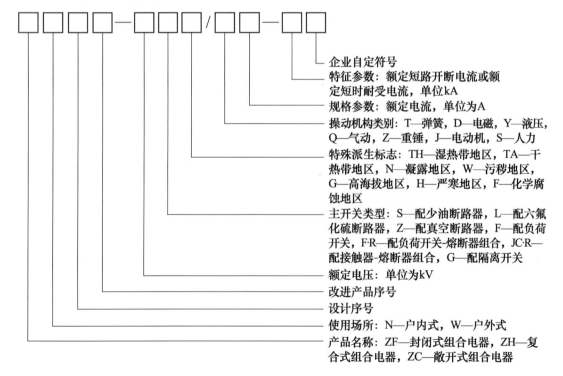

企业自定符号

特征参数：额定短路开断电流或额定短时耐受电流，单位 kA

规格参数：额定电流，单位为 A

操动机构类别：T—弹簧，D—电磁，Y—液压，Q—气动，Z—重锤，J—电动机，S—人力

特殊派生标志：TH—湿热带地区，TA—干热带地区，N—凝露地区，W—污秽地区，G—高海拔地区，H—严寒地区，F—化学腐蚀地区

主开关类型：S—配少油断路器，L—配六氟化硫断路器，Z—配真空断路器，F—配负荷开关，F·R—配负荷开关-熔断器组合，JCR—配接触器-熔断器组合，G—配隔离开关

额定电压：单位为 kV

改进产品序号

设计序号

使用场所：N—户内式，W—户外式

产品名称：ZF—封闭式组合电器，ZH—复合式组合电器，ZC—敞开式组合电器

例，ZF28-126/T4000-50，ZF 表示封闭式组合电器，28 表示设计序号，126 表示额定电压为 126kV，T 表示弹簧操动机构，4000 表示额定电流为 4000A，50 表示额定断路开断电流为 50kA。

4.1.2　组合电器的类型

组合电器一般按照安装场所、结构型式、绝缘介质、主接线方式进行分类。

4.1.2.1　按照安装场所不同分类

（1）户内型组合电器。

（2）户外型组合电器。

4.1.2.2　按照结构型式不同分类

（1）圆筒形组合电器。依据主回路配置方式的不同，又可分为单相壳型（即分相型）、部分三相一壳型（又称主母线三相共体型）、全三相一壳型、复合三相一壳型等。

（2）矩形组合电器。根据柜体结构和元件间是否隔离，还可分为箱型和铠装型两种。

4.1.2.3　按照绝缘介质不同分类

（1）全部 SF_6 气体绝缘型。

（2）部分 SF_6 气体绝缘型。

4.1.2.4　按照主接线方式不同分类

常用的有单母线接线、双母线接线、双母线带旁路接线、3/2 接线、桥形接线、角形接线等多种接线方式。

4.1.3　组合电器的基本结构

GIS 的基本结构。一台完整的 GIS 是由若干个不同间隔组成的，一般是在设计时，根据用户提供的主接线方式和要求，将不同的气室或气隔（也称标准模块）组合成不同的间隔，再将这些间隔组成用户所需要的 GIS。一个间隔是指一个具有完整的供电、送电和其他功能（控制、计量、保护等）的一组元件。一个气室（气隔）是指将各种不同作用和功能的元件装在一个独立的封闭壳体内构成的各种标准模块。如：断路器模块、隔离开关模块、电压互感器模块、电流互感器模块、避雷器模块、连接模块、分相模块等。

PASS 的基本结构。PASS 的结构主要包括以下几个：①断路器。PASS 产品中使用的断路器与原 GIS 产品中的断路器相同。②隔离、接地开关。隔离开关和接地开关采用同一操动机构，三工位设计。在 GIS 和 PASS 的可靠性日益提高，维护量大大减少的情况下，以免维护设计思想为指导，去掉了一侧的隔离、接地开关。③电流、电压传感器。在 PASS 中使用电流、电压传感器来代替传统的电流、电压互感器，它的两个重要功能——测量电流和电压。④绝缘套管。PASS 使用具有优良电气和机械性能的复合式绝缘套管。

4.1.4　组合电器的主要技术参数

（1）额定电压（最高电压）。额定电压为在规定的使用和性能条件下连续运行的最高电压，并以它来确定高压断路器的有关试验条件。

（2）额定电流。额定电流为在规定的使用和性能条件下，高压断路器主回路能够连续承载的电流数值。

（3）额定工频耐受电压（相对地）。长期在额定交变电压作用下电器的绝缘强度。

（4）额定峰值耐受电流（额定动稳定电流）。额定峰值耐受电流为在规定的使用和性能条件下，高压断路器在闭合位置所能承受的额定短时耐受电流第一个大半波的峰值电流。

（5）额定短路持续时间（额定热稳定时间）。额定短路持续时间为高压断路器在闭合位置所能承载其额定短时耐受电流的时间间隔。

（6）额定短路关合电流。额定短路关合电流为在额定电压以及规定的使用和性能条件下，高压断路器能保证正常关合的最大短路峰值电流。

（7）额定短路开断电流。额定短路开断电流为在规定条件下，高压断路器能保证正常开断的最大短路电流（以触头分离瞬间电流交流分量有效值和直流分量百分数表示）。

（8）额定短时耐受电流（额定热稳定电流）。额定短时耐受电流为在规定的使用和性能条件下，在确定的短时间内，断路器在闭合位置所能承载的规定电流有效值。

（9）合闸线圈、分闸线圈额定电源电压。交流为 220、380V（少油），直流为 110、220V，合闸线圈一般配一套，分闸线圈为满足可靠性的要求，一般可配两套及以上，其动作电压为：合闸 [85%（80%）～110%] U_{N}。分闸为 [（30%～65%）～110%] U_{N}。

4.1.5　组合电器操动机构

组合电器的分、合闸动作是靠操动机构来实现的。按操动机构所用操作能源的能量形式不同，操动机构大致可分为以下几种。

（1）弹簧操动机构（CT），指事先用人力或电动机使弹簧储能实现合闸的弹簧操动机构。

（2）液压操动机构（CY），指以高压油推动活塞实现合闸与分闸的操动机构。

（3）弹簧储能液压机构，这种机构综合了弹簧机构和液压机构的优点，采用差动式工作缸，弹簧储能液压—连杆混合传动方式。

4.2　组合电器检修分类及要求

4.2.1　适用范围

适用于 35kV 及以上变电站组合电器。

4.2.2 检修分类

A 类检修：指整体性检修。包含整体更换、解体检修。

B 类检修：指维持气室封闭情况下实施的局部性检修。包含部件解体检查、维修及更换。

C 类检修：指例行检查和试验。包含本体检查维护、操动机构检查维护和整体调试。

D 类检修：指在不停电状态下进行的检修。包含专业巡视、SF$_6$ 气体补充、空压机润滑油更换、部分辅助二次元器件更换、金属部件防腐处理、传动部件润滑处理、箱体维护、互感器二次接线检查维护、避雷器泄漏电流监视器（放电计数器）检查维护、带电检漏及堵漏处理等不停电工作。

4.3 组合电器标准化检修要求

4.3.1 检修前准备

据工作安排合理开展准备工作，准备工作内容、标准见表 4-1。

表 4-1   检 修 前 准 备

序号	内　　容	标　　准
1	根据检修计划安排，提前做好作业风险定级工作	按照《变电现场作业风险管控实施细则》中相关要求，明确作业风险等级
2	结合检修作业风险，必要时开展现场勘察工作	全面掌握检修设备状态、现场环境和作业需求，检修工作开展前应按检修项目类别组织合适人员开展设备信息收集和现场勘察，并填写勘察记录
3	根据实际作业风险，按照模板进行检修方案的编制	按照模板内容进行方案编制，在规定时间内完成审批。并提前准备好标准化作业卡
4	准备好施工所需工器具与仪器仪表、备品备件与相关材料、相关图纸及相关技术资料	仪器仪表、工器具应试验合格，满足本次施工的要求，材料应齐全，图纸及资料应符合现场实际情况
5	开工前确定现场工器具摆放位置	确保现场施工安全、可靠
6	根据本次作业内容和性质确定好检修人员，并组织学习检修方案	要求所有工作人员都明确本次工作的作业内容、进度要求、作业标准及安全注意事项

4.3.2 组合电器检修流程图

根据组合电器的结构和检修工艺以及作业环境，将作业的全过程优化后形成检修流程图，见图 4-1。

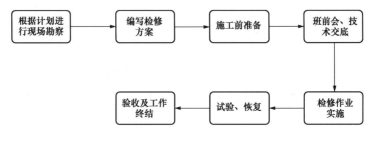

图 4-1　检修流程图

4.3.3　检修程序与工艺标准

4.3.3.1　开工管理

办理开工许可手续前应检查落实的内容，见表4-2。

表 4-2　　　　　　　　　　　开 工 内 容 与 要 求

序号	内容与要求
1	工作负责人按照有关规定办理好工作票许可手续
2	工作许可手续完成后，由总工作票负责人进行安全交底，宣读工作票，交待工作任务、计划工作时间、人员分工等内容，并组织工作票所列人员确认签字。然后对分工作票进行工作许可
3	总工作票负责人进行完安全交底后，各分工作票负责人带领各自工作班成员前往作业现场，再次对工作班成员进行安全交底，交待本工作票工作内容和人员分工，并在分工作票上确认签字
4	对辅助（外来）人员、新入职员工采用差异化标识进行身份标注，差异化分派工作任务，差异化实施现场监护，确保人员行为可控、在控

4.3.3.2　检修项目与工艺标准

按照"组合电器标准作业卡"对每一个检修项目，明确工艺标准、注意事项等内容，同时填写相关数据，见附录 C-1～附录 C-6。

4.3.3.2.1　关键工艺质量控制

（1）外绝缘应清洁，无破损，法兰无裂纹，排水孔畅通，胶合面防水胶完好。

（2）均压环无锈蚀、变形，安装牢固、平正，排水孔无堵塞。

（3）各气室密度继电器动作值符合产品技术规定。

（4）轴、销、锁扣和机械传动部件无变形或损坏。

（5）操动机构外观完好，无锈蚀，箱体内无凝露、渗水。按产品技术规定要求对操动机构机械轴承等活动部件进行润滑。

（6）缓冲器外观完好，无渗漏。

（7）检查二次元件动作正确、顺畅无卡涩，防跳和非全相功能正常，联锁和闭锁功能正常。

（8）机构压力表、机构操作液压压力整定值和机械安全阀校验。

（9）分闸、合闸及重合闸操作时的液压压力下降值校验。

（10）避雷器放电计数器动作可靠、状况良好。

（11）空气开关、继电器、接触器等二次元件应标识完整、触点接触良好、触点动作可靠、无烧损或锈蚀。

（12）汇控柜及机构箱应密封条无破损，有弹性，关门无缝隙、封堵到位、密封良好、油漆无脱落、柜内温湿度控制装置功能可靠。

（13）检查温控器、加热驱潮装置应完好。

（14）非全相保护、防跳时间继电器校验合格，定值正确。

（15）辅助开关安装牢固，辅助开关触点应转换灵活、切换可靠。与机构间的连接应松紧适当、转换灵活；连接锁紧螺帽应拧紧，并应采取防松措施。

4.3.3.2.2 安全注意事项

（1）打开气室后，所有人员撤离现场 30min 后方可继续工作，工作时人员站在上风侧，穿戴好防护用具。

（2）对户内设备，应先开启强排通风装置 15min 后，监测工作区域空气中 SF_6 气体含量不得超过 $1000\mu L/L$，含氧量大于 18%，方可进入，工作过程中应当保持通风装置运转。

（3）GIS 检修时应确保防爆膜泄压挡板不受应力，人员禁止正对防爆膜喷口方向。

（4）断开控制电源、电机电源，将机构弹簧释能。

（5）作业前确认机构能量已释放，防止机械伤人。

（6）作业前确认二次回路电源已断开，防止低压触电。

（7）作业前相互呼唱，防止机械伤人。

（8）拆下的控制回路及电源线头所作标记正确、清晰、牢固，防潮措施可靠。

4.3.3.3 竣工验收

工作结束后，按相关要求进行清理工作现场、自验收、关闭检修电源、清点工具、回收材料，填写检修记录，办理工作票终结等内容。竣工内容与要求见表 4-3。

表 4-3　　　　　　　　　　　　竣 工 内 容 与 要 求

序号	内容与要求
1	清理工作现场，将工器具清点、整理并全部收拢，废弃物清除按相关规定处理完毕，材料及备品备件回收清点结束
2	按相关规定，关闭检修电源
3	验收内容： （1）检查无漏检项目，无遗留问题。 （2）对本体及外观验收：包括筒体外壳、气室压力、汇控柜、均压环等进行验收。 （3）对 SF_6 气体系统验收：包括 SF_6 密度继电器、SF_6 气体压力等进行验收。 （4）对操动机构验收：包括断路器、隔离开关操作及位置指示、辅助开关等进行验收。 （5）对其他方面验收：包括加热、驱潮装置、照明装置、一次引线、带电显示装置等进行验收。 （6）对设备全部工作现场进行周密的检查，确保无遗留问题和遗留物品

序号	内容与要求
4	验收流程及要求： （1）检修工作全部完成后以及隐蔽工程、高风险工序等关键环节阶段性完成后，作业班组应及时开展自验收，自验收合格后申请所属运维单位验收。各级设备管理部门按照作业风险分级开展验收工作监督。 （2）验收人员应在验收报告或标准作业卡的"执行评价"栏中记录验收情况并签字，验收资料至少保留一个检修周期
5	经各级验收合格，填写检修记录，办理工作票终结手续

4.4 运维检修过程中常见问题及处理方法

组合电器常见的故障类型、现象、原因及处理方法见表4-4。

表 4-4　　　　　　　　　　组合电器常见问题及处理方法

缺陷现象	缺陷原因	处理方法
电动或电动操作不动作	控制回路异常	检查控制电源电压是否正常。 检查二次接线是否松动、断线。 检查接触器、电源控制开关是否正常
	SF$_6$压力低使压力开关不动作	检查SF$_6$压力是否正常，压力开关接触是否良好
	分合闸线圈烧损或断线	检查并更换线圈
	闭锁杆处子闭锁位置	释放闭锁
	操作手柄转动方向不对	按指示牌规定方向操作
分闸或合闸不到位或卡涩	定位器调整不当或松动，使得指示盘小槽与指针未对准	调整定位器调节螺栓，拧紧锁紧螺母
	机构或配用开关机械故障	慢动作合、分检查，检修排除故障
气体压力降低告警或闭锁	SF$_6$气体漏气	补气到额定压力，可以在运行中补气，在停电时检修漏气部位
	SF$_6$气体密度继电器动作值不准	调整SF$_6$气体密度继电器的整定值。在不能调整的情况下，更换密度继电器

4.4.1 元器件密封不良

问题描述：组合电器发生漏气告警，检测封闭螺帽有漏气情况，进一步检查，螺帽内部胶垫破损，见图4-2。

处理方法：更换密封胶垫，并重新进行检漏试验。

4.4.2 合闸线圈烧损

问题描述：合闸线圈烧损，导致合闸操作失灵，见图4-3。

处理方法：对烧损线圈进行更换。日常维护期间储备常用备品线圈，检修期间对线圈情况进行检查和试验。

图 4-2 组合电器渗漏点

图 4-3 线圈烧损情况

4.4.3 机构内电机损坏

问题描述：组合电器电机内部烧损，导致接地刀闸电动操作失灵，见图4-4。

处理方法：结合停电，拆除机构外部面板，更换电机。

图 4-4 组合电器电机故障情况

第5章　隔离开关标准化检修方法

5.1　概述

高压隔离开关是一种没有灭弧装置的开关设备，主要用来断开无负荷电流的电路、隔离电源，在分闸状态时有明显的断开点以保证其他电气设备的安全检修。它没有专门的灭弧装置，不能切断负荷电流及短路电流。因此，隔离开关只能在电路已被断路器断开的情况下才能进行操作，严禁带负荷操作，以免造成严重的设备和人身事故。

5.1.1　隔离开关型号含义

隔离开关型号含义如下：

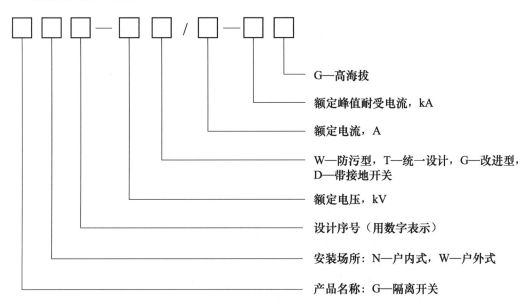

例：GW16-252D/3150 中各部分含义是：G 表示隔离开关，W 表示户外，16 是设计序号，额定电压是 252kV，D 是表示有接地开关，额定电流是 3150A。

5.1.2　隔离开关的类型

隔离开关通常按照结构形式、使用环境等方面进行分类。

5.1.2.1 按照结构形式不同分类

（1）单柱式隔离开关。单柱式隔离开关的支柱绝缘子只有一个，其瓷柱结构因厂家不同各有不同。支柱绝缘子起绝缘作用，导电部分是一个固定在支柱绝缘子顶上的可伸缩折架，借用折架的伸缩，动触头便能与悬挂在母线上的静触头接触或分开，完成分合闸动作。

（2）双柱式隔离开关。双柱式隔离开关由两个支柱绝缘子组成，每极有两个可转动的触头，分别安装在单独的瓷柱上，且在两支柱之间接触，其断口方向与底座平面平行。

（3）三柱式隔离开关。三柱式隔离开关两端的绝缘支柱是静止的，中间的转动支柱由操动机构驱动，带动导电闸刀水平回转，与两端固定支柱上的静触头接触或分离，实现隔离开关合闸或分闸。

5.1.2.2 按照使用环境不同分类

（1）户外式隔离开关。户外式隔离开关分为手动三相联动型和单相直接操作型。户外式高压隔离开关运行中，经常受到风雨、冰雪、灰尘的影响，工作环境较差。因此，对户外式隔离开关的要求较高，应具有防冰能力和较高的机械强度。

（2）户内式隔离开关。户内式隔离开关一般分为三相联动型，手动操作。在成套配电装置内，装于断路器的母线侧和负荷侧或作为接地开关使用。

5.1.3　隔离开关基本结构

隔离开关型号虽然较多，但其基本结构主要由以下几部分组成：

（1）导电系统。隔离开关的主导电回路是指系统电流流经的接线端子装配部分、端子与导电杆的连接部分、导电杆、动触头和静触头装配部分。隔离开关的主导电回路是电力系统主回路的组成部分。

（2）连接部分。隔离开关的连接部分是指导电系统中各个部件之间的连接，包括接线端子与接线座的连接、接线座与导电杆的连接、导电杆与导电杆的连接、动触头与静触头之间的连接。这些连接部分有固定连接，也有活动连接，包括旋转部件的导电连接，这些连接部位的连接可靠性是保证导电系统可靠导电的关键。

（3）触头。隔离开关的触头是在合闸状态下系统电流通过的关键部位，它由动、静触头间通过一定的压力接触后形成电流通道。长久地保持动、静触头之间必需的压力是保证开关长期可靠运行的关键。

（4）支柱绝缘子和操作绝缘子。隔离开关的支柱绝缘子是用于支撑其导电系统并使其与地绝缘的绝缘子，同时它还支撑隔离开关的进、出引线；操作绝缘子则通过其转动，将操作机构的操作力传递至与地绝缘的动触头系统，完成分合闸的操作。

（5）操动机构和机械传动系统。隔离开关的分合闸是通过操动机构和包括操动绝缘子在内的机械传动系统来实现的，操动机构分为人力操作和动力操作两种机构，而动力操作，又可分为电动操作、气动操作或液压操作。在机械传动系统中，还包括隔离开关和接地开关之间的防止误操作的机构联锁装置，以及机械连接的分合闸位置指示器。

（6）底座。隔离开关的底座是支柱和操作绝缘子的装配和固定基础，也是操作机构和机械传动系统的装配基础。隔离开关的底座可分为共底座和分离底座，分离底座中，每极的动、静触头分别装在两个底座上。

5.1.4 隔离开关的基本参数

（1）额定电压。指隔离开关所在系统的最高电压。

（2）额定电流。指隔离开关在规定的使用和性能条件下，能够持续承载的电流有效值。

（3）额定短时耐受电流。指在规定的使用和性能条件下，在规定的短时间内，隔离开关在合闸状态下能够承载的电流的有效值。

（4）额定峰值耐受电流。指在规定的使用和性能条件下，隔离开关在合闸状态下能承载的额定短时耐受电流的第一个大半波的电流峰值。

（5）额定短路持续时间。指隔离开关在合闸位置能够承载额定短时耐受电流的时间。

5.2 隔离开关检修分类及要求

5.2.1 适用范围

适用于 35kV 及以上变电站内隔离开关。

5.2.2 检修分类

A 类检修：包含整体更换、解体检修。

B 类检修：包含部件的解体检查、维修及更换。

C 类检修：包含本体及外观检查维护、操动机构检查维护及整体调试。

D 类检修：包含专业巡视、辅助二次元器件更换、金属部件防腐处理、传动部件润滑处理、箱体维护等不停电工作。

5.3 隔离开关标准化检修要求

5.3.1 检修前准备

根据工作安排合理开展准备工作，准备工作内容、标准见表 5-1。

表 5-1		检修前准备
序号	内　容	标　准
1	根据检修计划安排，提前做好作业风险定级工作	按照《变电现场作业风险管控实施细则》中相关要求，明确作业风险等级
2	结合检修作业风险，必要时开展现场勘察工作	全面掌握检修设备状态、现场环境和作业需求，检修工作开展前应按检修项目类别组织合适人员开展设备信息收集和现场勘察，并填写勘察记录
3	根据实际作业风险，按照模板进行检修方案的编制	按照模板内容进行方案编制，在规定时间内完成审批。并提前准备好标准化作业卡
4	准备好施工所需工器具与仪器仪表、备品备件与相关材料、相关图纸及相关技术资料	仪器仪表、工器具应试验合格，满足本次施工的要求，材料应齐全，图纸及资料应符合现场实际情况
5	开工前确定现场工器具摆放位置	确保现场施工安全、可靠
6	根据本次作业内容和性质确定好检修人员，并组织学习检修方案	要求所有工作人员都明确本次工作的作业内容、进度要求、作业标准及安全注意事项

5.3.2　隔离开关检修流程图

根据隔离开关的结构和检修工艺以及作业环境，将作业的全过程优化后形成检修流程图，见图 5-1。

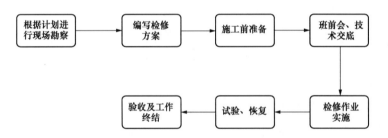

图 5-1　隔离开关检修流程图

5.3.3　检修程序与工艺标准

5.3.3.1　开工管理

办理开工许可手续前应检查落实的内容，见表 5-2。

表 5-2	开工内容与要求
序号	内容与要求
1	工作负责人按照有关规定办理好工作票许可手续
2	工作许可手续完成后，由总工作票负责人进行安全交底，宣读工作票，交待工作任务、计划工作时间、人员分工等内容，并组织工作票所列人员确认签字。然后对分工作票进行工作许可

序号	内容与要求
3	总工作票负责人进行完安全交底后，各分工作票负责人带领各自工作班成员前往作业现场，再次对工作班成员进行安全交底，交待本工作票工作内容和人员分工，并在分工作票上确认签字
4	对辅助（外来）人员、新入职员工采用差异化标识进行身份标注，差异化分派工作任务，差异化实施现场监护，确保人员行为可控、在控

5.3.3.2 检修项目与工艺标准

按照"隔离开关标准作业卡"对每一个检修项目，明确工艺标准、注意事项等内容，同时填写相关数据，见附录 D-1～附录 D-8。

5.3.3.2.1 关键工艺质量控制

（1）隔离开关在合、分闸过程中无异响、无卡阻。

（2）检测隔离开关技术参数，符合相关技术要求。

（3）触头表面平整接触良好，镀层完好，合、分闸位置正确，合闸后过死点位置正确，符合相关技术规范要求。

（4）触头压（拉）紧弹簧弹性良好，无锈蚀、断裂，引弧角无严重烧伤或断裂情况。

（5）导电臂及导电带无变形，导电带无断片、断股，镀层完好，连接螺栓紧固。

（6）动、静触头及导电连接部位应清理干净，并按厂家规定进行涂覆。

（7）接线端子或导电基座无过热、变形、裂纹，连接螺栓紧固。

（8）均压环无变形、歪斜、锈蚀，连接螺栓紧固。

（9）绝缘子无破损、放电痕迹，法兰螺栓无松动，黏合处防水胶无破损、裂纹。

（10）传动部件无变形、开裂、锈蚀及严重磨损，连接无松动。

（11）转动部分涂以适合本地气候条件的润滑脂。

（12）轴销、弹簧、螺栓等附件齐全，无锈蚀、缺损。

（13）垂直拉杆顶部应封口，未封口的应在垂直拉杆下部合适位置打排水孔。

（14）机械闭锁盘、闭锁板、闭锁销无锈蚀、变形，闭锁间隙符合相关技术规范。

（15）底座支撑及固定部件无变形、锈蚀，焊接处无裂纹。

（16）底座轴承转动灵活无卡滞、异响，连接螺栓紧固。

（17）设备线夹无裂纹、无发热。

（18）引线无烧伤、断股、散股。

（19）接地引下线无锈蚀，焊接处无开裂，连接螺栓紧固。

（20）操动机构箱体无变形、箱内无凝露、积水，驱潮装置工作正常，封堵良好。

（21）二次回路接线牢靠、接触良好，端子排无锈蚀。

（22）二次回路及元器件绝缘电阻符合相关技术标准要求。

（23）二次元器件无锈蚀、卡涩，辅助开关与传动杆连接可靠。

（24）电气及机械闭锁动作可靠。

（25）操动机构的分、合闸指示与本体实际分、合闸位置相符。

（26）导电部位应进行回路电阻测试，数据应符合产品技术规定。

5.3.3.2.2 安全注意事项

（1）操作检查时，操作人员与调试人员要做好呼应，防止隔离开关分合过程中机械伤人。

（2）调试过程由调试人发令，操作人配合，上下呼唱，包括电机电源和控制电源断开和投入。操作人员与调试人员要做好呼应，防止隔离开关分合过程中机械伤人。

（3）作业人员正确使用安全带，安全带应挂在牢固的构件上，严禁低挂高用，严禁将安全带系在支柱绝缘子及均压环上。

（4）工器具应用绳子和工具袋传递，禁止抛掷。

（5）登高时严禁手持任何工器具，不准负重上下。

（6）结合现场实际条件适时装设个人保安线。

（7）施工现场的大型机具及电动机具金属外壳接地良好、可靠。

（8）设备试验工作不得少于2人，试验负责人应由有经验的人员担任，开始试验前，试验负责人应向全体试验人员详细布置试验中的安全注意事项，交待邻近间隔的带电部位，以及其他安全注意事项。试验作业前，必须规范设置封闭安全隔离区域，向外悬挂"止步，高压危险！"的警示牌。设专人监护，严禁非作业人员进入。设备试验时，应将所要试验的设备与其他相邻设备做好物理隔离措施。

（9）调试过程试验电源应从试验电源屏或检修电源箱取得，严禁使用绝缘破损的电源线，必须使用带剩余电流动作保护装置的移动式电源盘，试验设备和被试设备应可靠接地，设备通电过程中，试验人员不得中途离开。工作结束后应及时将试验电源断开。

5.3.3.3 竣工验收

工作结束后，按相关要求进行清理工作现场、自验收、关闭检修电源、清点工具、回收材料，填写检修记录，办理工作票终结等内容。竣工内容与要求见表5-3。

表5-3 竣 工 内 容 与 要 求

序号	内容与要求
1	清理工作现场，将工器具清点、整理并全部收拢，废弃物清除按相关规定处理完毕，材料及备品备件回收清点结束
2	按相关规定，关闭检修电源
3	验收内容： （1）检查无漏检项目，无遗留问题。 （2）对设备外观验收：包括设备外观、瓷件、机构箱等进行验收。 （3）对操动机构验收：包括操动机构、传动装置、辅助开关等进行验收。 （4）对其他方面验收：包括加热、驱潮装置、照明装置、一次引线等进行验收。 （5）对设备全部工作现场进行周密的检查，确保无遗留问题和遗留物品

序号	内容与要求
4	验收流程及要求： （1）检修工作全部完成后以及隐蔽工程、高风险工序等关键环节阶段性完成后，作业班组应及时开展自验收，自验收合格后申请所属运维单位验收。各级设备管理部门按照作业风险分级开展验收工作监督。 （2）验收人员应在验收报告或标准作业卡的"执行评价"栏中记录验收情况并签字，验收资料至少保留一个检修周期
5	经各级验收合格，填写检修记录，办理工作票终结手续

5.4 运维检修过程中常见问题及处理方法

隔离开关常见的故障类型、现象、原因及处理方法见表5-4。

表 5-4 隔离开关常见问题及处理方法

缺陷现象		缺陷原因	处理方法
接触部分过热		（1）接触面氧化、锈蚀使接触电阻增加。 （2）触头、触指压力不足或接触不良。 （3）合闸不到位或合闸过度、接触面接触压力不够	（1）及时清理氧化层，保证接触面清洁、平整，螺栓使用正确、紧固力度适中、压接紧密。 （2）及时更换有过热、锈蚀的弹簧。保证触头的光洁度、检查烧伤情况，必要时更换触头、触指。 （3）调整传动机构，保证三相分合同期，测量回路接触电阻，保证各接触面接触良好
绝缘子断裂		运行时间过长、设备质量不佳、操作时受到扭力作用	更换高强度并经检测合格的绝缘子
隔离开关拒分、拒合	传动系统造成的拒分拒合	各部轴销、连杆、拐臂、底架甚至底座轴承锈蚀卡死，造成拒分拒合	对传动机构及锈蚀部件进行解体检修，更换不合格元件。加强防锈措施，涂润滑脂，加装防雨罩。传动机构问题严重或有先天性缺陷时应更换
	电气问题造成的拒分拒合	三相电源开关未合上、控制电源断线、电动机故障	首先检查操作电源是否完好，然后检查各相关元件。发现元件损坏时应更换，并查明原因
隔离开关分、合闸不到位		（1）各部轴销、连杆、拐臂、底架甚至底座轴承锈蚀，造成分合不到位。 （2）分、合闸定位螺钉、辅助开关及限位开关行程调整不当。连杆弯曲变形使其长度改变，造成传动不到位	（1）对机构及锈蚀部件进行解体检修，更换不合格元件。 （2）检查定位螺钉和辅助开关等元件，发现异常进行调整，对有变形的连杆，应查明原因及时消除

5.4.1 支柱绝缘子破损

问题描述：隔离开关支柱绝缘子破损，见图5-2。

处理方法：及时更换高强度并经检测合格的绝缘子，见图5-3。

5.4.2 机构箱内齿轮损坏

问题描述：机构箱内齿轮断裂，见图5-4。

处理方法：及时更换损坏部件，并进行手动试验，见图5-5。

图 5-2　支柱绝缘子破损

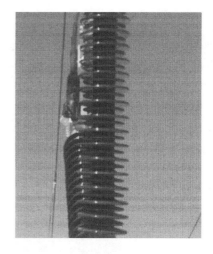

图 5-3　更换后的支柱绝缘子

图 5-4　破损的齿轮

图 5-5　更换后的齿轮

5.4.3　隔离开关底座内部轴承卡滞

问题描述：隔离开关底座内部轴承卡滞，见图 5-6。

处理方法：对底座轴承进行除锈处理，并使用加力杆反复转动至隔离开关动作灵活，见图 5-7。

5.4.4　隔离开关静触头过热

问题描述：隔离开关静触头过热，见图 5-8。

处理方法：对隔离开关动静触头、触指及相关附件进行更换。

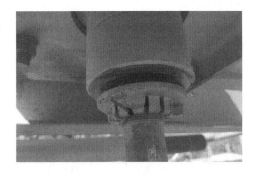

图 5-6   转动部分卡滞   图 5-7   对卡滞部分进行除锈处理

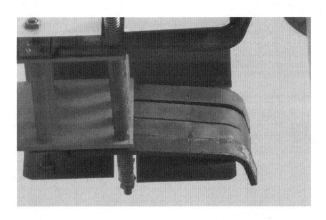

图 5-8   隔离开关过热静触指

5.4.5   隔离开关导电部分过热

问题描述：导电杆与引线线夹连接处有氧化现象，导致导电座过热，见图 5-9。

处理方法：对氧化部分进行打磨处理，必要时更换部件。

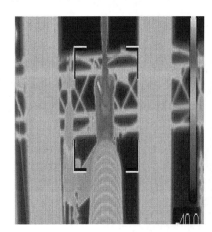

图 5-9   隔离开关接触不良、导电座过热

5.4.6 隔离开关抱箍线夹裂纹

问题描述：隔离开关抱箍线夹存在裂纹，见图 5-10。

处理方法：对抱箍线夹进行更换处理。

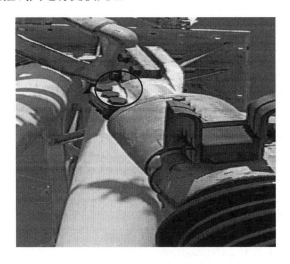

图 5-10　存在裂纹的抱箍线夹

第6章 开关柜标准化检修方法

6.1 概述

开关柜（又称成套开关或成套配电装置）是以断路器为主的电气设备；是指生产厂家根据电气一次主接线图的要求将有关的高低压电器（包括控制电器、保护电器、测量电器）以及母线、载流导体、绝缘子等装配在封闭的或敞开的金属柜体内，作为电力系统中接受和分配电能的装置。

6.1.1 开关柜型号含义

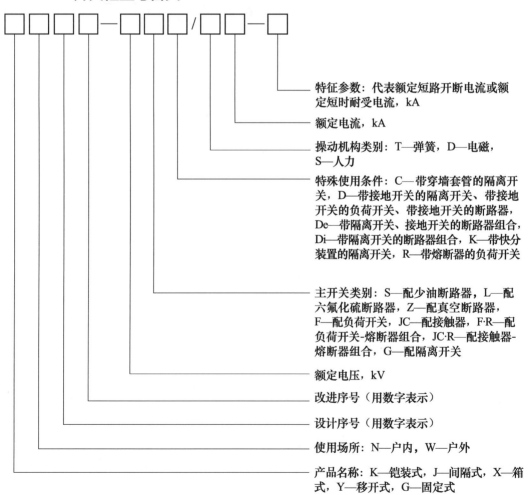

特征参数：代表额定短路开断电流或额定短时耐受电流，kA

额定电流，kA

操动机构类别：T—弹簧，D—电磁，S—人力

特殊使用条件：C—带穿墙套管的隔离开关，D—带接地开关的隔离开关、带接地开关的负荷开关、带接地开关的断路器，De—带隔离开关、接地开关的断路器组合，Di—带隔离开关的断路器组合，K—带快分装置的隔离开关，R—带熔断器的负荷开关

主开关类别：S—配少油断路器，L—配六氟化硫断路器，Z—配真空断路器，F—配负荷开关，JC—配接触器，F·R—配负荷开关-熔断器组合，JC·R—配接触器-熔断器组合，G—配隔离开关

额定电压，kV

改进序号（用数字表示）

设计序号（用数字表示）

使用场所：N—户内，W—户外

产品名称：K—铠装式，J—间隔式，X—箱式，Y—移开式，G—固定式

例：KYN28-40.5（Z）（G）/T1250-31.5 中，K 表示铠装式，Y 表示移开式，N 表示户内安装，设计序号为 28，额定电压为 40.5kV，主开关为真空断路器并配有隔离开关，操动机构为弹簧机构，额定电流为 1250A，额定短路开断电流为 31.5kA。

6.1.2　开关柜的类型

开关柜通常可以按照主开关与柜体的配合方式、开关柜隔室的构成形式、主母线系统、柜内绝缘介质、使用场所分类。

6.1.2.1　按照主开关与柜体的配合方式分类

（1）固定式。主开关及其他元件固定安装，可靠性高，成本低。

（2）移开式（手车式）。主开关可移至柜外，便于主开关的更换、维护、机构紧凑，绝缘结构较为复杂，成本较高。

6.1.2.2　按照开关柜隔室的构成形式分类

（1）铠装型。主开关及两端相连的元件均具有独立的隔室，隔室由接地的金属隔板构成，可靠性高。

（2）间隔型。隔室的设置与铠装型一样，但隔室的隔板用绝缘材料，结构紧凑。

（3）箱型。隔室的数目少于铠装各间隔型。

6.1.2.3　按照主母线系统分类

（1）单母线。进出线均与一组母线直接相连，检修主开关和主母线时需对负载停电。

（2）单母线带旁路。可由单母线柜派生，检修主开关时可由旁路开关经旁路母线供电。

（3）双母线。进出线可由一组母线转换至另一组母线，一路母线退出时，可由另一路母线供电。

6.1.2.4　按照柜内绝缘介质分类

（1）主要以大气绝缘。结构比较简单、成本低、使用场所受环境条件限制。

（2）气体绝缘（SF_6）。可用于高湿、严重污染、高海拔等严酷条件场所，体积小、成本较高。

6.1.3　开关柜基本组成

开关柜的类型很多，结构比较复杂，但从总体上由以下几部分组成。

（1）母线室。主母线为分段母线，通过支母线和静触头盒固定，不需要其他绝缘子支撑。大电流母线采用双根母排。主母线、联络母线、支母线均为矩形截面铜排。相邻柜间用母线套管隔开，能有效防止事故蔓延，同时对主母线起到辅助支撑作用。用户需要时母线可采用热缩管或硫化涂覆绝缘。

（2）断路器室。装有固定式高压开关或手车式高压开关。通过门上的观察窗可能观察到断路器的合、分指示，储能状态。

（3）电缆室。电缆室空间大，并保证了足够的电缆安装高度。每相可并1~3根电缆，最多可并按6根单芯电缆。将后柜门打开后，安装检修人员就可以方便地从后面对其中安装的CT、TV、接地开关、避雷器等元件进行检修安装。柜底配置开缝的可拆卸式封板，方便电缆的施工。

（4）继电器仪表室。继电器仪表室内可安装继电保护控制元件、仪表以及特殊要求的二次设备。二次线路敷设在线槽内并有金属盖板，可使二次线与高压部分隔离。顶部可装设二次小母线。

6.1.4　开关柜主要技术参数

（1）额定电压。等于开关设备和控制设备所在系统的最高电压。它表示设备用于电网的"系统最高电压"的最大值。

（2）额定频率。额定频率的标准值为 $16\frac{2}{3}$ Hz、25Hz 和 50Hz，高压断路器额定频率的标准值为 50Hz。

（3）额定电流。在规定的使用和性能条件下，断路器主回路能够连续承载的电流。

（4）工频耐受电压。在规定的条件和规定的时间下进行试验时，断路器所能耐受的正弦工频电压有效值。

（5）雷电冲击耐受电压。在规定的条件下，不造成绝缘击穿，具有一定形状和极性的冲击电压最高峰值。

（6）额定短路开断电流（有效值）。是在规定的使用和性能条件下，断路器所能开断的最大短路电流。

（7）额定短路关合电流。具有极间同期性的断路器的额定短路关合电流是与额定电压和额定频率相对应的额定参数。对于额定频率为 50Hz 且时间常数标准值为 45ms，额定短路关合电流等于额定短路开断电流交流分量有效值的 2.5 倍。

（8）额定峰值耐受电流。在规定的使用和性能条件下，开关设备和控制设备在合闸位置能够承载的额定短时耐受电流第一个大半波的电流峰值。

（9）额定短时耐受电流。在规定的使用和性能条件下，在规定的短时间内，开关设备和控制设备在合闸位置能够承载的电流的有效值。

（10）辅助控制回路额定电压。当设备操作时在其回路端子上测得的电压，如果需要，还包括制造厂提供或要求的与回路串联的辅助电阻或元件，不包括连接到电源的导线。

（11）防护等级。低压辅助和控制回路的外壳提供的防护等级。

6.1.5　开关柜内断路器分类

6.1.5.1　柜内断路器操动机构种类

（1）手动机构（S）。指用人力合闸的操动机构。

（2）电磁机构（D）。指利用电磁铁通电后的电磁力进行合闸，利用分闸线圈进行分闸。

（3）弹簧机构（T）。指利用小型电动机将合分闸时需要的能量储存在弹簧中，合闸电磁铁线圈通电后推开顶杆，利用弹簧储存的能量将断路器合上，并使跳闸顶杆到位。跳闸时跳闸电磁铁线圈通电，将跳闸顶杆推开利用弹簧储存的能量完成跳闸。

（4）永磁机构。利用永久磁铁进行断路器位置保持，是一种电磁操动、永磁保持、电子控制的操动机构。

6.1.5.2 柜内断路器绝缘介质种类

（1）油断路器。又分为多油断路器和少油断路器。它们都是触头在油中开断、接通，用变压器油作为灭弧介质。

（2）SF_6断路器。利用SF_6气体来吹灭电弧的断路器。此外还有SF_6充气柜，这种开关柜将整个导电回路，包括母线、隔离开关、真空断路器、电流、电压互感器、避雷器，甚至电线头等元件全部包容在一个密闭的柜体中，内充稍高于大气压力的SF_6气体，由SF_6作为绝缘介质。

（3）真空断路器。触头在真空中开断、接通，在真空条件下灭弧的断路器。

6.2 开关柜检修分类及要求

6.2.1 适用范围

适用于35kV及以下开关柜。

6.2.2 检修分类

A类检修：包含整体更换、解体检修。

B类检修：包含部件的解体检查、维修及更换。

C类检修：包含整体检查、维护及调试。

D类检修：包含专业巡视、辅助二次元器件更换、柜体防腐处理、零部件维护、SF_6气体补气等不停电工作。

6.3 开关柜标准化检修要求

6.3.1 检修前准备

根据工作安排合理开展准备工作，准备工作内容、标准见表6-1。

表 6-1		准备工作内容、标准
序号	工作内容	工作标准
1	根据检修计划安排，提前做好作业风险定级工作	按照《变电现场作业风险管控实施细则》中相关要求，明确作业风险等级
2	结合检修作业风险，必要时开展现场勘察工作	全面掌握检修设备状态、现场环境和作业需求，检修工作开展前应按检修项目类别组织合适人员开展设备信息收集和现场勘察，并填写勘察记录
3	根据实际作业风险，按照模板进行检修方案的编制	按照模板内容进行方案编制，在规定时间内完成审批。并提前准备好标准化作业卡
4	准备好施工所需工器具与仪器仪表、备品备件与相关材料、相关图纸及相关技术资料	仪器仪表、工器具应试验合格，满足本次施工的要求，材料应齐全，图纸及资料应符合现场实际情况
5	开工前确定现场工器具摆放位置	确保现场施工安全、可靠
6	根据本次作业内容和性质确定好检修人员，并组织学习检修方案	要求所有工作人员都明确本次工作的作业内容、进度要求、作业标准及安全注意事项

6.3.2 开关柜检修流程图

根据开关柜的结构和检修工艺以及作业环境，将作业的全过程优化后形成检修流程图，见图 6-1。

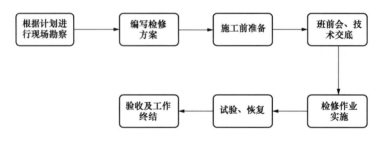

图 6-1 开关柜检修流程图

6.3.3 检修程序与工艺标准

6.3.3.1 开工管理

办理开工许可手续前应检查落实的内容，见表 6-2。

表 6-2	开 工 内 容 与 要 求
序号	内容与要求
1	工作负责人按照有关规定办理好工作票许可手续
2	工作许可手续完成后，由总工作票负责人进行安全交底，宣读工作票，交待工作任务、计划工作时间、人员分工等内容，并组织工作票所列人员确认签字。然后对分工作票进行工作许可

序号	内容与要求
3	总工作票负责人进行完安全交底后，各分工作票负责人带领各自工作班成员前往作业现场，再次对工作班成员进行安全交底，交待本工作票工作内容和人员分工，并在分工作票上确认签字
4	对辅助（外来）人员、新入职员工采用差异化标识进行身份标注，差异化分派工作任务，差异化实施现场监护，确保人员行为可控、在控

6.3.3.2 检修项目与工艺标准

按照"开关柜标准作业卡"对每一个检修项目，明确工艺标准、注意事项等内容，同时填写相关数据，见附录 E-1～附录 E-6。

6.3.3.2.1 关键工艺质量控制

（1）开关柜柜体表面应清洁、无异常。观察窗玻璃完好。柜门机械结构完好，功能正常。接地线的连接螺栓紧固、接地线固定良好。泄压通道符合要求。

（2）隔离开关、接地开关各部分外观清洁、无异物。与柜门、断路器、带电显示器装置的联锁程序正确，操作可靠，连接销钉齐全、传动部分转动灵活。

（3）互感器应外观清洁，无破损。一、二次接线，接地线连接紧固，与带电部分保持足够安全距离。

（4）电压互感器的中性点接线完好可靠，经消谐器接地时，消谐器完好正常。

（5）避雷器应外观清洁，无破损。母线端与接地端紧固良好，接线方式符合要求。与带电部分保持足够安全距离。

（6）高压带电显示装置功能正常，与其他装置联锁可靠，自检功能完好。

（7）驱潮、加热装置工作正常。

（8）其他元件表面清洁，无变色、开裂、烧伤，固定螺栓满足力矩要求。

（9）辅助回路和控制回路电缆、接地线外观完好，绝缘电阻合格。

6.3.3.2.2 安全注意事项

（1）应严格执行 Q/GDW 1799.1—2013《国家电网公司电力安全工作规程　变电部分》的相关要求。

（2）使用液压叉车、地牛、滚杆等工具搬运时应做好防倾倒伤人安全措施。

（3）高处作业人员，必须系好安全带和水平安全绳，地面应设专人监护。地面工作人员不得站在可能坠物的拆装附件下方。

（4）断开相关的各类电源并确认无电压。工作前，操动机构应充分释放所储能量。

（5）对于带电设备与作业地点接近的部位应在现场采用临时的隔离措施，并设专人进行监护。

（6）打开电压互感器柜门前，应检查电压互感器柜二次空气开关确已断开，打开后再次对电压互感器一次侧验电，确认电压互感器高压端不带电方可工作。核实避雷器实际接线与一次系统图一致，对于与母线直接连接的避雷器，应将母线停电。

（7）测试工作不得少于2人。测试负责人应由有经验的人员担任，测试负责人在测试期间应始终行使监护职责，不得擅离岗位或兼职其他工作。开始测试前，测试负责人应向全体测试人员详细布置测试中的安全注意事项，交待邻近间隔的带电部位，以及其他安全注意事项；测试时，作业人员间相互配合好，避免机械伤害。

（8）测试前，应通知有关人员离开被试设备，并取得测试负责人许可，方可开机测试。

6.3.3.3 竣工验收

工作结束后，按相关要求进行清理工作现场、自验收、关闭检修电源、清点工具、回收材料，填写检修记录，办理工作票终结等内容。竣工内容与要求见表6-3。

表6-3 竣 工 内 容 与 要 求

序号	内容与要求
1	清理工作现场，将工器具清点、整理并全部收拢，废弃物清除按相关规定处理完毕，材料及备品备件回收清点结束
2	按相关规定，关闭检修电源
3	验收内容： （1）检查无漏检项目，无遗留问题。 （2）对柜体及外观验收：包括漆面、铭牌、相色、封堵等进行验收。 （3）对主开关验收：包括开关本体、操动机构及位置指示、储能指示、辅助开关等进行验收。 （4）对设备状态指示系统验收：包括电流、电压、带电显示装置等进行验收。 （5）对其他方面验收：包括加热、驱潮装置、照明装置、一次引线等进行验收。 （6）对设备全部工作现场进行周密的检查，确保无遗留问题和遗留物品
4	验收流程及要求： （1）检修工作全部完成后以及隐蔽工程、高风险工序等关键环节阶段性完成后，作业班组应及时开展自验收，自验收合格后申请所属运维单位验收。各级设备管理部门按照作业风险分级开展验收工作监督。 （2）验收人员应在验收报告或标准作业卡的"执行评价"栏中记录验收情况并签字，验收资料至少保留一个检修周期
5	经各级验收合格，填写检修记录，办理工作票终结手续

6.4 运维检修过程中常见问题及处理方法

开关柜常见的故障类型、现象、原因及处理方法见表6-4。

表6-4 开关柜常见问题及处理方法

	缺陷现象	缺陷原因	处理方法
储能故障	电机空转不停机、储能指示灯不亮、只有断开控制开关才能使电机停止	行程开关限位过高	调节行程开关到适当位置
	异味、冒烟、熔断器熔断等现象	电机故障	更换储能电机
	电机不转、电机两端没有电压	控制开关故障或电路开路	更换开关或更换开路元件

缺陷现象		缺陷原因	处理方法
合闸故障	运行位置灯或试验位置灯不亮	开关手车所在位置未能启动转换开关	将开关手车稍微移动至所需位置
	不能电动合闸	辅助开关故障	转换开关及其他部位断线，更换开路元件
	合闸线圈未动作	控制开关损坏、线路断线等	更换烧损、断线元件
	合闸线圈有异味、冒烟、熔断器熔断等现象	合闸线圈烧毁	更换合闸线圈
分闸故障	不能电动分闸	辅助开关故障	转换开关及其他部位断线，更换开路元件
	线圈两端电阻过小或为零	线圈内部匝间短路	更换分闸线圈
	线圈两端电阻无穷大	线圈内部开路	更换分闸线圈
机械故障	电气指示与现场设备位置不符或电气拒动	机械连锁故障	微调手车开关位置，调整限位装置，更换变型的连锁拉杆
	不脱扣或连跳	机构中扇形轮与脱扣半轴啮合量不合适	调整机构中扇形轮与脱扣半轴啮合量，改变限位螺栓长度和分闸连杆的长度
电流互感器异常声音		紧固件松动，振动发声	进行紧固
		表面脏污，污闪放电	对外表面进行清擦
		互感器容量小，在过负荷的时候磁饱和	更换大容量互感器

6.4.1 接线端子烧损

问题描述：交流电源接线端子烧损，见图6-2。

处理方法：更换烧损端子排及线缆。

图 6-2 开关柜交流电源接线端子烧损

6.4.2 操控回路闭锁

问题描述：小车开关面板闭锁线圈烧损，见图6-3。

处理方法：更换闭锁线圈。

图6-3 开关柜断路器面板闭锁线圈烧损

6.4.3 状态指示及储能灯不亮

问题描述：指示灯不亮，见图6-4。

处理方法：检查灯座两端电压，更换指示灯或灯座。

图6-4 开关柜储能指示灯故障

6.4.4 带电显示器显示异常

问题描述：因带电显示器内部故障或带电电压互感器失效导致显示异常，见图6-5。

处理方法：更换损坏元件。

6.4.5 接地开关操作孔挡板锁死

问题描述：欠压脱扣器失效导致接地开关操作孔挡板锁死，见图6-6。

处理方法：更换失效的欠压脱扣器。

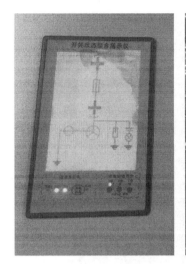

图 6-5 显示器、带电电压互感器异常

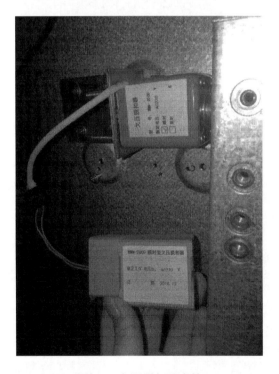

图 6-6 欠压脱扣器失效

6.4.6 辅助开关触点接触不良

问题描述：断路器出现控制回路断线信号，个别触点出现"似接非接"的接触不良现象，见图 6-7。

处理方法：将故障触点更换新微动开关或改用备用触点。

图 6-7　断路器辅助开关接触不良

6.4.7　分闸线圈烧损

问题描述：断路器分闸线圈烧损，见图 6-8。
处理方法：更换同规格的新线圈，见图 6-9。

图 6-8　断路器分闸线圈（烧损）

图 6-9　断路器分闸线圈（新）

第7章　电流互感器标准化检修方法

7.1　概述

电流互感器是一种传递、交换电流信息的特种变压器，将高电压系统中的电流或低电压系统的大电流变换成低电压、标准值的小电流，一般是 5A 或 1A，用以给测量仪器、仪表及保护或控制装置传送信息信号。因此，电流互感器性能的可靠程度是决定电力系统安全的重要因素。如何对电流互感器进行检修，保证其运行的可靠性对于电网安全运行尤为重要。

7.1.1　电流互感器型号及含义

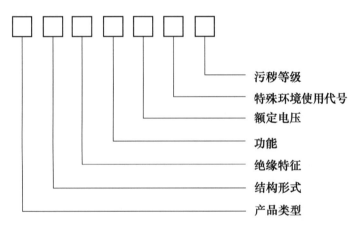

污秽等级
特殊环境使用代号
额定电压
功能
绝缘特征
结构形式
产品类型

（1）产品类型。L—（电磁式）电流互感器，LE—电子式电流互感器，LL—直流电流互感器，LP—中频电流互感器，LX—零序电流互感器，LS—速饱和电流互感器。

（2）结构形式。电容型绝缘不表示，A—非电容式绝缘，R—套管式（装入式），Z—支柱式，Q—线圈式，F—贯穿式（复匝），D—贯穿式（单匝），M—母线型，K—开合式，V—倒立式，H—SF₆ 气体绝缘配组合电器用。

（3）绝缘特征。油浸绝缘不表示，G—干式（合成薄膜绝缘或空气绝缘），Q—气体绝缘，K—绝缘壳，Z—浇注成型固体绝缘。

（4）功能。不带保护级不表示；B—保护用，BT—暂态保护用。

（5）特殊环境使用代号。TA—热带地区，TH—湿热带地区，T—干、湿热带地区通用，GY—高原地区。

（6）污秽等级。污秽等级 a 级、b 级不表示；W1—污秽等级 c 级（中等），W2—污秽等级 d 级（重），W3—污秽等级 e 级（很重）。

例：LB7-110GYW3，表示一台电容型绝缘、油浸式、带保护级、设计序号为 7、110kV 电流互感器，适用于高原地区、e 级污秽地区。

7.1.2 电流互感器的类型

电流互感器是指在正常使用条件下，其二次电流与一次电流实际成正比且在连接方法正确时其相位差接近于零的互感器。

7.1.2.1 按用途分类

（1）测量用电流互感器。为测量仪器和仪表传送信息信号的电流互感器。

（2）保护用电流互感器。为保护和控制装置传送信息信号的电流互感器。

（3）零序电流互感器。零序保护用的电流互感器，零序电流互感器在电力系统产生零序接地电流时与继电保护装置配合使用，使装置元件动作，实现保护或监控。

7.1.2.2 按使用环境分类

（1）户内型电流互感器。其安装属于非暴露安装，一般安装在室内或封闭箱体内。多用于电压等级为低压或中压的电力系统。

（2）户外型电流互感器。其安装属于暴露安装，通常是通过一段导体与架空输电线路相连。

7.1.2.3 按绝缘介质分类

（1）干式绝缘电流互感器。包括有塑料外壳（或瓷件）和无塑料外壳，由普通绝缘材料经浸漆处理的电流互感器。当用瓷件作主绝缘时，也称为瓷绝缘。

（2）浇注绝缘电流互感器。其绝缘主要是绝缘树脂混合胶浇注经固化成型。

（3）油浸绝缘电流互感器。其绝缘主要由绝缘纸绕包，并浸在绝缘油中。若在绝缘中配置均压电容屏，通常又称为油纸电容型绝缘。

（4）气体绝缘电流互感器。绝缘主要是具有一定压力的绝缘气体，例如，六氟化硫（SF_6）气体。

7.1.2.4 按电流变换原理分类

（1）电磁式电流互感器。根据电磁感应原理实现电流变换的电流互感器。

（2）电子式电流互感器。一种电子式互感器，在正常使用条件下，其二次转换器的输出电流实质上正比于一次电流，且相位差在连接方式正确时接近于已知相位角。电子式互感器又可分为光学电流互感器、空芯线圈电流互感器、铁芯线圈式低功率电流互感器。

7.1.2.5 按铁芯分类

（1）单铁芯电流互感器。只有一个铁芯的电流互感器。

（2）多铁芯电流互感器。有一个公共的一次绕组和多个铁芯，每个铁芯各有其二次绕组的电流互感器。

（3）分裂铁芯电流互感器。没有自身一次导体和一次绝缘，其铁芯可以按铰链方式打开（或以其他方式分离为两个部分），套在载有被测电流的绝缘导线上再闭合的电流互感器。分裂铁芯电流互感器通常也称作"开合式电流互感器"。

7.1.2.6 按二次绕组装配位置分类

可分为正立式和倒立式两种。正立式电流互感器是指二次绕组在产品下部的油箱内的电流互感器，其主绝缘包在一次绕组上，二次绕组有很少的绝缘。倒立式电流互感器是指二次绕组置于产品顶部的电流互感器，将具有地电位的二次绕组置于产品上部，二次绕组外部有足够的绝缘，一次绕组没有绝缘。

7.1.3 电流互感器基本结构

电流互感器按照结构与绝缘特点分为：油浸式电流互感器、SF_6 气体绝缘电流互感器和固体绝缘电流互感器等。下面就这三类互感器结构进行介绍。

7.1.3.1 油浸式电流互感器结构

油浸式电流互感器按照结构形式分为正立式和倒立式两种。

（1）油浸正立式电流互感器的结构：二次绕组装在产品的底部，产品由油箱、器身、二次出线、瓷套、膨胀器等部分组成。

（2）油浸倒立式电流互感器的结构：二次绕组放在产品的上部。产品由底座、一次绕组、二次绕组、二次出线、瓷套、储油柜、膨胀器等部分组成。

7.1.3.2 SF_6气体绝缘电流互感器的结构

SF_6 气体绝缘电流互感器由壳体、套管、二次出线盒和底座等部分组成。将具有地电位的二次绕组放在产品的上部，结构上属于倒立式结构。

7.1.3.3 固体绝缘电流互感器的结构

（1）干式绝缘电流互感器结构：二次绕组采用 QZ 型漆包线绕在骨架上，层间应加绝缘纸（膜），外包绝缘纸板或玻璃丝布带等，一、二次绕组均应浸渍绝缘漆后干燥处理，套装在叠装式铁芯上，一、二次绕组及铁芯外表面涂防护漆。

（2）塑壳式电流互感器结构：先根据互感器的外形采用注塑或其他方式加工成空心壳体，壳体充当互感器的模具。然后将互感器一次绕组、二次绕组及其他零部件组装到壳体内，再灌封树脂成型的电流互感器。

（3）树脂绝缘电流互感器结构：树脂绝缘是指将树脂、填料、颜料、固化剂等按一定比例混合，浇注到装有互感器一次绕组、二次绕组及其他零部件的模具内，经固化成型形成固体绝缘的电流互感器。

7.1.4 电流互感器主要技术参数

（1）额定一次电流。作为电流互感器性能基准的一次电流值。

（2）额定二次电流。作为电流互感器性能基准的二次电流值。

（3）实际电流比。实际一次电流与实际二次电流之比。

（4）额定电流比。额定一次电流与额定二次电流之比。

（5）准确级。对电流互感器所给定的等级。互感器在规定使用条件下的误差应在规定的限值内。

（6）额定负荷。确定互感器准确级所依据的负荷值。

（7）励磁电流。一次及其他绕组开路，将额定频率的正弦波电压施加到二次绕组端子上时，通过电流互感器二次绕组的电流方均根值。

7.2 电流互感器检修分类及要求

7.2.1 适用范围

适用于 35kV 及以上变电站电流互感器。

7.2.2 检修分类

A 类检修：整体性检修，包含整体更换、解体检修。

B 类检修：局部性检修，包含部件的解体检查、维修及更换。

C 类检修：例行检查及试验，包含整体检查、维护。

D 类检修：在不停电状态下进行的检修，包含专业巡视、SF$_6$ 气体补充、密度继电器校验及更换、压力表校验及更换、辅助二次元器件更换、金属部件防腐处理、箱体维护及带电检测等不停电工作。

7.3 电流互感器标准化检修要求

7.3.1 检修前准备

根据工作安排合理开展准备工作，准备工作内容、标准见表 7-1。

表 7-1 检 修 前 准 备

序号	内 容	标 准
1	根据检修计划安排，提前做好作业风险定级工作	按照《变电现场作业风险管控实施细则》中相关要求，明确作业风险等级
2	结合检修作业风险，必要时开展现场勘察工作	全面掌握检修设备状态、现场环境和作业需求，检修工作开展前应按检修项目类别组织合适人员开展设备信息收集和现场勘察，并填写勘察记录

序号	内　　容	标　　准
3	根据实际作业风险，按照模板进行检修方案的编制	按照模板内容进行方案编制，在规定时间内完成审批。并提前准备好标准化作业卡
4	准备好施工所需工器具与仪器仪表、备品备件与相关材料、相关图纸及相关技术资料	仪器仪表、工器具应试验合格，满足本次施工的要求，材料应齐全，图纸及资料应符合现场实际情况
5	开工前确定现场工器具摆放位置	确保现场施工安全、可靠
6	根据本次作业内容和性质确定好检修人员，并组织学习检修方案	要求所有工作人员都明确本次工作的作业内容、进度要求、作业标准及安全注意事项

7.3.2　电流互感器检修流程图

根据电流互感器的结构和检修工艺以及作业环境，将作业的全过程优化后形成检修流程图，见图 7-1。

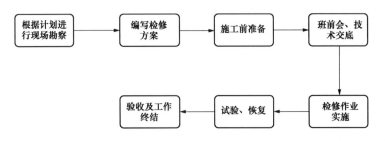

图 7-1　电流互感器检修流程图

7.3.3　检修程序与工艺标准

7.3.3.1　开工管理

办理开工许可手续前应检查落实的内容，见表 7-2。

表 7-2	开 工 内 容 与 要 求
序号	内容与要求
1	工作负责人按照有关规定办理好工作票许可手续
2	工作许可手续完成后，由总工作票负责人进行安全交底，宣读工作票，交待工作任务、计划工作时间、人员分工等内容，并组织工作票所列人员确认签字。然后对分工作票进行工作许可
3	总工作票负责人进行完安全交底后，各分工作票负责人带领各自工作班成员前往作业现场，再次对工作班成员进行安全交底，交待本工作票工作内容和人员分工，并在分工作票上确认签字
4	对辅助（外来）人员、新入职员工采用差异化标识进行身份标注，差异化分派工作任务，差异化实施现场监护，确保人员行为可控、在控

7.3.3.2 检修项目与工艺标准

按照"电流互感器标准作业卡"对每一个检修项目，明确工艺标准、注意事项等内容，同时填写相关数据，见附录 F-1～附录 F-6。

7.3.3.2.1 关键工艺质量控制

（1）一、二次接线端子应连接牢固，接触良好，标志清晰，无过热痕迹。

（2）端子密封完好，无渗漏，清洁无氧化。

（3）设备外观完好无损。外绝缘表面清洁、无裂纹及放电现象。

（4）金属部位无锈蚀，底座、构架牢固，无倾斜变形。

（5）架构、遮栏、器身外涂漆层清洁、无爆皮掉漆。

（6）无异常振动、异常声音及异味。

（7）二次回路应在端子排处一点接地。

（8）接地点连接可靠。

（9）油浸式电流互感器各部位应无渗漏油现象。

（10）结合环境温度判定油浸式电流互感器油位正常。

（11）油浸式电流互感器油位正常。膨胀器外罩最高（MAX）、最低（MIN）油位线及20℃的标准油位线标注清晰。

（12）末屏检查接触导通良好，末屏引出小套管接地良好，并有防转动措施。

（13）末屏小套管应清洁，无积污，无破损渗漏，无放电烧伤痕迹。

（14）油浸式电流互感器金属膨胀器指示正常，无渗漏。

7.3.3.2.2 安全注意事项

（1）电流互感器二次侧严禁开路。

（2）应认真检查电流互感器的状态，应注意对继电保护和安全自动装置的影响，防止误动。

（3）断开与互感器相关的各类电源并确认无压。拆下的控制回路及电源线头所作标记正确、清晰、牢固，防潮措施可靠。

（4）高处作业应正确使用安全带，作业人员在转移作业位置时不准失去安全保护。

（5）接取低压电源时，防止触电伤人。对于因平行或邻近带电设备导致检修设备可能产生感应电压时，应加装防止感应电的安全措施。

（6）调试过程试验电源应从试验电源屏或检修电源箱取得，严禁使用绝缘破损的电源线，用电设备与电源点距离超过3m的，必须使用带剩余电流动作保护器的移动式电源盘，试验设备和被试设备应可靠接地，设备通电过程中，试验人员不得中途离开。工作结束后应及时将试验电源断开。

（7）一次设备试验工作不得少于2人；试验作业前，必须规范设置安全隔离区域，向外悬挂"止步，高压危险！"的警示牌。设专人监护，严禁非作业人员进入。设备试验时，应将所要试验的设备与其他相邻设备做好物理隔离措施。

（8）装、拆试验接线应在接地保护范围内，穿绝缘鞋。在绝缘垫上加压操作，与加压设备保持足够的安全距离。

（9）更换试验接线前，应对测试设备充分放电。

7.3.3.3 竣工验收

工作结束后，按相关要求进行清理工作现场、自验收、关闭检修电源、清点工具、回收材料，填写检修记录，办理工作票终结等内容。竣工内容与要求见表7-3。

表7-3 竣 工 内 容 与 要 求

序号	内容与要求
1	清理工作现场，将工器具清点、整理并全部收拢，废弃物清除按相关规定处理完毕，材料及备品备件回收清点结束
2	按相关规定，关闭检修电源
3	验收内容： （1）检查无漏检项目，无遗留问题。 （2）对本体及外观验收：包括设备外观、铭牌、相色、封堵、一次引线等进行验收。 （3）对二次接线端子验收：二次接线端子应连接牢固，接触良好，标志清晰、末屏可靠接地。 （4）对设备全部工作现场进行周密的检查，确保无遗留问题和遗留物品
4	验收流程及要求： （1）检修工作全部完成后以及隐蔽工程、高风险工序等关键环节阶段性完成后，作业班组应及时开展自验收，自验收合格后申请所属运维单位验收。各级设备管理部门按照作业风险分级开展验收工作监督。 （2）验收人员应在验收报告或标准作业卡的"执行评价"栏中记录验收情况并签字，验收资料至少保留一个检修周期
5	经各级验收合格，填写检修记录，办理工作票终结手续

7.4 运维检修过程中常见问题及处理方法

电流互感器常见的故障类型、现象、原因及处理方法见表7-4。

表7-4 电流互感器常见问题及处理方法

缺陷现象	缺陷原因	处理方法
瓷套表面脏污、不清洁	受环境影响，瓷套表面积灰	使用酒精擦拭瓷质绝缘子表面
膨胀器油位观察窗模糊，难以查看油位	（1）膨胀器观察窗材质为有机玻璃，长时间使用风化、变色。 （2）观察窗破损	（1）整体更换膨胀器外罩，膨胀器外罩应标注清晰耐久的最高（MAX）、最低（MIN）油位线及20℃的标准油位线，油位观察窗选用具有耐老化、透明度高的材料进行制造。 （2）对于未出现锈蚀的膨胀器外罩可直接更换观察窗
膨胀器外罩锈蚀	受环境影响，长时间运行的电流互感器膨胀器外罩腐蚀生锈	对膨胀器外罩喷涂防腐涂料进行防腐处理

缺陷现象	缺陷原因	处理方法
绕组绝缘电阻下降,介质损耗超标或绝缘油微水超标	产品密封不良,使绝缘受潮,多伴有渗漏油或缺油现象	应对互感器器身进行干燥处理,如轻度受潮,可用热油循环干燥处理,严重受潮者,则需进行真空干燥。对老型号非全密封结构互感器,应进行更换或加装金属膨胀器
绝缘油介质损耗超标,含水量大,简化分析项目不合格,如酸值过高等	原制造厂油品把关不严,加入了劣质油;或运行维护中,补油时未作混油试验。盲目补油	新产品返厂更换处理。如是投运多年的老产品,可根据情况采用换油或进行油净化处理
设备运行中氢气或甲烷单项含量超过注意值,或者总烃含量超过注意值	对于氢气单项超标可能与金属膨胀器除氢处理或油箱涤化工艺不当有关,如果试验数据稳定,则不一定是故障反映,但当氢气含量增长较快时,应予注意。甲烷单项过高,可能是绝缘干燥不彻底或老化所致。对于总烃含量高的互感器,应认真分析烃类气体成分,对缺陷类型进行判断,并通过相关电气试验进一步确诊。当出现乙炔时应予高度重视,因为它是反映放电故障的主要指标	首先视情况补做相关电气试验,进一步判断缺陷性质。如判断为非故障原因,可进行换油或脱气处理。如确认为绝缘故障,则必须进行解体检修,或返厂处理或更换

7.4.1 瓷套表面脏污、不清洁

问题描述:电流互感器瓷套表面脏污、不清洁,见图7-2。

处理办法:及时清理瓷套管表面,对存在破损、裂纹、放电痕迹的套管进行更换,见图7-3。

图7-2 瓷套表面不清洁

图7-3 清洁瓷套表面后

7.4.2 膨胀器观察窗模糊

问题描述:膨胀器观察窗模糊,难以查看油位情况,见图7-4。

处理办法:更换膨胀器观察窗,见图7-5。

图 7-4　油位观察窗模糊　　　　　　图 7-5　油位观察窗清晰

7.4.3　膨胀器外罩锈蚀

问题描述：膨胀器外罩锈蚀，见图 7-6。

处理办法：对膨胀器外罩喷涂防腐涂料进行防腐处理，见图 7-7。

图 7-6　膨胀器外罩锈蚀处理前　　　　图 7-7　膨胀器外罩锈蚀处理后

7.4.4　膨胀器异常伸长顶起上盖

问题描述：运行中油浸式电流互感器内部放电产气导致膨胀器异常伸长顶起上盖，见图 7-8。

处理办法：更换电流互感器。

图 7-8　膨胀器异常伸长

第8章　电压互感器标准化检修方法

8.1　概述

电压互感器是将电力系统的高电压变换成标准的低电压（100V 或 $100/\sqrt{3}$ V）的设备。电压互感器变换电压的目的主要包括给测量仪表和继电保护装置供电，测量线路的电压、功率和电能，以及在线路发生故障时保护线路中的贵重设备、电机和变压器。

电压互感器工作原理与变压器相同，基本结构也是铁芯和一、二次绕组。特点是容量很小且比较恒定，正常运行时接近于空载状态。

8.1.1　电压互感器型号含义

8.1.1.1　电磁式电压互感器型号含义

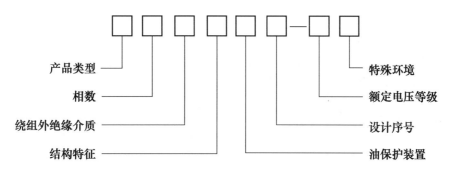

（1）产品类型。J—电磁式电压互感器。

（2）相数。D—单相，S—三相。

（3）绕组外绝缘介质。Z—浇注成型固体绝缘，G—干式（合成薄膜或空气绝缘），Q—气体绝缘，油浸式不表示。

（4）结构特征。B—三柱带补偿绕组，C—串级式带剩余（零序）绕组，W—五柱三绕组，X—带剩余（零序）绕组，F—有测量和保护分开的二次绕组，H—SF₆气体绝缘配组合电器用，R—高压侧带熔断器，V—三相 V 连接。

（5）油保护装置。N—不带金属膨胀器；带金属膨胀器不表示。

（6）设计序号。用数字表示。

（7）额定电压等级。单位为千伏（kV）。

（8）特殊环境。GY—高原地区用；W—污秽地区用；TA—干热带地区用；TH—潮热带地区用。

例：JDZX9—10 表示 1 台单相、浇注成型固体绝缘、带剩余绕组、10kV 等级、设计序号为 9 的电磁式电压互感器。

8.1.1.2 电容式电压互感器型号含义

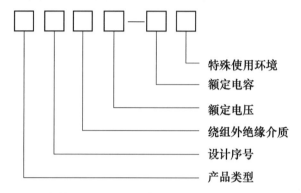

特殊使用环境
额定电容
额定电压
绕组外绝缘介质
设计序号
产品类型

（1）产品类型。T—成套装置，YD—电容式电压互感器。

（2）设计序号。用数字表示。

（3）绕组外绝缘介质。Q—气体绝缘，油浸式不表示。

（4）额定电压。单位为千伏（kV）。

（5）额定电容。单位为微法（μF）。

（6）特殊使用环境。H—防污型。

例：TYD500$\sqrt{3}$-0.005 表示 1 台单相、油浸、额定一次电压为 500$\sqrt{3}$ kV、额定一次电容为 0.005μF 的电容式电压互感器。

8.1.2 电压互感器的类别

8.1.2.1 按安装地点分类

可分为户内式和户外式。35kV 及以下多制成户内式；35kV 以上则制成户外式。

8.1.2.2 按绕组数目分类

可分为双绕组和三绕组电压互感器，三绕组电压互感器除一次侧和基本二次侧外，还有一组辅助二次侧，供接地保护用。

8.1.2.3 按绝缘方式分类

可分为油浸式、干式、浇注式和充气式。

（1）油浸式电压互感器。油浸式电压互感器是由膨胀器，底板，高压瓷套，一、二次出线盒，油箱等组成。铁芯和绕组均放于充满油的油箱内，绕组通过套管引出。

（2）干式电压互感器。干式电压互感器主要由铁芯、绕组等组成。相对于油浸式电压互感器，干式电压互感器无油，不会出现火灾、爆炸、污染等问题。

（3）浇注式电压互感器。浇注式电压互感器是由一、二次绕组机器引线端子、铁芯等用环氧树脂浇注成一个整体，再将浇注体、底座等组装一起。浇注式电压互感器在环氧树脂浇注体下部涂有半导体漆，并与金属底板相连，可以改善电场的不均匀性和电力线畸变的情况，主要用于 35kV 及以下电压等级，由单项双绕组、单项三绕组之分。浇注式电压互感器的优点是运行维护方便，但一旦损坏只能更新。

（4）充气式电压互感器。SF_6 电压互感器采用单相双柱式铁芯，器身结构与油浸单级式电压互感器相似，层间绝缘采用有纬聚酯黏带和聚酯薄膜，一次绕组截面采用矩形或分级宝塔形。SF_6 气体绝缘电压互感器在 GIS 中应用较多。

8.1.2.4 按结构原理

可分为电磁式和电容式，电磁式又可分为单级式和串级式。

（1）电容式电压互感器。由电容分压器和电磁装置两部分叠装组成。不同电压等级的 CVT 工作原理相同，只是电容分压器上分压电容不同。电磁装置安装于油箱中，由中压变压器，补偿电抗器，阻尼电抗器等器件组成，主要作用是将中压电压转变成测量及保护用低压电压的作用，二次绕组及载波通信端由油箱正面的出线端子盒引出。

（2）电磁式电压互感器。电磁式电压互感器的结构和原理与电力变压器类似，在一个闭合磁路的铁芯上，绕有互相绝缘的一次绕组和二次绕组，将高电压、大电流转换成低电压、小电流。

8.1.2.5 电压互感器的基本参数

8.1.2.5.1 电容式电压互感器基本参数

（1）设备最高电压 U_m。最高的相间电压方均根值，是设备设计绝缘的依据。

（2）额定一次电压 U_{pr}。用于电容式电压互感器标志并作为其性能基准的一次电压值。

（3）额定二次电压 U_{sr}。用于电容式电压互感器标志并作为其性能基准的二次电压值。

（4）额定频率。额定频率的标准值为 50Hz。

（5）额定电压因数。是与额定一次电压相乘以确定最高电压的系数，在此电压下，互感器必须满足相应的规定时间的热性能要求和相应的准确度要求，额定电压因数由最高运行电压确定。

（6）额定电容。电容分压器设计时选用的电容值。

（7）额定输出。是在额定二次电压下和接有额定负荷时，电容式电压互感器所供给二次电路的视在功率值。

（8）额定准确级。这是对互感器给定的等级，表示它在规定使用条件下的比值差和相位差保持在规定的限值内。

（9）额定绝缘水平。电容式电压互感器绝缘水平按照设备最高电压选取。

8.1.2.5.2 电磁式电压互感器基本参数

（1）设备最高电压 U_m。最高的相间电压方均根值，是设备设计绝缘的依据。

（2）额定一次电压 U_{pr}。用于电磁式电压互感器标志并作为其性能基准的一次电压值。

（3）额定二次电压 U_{sr}。用于电磁式电压互感器标志并作为其性能基准的二次电压值。

（4）额定输出。额定输出值是以伏安表示的，国家标准分别规定了功率因数 $\cos\varphi = 1.0$ 和 $\cos\varphi = 0.8$ 两个系列的额定输出标准值。

（5）额定准确级。测量用单相电压互感器的准确级为 0.1 级、0.2 级、0.5 级、1 级、3 级，是以该准确级在额定电压和额定负荷下所规定的最大允许电压误差百分数来确定标称的。保护用单相电压互感器的准确级为 3P 级和 6P 级，是以该准确级自 5%额定电压到额定电压因数相对应电压的范围内的最大允许电压误差百分数来标称的，其后标字母为 P。在 2%额定电压下的误差限值为 5%额定电压下的误差限值的两倍。

（6）额定电压因数。是与额定一次电压值相乘的一个因数，以确定电压互感器应满足规定时间内有关热性能要求和满足有关准确级要求的最高电压。

8.2 电压互感器的检修分类及要求

8.2.1 适用范围

适用于 35kV 及以上变电站电压互感器。

8.2.2 检修分类

A 类检修：整体性检修，包含整体更换、解体检修。

B 类检修：局部性检修，包含部件的解体检查、维修及更换。

C 类检修：例行检查及试验，包含整体检查、维护。

D 类检修：在不停电状态下进行的检修，包含专业巡视、110kV 及以上电压等级 SF_6 气体补充、密度继电器校验及更换、压力表校验及更换、辅助二次元器件更换、金属部件防腐处理、箱体维护及带电检测等不停电工作。

8.3 电压互感器标准化检修要求

8.3.1 检修前准备

根据工作安排合理开展准备工作，准备工作内容、标准见表 8-1。

表 8-1 检 修 前 准 备

序号	内　容	标　准
1	根据检修计划安排，提前做好作业风险定级工作	按照《变电现场作业风险管控实施细则》中相关要求，明确作业风险等级

序号	内　容	标　准
2	结合检修作业风险，必要时开展现场勘察工作	全面掌握检修设备状态、现场环境和作业需求，检修工作开展前应按检修项目类别组织合适人员开展设备信息收集和现场勘察，并填写勘察记录
3	根据实际作业风险，按照模板进行检修方案的编制	按照模板内容进行方案编制，在规定时间内完成审批。并提前准备好标准化作业卡
4	准备好施工所需工器具与仪器仪表、备品备件与相关材料、相关图纸及相关技术资料	仪器仪表、工器具应试验合格，满足本次施工的要求，材料应齐全，图纸及资料应符合现场实际情况
5	开工前确定现场工器具摆放位置	确保现场施工安全、可靠
6	根据本次作业内容和性质确定好检修人员，并组织学习检修方案	要求所有工作人员都明确本次工作的作业内容、进度要求、作业标准及安全注意事项

8.3.2　电压互感器检修流程图

根据电压互感器的结构和检修工艺以及作业环境，将作业的全过程优化后形成检修流程图，见图 8-1。

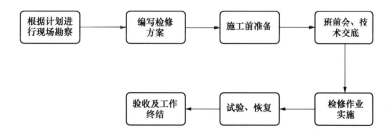

图 8-1　电压互感器检修流程

8.3.3　检修程序与工艺标准

8.3.3.1　开工管理

办理开工许可手续前应检查落实的内容，见表 8-2。

表 8-2　　　　　　　　　　　开 工 内 容 与 要 求

序号	内容与要求
1	工作负责人按照有关规定办理好工作票许可手续
2	工作许可手续完成后，由总工作票负责人进行安全交底，宣读工作票，交待工作任务、计划工作时间、人员分工等内容，并组织工作票所列人员确认签字。然后对分工作票进行工作许可
3	总工作票负责人进行完安全交底后，各分工作票负责人带领各自工作班成员前往作业现场，再次对工作班成员进行安全交底，交待本工作票工作内容和人员分工，并在分工作票上确认签字
4	对辅助（外来）人员、新入职员工采用差异化标识进行身份标注，差异化分派工作任务，差异化实施现场监护，确保人员行为可控、在控

8.3.3.2 检修项目与工艺标准及安全注意事项

按照"电压互感器标准作业卡"对每一个检修项目，明确工艺标准、注意事项等内容，同时填写相关数据，见附录 G-1～附录 G-6。

8.3.3.2.1 关键工艺质量控制

（1）一、二次接线端子应连接牢固，接触良好，标志清晰，无过热痕迹。

（2）二次端子密封完好，无渗漏，清洁无氧化。

（3）设备外观完好无损。外绝缘表面清洁、无裂纹及放电现象。

（4）金属部位无锈蚀，底座、构架牢固，无倾斜变形。

（5）架构、遮栏、器身外涂漆层清洁、无爆皮掉漆。

（6）无异常振动、异常声音及异味。

（7）接地点连接可靠。

（8）油浸式互感器无渗漏油现象，油位正常。

（9）金属膨胀器波纹片无渗漏、开裂或永久变形，膨胀位置指示正常，顶盖外罩连接螺钉齐全无锈蚀。

（10）检查二次接线排列应整齐美观，接线牢靠、接触良好不松动。

（11）二次熔断器或二次空气开关正常。

（12）加热器回路工作正常，能自动投切。

（13）末屏检查接触导通良好，末屏引出小套管接地良好，并有防转动措施。

（14）所有紧固件应用力矩扳手或液压设备进行定量紧固控制。

（15）互感器及附件绝缘电阻满足要求。用 2500V 绝缘电阻表测量互感器的绝缘电阻。辅助回路和控制回路电缆、接地线外观完好，用 1000V 绝缘电阻表测量电缆的绝缘电阻。

8.3.3.2.2 安全注意事项

（1）工作前必须认真检查停用电压互感器的状态，应注意对继电保护和安全自动装置的影响，将二次回路主熔断器或二次空气开关断开，防止电压反送。

（2）在现场进行电压互感器的检修工作，应注意与带电设备保持足够的安全距离，同时做好检修现场各项安全措施。

（3）断开与互感器相关的各类电源并确认无压。

（4）接取低压电源时，防止触电伤人。对于因平行或邻近带电设备导致检修设备可能产生感应电压时，应加装防止感应电的安全措施。

（5）拆下的二次回路线头所作标记正确、清晰、牢固，防潮措施可靠。

（6）高处作业应正确使用安全带，作业人员在转移作业位置时不准失去安全保护。

（7）一次设备试验工作不得少于 2 人；试验作业前，必须规范设置安全隔离区域，向外悬挂"止步，高压危险！"的警示牌。设专人监护，严禁非作业人员进入。设备试验时，应将所要试验的设备与其他相邻设备做好物理隔离措施。

（8）调试过程试验电源应从试验电源屏或检修电源箱取得，严禁使用绝缘破损的电源线，用电设备与电源点距离超过 3m 的，必须使用带漏电保护器的移动式电源盘，试验设备和被试设备应可靠接地，设备通电过程中，试验人员不得中途离开。工作结束后应及时将试验电源断开。

（9）装、拆试验接线应在接地保护范围内，穿绝缘鞋。在绝缘垫上加压操作，与加压设备保持足够的安全距离。

（10）更换试验接线前，应对测试设备充分放电。

8.3.3.3 竣工验收

工作结束后，按相关要求进行清理工作现场、自验收、关闭检修电源、清点工具、回收材料，填写检修记录，办理工作票终结等内容。竣工内容与要求见表 8-3。

表 8-3　　　　　　　　　　　竣 工 内 容 与 要 求

序号	内容与要求
1	清理工作现场，将工器具清点、整理并全部收拢，废弃物清除按相关规定处理完毕，材料及备品备件回收清点结束
2	按相关规定，关闭检修电源
3	验收内容： （1）检查无漏检项目，无遗留问题。 （2）对本体及外观验收：包括设备外观、铭牌、相色、封堵、一次引线等进行验收。 （3）对二次接线端子验收：二次接线端子连接牢固，接触良好，标志清晰、末屏可靠接地。 （4）对设备全部工作现场进行周密的检查，确保无遗留问题和遗留物品
4	验收流程及要求： （1）检修工作全部完成后以及隐蔽工程、高风险工序等关键环节阶段性完成后，作业班组应及时开展自验收，自验收合格后申请所属运维单位验收。各级设备管理部门按照作业风险分级开展验收工作监督。 （2）验收人员应在验收报告或标准作业卡的"执行评价"栏中记录验收情况并签字，验收资料至少保留一个检修周期
5	经各级验收合格，填写检修记录，办理工作票终结手续

8.4　运维检修过程中常见问题及处理方法

电压互感器常见问题及处理方法见表 8-4。

表 8-4　　　　　　　　　　电压互感器常见问题及处理方法

缺陷现象	缺陷原因	处理方法
瓷套表面脏污、不清洁	受环境影响，瓷套表面积灰	结合停电对设备外瓷套进行清扫或冲洗，也可以进行带电水冲洗
油位观察窗模糊，难以查看油位	（1）膨胀器观察窗材质为有机玻璃，长时间使用风化、变色。 （2）观察窗破损	（1）整体更换膨胀器外罩，膨胀器外罩应标注清晰耐久的最高（MAX）、最低（MIN）油位线及 20℃的标准油位线，油位观察窗选用具有耐老化、透明度高的材料进行制造。 （2）对于未出现锈蚀的膨胀器外罩可直接更换观察窗

缺陷现象	缺陷原因	处理方法
膨胀器外罩锈蚀	受环境影响，长时间运行的电压互感器膨胀器外罩腐蚀生锈	对膨胀器外罩喷涂防腐涂料进行防腐处理
二次接线端子松动	二次接线端子未可靠紧固	检查、拧紧连接螺丝，使二次回路接触良好
互感器进水受潮、绕组绝缘电阻下降、介质损耗超标或绝缘微水超标	产品密封不良使绝缘受潮，多伴有渗漏油或缺油现象，以老型号互感器较多	应对互感器器身进行干燥处理，如轻度受潮，可用热油循环干燥处理，严重受潮者，则需进行真空干燥。对老型号非全密封结构互感器，应进行更换或加装金属膨胀器
设备运行中氢气或甲烷单项含量超过注意值，或者总烃含量超过注意值	对于氢气单项超标可能与金属膨胀器除氢处理或油箱涤化工艺不当有关，如果试验数据稳定，则不一定是故障反映，但当氢气含量增长较快时，应予注意。甲烷单项过高，可能是绝缘干燥不彻底或老化所致。对于总烃含量高的互感器，应认真分析烃类气体成分，对缺陷类型进行判断，并通过相关电气试验进一步确认。当出现乙炔时应予高度重视，因为它是反映放电故障的主要指标	首先视情况补作相关电气试验，进一步判断缺陷性质。如判断为非故障原因，可进行换油或脱气处理。如确认为绝缘故障，则必须进行解体检修，或返厂处理或更换

8.4.1 出厂铭牌不清晰

问题描述：出厂铭牌不清晰、有锈蚀，见图 8-2。

处理方法：根据设备出厂报告制作设备铭牌，铭牌布置位置应保证现场清晰可识别，见图 8-3。

图 8-2 出厂铭牌不清晰

图 8-3 设备出厂铭牌齐全、清晰可识别

8.4.2 运行编号标志不清晰

问题描述：设备运行编号标志不清晰，见图 8-4。

处理方法：对设备运行编号标志进行更换或处理，见图 8-5。

图 8-4 设备运行编号标志不清晰　　　图 8-5 运行编号标志清晰、正确可识别

8.4.3 构架金属部位存在锈蚀、爆漆

问题描述：构架金属部位存在锈蚀、爆漆，见图 8-6。

处理方法：对设备构架金属部位进行防腐除锈处理，保证金属部位无锈蚀，见图 8-7。

图 8-6 构架金属部位存在锈蚀、爆漆　　　图 8-7 构架金属部位无锈蚀、爆漆

8.4.4 器身外涂漆层不清洁

问题描述：外绝缘表面存在积灰现象，见图 8-8。

处理方法：结合停电对设备外瓷套进行清扫或冲洗，也可以进行带电水冲洗，见图 8-9。

图 8-8　清理前　　　　　　　　　　　　　图 8-9　清理后

第9章 避雷器标准化检修方法

9.1 概述

避雷器是用于保护电气设备免受高瞬态过电压危害并限制续流时间的一种电器。其通常连接在电网导线与地线之间，有时也连接在电器绕组旁或导线之间。避雷器有时也称为过电压保护器、过电压限制器。

9.1.1 避雷器型号含义

避雷器型号含义如下：

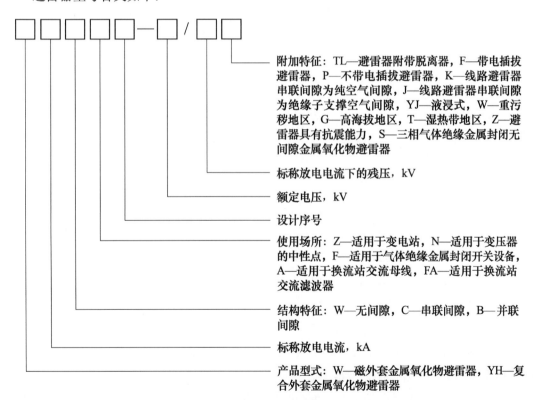

例，YH5WZ2-51/134，Y 表示金属氧化物避雷器，H 表示复合外套，5 表示标称放电电流为 5kA，W 表示结构特征为无间隙，Z 表示使用场所为电站型，2 表示设计序号，51 表示额定电压为 51kV，134 表示标称电流下最大残压为 134kV。

9.1.2 避雷器的类型

避雷器主要有三种类型，即管型避雷器、阀型避雷器和氧化锌避雷器。

（1）管型避雷器。管型避雷器是一种具有较高熄弧能力的保护间隙，当发生雷击时，内外间隙均被击穿，雷电流经间隙流入大地，其结构复杂，常用于 10kV 线路上，作为变压器、开关、电容器、电缆头等电气设备的防雷保护。适用于工频电网容量小、线路长、短路电流不大而雷电活动很强且频繁的村或山区。

（2）阀型避雷器。阀型避雷器应用在电力系统中，当系统中出现过电压且峰值超过间隙放电电压时，间隙被击穿，电流通过阀片流入大地，由于阀片的非线性特征，故在阀片上产生的压降（残压）将得到限制，使其低于被保护设备的冲击耐压，从而设备得到保护。

阀型避雷器的结构复杂，常用于电气线路、变配电设备、电动机、开关等的防雷。适用于交直流电网，不受容量、线路长短、短路电流的限制，工业系统中的变配电所设备及线路均可使用。

（3）氧化锌避雷器。氧化锌避雷器在电力系统中应用较为广泛。它主要由主体元件、绝缘底座、接线盖板和均压环等组成。主体元件由非线性金属氧化电阻片组装，密封于高压绝缘瓷套内，无任何放电间隙。

氧化锌避雷器无放电延时，因外部雷电过电压动作后，无工频续流，可经受多重雷击，残压低，通流量大，体积小、重量轻，运行维护简单，常用于电气系统及电气设备的防雷及过电压保护。

9.1.3 避雷器的基本结构

避雷器各类型结构主要介绍如下：

（1）管型避雷器。管型避雷器由灭弧管内间隙和外间隙组成。灭弧管一般用纤维胶木等能在高温下产生气体的材料制成。当雷电波、过电压来临时，管式避雷器的内、外间隙被击穿，过电流通过接地线流入大地。接踵而来的工频电流产生强烈的电弧，电弧燃烧管壁并产生大量气体从管口喷出，很快的吹灭电弧。同时外部间隙恢复绝缘，使灭弧管或者避雷器与系统隔开，使电力恢复运行。

（2）阀型避雷器。阀型避雷器由放电间隙和非线形电阻阀片组成，并密封在瓷管内。

1）放电间隙是由若干个标准单个放电间隙（间隙电容）串联而成，并联一组均压电阻，可提高间隙绝缘强度的恢复能力。

2）非线形电阻阀片也是由许多单个阀片串联而成，火花间隙由数个圆盘形的铜质电极组成，每对间隙用 0.5～1mm 厚云母片（垫圈式）隔开。

（3）氧化锌避雷器。氧化锌避雷器一般以下面几个主要部件组成：

1）串联的氧化锌线性电阳片（或称阀片）组成阀芯。

2）玻璃纤维增强热固性树脂（FRP）构成的内绝缘和机械强度材料。

3）热硫化硅橡胶或瓷柱外伞套材料。

4）有机硅密封胶和黏合剂。

5）内电极、外接线端子及金具。

9.1.4 避雷器的主要技术参数

（1）额定频率。能使用该避雷器的电力系统的频率，避雷器的额定频率为 50Hz（国内）及 60Hz（国外）。

（2）额定电压。允许加在避雷器端子间的最大工频电压有效值，是其在正常运行时具有最大经济效益时的电压，也是其长时间工作时所适用的最佳电压。

（3）避雷器持续运行电压。在运行中允许持久地施加在避雷器端子上的工频电压有效值。

（4）避雷器残压。残压是指避雷器通过规定波形的冲击电流时，其两端出现的电压的值。

（5）避雷器直流参考电压（1mA）。避雷器通过 1mA 的直流参考电流时测出的直流电压平均值。

（6）避雷器工频参考电压。工频参考电流下测出的避雷器上的工频电压最大峰值除以 $\sqrt{2}$（一般数值等于避雷器的额定电压值）。

（7）避雷器工频参考电流。用于确定避雷器工频参考电压的工频电流阻性分量的峰。

（8）通流容量。是指在规定的条件（以规定的时间间隔和次数，施加标准的冲击电流）下，允许通过压敏电阻器上的最大脉冲（峰值）电流值。一般过压是一个或一系列的脉冲波。实验压敏电阻所用的冲击波有两种，一种是为 8/20μs 波，即通常所说的波头为 8μs 波尾时间为 20μs 的脉冲波，另外一种为 2μs 的方波。

（9）爬电距离。低压端至高压端沿避雷器表面的瓷套或硅橡胶的表面距离，就是避雷器高低压两端外表绝缘部分的距离。

9.2 避雷器检修分类及要求

9.2.1 适用范围

适用于 35kV 及以上变电站避雷器。

9.2.2 检修分类

A 类检修：指整体性检修。包含整体更换、解体检修。

B类检修：指局部性检修。包含部件解体检查、维修及更换。

C类检修：指例行检查和试验。包含检查、维护。

D类检修：指在不停电状态下进行的检修。包含专业巡视、气体补充、监测装置更换、辅助元器件更换、密度继电器校验及更换、金属部件防腐处理、箱体维护等不停电工作。

9.3 避雷器标准化检修要求

9.3.1 检修前准备

根据工作安排合理开展准备工作，准备工作内容、标准见表9-1。

表 9-1　　　　　　　　　　　　检 修 前 准 备

序号	内　　容	标　　准
1	根据检修计划安排，提前做好作业风险定级工作	按照《变电现场作业风险管控实施细则》中相关要求，明确作业风险等级
2	结合检修作业风险，必要时开展现场勘察工作	全面掌握检修设备状态、现场环境和作业需求，检修工作开展前应按检修项目类别组织合适人员开展设备信息收集和现场勘察，并填写勘察记录
3	根据实际作业风险，按照模板进行检修方案的编制	按照模板内容进行方案编制，在规定时间内完成审批。并提前准备好标准化作业卡
4	准备好施工所需工具与仪器仪表、备品备件与相关材料、相关图纸及相关技术资料	仪器仪表、工器具应试验合格，满足本次施工的要求，材料应齐全，图纸及资料应符合现场实际情况
5	开工前确定现场工器具摆放位置	确保现场施工安全、可靠
6	根据本次作业内容和性质确定好检修人员，并组织学习检修方案	要求所有工作人员都明确本次工作的作业内容、进度要求、作业标准及安全注意事项

9.3.2 避雷器检修流程图

根据避雷器的结构和检修工艺以及作业环境，将作业的全过程优化后形成检修流程图，见图9-1。

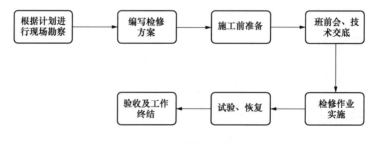

图 9-1 检修流程图

9.3.3　检修程序与工艺标准

9.3.3.1　开工管理

办理开工许可手续前应检查落实的内容，见表 9-2。

表 9-2　　　　　　　　　　　　开 工 内 容 与 要 求

序号	内容与要求
1	工作负责人按照有关规定办理好工作票许可手续
2	工作许可手续完成后，由总工作票负责人进行安全交底，宣读工作票，交待工作任务、计划工作时间、人员分工等内容，并组织工作票所列人员确认签字。然后对分工作票进行工作许可
3	总工作票负责人进行完安全交底后，各分工作票负责人带领各自工作班成员前往作业现场，再次对工作班成员进行安全交底，交待本工作票工作内容和人员分工，并在分工作票上确认签字
4	对辅助（外来）人员、新入职员工采用差异化标识进行身份标注，差异化分派工作任务，差异化实施现场监护，确保人员行为可控、在控

9.3.3.2　检修项目与工艺标准

按照"避雷器标准作业卡"对每一个检修项目，明确工艺标准、注意事项等内容，同时填写相关数据，见附录 H-1～附录 H-3。

9.3.3.2.1　关键工艺质量控制

（1）基座及法兰无裂纹、锈蚀。

（2）绝缘基座绝缘电阻应符合标准要求，绝缘底座法兰黏合处应涂覆防水胶，底座应与支柱孔位对位，并固定紧固。

（3）螺栓应对称均匀紧固，力矩符合产品技术规定。

（4）绝缘外套无变形、破损、放电、烧伤痕迹，积水、防水性能良好。

（5）支架各焊接部位无开裂、锈蚀。

（6）避雷器接线板、设备线夹、导线外观无异常，螺栓应与螺孔匹配。

（7）引流线拉紧，绝缘子紧固可靠、受力均匀，轴销、档卡完整可靠，引流线无烧伤、断股、散股。

（8）各搭接面应清除氧化层，并对搭接面打磨处理，保证其平整度，无毛刺、无明显凹凸。

（9）均压环装配牢固，无倾斜、变形、锈蚀。

（10）避雷器、均压环排水孔通畅。对地、对中间法兰的空气间隙距离应符合技术标准。

（11）避雷器释压板及喷嘴无变形、损伤、堵塞现象。

（12）避雷器接地装置应连接可靠、焊接部位无开裂、锈蚀。

9.3.3.2.2 安全注意事项

（1）工作过程中严禁攀爬避雷器、踩踏均压环。

（2）断开相关二次电源，并采取隔离措施。

（3）雷雨天气禁止进行避雷器检修。

（4）在梯子上工作时，梯子应有人扶持和监护。

（5）拆、装起吊时应采用适合吊物重量的吊具，且在起吊过程中应保持垂直角度起吊，并绑揽风绳控制吊物摆动。

（6）吊装过程中应设专人指挥，指挥人员应站在能全面观察到整个作业范围及吊车司机和司索人员的位置，对于任何工作人员发出紧急信号，必须停止吊装作业。

（7）应按避雷器的说明书要求，从专用吊点处进行吊装，防止破坏设备密封性能，以及在吊装过程脱落伤及人身与设备。高空作业禁止将安全带系在避雷器及均压环上。

9.3.3.3 竣工验收

工作结束后，按相关要求进行清理工作现场、自验收、关闭检修电源、清点工具、回收材料，填写检修记录，办理工作票终结等内容。竣工内容与要求见表 9-3。

表 9-3   竣工内容与要求

序号	内容与要求
1	清理工作现场，将工器具清点、整理并全部收拢，废弃物清除按相关规定处理完毕，材料及备品备件回收清点结束
2	按相关规定，关闭检修电源
3	验收内容： （1）检查无漏检项目，无遗留问题。 （2）对本体及外观验收：包括设备外观、铭牌等进行验收。 （3）对监测装置验收：包括读数、接线柱、接地装置等进行验收。 （4）对均压环验收：包括外观、接线、排水孔等进行验收。 （5）对其他方面验收：包括底座、压力释放通道等进行验收。 （6）对设备全部工作现场进行周密的检查，确保无遗留问题和遗留物品
4	验收流程及要求： （1）检修工作全部完成后以及隐蔽工程、高风险工序等关键环节阶段性完成后，作业班组应及时开展自验收，自验收合格后申请所属运维单位验收。各级设备管理部门按照作业风险分级开展验收工作监督。 （2）验收人员应在验收报告或标准作业卡的"执行评价"栏中记录验收情况并签字，验收资料至少保留一个检修周期
5	经各级验收合格，填写检修记录，办理工作票终结手续

9.4 运维检修过程中常见问题及处理方法

避雷器常见的故障类型、现象、原因及处理方法见表 9-4。

表 9-4		避雷器常见问题及处理方法
缺陷现象	缺陷原因	处理方法
避雷器受潮	密封不良，瓷套管上有裂纹，外部潮气侵入内腔而使绝缘下降	利用试验进行诊断性分析，对受潮导致绝缘不良及外观有裂纹的设备进行更换
避雷器绝缘击穿	避雷器火花间隙、并联电阻、橡胶密封件老化	巡视发现有设备老化避雷器进行停电更换
避雷器表面闪络	瓷套表面污染	进行带电防污闪治理或停电清扫

9.4.1 避雷器受潮烧损

问题描述：10kV避雷器内部绝缘受潮，造成击穿放电，见图9-2。

处理方法：加强设备巡视质量，用带电检测手段进行设备运行状况监测，及时评估设备运行水平。

图 9-2　受潮避雷器炸裂

9.4.2 避雷器老化损坏

问题描述：避雷器设备老化、绝缘降低，在过电压情况下，造成避雷器绝缘击穿，见图9-3。

处理方法：加强避雷器运维巡视，对运行超过10年的避雷器做好停电试验和红外热成像检测，发现问题及时更换。

图 9-3　避雷器烧损情况

第 10 章　并联电容器组标准化检修方法

10.1　概述

电力电容器的主要作用是补偿电力系统的无功功率，提高负荷功率因素，减少线路的无功输送，提高电网的输送功率，减少功率损耗，降低电能损耗和改善电压质量以及提高设备利用率。电容器组在日常应用中投切比较频繁，因此对电力电容器的正确使用，采取合理接线和保护方式，掌握维护要点，了解常见故障的产生原因和处理方法，特别是注意过电压和过热对电力电容的影响，对于保证电力电容器的正常运行及其重要。

10.1.1　并联电容器组的含义

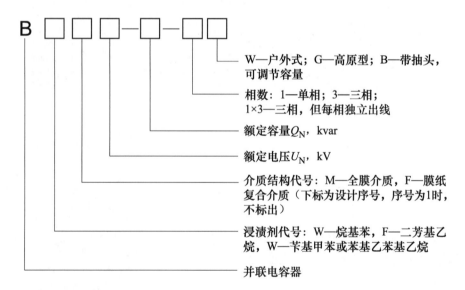

例：型号 BAM11.5-200-1W，B 表示并联电容器，A 表示浸渍剂为苄基甲苯，11.5 表示电压等级为 11.5kV，200 表示电容器的容量为 200kvar，1 表示为单相，W 表示安装方式为户外安装。

10.1.2　并联电容器组的类型

并联电容器组通常按照电容器的结构形式进行分类。分为框架式和集合式。

框架式：多组电容器单元分层排列于框架上。使用环境有户内围栏式、户外围栏式。

集合式：将可以单独使用的小单元电容器组装在充满绝缘油的大箱壳中组成的电容器。

10.1.3 并联电容器组基本结构

并联电容器组通常有以下几个部分组成：

（1）隔离开关。明显可见断口，检修时保证人身安全。

（2）串联电抗器。限制合闸涌流，抑制系统谐波。

（3）熔断器。用来切断并联电容器内部的短路电流（现通常采用内置式）。

（4）放电线圈。泄放电容器内部的储能，在电容器组脱离电源后，能在 5s 内将电容器组上的剩余电压降至 50V 以下，同时还可提供继电保护信号。

（5）避雷器。通常装在电容器进线位置，抑制电容器组的操作过电压。

（6）电容器组。提供感性负载所消耗的无功功率，减少电源向感性负荷提供、由线路输送的无功功率，降低线路和变压器因输送无功功率造成的电能损耗。

10.1.4 并联电容器组主要技术参数

（1）额定电压（最高电压）。额定电压为在规定的使用和性能条件下连续运行的最高电压，并以它来确定并联电容器组的有关试验条件。

（2）电容器组的额定容量。设计电容器组时所规定的无功功率。通常也称为电容器装置的额定容量。

（3）额定电流。在额定频率和电容器（组）额定电压下流过装置内电容器（组）的相电流。

（4）额定电抗率。装置中串联电抗器额定感抗与电容器额定容抗的百分比值。

10.2 并联电容器组的检修分类及要求

10.2.1 适用范围

适用于 35kV 及以上变电站并联电容器组。

10.2.2 检修分类

A 类检修：包含整体更换、解体检修。

B 类检修：包含部件的解体检查、维修及更换。

C 类检修：包含本体检查维护、隔离刀闸检查维护及整体调试、设备清扫。

D 类检修：包含专业巡视、围栏网维护、防护锁具维修。

10.3 并联电容器组标准化检修要求

10.3.1 检修前准备

根据工作安排合理开展准备工作，准备工作内容、标准见表10-1。

表 10-1　　　　　　　　　　　　检 修 前 准 备

序号	内　　容	标　　准
1	根据检修计划安排，提前做好作业风险定级工作	按照《变电现场作业风险管控实施细则》中相关要求，明确作业风险等级
2	结合检修作业风险，必要时开展现场勘察工作	全面掌握检修设备状态、现场环境和作业需求，检修工作开展前应按检修项目类别组织合适人员开展设备信息收集和现场勘察，并填写勘察记录
3	根据实际作业风险，按照模板进行检修方案的编制	按照模板内容进行方案编制，在规定时间内完成审批。并提前准备好标准化作业卡
4	准备好施工所需工器具与仪器仪表、备品备件与相关材料、相关图纸及相关技术资料	仪器仪表、工器具应试验合格，满足本次施工的要求，材料应齐全，图纸及资料应符合现场实际情况
5	开工前确定现场工器具摆放位置	确保现场施工安全、可靠
6	根据本次作业内容和性质确定好检修人员，并组织学习检修方案	要求所有工作人员都明确本次工作的作业内容、进度要求、作业标准及安全注意事项

10.3.2 并联电容器组检修流程图

根据并联电容器组的结构和检修工艺以及作业环境，将作业的全过程优化后形成检修流程图，见图10-1。

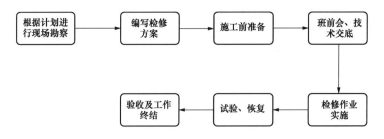

图 10-1　并联电容器组检修流程图

10.3.3 检修程序与工艺标准

10.3.3.1 开工管理

办理开工许可手续前应检查落实的内容，见表10-2。

表 10-2	开 工 内 容 与 要 求
序号	内　　　容
1	工作负责人按照有关规定办理好工作票许可手续
2	工作许可手续完成后，由总工作票负责人进行安全交底，宣读工作票，交待工作任务、计划工作时间、人员分工等内容，并组织工作票所列人员确认签字。然后对分工作票进行工作许可
3	总工作票负责人进行完安全交底后，各分工作票负责人带领各自工作班成员前往作业现场，再次对工作班成员进行安全交底，交待本工作票工作内容和人员分工，并在分工作票上确认签字
4	对辅助（外来）人员、新入职员工采用差异化标识进行身份标注，差异化分派工作任务，差异化实施现场监护，确保人员行为可控、在控

10.3.3.2　检修项目与工艺标准

按照"并联电容器组标准作业卡"对每一个检修项目，明确工艺标准、注意事项等内容，同时填写相关数据，见附录 I-1～附录 I-3。

10.3.3.2.1　关键工艺质量控制

（1）外观无锈蚀、渗漏油及变形。

（2）瓷套表面无破损、釉面均匀。

（3）一次引线应无散股、扭曲、断股，电容器组软连接经多次拆卸后压缩变形的应及时更换。

（4）各电容器框架连接部件，使其螺栓无松动。芯棒应无弯曲和滑扣，铜螺丝螺母垫圈应齐全。

（5）充油式互感器油位正常，无渗漏。

（6）电容器母线及分支线应标以相色、平整无弯曲；铭牌运行编号、清晰可识别。

10.3.3.2.2　安全注意事项

（1）高处作业应正确使用安全带，作业人员在转移作业位置时不准失去安全保护。

（2）因试验需要拆断设备接头时，拆前应做好标记，接后应进行检查。

（3）工作前应将电容器各高压设备逐个多次充分放电。保证电容器组无残余电荷。

（4）更换试验接线前，应对测试设备充分放电。

10.3.3.3　竣工验收

工作结束后，按相关要求进行清理工作现场、自验收、关闭检修电源、清点工具、回收材料，填写检修记录，办理工作票终结等内容。竣工内容与要求见表 10-3。

表 10-3	竣 工 内 容 与 要 求
序号	内容与要求
1	清理工作现场，将工器具清点、整理并全部收拢，废弃物清除按相关规定处理完毕，材料及备品备件回收清点结束
2	按相关规定，关闭检修电源
3	验收内容： （1）检查无漏检项目，无遗留问题。各接头是否连接正确、完好无裂缝并紧固。

序号	内容与要求
3	（2）对本体及外观验收：包括设备外观、铭牌、相色、机构箱等进行验收。 （3）对其他方面验收：包括照明装置、一、二次引线等进行验收。 （4）对设备全部工作现场进行周密的检查，确保无遗留问题和遗留物品
4	验收流程及要求： （1）检修工作全部完成后以及隐蔽工程、高风险工序等关键环节阶段性完成后，作业班组应及时开展自验收，自验收合格后申请所属运维单位验收。各级设备管理部门按照作业风险分级开展验收工作监督。 （2）验收人员应在验收报告或标准作业卡的"执行评价"栏中记录验收情况并签字，验收资料至少保留一个检修周期
5	经各级验收合格，填写检修记录，办理工作票终结手续

10.4 运维检修过程中常见问题及处理方法

并联电容器组常见的故障类型、现象、原因及处理方法见表10-4。

表 10-4　　　　　　　　　　并联电容器组常见问题及处理方法

缺陷现象	缺陷原因	处理方法
电容器膨胀变形	内部绝缘故障、导致短路、引起变形	对损坏电容器进行更换
放电线圈损坏	介质损耗偏大，电容量变化，绝缘材料老化	进行介质损耗及电容量试验，若试验不合格，进行更换

10.4.1 电容器变形

问题描述：电容器膨胀变形，见图10-2。

处理方法：对损坏电容器进行更换。

10.4.2 放电线圈故障

问题描述：放电线圈外绝缘损坏，见图10-3。

处理方法：根据现场放电线圈型号进行更换。

图 10-2　电容器膨胀变形

图 10-3　放电线圈外绝缘损坏

第 11 章　干式电抗器标准化检修方法

11.1　概述

电抗器在电路中是用于限流、稳流、无功补偿及移相等的一种电感元件，从用途上可分为两种：一是限制系统的短路电流，通常装在出线或母线间，使得在短路故障时，故障电流不致过大，并能使母线电压维持在一定的水平，用于限制短路电流的电抗器称为限流电抗器；二是补偿系统的电容电流，在 330kV 及以上的超高压输电系统中应用，补偿输电线路的电容电流，防止线端电压的升高，从而使线路的传输能力和输电线的效率都能提高，并使系统的内部过电压有所降低，用于补偿电容电流的电抗器称为补偿（或并联）电抗器。另外在并联电容器的回路通常串联电抗器，它的作用是降低电容器投切过程中的涌流倍数和抑制电容器支路的高次谐波，同时还可以降低操作过电压，在某些情况下，还能限制故障电流。

11.1.1　干式电抗器型号含义

干式电抗器型号含义如下：

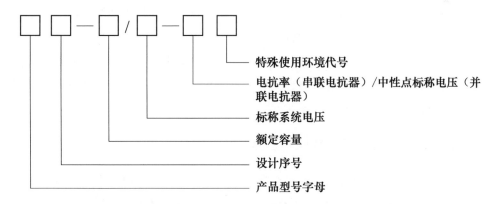

例：（1）CKDGK-240/10-12W，CK 表示串联电抗器，D 表示单相，G 表示干式绕制，K 表示空心，240 表示额定容量为 240kvar，10 表示标称系统电压（额定电压）为 10kV，12 表示额定电抗率为 12%，W 表示该电抗器为户外型。

（2）BKGKL-3334/38.5，BK 表示并联电抗器，G 表示干式绕制，K 表示空心，L 表示铝制材质，3334 表示额定容量 3334kvar，38.5 表示标称系统电压（额定电压）为 38.5kV。

11.1.2　干式电抗器的类型

电抗器按结构可分为三大类：空心电抗器、带气隙的铁芯电抗器和铁芯电抗器。

（1）空心电抗器。这种电抗器只有绕组而无铁芯，实际上是一个空心的电感线圈。磁路磁导小电感值也小，且不存在磁饱和现象，它的电抗值在绕组匝数、形状以及频率不变的情况下，始终是一个常数，不随其中通过电流的大小而改变。如限制电力系统短路电流用的电抗器（包括分裂电抗器）、高压输电线路载波回路用的阻波器等就属于这种结构。

（2）带气隙的铁芯电抗器。其磁路是一个带气隙的铁芯，带气隙的铁芯柱外面套有绕组。由于磁路中具有部分铁芯，导磁性能较好，所以电抗值比空心电抗器大，但超过一定电流后，由于铁芯饱和，电抗值逐渐减小。在容量相同时，其体积比空心电抗器小。常用的消弧线圈，补偿线路电容电流的并联电抗器、大型电机降压启动用的电抗器、整流电路用的平整波纹电抗器与电炉变压器匹配用的电抗器等，均属于这种结构。

（3）铁芯电抗器。其磁路为一闭合铁芯，由于铁芯具有高的磁导通，电抗器的电抗值很大，在容量相同时，其体积最小。

11.1.3　干式电抗器的基本结构

干式电抗器分为铁芯式电抗器和空心式电抗器。

（1）铁芯式电抗器的结构与变压器的结构相似，但只有一个线圈：激磁线圈；铁芯由若干个铁芯饼叠置而成，铁芯饼之前用绝缘板隔开，形成间隙；其铁轭结构与变压器相同，铁芯饼与铁轭由压缩装置通过螺杆拉紧，形成一个整体，铁轭和所有的铁芯饼均接地。

（2）空心式电抗器的结构就是一个电感线圈，其结构与变压器线圈相同。空心电抗器的特点是直径大、高度低而且由于没有铁芯柱，对地电容小，线圈内串联电容较大，因此冲击电压的初始电位分布良好，及时采用连续式线圈也是十分安全的。空心式电抗器的紧固方式一般有两种：一是采用水泥浇筑，故又称为水泥电抗器，另一种是采用环氧树脂板夹固或采用环氧树脂浇筑。

11.1.4　干式电抗器的主要技术参数

（1）额定电压：电抗器与并联电容器组串联的回路所接入的电力系统额定电压。

（2）额定端电压：通过工频额定电流时，一相绕组两端的电压方均根值。

（3）额定容量：电抗器在工频额定端电压和额定电流时的功率。

（4）额定电抗：电抗器通过工频额定电流时的电抗值。

（5）电抗率：电抗器的电抗率是串联电抗器的电抗值与电容器组的容抗值之比。电抗率的选择比较复杂，因为电力谐波本身不是稳定的，不但大小在变，频次也在变，选择好电抗率，对某次谐波有抑制作用，对其他次谐波可能就是放大作用。

11.2 干式电抗器检修分类及要求

11.2.1 适用范围

适用于 35kV 及以上变电站干式电抗器。

11.2.2 检修分类

A 类检修：指整体性检修。包含整体更换、解体检修。

B 类检修：指局部性检修。包含部件解体检查、维修及更换。

C 类检修：指例行检查和试验。包含检查、维护。

D 类检修：指在不停电状态下进行的检修。包含专业巡视、金属部件防腐处理、框架箱体维护。

11.3 干式电抗器标准化检修要求

11.3.1 检修前准备

根据工作安排合理开展准备工作，准备工作内容、标准见表 11-1。

表 11-1 检 修 前 准 备

序号	内　容	标　准
1	根据检修计划安排，提前做好作业风险定级工作	按照《变电现场作业风险管控实施细则》中相关要求，明确作业风险等级
2	结合检修作业风险，必要时开展现场勘察工作	全面掌握检修设备状态、现场环境和作业需求，检修工作开展前应按检修项目类别组织合适人员开展设备信息收集和现场勘察，并填写勘察记录
3	根据实际作业风险，按照模板进行检修方案的编制	按照模板内容进行方案编制，在规定时间内完成审批。并提前准备好标准化作业卡
4	准备好施工所需工器具与仪器仪表、备品备件与相关材料、相关图纸及相关技术资料	仪器仪表、工器具应试验合格，满足本次施工的要求，材料应齐全，图纸及资料应符合现场实际情况
5	开工前确定现场工器具摆放位置	确保现场施工安全、可靠
6	根据本次作业内容和性质确定好检修人员，并组织学习检修方案	要求所有工作人员都明确本次工作的作业内容、进度要求、作业标准及安全注意事项

11.3.2 干式电抗器检修流程图

根据干式电抗器的结构和检修工艺以及作业环境，将作业的全过程优化后形成检修流程图，见图 11-1。

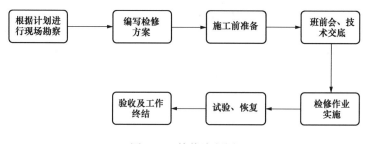

图 11-1　检修流程图

11.3.3　检修程序与工艺标准

11.3.3.1　开工管理

办理开工许可手续前应检查落实的内容，见表 11-2。

表 11-2　　　　　　　　　　　　　　　　开 工 内 容 与 要 求

序号	内　　　容
1	工作负责人按照有关规定办理好工作票许可手续
2	工作许可手续完成后，由总工作票负责人进行安全交底，宣读工作票，交待工作任务、计划工作时间、人员分工等内容，并组织工作票所列人员确认签字。然后对分工作票进行工作许可
3	总工作票负责人进行完安全交底后，各分工作票负责人带领各自工作班成员前往作业现场，再次对工作班成员进行安全交底，交待本工作票工作内容和人员分工，并在分工作票上确认签字
4	对辅助（外来）人员、新入职员工采用差异化标识进行身份标注，差异化分派工作任务，差异化实施现场监护，确保人员行为可控、在控

11.3.3.2　检修项目与工艺标准

按照"干式电抗器标准作业卡"对每一个检修项目，明确工艺标准、注意事项等内容，同时填写相关数据，见附录 J-1～附录 J-3。

11.3.3.2.1　关键工艺质量控制

（1）设备线夹及引线应无裂纹、无散股、扭曲、断股、过热现象；不采用铜铝对接过渡线夹；各导电接触面接触良好，连接可靠。

（2）电抗器表面涂层应无破损、脱落或龟裂、无爬电痕迹。

（3）本体外壳油漆完好，无锈蚀、无变形，设备标志正确、完整。

（4）通风道无杂物。

（5）户外电抗器表面无浸润。

（6）电抗器包封与支架间紧固带无松动、断裂。

（7）电抗器包封间导风撑条无松动、脱落。

（8）干式空心电抗器支撑条无明显下坠或上移情况。

（9）电抗器防护罩或遮雨格栅应水平、无倾斜、无破损。防鸟罩安装应固定牢固，上方有散热通孔散热良好。

（10）绝缘子表面清洁、无异常。绝缘子铸铁法兰无裂纹，胶接处胶合良好。

（11）支座绝缘良好，支座应紧固且受力均匀。无涡流引起的过热现象。

（12）电抗器接地应良好、无断裂现象。

11.3.3.2.2　安全注意事项

（1）拆搭一次引线时，宜用升降车或梯子辅助高处作业，梯子应有专人扶持，高处作业人员正确使用安全带。

（2）高空作业人员使用的工具及安装用的零部件，应放在随身携带的工具袋内，严禁上下抛掷，拆除后的设备连接线用尼龙绳固定，防止设备连接线摆动造成周围设备损坏。

（3）拆搭防鸟罩时，高处作业人员正确使用安全带。

（4）试验工作不得少于 2 人；试验前应做好安全隔离区域，向外悬挂"止步，高压危险"的警示牌，设专人监护，设备试验时应将所要试验的设备与其他设备做好物理隔离措施。

（5）拆装试验接线应在接地保护范围内，戴线手套，穿绝缘鞋。在绝缘垫上加压操作，与加压设备保持足够的安全距离。

（6）高处作业应正确使用安全带，作业人员在转移作业位置时不准失去安全保护。

11.3.3.3　竣工验收

工作结束后，按相关要求进行清理工作现场、自验收、关闭检修电源、清点工具、回收材料，填写检修记录，办理工作票终结等内容。竣工内容与要求见表 11-3。

表 11-3　　　　　　　　竣 工 内 容 与 要 求

序号	内容与要求
1	清理工作现场，将工器具清点、整理并全部收拢，废弃物清除按相关规定处理完毕，材料及备品备件回收清点结束
2	按相关规定，关闭检修电源
3	验收内容： （1）检查无漏检项目，无遗留问题。 （2）对本体及外观验收：包括设备表面、瓷套、支架、铭牌、引线等进行验收。 （3）对围栏验收：包括接地、完整性、标识牌、闭锁系统等进行验收。 （4）对其他方面验收：包括底座、螺栓、相序标识等进行验收。 （5）对设备全部工作现场进行周密的检查，确保无遗留问题和遗留物品
4	验收流程及要求： （1）检修工作全部完成后以及隐蔽工程、高风险工序等关键环节阶段性完成后，作业班组应及时开展自验收，自验收合格后申请所属运维单位验收。各级设备管理部门按照作业风险分级开展验收工作监督。 （2）验收人员应在验收报告或标准作业卡的"执行评价"栏中记录验收情况并签字，验收资料至少保留一个检修周期
5	经各级验收合格，填写检修记录，办理工作票终结手续

11.4 运维检修过程中常见问题及处理方法

干式电抗器常见的故障类型、现象、原因及处理方法见表11-4。

表11-4 干式电抗器常见问题及处理方法

缺陷现象	缺陷原因	处理方法
局部过热现象	导线有焊接口缺陷，存在匝间绝缘薄弱点	减少电抗器负荷并加强通风，必要时可更换电抗器
短路跳闸	（1）包封内的导线外绝缘失效，承受合闸涌流能力弱。 （2）电抗器通风道或顶部有鸟窝，动物进入电抗器内移动、攀爬	跳闸后对电抗器进行试验，试验合格后方可投入运行。若试验不合格，则停运电抗器，修理并试验合格后再投入运行
支柱绝缘子爬电	绝缘表面涂层质量不佳，开裂，造成绝缘性能下降	用探伤仪进行监测，如有必要，可以停用电抗器，对绝缘子进行更换

11.4.1 电抗器匝间短路烧损

问题描述：35kV电抗器线圈的线圈绝缘被击穿，发生匝间短路故障，见图11-2。

处理方法：加强设备制造工艺过程监督，出厂质量验收工作，确保投运设备质量。加强运维巡视及电抗器表面温度监测。

图11-2 设备外观及击穿部位

11.4.2 电抗器因小动物相间短路放电

问题描述：电抗器因小动物在电抗器攀爬，造成叠装的两相相间短路放电，造成设备故障跳闸，见图11-3。

解决方法：新装电抗器不宜叠装布置，提高户外电抗器围栏高度，室内电抗器室加装防鼠板。

图 11-3　小动物引起的放电位置

第 12 章　串联补偿装置标准化检修方法

12.1　概述

交流输电系统的串联补偿（简称串补）是将电容器串联接于输电线路中，通过在交流输电线路中串联补偿电容器从而缩短交流输电的等值电气距离，达到提高线路输送能力和稳定性的目的。

12.1.1　串补装置主要设备型号含义

（1）金属氧化物限压器 MOV（Y4CR-44/1000）型号含义如下。

"Y"：限压器内部元件为金属氧化物电阻片。

"4"：限压器内部结构为 4 柱并联。

"CR"：限压器用途：串联补偿电容器组用。

"44"：限压器单元的额定电压 44kV。

"100"：限压器单元额定耗能能力 1000KJ。

（2）控制触发型火花间隙系统（KCX140/60）型号含义如下。

"KC"：该系统为控制型触发型（即强制触发型）。

"X"：火花间隙。

"140"：该间隙的绝缘水平（kVrms）。

"60"：该间隙的电流承载能力（kArms）。

12.1.2　串联补偿装置的类型

串联补偿装置分为固定串联电容器补偿装置和晶闸管控制串联电容器补偿装置。

固定串联电容器补偿装置：将电容器串接于输电线路中，并配有旁路断路器、隔离开关、串补平台、支柱绝缘子、控制保护系统等辅助设备组成的装置，简称固定串补。

晶闸管控制串联电容器补偿装置：将并联有晶闸管阀及电抗器的电容器串接于输电线路中，并配有旁路断路器、隔离开关、串补平台、支柱绝缘子、控制保护系统等辅助设备组成的装置，简称可控串补。

12.1.3　串联补偿装置的基本组成

串联补偿装置的主要电气设备包括：绝缘平台及其支撑系统、串联电容器、旁路断路器、限流和阻尼元件、金属氧化物限压器（MOV）、火花间隙（GAP）、晶闸管阀及其组件、光纤绝缘子。

（1）绝缘平台及其支撑系统。作为串补装置主要设备安装和运行的载体，提供串补设备的基准电位，降低了对串补装置分设备的绝缘要求，为设备的安全提供保护。

（2）串联电容器。作为串补装置主要工作元件，补偿就是通过电容器来实现的，一般由多台电容器通过串并联方式形成电容器组，以提高耐压和容量。

（3）旁路断路器。可投入和退出电容器组，旁路断路器合闸，可将火花放电间隙短接，使其熄灭，防止火花放电间隙燃弧时间过长。

（4）限流和阻尼元件。限制电容器组放电电流的幅值和频率，使其很快衰减；减小放电电流对电容器、旁路断路器和保护间隙的损害；迅速泄放电容器组残余电荷，避免电容器组残余电荷对线路断路器恢复电压及线路潜供电弧等产生不利影响。

（5）金属氧化物限压器（MOV）。该装置并联于电容器，平时呈现高阻值，不导通。当流过电容器的电流超过正常范围，造成电容器电压过高时，MOV 利用自身优越的非线性伏安特性，导通吸收电流能量，将串联补偿电容器组在输电线路故障条件下产生的工频过电压限制在电容器组绝缘水平以内，以起到保护串联补偿电容器组的目的。

（6）火花间隙（GAP）。作为串联补偿电容器组的另一个过电压保护设备，它是限压器组（MOV）的主保护和电容器组的后备保护，是串联装置中的关键设备。

（7）晶闸管阀及其组件。通过晶闸管阀的导通和关断来实现对流过电容器电流大小的控制。

（8）光纤绝缘子。将地面的控制信号送到串补高压平台的相关位置，并将串补高压平台上测试到信号送到地面的控制柜中，同时也可将能量从地面送到高压平台上，起到串补设备中地面与高压平台之间测控信息及能量的传递通路作用。

12.2　串联补偿装置检修分类及要求

12.2.1　适用范围

适用于 500kV 及以上变电站内串联补偿装置设备。

12.2.2　检修分类及要求

A 类检修：串补装置本体的整体性检查、维修、大部件的更换和试验。

B 类检修：串补装置局部性的检修，部件的功能模块解体检查、维修、更换和试验。

C 类检修：串补装置常规性检查、维修和试验。

D 类检修：串补装置在不停电状态下进行的带电测试、外观检查和维修。

12.3　串联补偿装置准化检修要求

12.3.1　检修前准备

根据工作安排合理开展准备工作，准备工作内容、标准见表 12-1。

表 12-1　　　　　　　　　　　　　检 修 前 准 备

序号	内　容	标　准
1	根据检修计划安排，提前做好作业风险定级工作	按照《变电现场作业风险管控实施细则》中相关要求，明确作业风险等级
2	结合检修作业风险，必要时开展现场勘察工作	全面掌握检修设备状态、现场环境和作业需求，检修工作开展前应按检修项目类别组织合适人员开展设备信息收集和现场勘察，并填写勘察记录
3	根据实际作业风险，按照模板进行检修方案的编制	按照模板内容进行方案编制，在规定时间内完成审批。并提前准备好标准化作业卡
4	准备好施工所需工器具与仪器仪表、备品备件与相关材料、相关图纸及相关技术资料	仪器仪表、工器具应试验合格，满足本次施工的要求，材料应齐全，图纸及资料应符合现场实际情况
5	开工前确定现场工器具摆放位置	确保现场施工安全、可靠
6	根据本次作业内容和性质确定好检修人员，并组织学习检修方案	要求所有工作人员都明确本次工作的作业内容、进度要求、作业标准及安全注意事项

12.3.2　串联补偿装置检修流程图

根据串联补偿装置检修工艺以及作业环境，将作业的全过程优化后形成检修流程图，见图 12-1。

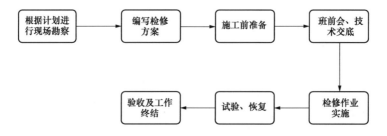

图 12-1　串联补偿装置检修流程图

12.3.3 检修程序与工艺标准

12.3.3.1 开工管理

办理开工许可手续前应检查落实的内容，见表 12-2。

表 12-2   开 工 内 容 与 要 求

序号	内容与要求
1	工作负责人按照有关规定办理好工作票许可手续
2	工作许可手续完成后，由总工作票负责人进行安全交底，宣读工作票，交待工作任务、计划工作时间、人员分工等内容，并组织工作票所列人员确认签字。然后对分工作票进行工作许可
3	总工作票负责人进行完安全交底后，各分工作票负责人带领各自工作班成员前往作业现场，再次对工作班成员进行安全交底，交待本工作票工作内容和人员分工，并在分工作票上确认签字
4	对辅助（外来）人员、新入职员工采用差异化标识进行身份标注，差异化分派工作任务，差异化实施现场监护，确保人员行为可控、在控

12.3.3.2 检修项目与工艺标准

按照"串联补偿装置标准作业卡"对每一个检修项目，明确工艺标准、注意事项等内容，同时填写相关数据，见附录 K。

12.3.3.2.1 关键工艺质量控制

（1）电容器检修。

1）电容器表面油漆无脱落、锈蚀，本体无鼓肚、渗漏油。

2）瓷套外观清洁无破损，端子螺杆应无弯曲、无滑扣，垫片齐全。

3）电容器接线板无变形开裂，连接引线无松股、断股。

4）电容器之间的连接线松紧程度适宜，支架固定牢固，无变形、生锈。

（2）金属氧化物限压器（MOV）检修。

1）MOV 接线板表面无氧化、划痕、脏污，接触良好。

2）瓷套外观清洁无破损。

3）绝缘基座外观清洁无破损，固定螺栓无锈蚀。

4）绝缘基座及接地应良好、牢靠，接地引下线的截面应满足热稳定要求；接地装置连通良好。

（3）触发型间隙检修。

1）主间隙的间隙外壳、支柱绝缘子、穿墙套管、各电极及均压电容等部件外观清洁无破损、漏油现象。

2）触发型间隙外壳无变形、生锈、漏雨等现象。触发型间隙外观清洁无异常，间隙闪络距离符合厂家设计要求。

3）石墨电极、铜电极表面光滑，无灼烧痕迹，无裂纹。

（4）电流互感器检修。

1）电流互感器外观清洁，油位正常，无渗漏。

2）电流互感器接地端、一、二次接线端子接触良好，无锈蚀，标志清晰。

3）电流互感器外壳接地牢固。

（5）载流导体检修。

1）软引线导线端头深入线夹长度应达到规定长度。

2）母线与固定金具固定应平整牢固，不应使其所支持的母线受额外应力。

3）母线与导电设备连接的接触面要清洁并涂复合脂。

（6）阻尼装置检修。

1）阻尼电抗器绕组各层通风道应无异物或堵塞。

2）阻尼电抗器表面绝缘漆无龟裂、变色、脱落。

3）阻尼电抗器上下汇流排无变形和裂纹。

4）阻尼电抗器包封与支架间紧固带无松动、断裂。

5）带 MOV 的阻尼装置应检查 MOV 瓷套外观无损伤、裂纹。

（7）光纤柱检修。

1）光纤柱外观清洁，无碰撞、划伤痕迹，拉力适中。

2）光纤柱各连接螺栓无松动锈蚀。

3）光纤柱的等电位连接导体应可靠连接。

4）光纤柱的光纤转接箱内应清洁，接头、端子无松动。

（8）支柱绝缘子、斜拉绝缘子检修。

1）瓷绝缘子表面清洁、无损伤，复合型外绝缘表面清洁、无变形、损伤。

2）斜拉绝缘子调整后其拉力符合制造厂要求。

3）均压环安装牢固、平整。

4）防污闪涂料完好，无脱落，厚度满足要求。

（9）晶闸管阀及阀室检修。

1）晶闸管阀室通风窗口正常。

2）检查晶闸管阀室无有脱漆、生锈、漏雨等现象。

3）检查晶闸管阀组的压紧弹簧正常。

4）晶闸管阀安装架固定良好，各设备无移位。

5）晶闸管阀室无脱漆、生锈、漏雨等现象。

6）晶闸管阀室表面、穿墙套管清洁无污垢。

7）晶闸管阀的水冷管路及其部件等无破裂、渗漏水现象。

（10）阀控电抗器检修。

1）阀控电抗器绕组表面绝缘漆无龟裂、变色、脱落，各层通风道应无异物或堵塞。

2）阀控电抗器绕组无断裂、松焊。上下汇流排无变形和裂纹。

12.3.3.2.2 安全注意事项

（1）工作前必须将串补平台可靠接地并充分放电。

（2）工作人员进入平台后，应将围栏门关好并上锁。

（3）平台上使用梯子时，应固定牢固，并有专人扶持。

（4）按厂家规定正确吊装设备，设置揽风绳控制方向，并设专人指挥。

（5）上下物件用绳索或工具袋传递，安全措施应严格规范，工作点下方禁止站人，防止物体打击伤害。

（6）一次设备试验工作不得少于2人；试验作业前，必须规范设置安全隔离区域，向外悬挂"止步，高压危险！"的警示牌。设专人监护，严禁非作业人员进入。设备试验时，应将所要试验的设备与其他相邻设备做好物理隔离措施，避免试验带电回路串至其他设备上，导致人身事故。

12.3.3.3 竣工验收

工作结束后，按相关要求进行清理工作现场、自验收、关闭检修电源、清点工具、回收材料，填写检修记录，办理工作票终结等内容。竣工内容与要求见表12-3。

表12-3　　　　　　　　　　　　竣 工 内 容 与 要 求

序号	内容与要求
1	清理工作现场，将工器具清点、整理并全部收拢，废弃物清除按相关规定处理完毕，材料及备品备件回收清点结束
2	按相关规定，关闭检修电源
3	验收内容： （1）检查无漏检项目，无遗留问题。 （2）对电容器验收：包括电容器外壳、套管、套管芯棒、支架固定及安装、连接方式、引线等进行验收。 （3）对金属氧化物限压器（MOV）验收：包括设备外观、接线板、安装垂直度、排气通道、高、低压引线排等进行验收。 （4）对触发型间隙验收：包括外观、间隙距离、放电电极、套管绝缘子、触发功能、连接情况检查等进行验收。 （5）对电流互感器验收：包括外观、膨胀器、一次接线端子、二次接线端子等进行验收。 （6）对载流导体验收：包括硬母线、软引线、电容器组接线等进行验收。 （7）对阻尼装置验收：包括阻尼电抗器、阻尼电阻、阻尼装置MOV等进行验收。 （8）对串补光纤柱验收：包括设备外观表面、均压环、等电位连接、光纤转接箱进行验收。 （9）对绝缘子验收：包括外观、安装垂直度、均压环等进行验收。 （10）对可控串补阀组验收：包括晶闸管阀及阀室、阀控电抗器、阀冷却系统等进行验收。 （11）对设备全部工作现场进行周密的检查，确保无遗留问题和遗留物品
4	验收流程及要求： （1）检修工作全部完成后以及隐蔽工程、高风险工序等关键环节阶段性完成后，作业班组应及时开展自验收，自验收合格后申请所属运维单位验收。各级设备管理部门按照作业风险分级开展验收工作监督。 （2）验收人员应在验收报告或标准作业卡的"执行评价"栏中记录验收情况并签字，验收资料至少保留一个检修周期。
5	经各级验收合格，填写检修记录，办理工作票终结手续

12.4　运维检修过程中常见问题及处理方法

串联补偿装置常见的故障类型、现象、原因及处理方法见表 12-4。

表 12-4　　　　　　　　　　　串联补偿装置常见问题及处理方法

缺陷现象		缺陷原因	处理方法
电容器渗漏		（1）电容器端部焊锡熔化导致端部漏油。 （2）电容器套管根部的密封垫老化，密封不严	对故障电容器进行更换
阀冷却系统故障	水冷系统缓冲罐液位低	长期运行震动和高水压作用下，致使管接件密封不严，造成管路渗漏	对水冷系统缓冲罐补液，补到规定要求
	氮气瓶压力下降	长期使用，气体压力下降	进行更换
	主循环水泵噪声过大，水泵运行不稳定	（1）轴承磨损。 （2）电机风扇损坏	（1）对损坏轴承、风扇进行更换。 （2）对轴承加入润滑油进行维护

12.4.1　电容器漏油

问题描述：（1）电容器端部焊锡熔化导致端部漏油，见图 12-2。

（2）电容器套管根部的密封垫老化，密封不严，导致根部漏油，见图 12-3。

处理方法：挑选与原故障电容器电容量接近的电容器进行更换。

图 12-2　电容器端部漏油

图 12-3　电容器根部漏油

12.4.2　阀冷却系统故障

问题 1 描述：长期运行震动和高水压作用下，致使管接件密封不严，造成管路渗漏，水冷系统缓冲罐液位降低，见图 12-4。

处理方法：对管接件进行紧固，对水冷系统缓冲罐补液，补到规定要求。

图 12-4　水冷系统缓冲罐液位降低

问题 2 描述：长期使用，氮气瓶压力下降，低于规定要求，见图 12-5。

处理方法：对氮气瓶进行更换。

问题 3 描述：水泵噪声过大，轴承磨损、电机损坏，见图 12-6。

处理方法：对轴承加入润滑油进行维护，对损坏电机进行更换。

图 12-5　氮气瓶压力下降　　　　　　图 12-6　轴承磨损、电机损坏

第 13 章 母线及绝缘子标准化检修方法

13.1 概述

母线，在发电厂和变电站的各级电压配电装置中，将发电机、变压器等大型电气设备与各种电器装置连接的导体。主要作用包括汇集、分配和传送电能，母线包括：一次设备部分的主母线和设备连接线、站用电部分的交流母线、直流系统的直流母线、二次部分的小母线等。

绝缘子，俗称瓷瓶。绝缘子广泛地应用在发电厂和变电所的配电装置中以及输电线路上，用来支持和固定载流导体，并使导体与地绝缘，或使装置中处于不同电位的载流导体之间绝缘。绝缘子必须具有足够的绝缘强度和机械强度，并能耐热和耐潮湿。绝缘子种类繁多，形状各异。不同类型绝缘子的结构和外形虽有较大差别，但都是由绝缘件和连接金具两大部分组成的。

13.1.1 绝缘子型号含义

绝缘子的型号含义如下：

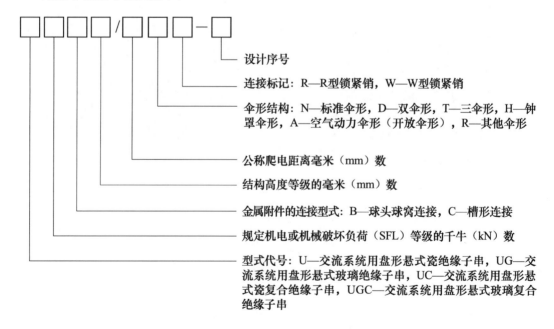

设计序号

连接标记：R—R型锁紧销，W—W型锁紧销

伞形结构：N—标准伞形，D—双伞形，T—三伞形，H—钟罩伞形，A—空气动力伞形（开放伞形），R—其他伞形

公称爬电距离毫米（mm）数

结构高度等级的毫米（mm）数

金属附件的连接型式：B—球头球窝连接，C—槽形连接

规定机电或机械破坏负荷（SFL）等级的千牛（kN）数

型式代号：U—交流系统用盘形悬式瓷绝缘子串，UG—交流系统用盘形悬式玻璃绝缘子串，UC—交流系统用盘形悬式瓷复合绝缘子串，UGC—交流系统用盘形悬式玻璃复合绝缘子串

例：产品全型号 U160B170/525D20R-04 中，U 表示交流系统用盘形悬式瓷绝缘子串单元件，160kN 表示机电破坏强度等级，B 表示球头球窝连接方式，170 表示结构高度等级（mm），525 表示公称爬电距离（mm），D 表示双伞形，20 表示连接标记，R 表示 R 型锁紧销，04 表示设计序号。

13.1.2　母线及绝缘子的类型

13.1.2.1　母线的类型

母线通常按照材料、截面和结构进行分类。

13.1.2.1.1　按照材料不同分类

（1）铜母线。铜的电阻率低，机械强度高，抗腐蚀性强，是很好的母线材料。但它在工业上有很多重要用途，而且储量不多，是一种贵重金属。因此，除在含有腐蚀性气体或有强烈振动的地区（如靠近化工厂或海岸等）应采用铜母线之外，一般都采用铝母线。

（2）铝母线。铝的电阻率为铜的 1.7～2 倍，而重量只有铜的 30%，所以在长度和电阻相同的情况下，铝母线的重量仅为铜母线的一半。而且铝的储量较多，价格也较低。总的来说，用铝母线比用铜母线经济。因此目前我国在户内和户外配电装置中都广泛采用铝母线。

（3）钢母线。钢的优点是机械强度高，价格便宜。但钢的电阻率很大，为铜的 6～8 倍，用于交流时产生很强烈的集肤效应，并造成很大的磁滞损耗和涡流损耗，因此仅用在高压小容量电路（如电压互感器回路以及小容量厂用、站用变压器的高压侧）、工作电流不大于 200A 的低压电路、直流电路以及接地装置回路中。

13.1.2.1.2　按照截面不同分类

（1）矩形截面母线。矩形截面母线常用在 35kV 及其以下的屋内配电装置中。矩形母线的优点（与相同截面的圆形母线比较）是散热条件好，集肤效应小，安装简单，连接方便。在相同的截面积下，矩形母线比圆形母线具有更大的周长和散热面，因而散热条件好，在相同的截面和相同的容许发热温度下，矩形截面母线要比圆形母线的容许工作电流大。

（2）圆形截面母线。在 35kV 以上的户外配电装置中，为了防止产生电晕，大多采用圆形截面母线。一般情况下，母线表面的曲率半径越小，则电场强度越大。因此，矩形截面的四角处在电压等级较高时，易引起电晕现象，而圆形截面不存在电场集中的部位。因此，在 110kV 及其以上电压的户外配电装置中，一般都采用钢芯铝绞线或管形母线。

（3）槽形截面母线。槽形母线的电流分布较均匀，与同截面的矩形母线相比，具有集肤效应小、冷却条件好、金属材料的利用率高、机械强度高等优点。当母线的工作电流很大，每相需要三条以上的矩形母线才能满足要求时，一般采用槽形母线。

（4）管形截面母线。管形母线是空芯导体，集肤效应小，且电晕放电电压高。在 35kV 以上的户外配电装置中多采用管形母线。

13.1.2.1.3 **按照结构不同分类**

（1）共箱母线。三相母线导体被封闭在同一金属外壳中的金属封闭母线。

（2）分箱母线。其每相导体分别用单独的铝制圆形外壳封闭。分相封闭母线根据金属外壳各段的连接方法，又可分为分段绝缘式和全连式（段间焊接）两种。

13.1.2.2 绝缘子的类型

绝缘子可划分为以下几种类型。

（1）悬式绝缘子：广泛应用于高压架空输电线路和发、变电所软母线的绝缘及机械固定。在悬式绝缘子中，又可分为盘形悬式绝缘子和棒形悬式绝缘子。盘形悬式绝缘子是输电线路使用最广泛的一种绝缘子。棒形悬式绝缘子在德国等国家已大量采用。

（2）支柱绝缘子：主要用于发电厂及变电所的母线和电气设备的绝缘及机械固定。此外，支柱绝缘子常作为隔离开关和断路器等电气设备的组成部分。在支柱绝缘了中，又可分为针式支柱绝缘子和棒形支柱绝缘子。针式支柱绝缘子多用于低压配电线路和通信线路，棒形支柱绝缘子多用于高压变电所。

（3）瓷绝缘子：绝缘件由电工陶瓷制成的绝缘子。电工陶瓷由石英、长石和黏土做原料烘焙而成。瓷绝缘子的瓷件表面通常以瓷釉覆盖，以提高其机械强度，防水浸润，增加表面光滑度。在各类绝缘子中，瓷绝缘子使用最为普遍。

（4）玻璃绝缘子：绝缘件由经过钢化处理的玻璃制成的绝缘子。其表面处于压缩预应力状态，如发生裂纹和电击穿，玻璃绝缘子将自行破裂成小碎块，俗称"自爆"。这一特性使得玻璃绝缘子在运行中无须进行"零值"检测。

（5）复合绝缘子：也称合成绝缘子。其绝缘件由玻璃纤维树脂芯棒和有机材料的护套及伞裙组成的绝缘子。其特点是尺寸小、重量轻，抗拉强度高，抗污秒闪络性能优良。但抗老化能力不如瓷和玻璃绝缘子。

13.1.3 母线及绝缘子主要技术参数

13.1.3.1 母线主要技术参数

（1）额定电流。额定电流应等于或高于其假定负载电流。额定电流应用于特定安装条件，安装条件包括方向、位置和不同的空气温度等。

（2）额定冲击耐受电压。按照给出的过电压类别和电路等级选择额定冲击耐受电压。

（3）耐受机械负载的能力。水平安装的母线系统，在使用中应能耐受规定的正常或重型机械负载。

1）正常机械负载除了母线系统的重量外，还包括非自身固定件支撑的馈电单元和分接单元的重量。

2）重型机械负载包括额外的负载，例如人员的重量。必要的机械属性可通过材料、材料的厚度、形状的选择或通过初始制造商标示的固定点数量和位置来获得。

（4）温升极限。除非另有规定，在覆板和外壳可接近但正常操作中不需要接触的情况下，允许金属表面的温升极限提高 25K，绝缘材料表面的温升极限提高 15K。

（5）故障电流。回路电阻和电抗，也就是导体及回路的总电阻和电抗，用于通过阻抗法计算故障电流。故障零序电抗，也就是导体及回路的总零序电抗，用于通过对称分量法计算故障电流。

13.1.3.2　绝缘子主要技术参数

（1）冲击过电压击穿耐受特性。绝缘子在规定试验条件下耐受的冲击电压，包括雷电冲击干耐受电压和操作冲击干或湿耐受电压。绝缘子需进行正、负极性各 5 次的冲击过电压击穿耐受试验。

（2）50%冲击闪络电压。50%闪络概率的冲击电压值。"闪络"包括跨越绝缘子表面的闪络以及相邻绝缘子间由空气火花引起的破坏性放电。

（3）机械破坏负荷。绝缘子在规定试验条件下试验时达到的最大负荷。

（4）机械强度等级。绝缘子的机械强度等级是按规定的弯曲破坏负荷值确定的。机械强度标准值是按绝缘子安装、负荷水平施加于其顶部进行弯曲试验时的最小破坏负荷规定的。

（5）爬电距离。通常承受运行电压的两部件间沿绝缘子表面轮廓的最短距离或最短距离之和。

（6）统一爬电比距。绝缘子的统一爬电比距分别取相应污秽等级爬电比距的中值。根据使用环境需要，也可以在相应污秽等级爬电比距的上限和下限之间选取适当的统一爬电比距。

13.2　母线及绝缘子检修分类及要求

13.2.1　适用范围

适用于 35kV 及以上变电站内母线及绝缘子。

13.2.2　检修分类

A 类检修：包含整体更换、解体检修。

B 类检修：包含部件检查、检修及更换绝缘材料。

C 类检修：包含处理接触面，紧固螺丝；进行除锈和清扫处理；进行修复，必要时更换引线等工作。

D 类检修：包含进行红外检测跟踪，根据缺陷严重程度适时处理过热点，加强监测等工作。

13.3 母线及绝缘子标准化检修要求

13.3.1 检修前准备

根据工作安排合理开展准备工作，准备工作内容、标准见表13-1。

表 13-1　　　　　　　　　　　　检修前准备工作内容

序号	内 容	标 准
1	根据检修计划安排，提前做好作业风险定级工作	按照《变电现场作业风险管控实施细则》中相关要求，明确作业风险等级
2	结合检修作业风险，必要时开展现场勘察工作	全面掌握检修设备状态、现场环境和作业需求，检修工作开展前应按检修项目类别组织合适人员开展设备信息收集和现场勘察，并填写勘察记录
3	根据实际作业风险，按照模板进行检修方案的编制	按照模板内容进行方案编制，在规定时间内完成审批。并提前准备好标准化作业卡
4	准备好施工所需工器具与仪器仪表、备品备件与相关材料、相关图纸及相关技术资料	仪器仪表、工器具应试验合格，满足本次施工的要求，材料应齐全，图纸及资料应符合现场实际情况
5	开工前确定现场工器具摆放位置	确保现场施工安全、可靠
6	根据本次作业内容和性质确定好检修人员，并组织学习检修方案	要求所有工作人员都明确本次工作的作业内容、进度要求、作业标准及安全注意事项

13.3.2 母线及绝缘子检修流程图

根据断路器的结构和检修工艺以及作业环境，将作业的全过程优化后形成检修流程图，见图13-1。

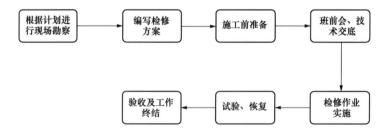

图 13-1　断路器检修流程图

13.3.3 检修程序与工艺标准

13.3.3.1 开工管理

办理开工许可手续前应检查落实的内容，见表13-2。

表 13-2

序号	内容与要求
1	工作负责人按照有关规定办理好工作票许可手续
2	工作许可手续完成后，由总工作票负责人进行安全交底，宣读工作票，交待工作任务、计划工作时间、人员分工等内容，并组织工作票所列人员确认签字。然后对分工作票进行工作许可
3	总工作票负责人进行完安全交底后，各分工作票负责人带领各自工作班成员前往作业现场，再次对工作班成员进行安全交底，交待本工作票工作内容和人员分工，并在分工作票上确认签字
4	对辅助（外来）人员、新入职员工采用差异化标识进行身份标注，差异化分派工作任务，差异化实施现场监护，确保人员行为可控、在控

13.3.3.2 检修项目与工艺标准

按照"母线及绝缘子标准作业卡"对每一个检修项目，明确工艺标准、注意事项等内容，同时填写相关数据，见附录 I-1～附录 I-3。

13.3.3.2.1 关键工艺质量控制

（1）母线。

1）母线清洁无异物，相序颜色正确。

2）母线与金具接触面应连接紧密接触良好，无裂纹、过热、锈蚀，放电痕迹，钢芯铝绞线无断股和松股。

（2）绝缘子。

1）瓷质绝缘子无裂纹、破碎、放电痕迹，锁紧销无脱出，表面应平整、光滑。

2）复合绝缘子芯棒无变形，伞裙无气泡和缝隙、损伤或龟裂。

3）瓷质绝缘子防污闪涂料，增爬裙进行憎水性试验，憎水能力下降达不到防污要求的应复涂。

13.3.3.2.2 安全注意事项

（1）在 5 级及以上的大风以及暴雨、雷电、冰雹、大雾、沙尘暴等恶劣天气下，应停止露天高处作业。

（2）工作人员进入作业现场必须戴安全帽，登高作业高度超过 1.5m 以上时应正确使用安全带，穿防滑鞋，垂直保护应使用自锁式安全带或速差自控式安全带，高度超过 2m 以上传递工器具、材料使用传递绳，不得抛掷。

（3）相邻带电架构、爬梯设置警示红布帘。

（4）在强电场下工作，严控与带电设备的安全距离，工作人员应加装临时接地线。

（5）验电、挂接地线时必须戴绝缘手套。

（6）停电在母线上检查工作时，要做好防坠落措施。

（7）使用梯子角度应适当（60°左右）并注意防滑，应有专人扶持监护或将梯子绑牢、应有卡具；合梯应有限开铰链。

（8）工作中，工作人员严禁踩踏复合绝缘子上下导线。

13.3.3.3 竣工验收

工作结束后，按相关要求进行清理工作现场、自验收、关闭检修电源、清点工具、回收材料，填写检修记录，办理工作票终结等内容。竣工内容与要求见表13-3。

表 13-3   竣 工 内 容 与 要 求

序号	内容与要求
1	清理工作现场，将工器具清点、整理并全部收拢，废弃物清除按相关规定处理完毕，材料及备品备件回收清点结束
2	按相关规定，关闭检修电源
3	验收内容： （1）检查无漏检项目，无遗留问题。 （2）对母线本体及外观验收：包括设备外观、铭牌、相色、母线及伸缩节、设备线夹等进行验收。 （3）对绝缘子本体及外观验收：包括设备外观、铭牌等进行验收。 （4）对设备全部工作现场进行周密的检查，确保无遗留问题和遗留物品
4	验收流程及要求： （1）检修工作全部完成后以及隐蔽工程、高风险工序等关键环节阶段性完成后，作业班组应及时开展自验收，自验收合格后申请所属运维单位验收。各级设备管理部门按照作业风险分级开展验收工作监督。 （2）验收人员应在验收报告或标准作业卡的"执行评价"栏中记录验收情况并签字，验收资料至少保留一个检修周期
5	经各级验收合格，填写检修记录，办理工作票终结手续

13.4 运维检修过程中常见问题及处理方法

母线及绝缘子常见的故障类型、现象、原因及处理方法见表13-4。

表 13-4   母线及绝缘子常见问题及处理方法

缺陷现象	缺陷原因	处理方法
母线异常	（1）封闭母线仓内积水、结冰、螺栓松动，存在轻微放电现象。 （2）管母线开裂、脱焊、变形、伸缩节破损，断裂	（1）开仓查找故障点进行清除冰水烘干并对母线绝缘化、仓体低处开孔、螺栓紧固。 （2）进行补焊处理，变形不满足要求更换母线，更换母线伸缩节
软母线及引流线损坏	断股或松股、截面损失或不满足母线短路时通流要求	进行修补，如不满足要求应更换母线或引线
绝缘子表面闪络	瓷绝缘子表面污秽程度严重，外绝缘不满足当地污秽等级要求	对瓷柱加装伞裙、喷涂PRTV涂料或更换
绝缘子法兰损坏	（1）绝缘子基座开裂松动，易造成支柱绝缘子移位，影响支撑作用；水泥浇注部分开裂，易造成绝缘子与基座脱节，影响支撑作用。 （2）防水胶脱落、锈蚀	（1）更换绝缘子。 （2）重新复涂防水胶、进行除锈和清扫处理
绝缘子损坏	伞裙多处破损或伞裙材料表面出现粉化、龟裂、电蚀、树枝状痕迹、表面灼伤、伞裙脱落、芯棒护套破损、绝缘部分与端部金属部分结合处出现缝隙、密封失效	更换复合绝缘子

13.4.1 汇流母线接线板过热

问题描述：母线外层铝线破损，散股，造成汇流母线连接抱箍过热，见图 13-2 和图 13-3。

处理方法：将烧损的汇流母线进行更换。

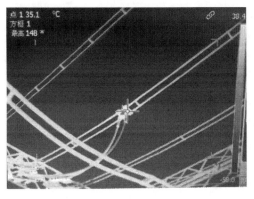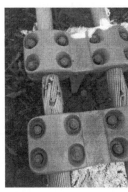

图 13-2　35kV 母线 C 相连接抱箍（T 形线夹）　　　图 13-3　T 形线夹

13.4.2 引线支柱绝缘子缺陷

问题描述：引线支柱绝缘子存在釉面脱落现象，见图 13-4。

处理方法：停电喷涂 PRTV 涂料。

图 13-4　釉面脱落

13.4.3 支柱绝缘子断裂

问题描述：母线支柱绝缘子断裂，见图 13-5 和图 13-6。

处理方法：停电更换支柱绝缘子。

图 13-5　支柱绝缘子断裂　　　　　　　　　图 13-6　支柱绝缘子断裂

13.4.4　支柱绝缘子螺栓松动

问题描述：因绝缘子底座螺栓松动脱落，造成母线桥有异音，见图 13-7 和图 13-8。

处理方法：补全绝缘子底座螺栓并紧固。

图 13-7　母线桥支柱绝缘子松动位置　　　　　图 13-8　螺栓松动具体位置

第14章　穿墙套管标准化检修方法

14.1　概述

穿墙套管用于电站和变电所配电装置及高压电器，供导线穿过接地隔板、墙壁或电气设备外壳，支持导电部分使之对地或外壳绝缘。

14.1.1　穿墙套管型号含义

（1）带导体穿墙瓷套管的型号表示如下：

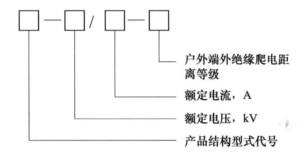

产品结构型式代号定义为：C—户内铜导体穿墙瓷套管，CL—户内铝导体穿墙瓷套管，CWL—户外、户内铝导体穿墙瓷套管，CWWL—耐污型户外、户内铝导体穿墙瓷套管，CW—户外、户内铜导体穿墙瓷套管，CWW—耐污型户外、户内铜导体穿墙瓷套管。

（2）母线式穿墙瓷套管的型号表示如下：

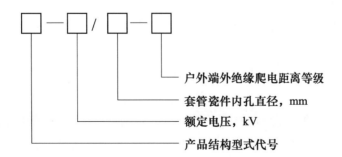

户品结构型式代号定义为：CM—户内母线式穿墙瓷套管，CMWW—耐污型户外、户内母线式穿墙瓷套管。

（3）复合绝缘高压穿墙套管的型号表示如下：

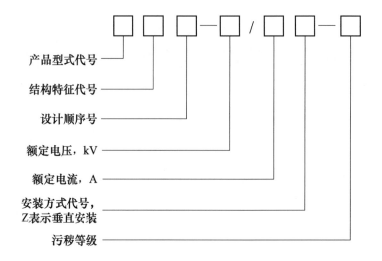

产品型式代号
结构特征代号
设计顺序号
额定电压，kV
额定电流，A
安装方式代号，
Z表示垂直安装
污秽等级

14.1.2　穿墙套管的类型

穿墙套管按其使用环境可分为户内和户外穿墙套管。按穿过其中心的导体不同可分为母线穿墙套管、铜导体穿墙套管和铝导体穿墙套管。

14.1.3　穿墙套管基本结构

穿墙瓷套管由瓷件、金属附件、安装法兰、导电排（杆）等组成。

复合穿墙套管由圆筒导杆和紧包导杆的环氧纤层、中间法兰及包封环氧玻纤层的硅橡胶护套和伞裙组成。

14.1.4　穿墙套管主要技术参数

最高电压：设计时的最大线电压方均根值，用以确定设备的绝缘以及在相关设备标准中与此电压有关的其他特性。

额定相对地电压：在规定的运行条件下，导体和接地法兰或其他紧固器件间套管要连续耐受的最大电压方均根值。

额定电流：在规定的运行条件下，套管能连续传导而不会超出规定的温升极限的最大电流方均根值。

额定热短时电流：在规定的最高环境温度和浸渍介质下，对套管施加额定电流，使其达到一稳定的温度，然后施加一个额定时间的对称电流有效值，以检验套管能够耐受的热性能。

额定动稳定电流：套管机械性能方面能耐受住的电流峰值。

14.2 穿墙套管检修分类及要求

14.2.1 适用范围

适用于 35kV 及以上变电站穿墙套管。

14.2.2 检修分类

A 类检修：指整体性检修，包含整体更换。

B 类检修：指局部性检修，包含密封垫更换、绝缘油处理、伞裙修补、储油柜更换等部件的检修。

C 类检修：指例行检查及试验，包含检查、维护。

D 类检修：指在不停电状态下进行的检修，包含专业巡视等不停电工作。

14.3 穿墙套管标准化检修要求

14.3.1 检修前准备

根据工作安排合理开展准备工作，准备工作内容、标准见表 14-1。

表 14-1 检修前准备

序号	内 容	标 准
1	根据检修计划安排，提前做好作业风险定级工作	按照《变电现场作业风险管控实施细则》中相关要求，明确作业风险等级
2	结合检修作业风险，必要时开展现场勘察工作	全面掌握检修设备状态、现场环境和作业需求，检修工作开展前应按检修项目类别组织合适人员开展设备信息收集和现场勘察，并填写勘察记录
3	根据实际作业风险，按照模板进行检修方案的编制	按照模板内容进行方案编制，在规定时间内完成审批，并提前准备好标准化作业卡
4	准备好施工所需工器具与仪器仪表、备品备件与相关材料、相关图纸及相关技术资料	仪器仪表、工器具应试验合格，满足本次施工的要求，材料应齐全，图纸及资料应符合现场实际情况
5	开工前确定现场工器具摆放位置	确保现场施工安全、可靠
6	根据本次作业内容和性质确定好检修人员，并组织学习检修方案	要求所有工作人员都明确本次工作的作业内容、进度要求、作业标准及安全注意事项

14.3.2 穿墙套管检修流程图

根据穿墙套管的结构和检修工艺以及作业环境，将作业的全过程优化后形成检修流程图，见图 14-1。

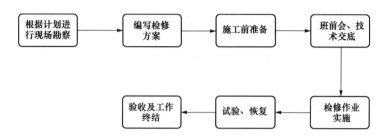

图 14-1　穿墙套管检修流程图

14.3.3　检修程序与工艺标准

14.3.3.1　开工管理

办理开工许可手续前应检查落实的内容，见表 14-2。

表 14-2　　　　　　　　　　　　　开 工 内 容 与 要 求

序号	内容与要求
1	工作负责人按照有关规定办理好工作票许可手续
2	工作许可手续完成后，由总工作票负责人进行安全交底，宣读工作票，交待工作任务、计划工作时间、人员分工等内容，并组织工作票所列人员确认签字。然后对分工作票进行工作许可
3	总工作票负责人进行完安全交底后，各分工作票负责人带领各自工作班成员前往作业现场，再次对工作班成员进行安全交底，交待本工作票工作内容和人员分工，并在分工作票上确认签字
4	对辅助（外来）人员、新入职员工采用差异化标识进行身份标注，差异化分派工作任务，差异化实施现场监护，确保人员行为可控、在控

14.3.3.2　检修项目与工艺标准

按照"穿墙套管标准作业卡"对每一个检修项目，明确工艺标准、注意事项等内容，同时填写相关数据，见附录 M-1～附录 M-2。

14.3.3.2.1　关键工艺质量控制

（1）穿墙套管直接固定在钢板上时，周围不得形成闭合磁路。

（2）穿墙套管垂直安装时，其法兰应在安装水平面上方，水平安装时，法兰应在安装垂直面外侧。

（3）穿墙套管安装在同一平面或垂直面上的穿墙套管的顶面，应位于同一平面上，其中心线位置应符合设计要求。

（4）穿墙套管外观完好、无破损，金属安装板、末屏、法兰及不用的电压抽取端子可靠接地，引线弧垂合适，相对地及相间距离等符合相关规定。

（5）充油套管油位应满足要求，指示清晰，无渗漏，注油和取样阀位置应装设于巡视侧。

（6）相关试验合格。

14.3.3.2.2　安全注意事项

（1）在检修过程中，与带电部位保持足够的安全距离。

（2）吊装应按照厂家规定程序进行，选用合适的吊装设备和正确的吊点，设置揽风绳控制方向，并设专人指挥。

（3）高处作业应做好防高空坠落、高空坠物措施。

（4）严禁攀爬穿墙套管或将安全带打在穿墙套管上。

（5）安全工器具定期校验，在检验合格周期内。

（6）使用绝缘梯时应摆放平稳，设置专人扶持，并有防滑防倒措施。

（7）设备试验工作不得少于 2 人；试验作业前，必须规范设置安全隔离区域，向外悬挂"止步，高压危险！"的警示牌。设专人监护，严禁非作业人员进入。

14.3.3.3　竣工验收

工作结束后，按相关要求进行清理工作现场、自验收、关闭检修电源、清点工具、回收材料，填写检修记录，办理工作票终结等内容。竣工内容与要求见表 14-3。

表 14-3　　　　　　　　　　　竣 工 内 容 与 要 求

序号	内容与要求
1	清理工作现场，将工器具清点、整理并全部收拢，废弃物清除按相关规定处理完毕，材料及备品备件回收清点结束
2	按相关规定，关闭检修电源
3	验收内容： （1）检查无漏检项目，无遗留问题。 （2）对本体及外观验收：包括设备外观、铭牌、相序、运行编号、密封等进行验收。 （3）对其他方面验收：包括接地、一次引线、油位等进行验收。 （4）对设备全部工作现场进行周密的检查，确保无遗留问题和遗留物品
4	验收流程及要求： （1）检修工作全部完成后以及隐蔽工程、高风险工序等关键环节阶段性完成后，作业班组应及时开展自验收，自验收合格后申请所属运维单位验收。各级设备管理部门按照作业风险分级开展验收工作监督。 （2）验收人员应在验收报告或标准作业卡的"执行评价"栏中记录验收情况并签字，验收资料至少保留一个检修周期
5	经各级验收合格，填写检修记录，办理工作票终结手续

14.4　运维检修过程中常见问题及处理方法

穿墙套管常见的故障类型、现象、原因及处理方法见表 14-4。

表 14-4		常见问题及处理方法
缺陷现象	缺陷原因	处理方法
油位低，或油位不可见	温度低或存在渗漏	补油或处理渗漏点
油位指示不清或油位计破损	油位计老化或损坏	处理或更换油位计
外表有油迹	套管密封存在不良	对漏油部位进行处理，必要时更换套管
套管表面存在放电或闪络	套管积污或防污等级不满足要求	进行外绝缘清扫。套管积污严重，不满足污秽等级要求时，采取增爬措施或更换套管
金属部位锈蚀	金属表面漆层破损或脱漏	进行防腐处理，必要时进行更换
有异常声音	穿墙套管对地绝缘降低，产生爬电	查找套管异常声响原因并处理，必要时更换套管
穿墙套管与矩形母线排连接处过热	连接处不光滑或存在氧化层	对连接接触面采取打磨、涂电力复合脂等方式予以解决
穿墙套管固定钢板过热	穿墙套管固定钢板或预埋件存在闭合磁路	开闭合磁路，并将清理干净的断口进行密封处理
工频耐压、绝缘电阻不合格	套管绝缘降低或内部受潮	更换套管

穿墙套管绝缘电阻不合格：

问题描述：某变电站 10kV 穿墙套管绝缘电阻不合格，解体检查发现穿墙套管内部有放电痕迹，判断内部受潮造成绝缘降低，见图 14-2 和图 14-3。

处理方法：更换穿墙套管。

图 14-2　穿墙套管绝缘电阻测试　　　　图 14-3　穿墙套管导电杆放电灼烧痕迹

第15章 消弧线圈标准化检修方法

15.1 概述

当发生单相接地时，由于消弧线圈产生的感性电流补偿了故障点的电容电流，因而使故障点的残流变小，从而达到自然熄弧，防止事故扩大甚至消除事故的目的。

15.1.1 消弧线圈的类型

消弧线圈通常按照调节原理、安装投入及退出补偿状态的方式等进行分类。

15.1.1.1 按照调节原理不同分类

按照调节原理分为调匝式和相控式、调容式、偏磁式。

（1）调匝式。通过改变消弧线圈的接头位置来改变电抗值的方式。

（2）相控式。利用调节变压器短路阻抗的方式实现。

（3）调容式。通过在变压器的二次侧接入电容器，通过对电容器的投切改变等效电抗值的方式。

（4）偏磁式。通过改变消弧线圈铁芯磁饱和程度来改变电抗值的方式。

15.1.1.2 按照补偿状态不同分类

（1）预调式。在系统正常时测量系统的电容电流，并将消弧线圈调节到对应位置，单相接地故障时，消弧线圈零延时进行补偿。

（2）随调式。在系统正常时测量系统的电容电流，当发生单相接地故障后，调节消弧线圈至对应位置。

15.1.2 消弧线圈基本结构

消弧线圈通常有以下几个部分组成：

（1）接地变压器（简称接地变）。通过接地变引出中性点用于加接消弧线圈。

（2）消弧线圈。通过预调节至合适档位，补偿系统接地电容电流。

（3）阻尼电阻。通过串接阻尼电阻的方式来抑制阻尼谐振现象，保证中性点电压要求（不超过系统标称相电压的 15%，一般调至 5% 左右）。

（4）并联中电阻箱。当采用并联中电阻选线时，需配置并联中电阻箱。它并联于消弧线圈两端。当装置确认系统发生永久性单相接地故障时，中值电阻投入，向系统注入有功电流供选线。

（5）中性点电压互感器。中性点电压互感器用以转换中性点电压，通过中性点电压互感器二次侧引到控制器进行采样检测。

15.1.3　消弧线圈主要技术参数

（1）额定容量。消弧线圈主绕组视在功率的最大指定值。

（2）电压—电流特性。消弧线圈电压—电流特性曲线由零至设备最高电压应为曲线。

（3）额定电流。在额定频率下施加额定电压，在规定的时间内流经主绕组的电流。

（4）额定电压。在正常条件下额定频率时作用于主绕组端部之间的最高电压。

15.2　消弧线圈的检修分类及要求

15.2.1　适用范围

适用于 35kV 及以上变电站内消弧线圈。

15.2.2　检修分类

A 类检修：包含整体更换、解体检修。

B 类检修：包含主要部件解体检查、维修及更换。

C 类检修：包含本体检查维护，接地变压器、隔离刀闸检查维护、设备清扫。

D 类检修：包含专业巡视、围栏网维护、防护锁具维修、不停电的部件更换或维修、带电测试。

15.3　消弧线圈标准化检修要求

15.3.1　检修前准备

根据工作安排合理开展准备工作，准备工作内容、标准见表 15-1。

表 15-1　　　　　　　　　　　检 修 前 准 备

序号	内　　容	标　　准
1	根据检修计划安排，提前做好作业风险定级工作	按照《变电现场作业风险管控实施细则》中相关要求，明确作业风险等级
2	结合检修作业风险，必要时开展现场勘察工作	全面掌握检修设备状态、现场环境和作业需求，检修工作开展前应按检修项目类别组织合适人员开展设备信息收集和现场勘察，并填写勘察记录

序号	内　　容	标　　准
3	根据实际作业风险，按照模板进行检修方案的编制	按照模板内容进行方案编制，在规定时间内完成审批。并提前准备好标准化作业卡
4	准备好施工所需工器具与仪器仪表、备品备件与相关材料、相关图纸及相关技术资料	仪器仪表、工器具应试验合格，满足本次施工的要求，材料应齐全，图纸及资料应符合现场实际情况
5	开工前确定现场工器具摆放位置	确保现场施工安全、可靠
6	根据本次作业内容和性质确定好检修人员，并组织学习检修方案	要求所有工作人员都明确本次工作的作业内容、进度要求、作业标准及安全注意事项

15.3.2　消弧线圈检修流程图

根据消弧线圈的结构和检修工艺以及作业环境，将作业的全过程优化后形成检修流程，见图 15-1。

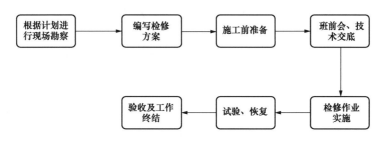

图 15-1　消弧线圈检修流程图

15.3.3　检修程序与工艺标准

15.3.3.1　开工管理

办理开工许可手续前应检查落实的内容，见表 15-2。

表 15-2　　　　　　　　　　开 工 内 容 与 要 求

序号	内容与要求
1	工作负责人按照有关规定办好工作票许可手续
2	工作许可手续完成后，由总工作票负责人进行安全交底，宣读工作票，交待工作任务、计划工作时间、人员分工等内容，并组织工作票所列人员确认签字。然后对分工作票进行工作许可
3	总工作票负责人进行完安全交底后，各分工作票负责人带领各自工作班成员前往作业现场，再次对工作班成员进行安全交底，交待本工作票工作内容和人员分工，并在分工作票上确认签字
4	对辅助（外来）人员、新入职员工采用差异化标识进行身份标注，差异化分派工作任务，差异化实施现场监护，确保人员行为可控、在控

15.3.3.2 检修项目与工艺标准

按照"消弧线圈标准作业卡"对每一个检修项目，明确工艺标准、注意事项等内容，同时填写相关数据。见附录 N-1～附录 N-5。

15.3.3.2.1 关键工艺质量控制

（1）油浸式消弧线圈、接地变外观无锈蚀、渗漏。套管表面清洁。干式消弧线圈、接地变外观无放电、烧灼痕迹。

（2）分接开关传动机构应操作灵活，无卡涩或异响。现场实际档位与后台一致。

（3）储油柜油位正确，油位计内部无凝露。

（4）吸湿器呼吸通畅，吸湿剂无受潮变色或破碎。

（5）阻尼电阻和并联电阻无过热、鼓包、烧伤。

15.3.3.2.2 安全注意事项

（1）高处作业应正确使用安全带，作业人员在转移作业位置时不准失去安全保护。检修前，对于调容与相控式装置内的电容器充分放电。

（2）分接开关在电动状态下不得手动调档，防止机构损坏或造成人身触电。

（3）试验结束后应拆除自装的试验用接地短接线，恢复至试验前状。

（4）因试验需要拆断设备接头时，拆前应做好标记，接后应进行检查。

15.3.3.3 竣工验收

工作结束后，按相关要求进行清理工作现场、自验收、关闭检修电源、清点工具、回收材料，填写检修记录，办理工作票终结等内容。竣工内容与要求见表 15-3。

表 15-3   竣 工 内 容 与 要 求

序号	内容与要求
1	清理工作现场，将工器具清点、整理并全部收拢，废弃物清除按相关规定处理完毕，材料及备品备件回收清点结束
2	按相关规定，关闭检修电源
3	验收内容： （1）检查无漏检项目，无遗留问题。 （2）检查本体及外观验收：包括设备外观、铭牌、相色、封堵、阻尼箱等进行验收。 （3）对操动机构验收：包括隔离开关、分接开关操作及位置指示、辅助开关等进行验收。 （4）对其他方面验收：包括一、二次引线等进行验收。 （5）对设备全部工作现场进行周密的检查，确保无遗留问题和遗留物品
4	验收流程及要求： （1）检修工作全部完成后以及隐蔽工程、高风险工序等关键环节阶段性完成后，作业班组应及时开展自验收，自验收合格后申请所属运维单位验收。各级设备管理部门按照作业风险分级开展验收监督工作。 （2）验收人员应在验收报告或标准作业卡的"执行评价"栏中记录验收情况并签字，验收资料至少保留一个检修周期
5	经各级验收合格，填写检修记录，办理工作票终结手续

15.4 运维检修过程中常见问题及处理方法

消弧线圈常见的故障类型、现象、原因及处理方法见表 15-4。

表 15-4 消弧线圈常见问题及处理方法

缺陷现象	缺陷原因	处理方法
干式消弧线圈温控器告警	风机故障，造成热量无法散出	检查风机电源回路、拆解风机本体进行维修
渗漏油	紧固螺栓松动，密封胶垫损坏	紧固法兰连接螺栓后观察，若仍渗漏，更换密封胶垫
消弧线圈不能调档	(1) 分接开关指示轴根部断裂。 (2) 分接开关连接线脱落或断开	(1) 更换分接开关指示轴。 (2) 对连接线断开的部位进行焊接处理

消弧线圈有载分接开关渗漏：

问题描述：消弧线圈有载分接开关渗漏，见图 15-2。

处理方法：紧固法兰连接螺栓后观察，若仍渗漏，更换密封胶垫。

图 15-2 消弧线圈有载分接开关渗漏

第16章 高频阻波器标准化检修方法

16.1 概述

阻波器一般由电感型式的主线圈、调谐装置以及保护元件组成，串接在高压输电线路中载波信号连接点与相邻的电力系统元件（如母线、变压器等）之间。跨接于主线圈的调谐装置，经适当调谐，可使阻波器在一个、多个载波频率点或载波频带内呈现较高的阻抗，而工频阻抗则可忽略不计。阻波器也可用来限制电力系统分支点载波功率的损失。

16.1.1 高频阻波器型号含义

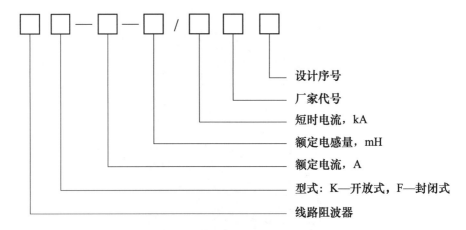

例：型号 XZK-1250-1.0/10 S6 中，XZ 表示线路阻波器，K 表示开放式，1250 表示额定电流 1250A，1.0 表示主线圈额定电感量 1.0mH，10 表示短时电流有效值 10kA，S 表示厂家，6 表示设计系列序号。

16.1.2 高频阻波器基本结构

高频阻波器一般由主线圈，调谐装置和保护装置三部分组成。

（1）主线圈。阻波器为单层或多层开放型结构，主线圈用裸铝扁导线绕制，线匝由玻璃钢垫块和撑条支持，经浸漆处理，整体性强，结构轻巧，适用于 10～330kV 线路，同时满足短路电流的要求，并可直接安装在耦合电容器上。

（2）调谐装置。该装置主要由电容器、电感、电阻构成，它与主线圈构成谐振回路，对高频信号起阻塞作用。电容器均采用特别研制的高频聚苯乙烯介质，其绝缘配合安全裕度远高于 IEC 标准。

（3）保护装置。将高频阻波器所受的雷电过电压及操作过电压限制在一定的范围之内，用以保护调谐装置和主线圈。采用专为阻波器研制的带串联间隙的氧化锌避雷器。

16.2 高频阻波器检修分类及要求

16.2.1 适用范围

适用于 35kV 及以上变电站内高频阻波器。

16.2.2 检修分类

A 类检修：整体更换。
B 类检修：部件检修。
C 类检修：例行检查。

16.3 高频阻波器标准化检修要求

16.3.1 检修前准备

根据工作安排合理开展准备工作，准备工作内容、标准见表 16-1。

表 16-1　　　　　　　　　　检 修 前 准 备

序号	内　　容	标　　准
1	根据检修计划安排，提前做好作业风险定级工作	按照《变电现场作业风险管控实施细则》中相关要求，明确作业风险等级
2	结合检修作业风险，必要时开展现场勘察工作	全面掌握检修设备状态、现场环境和作业需求，检修工作开展前应按检修项目类别组织合适人员开展设备信息收集和现场勘察，并填写勘察记录
3	根据实际作业风险，按照模板进行检修方案的编制	按照模板内容进行方案编制，在规定时间内完成审批。并提前准备好标准化作业卡
4	准备好施工所需工器具与仪器仪表、备品备件与相关材料、相关图纸及相关技术资料	仪器仪表、工器具应试验合格，满足本次施工的要求，材料应齐全，图纸及资料应符合现场实际情况
5	开工前确定现场工器具摆放位置	确保现场施工安全、可靠
6	根据本次作业内容和性质确定好检修人员，并组织学习检修方案	要求所有工作人员都明确本次工作的作业内容、进度要求、作业标准及安全注意事项

16.3.2　高频阻波器检修流程图

根据高频阻波器的结构和检修工艺以及作业环境，将作业的全过程优化后形成检修流程图，见图16-1。

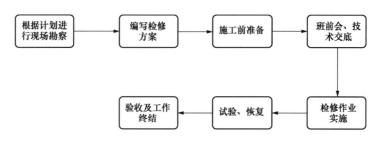

图 16-1　高频阻波器检修流程图

16.3.3　检修程序与工艺标准

16.3.3.1　开工管理

办理开工许可手续前应检查落实的内容见表16-2。

表 16-2　　　　　　　　　　开 工 内 容 与 要 求

序号	内容与要求
1	工作负责人按照有关规定办理好工作票许可手续
2	工作许可手续完成后，由总工作票负责人进行安全交底，宣读工作票，交待工作任务、计划工作时间、人员分工等内容，并组织工作票所列人员确认签字。然后对分工作票进行工作许可
3	总工作票负责人进行完安全交底后，各分工作票负责人带领各自工作班成员前往作业现场，再次对工作班成员进行安全交底，交待本工作票工作内容和人员分工，并在分工作票上确认签字
4	对辅助（外来）人员、新入职员工采用差异化标识进行身份标注，差异化分派工作任务，差异化实施现场监护，确保人员行为可控、在控

16.3.3.2　检修项目与工艺标准

按照"高频阻波器标准作业卡"对每一个检修项目，明确工艺标准、注意事项等内容，同时填写相关数据，见附录O-1、附录O-2。

16.3.3.2.1　关键工艺质量控制

（1）悬式绝缘子悬挂角度及引线弧垂应适当，满足防风偏距离要求，高频阻波器轴线应对地垂直。

（2）保护元件（避雷器）伞裙无破损、裂纹和爬电痕迹，固定牢固。

（3）接线端子无毛刺、裂纹或损伤，接触面平整光洁，并涂抹薄层导电脂，螺栓紧固力矩符合要求。

（4）器身框架表面无掉漆或裂纹；支撑条无松动、位移、缺失；紧固带无松动、断裂。

（5）设备线夹无开裂发热，导线无断股、散股；连接金具连接可靠，垫片、弹簧垫齐全，开口销按规定安装。

16.3.3.2.2　安全注意事项

（1）在 5 级及以上的大风及雨、雪等恶劣天气下，应停止露天高处作业。

（2）按厂家规定正确吊装高频阻波器，设置揽风绳控制方向，并设专人指挥。

（3）拆装高频阻波器时应做好防止高空坠落及坠物伤人的安全措施。

（4）拆装引线应采取防止引线摆动至相邻带电部位的措施。

（5）作业时应采取防感应电伤人的措施。

（6）设备试验工作不得少于 2 人，试验负责人应由有经验的人员担任，开始试验前，试验负责人应向全体试验人员详细布置试验中的安全注意事项，交待邻近间隔的带电部位，以及其他安全注意事项。试验作业前，必须规范设置封闭安全隔离区域，向外悬挂"止步，高压危险！"的警示牌。设专人监护，严禁非作业人员进入。设备试验时，应将所要试验的设备与其他相邻设备做好物理隔离措施。

（7）调试过程试验电源应从试验电源屏或检修电源箱取得，严禁使用绝缘破损的电源线，必须使用带漏电保护器的移动式电源盘，试验设备和被试设备应可靠接地，设备通电过程中，试验人员不得中途离开。工作结束后应及时将试验电源断开。

16.3.3.3　竣工验收

工作结束后，按相关要求进行清理工作现场、自验收、关闭检修电源、清点工具、回收材料，填写检修记录，办理工作票终结等内容。竣工内容与要求见表 16-3。

表 16-3　　　　　　　　　　竣 工 内 容 与 要 求

序号	内容与要求
1	清理工作现场，将工器具清点、整理并全部收拢，废弃物清除按相关规定处理完毕，材料及备品备件回收清点结束
2	按相关规定，关闭检修电源
3	验收内容： （1）检查无漏检项目，无遗留问题。 （2）对设备外观验收：包括设备外观、瓷件、法兰、引线等进行验收。 （3）对其他方面验收：包括保护元件（避雷器）进行验收。 （4）对设备全部工作现场进行周密的检查，确保无遗留问题和遗留物品
4	验收流程及要求： （1）检修工作全部完成后以及隐蔽工程、高风险工序等关键环节阶段性完成后，作业班组应及时开展自验收，自验收合格后申请所属运维单位验收。各级设备管理部门按照作业风险分级开展验收工作监督。 （2）验收人员应在验收报告或标准作业卡的"执行评价"栏中记录验收情况并签字，验收资料至少保留一个检修周期
5	经各级验收合格，填写检修记录，办理工作票终结手续

16.4 运维检修过程中常见问题及处理方法

高频阻波器常见的故障类型、现象、原因及处理方法见表 16-4。

表 16-4　　　　　　　　　　常 见 问 题 处 理 方 法

缺陷现象	缺陷原因	处理方法
过热	松动、锈蚀、氧化等原因引起的触点接触不良	打磨氧化层，重新紧固
	有过载、局部匝间短路造成本体发热	更换
表面涂层破损、脱落、龟裂	老化、外力破坏	重新喷涂 RTV
支柱绝缘子破损	外力破坏，胶接处胶老化	更换或重新补涂防水胶
包封与支架松动、断裂	生产工艺存在缺陷	更换

第17章 耦合电容器标准化检修方法

17.1 概述

耦合电容器是电力系统高频通道中的重要设备，是用来在电力网络中传递信号的电容器，主要用于工频高压及超高压交流输电线路中，以实现载波、通信、测量、控制、保护及抽取电能等目的。它使得强电和弱电 2 个系统通过电容器耦合并隔离，提供高频信号通路，阻止工频电流进入弱电系统，保证人身安全。

17.1.1 耦合电容器型号含义

耦合电容器型号含义如下：

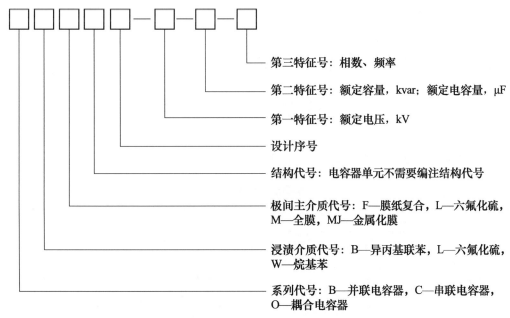

例：型号 OWF2D-110/$\sqrt{3}$-0.002 H 中，O 表示耦合电容器，W 表示烷基苯浸渍，F 表示纸膜型复合介质，2 表示设计序号，D 表示第四次改进，110$\sqrt{3}$ 表示额定工作电压 110$\sqrt{3}$ kV，0.002 表示标称电容量 0.002μF，H 表示防污型。

17.1.2 耦合电容器基本结构

耦合电容器由顶盖、波纹管、瓷套、电容高压极引线、电容芯绝缘支撑板、等效电容、绝缘支撑物、电容低压极引线、底座等 9 部分组成。耦合电容器的芯子装在绝缘瓷套管内，瓷套管内充有绝缘油。瓷套管两端装有金属制成的法兰，作组合连接和固定用。当电压在 110kV 及以上时，耦合电容器均为几个电容器串联组合而成。耦合电容器装有接地开关，作为高频保护、自动化系统和远动信号、调度载波通信以及电压抽取装置等二次部分的保安接地。

17.2 耦合电容器检修分类及要求

17.2.1 适用范围

适用于 35kV 及以上变电站耦合电容器。

17.2.2 检修分类

A 类检修：整体更换。

B 类检修：部件检修。

C 类检修：例行检查。

17.3 耦合电容器标准化检修要求

17.3.1 检修前准备

根据工作安排合理开展准备工作，准备工作内容、标准见表 17-1。

表 17-1 检 修 前 准 备

序号	内　　容	标　　准
1	根据检修计划安排，提前做好作业风险定级工作	按照《变电现场作业风险管控实施细则》中相关要求，明确作业风险等级
2	结合检修作业风险，必要时开展现场勘察工作	全面掌握检修设备状态、现场环境和作业需求，检修工作开展前应按检修项目类别组织合适人员开展设备信息收集和现场勘察，并填写勘察记录
3	根据实际作业风险，按照模板进行检修方案的编制	按照模板内容进行方案编制，在规定时间内完成审批。并提前准备好标准化作业卡
4	准备好施工所需工器具与仪器仪表、备品备件与相关材料、相关图纸及相关技术资料	仪器仪表、工器具应试验合格，满足本次施工的要求，材料应齐全，图纸及资料应符合现场实际情况
5	开工前确定现场工器具摆放位置	确保现场施工安全、可靠
6	根据本次作业内容和性质确定好检修人员，并组织学习检修方案	要求所有工作人员都明确本次工作的作业内容、进度要求、作业标准及安全注意事项

17.3.2 耦合电容器检修流程图

根据耦合电容器的结构和检修工艺以及作业环境，将作业的全过程优化后形成检修流程图，见图 17-1。

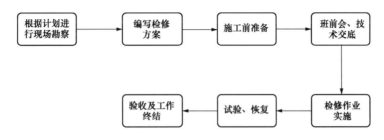

图 17-1 耦合电容器检修流程图

17.3.3 检修程序与工艺标准

17.3.3.1 开工管理

办理开工许可手续前应检查落实的内容见表 17-2。

表 17-2 开 工 内 容 与 要 求

序号	内容与要求
1	工作负责人按照有关规定办理好工作票许可手续
2	工作许可手续完成后，由总工作票负责人进行安全交底，宣读工作票，交待工作任务、计划工作时间、人员分工等内容，并组织工作票所列人员确认签字。然后对分工作票进行工作许可
3	总工作票负责人进行完安全交底后，各分工作票负责人带领各自工作班成员前往作业现场，再次对工作班成员进行安全交底，交待本工作票工作内容和人员分工，并在分工作票上确认签字
4	对辅助（外来）人员、新入职员工采用差异化标识进行身份标注，差异化分派工作任务，差异化实施现场监护，确保人员行为可控、在控

17.3.3.2 检修项目与工艺标准

按照"耦合电容器标准作业卡"对每一个检修项目，明确工艺标准、注意事项等内容，同时填写相关数据，见附录 P-1、附录 P-2。

17.3.3.2.1 关键工艺质量控制

（1）瓷套外观清洁无破损，防污闪涂料无起皮、鼓包、脱落，增爬伞裙无脱胶、变形。本体密封完好、无渗漏。

（2）接线板表面无氧化、划痕、脏污，接触良好，各导电接触面应涂有导电脂。设备线夹无裂纹、过热痕迹，导线无断股、散股、扭曲，弧垂适当。

（3）两节或多节耦合电容器叠装时，应按照制造厂的编号进行。叠装时，应单节吊装，严禁叠加后吊装。

（4）具有均压环的耦合电容器，均压环表面光滑、无变形，安装牢固、平正。

（5）耦合电容器低压端子小瓷套完好，接线牢固。接地线连接可靠，无锈蚀。

（6）结合滤波器与耦合电容器、接地刀闸、高频设备之间的接线应无松动、脱落。低压端子至结合滤波器和接地刀闸的导线应使用绝缘硬导线，连接可靠。

17.3.3.2.2　安全注意事项

（1）在5级及以上的大风及雨、雪等恶劣天气下，应停止露天高处作业。

（2）按厂家规定正确吊装设备，设置揽风绳控制方向，并设专人指挥。

（3）拆装设备时应做好防止高空坠落及坠物伤人的安全措施。

（4）拆下的引线不得失去原有接地线保护，引线应固定牢固。

（5）工作前应对耦合电容器充分放电。结合滤波器接地刀闸应在合闸位置。

（6）设备试验工作不得少于2人，试验负责人应由有经验的人员担任，开始试验前，试验负责人应向全体试验人员详细布置试验中的安全注意事项，交待邻近间隔的带电部位，以及其他安全注意事项。试验作业前，必须规范设置封闭安全隔离区域，向外悬挂"止步，高压危险!"的警示牌。设专人监护，严禁非作业人员进入。设备试验时，应将所要试验的设备与其他相邻设备做好物理隔离措施。

（7）调试过程试验电源应从试验电源屏或检修电源箱取得，严禁使用绝缘破损的电源线，必须使用带漏电保护器的移动式电源盘，试验设备和被试设备应可靠接地，设备通电过程中，试验人员不得中途离开。工作结束后应及时将试验电源断开。

17.3.3.3　竣工验收

工作结束后，按相关要求进行清理工作现场、自验收、关闭检修源、清点工具、回收材料，填写检修记录，办理工作票终结等内容，竣工内容与要求见表17-3。

表17-3　　　　　　　　　　　竣 工 内 容 与 要 求

序号	内容与要求
1	清理工作现场，将工器具清点、整理并全部收拢，废弃物清除按相关规定处理完毕，材料及备品备件回收清点结束
2	按相关规定，关闭检修电源
3	验收内容： (1) 检查无漏检项目，无遗留问题。 (2) 对设备外观验收：包括设备外观、瓷件、均压环、引线等进行验收。 (3) 对设备全部工作现场进行周密的检查，确保无遗留问题和遗留物品
4	验收流程及要求： (1) 检修工作全部完成后以及隐蔽工程、高风险工序等关键环节阶段性完成后，作业班组应及时开展自验收，自验收合格后申请所属运维单位验收。各级设备管理部门按照作业风险分级开展验收工作监督。 (2) 验收人员应在验收报告或标准作业卡的"执行评价"栏中记录验收情况并签字，验收资料至少保留一个检修周期
5	经各级验收合格，填写检修记录，办理工作票终结手续

17.4 运维检修过程中常见问题及处理方法

耦合电容器常见的故障类型、现象、原因及处理方法见表17-4。

表 17-4   常见问题及处理方法

缺陷现象	缺陷原因	处理方法
渗漏	密封不良，胶垫质量不佳	更换胶垫，紧固螺栓
	装配或运输时螺栓松动，密封失效	
耦合电容器瓷套部分有破损或放电痕迹	外力破坏	更换耦合电容器
	闪络放电	
	上下节连接线严重锈蚀	
介质损耗超标	内部元件受潮	返厂解体检修或整体更换

第18章 高压熔断器标准化检修方法

18.1 概述

熔断器是最简单和最早使用的一种过电流保护电器。它串联在电路中，正常工作时，熔体载流不大于其额定电流，熔断器长期安全地工作而不发生熔断现象。当所在电路发生短路或过载时，熔体被加热，在被保护设备的温度未达到破坏其绝缘之前熔体熔断，电路断开，电气设备得到保护。熔断器的功能主要是对电路及电路设备进行短路保护，但有的也具有过负荷保护的功能。

18.1.1 高压熔断器的含义

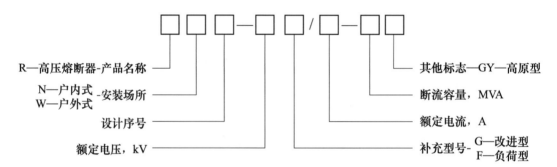

例：型号 RW12-12/100，R 表示高压熔断器，W 表示户外式，12 表示设计序列号，12 表示额定电压为 12kV，100 表示额定电流为 100A。

18.1.2 高压熔断器的类型

按限流特性高压熔断器分为限流式和非限流式。

（1）限流熔断器。能将工频过电流限制到预定值以下，并且能在正常的电流过零前将电流降低到零。选择适当的熔断器可使得只有一部分储能进入故障单元，允许通过熔断器的能量应小于能使故障单元爆裂的能量。限流熔断器多用于户内，是保护电压互感器的专用熔断器。

（2）非限流熔断器。非限流熔断器通常是具有可更换熔丝芯管的喷逐式熔断器。这种熔断器对工频电流或储能放电电流均没有或只有很小的限流作用。非限流熔断器多为户外跌落式，用于开断故障电流。

18.1.3　高压熔断器基本组成

（1）接线端子。供与外部回路作电气连接的熔断器的导电部件。

（2）熔断器底座。装有触头和端子的熔断器的固定部件。

（3）触座。设计与熔断件触头或载熔体触头相接合的熔断器底座的接触片。

（4）熔管。熔断器动作后需要更换的熔断器的部件（包含熔体）。

（5）底座。固定和支持熔断器原件的部件。

18.1.4　高压熔断器主要技术参数

（1）开断能力。在规定的使用和性能条件下，熔断器在规定的电压下所能开断的预期电流值。

（2）额定电流。当熔断器用一阻抗可忽略的导体代替时在回路中流过的电流。

（3）最小开断电流。在规定的使用和性能条件下，熔断件在规定的电压下所能开断的最小预期电流值。

（4）功率损耗。在规定的使用和性能条件下，承载规定电流时熔断件中释放的功率。

18.2　高压熔断器的检修分类及要求

18.2.1　适用范围

适用于 35kV 及以上变电站内高压熔断器。

18.2.2　检修分类

（1）整体更换是对高压熔断器整体进行更换。

（2）部件检修包括熔断件更换、底座更换。

（3）例行检查包括本体检查维护及整体调试、设备清扫。

18.3　高压熔断器标准化检修要求

18.3.1　检修前准备

根据工作安排合理开展准备工作，准备工作内容、标准见表 18-1。

表 18-1   检 修 前 准 备

序号	内　　　容	标　　　准
1	根据检修计划安排，提前做好作业风险定级工作	按照《变电现场作业风险管控实施细则》中相关要求，明确作业风险等级
2	结合检修作业风险，必要时开展现场勘察工作	全面掌握检修设备状态、现场环境和作业需求，检修工作开展前应按检修项目类别组织合适人员开展设备信息收集和现场勘察，并填写勘察记录
3	根据实际作业风险，按照模板进行检修方案的编制	按照模板内容进行方案编制，在规定时间内完成审批。并提前准备好标准化作业卡
4	准备好施工所需工器具与仪器仪表、备品备件与相关材料、相关图纸及相关技术资料	仪器仪表、工器具应试验合格，满足本次施工的要求，材料应齐全，图纸及资料应符合现场实际情况
5	开工前确定现场工器具摆放位置	确保现场施工安全、可靠
6	根据本次作业内容和性质确定好检修人员，并组织学习检修方案	要求所有工作人员都明确本次工作的作业内容、进度要求、作业标准及安全注意事项

18.3.2　高压熔断器检修流程图

根据高压熔断器的结构和检修工艺以及作业环境，将作业的全过程优化后形成检修流程，见图 18-1。

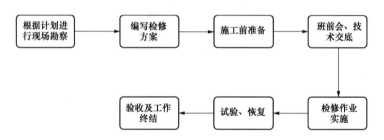

图 18-1　高压熔断器检修流程图

18.3.3　检修程序与工艺标准

18.3.3.1　开工管理

办理开工许可手续前应检查落实的内容，见表 18-2。

表 18-2   开 工 内 容 与 要 求

序号	内容与要求
1	工作负责人按照有关规定办理好工作票许可手续
2	工作许可手续完成后，由总工作票负责人进行安全交底，宣读工作票，交待工作任务、计划工作时间、人员分工等内容，并组织工作票所列人员确认签字。然后对分工作票进行工作许可

序号	内容与要求
3	总工作票负责人进行完安全交底后，各分工作票负责人带领各自工作班成员前往作业现场，再次对工作班成员进行安全交底，交待本工作票工作内容和人员分工，并在分工作票上确认签字
4	对辅助（外来）人员、新入职员工采用差异化标识进行身份标注，差异化分派工作任务，差异化实施现场监护，确保人员行为可控、在控

18.3.3.2 检修项目与工艺标准

按照"高压熔断器标准作业卡"对每一个检修项目，明确工艺标准、注意事项等内容，同时填写相关数据，见附录 Q-1、附录 Q-2。

18.3.3.2.1 关键工艺质量控制

（1）清扫绝缘部件上污秽，检查表面无闪络、损伤痕迹，外露金属件无锈蚀。

（2）载熔件、熔断件表面应无损伤、裂纹。

（3）熔断器触头、引线端子等接连部位无烧伤。

（4）熔断件应无击穿，三相电阻值应基本一致，载熔件与熔断件压接良好。

（5）带指示装置的熔断器指示位置应正确。

（6）各连接处应无松动，连接线无破损，接触弹簧弹性良好。

（7）带钳口的熔断器，其熔断件应紧密插入钳口内，插拔应顺畅。

（8）底座架、支撑件螺栓紧固牢靠。

（9）跌落式熔断器熔断件轴线与铅垂线的夹角应为 15°～30°，其转动部位应灵活，并注机油润滑。

18.3.3.2.2 安全注意事项

（1）高处作业应正确使用安全带，作业人员在转移作业位置时不准失去安全保护。

（2）因试验需要拆断设备接头时，拆前应做好标记，接后应进行检查。

（3）工器具、备件材料等物品上、下传递应用绳索或工具袋，禁止抛掷。

18.3.3.3 竣工验收

工作结束后，按相关要求进行清理工作现场、自验收、关闭检修电源、清点工具、回收材料，填写检修记录，办理工作票终结等内容。竣工内容与要求见表 18-3。

表 18-3 竣 工 内 容 与 要 求

序号	内容与要求
1	清理工作现场，将工器具清点、整理并全部收拢，废弃物清除按相关规定处理完毕，材料及备品备件回收清点结束
2	按相关规定，关闭检修电源
3	验收内容： （1）检查无漏检项目，无遗留问题。 （2）对设备外观验收：包括设备外观、铭牌、瓷件等进行验收。

序号	内容与要求
3	（3）对其他方面验收：包括熔件接触面、转动部件转动情况、一次引线等进行验收。 （4）对设备全部工作现场进行周密的检查，确保无遗留问题和遗留物品
4	验收流程及要求： （1）检修工作全部完成后以及隐蔽工程、高风险工序等关键环节阶段性完成后，作业班组应及时开展自验收，自验收合格后申请所属运维单位验收。各级设备管理部门按照作业风险分级开展验收工作监督。 （2）验收人员应在验收报告或标准作业卡的"执行评价"栏中记录验收情况并签字，验收资料至少保留一个检修周期
5	经各级验收合格，填写检修记录，办理工作票终结手续

18.4 运维检修过程中常见问题及处理方法

高压熔断器常见的故障类型、现象、原理及处理方法见表 18-4。

表 18-4 高压熔断器常见问题及处理方法

缺陷现象	缺陷原因	处理方法
熔断器分合卡滞	弹性底座夹紧力过大	调整弹性底座弹簧夹紧力
异常发热	导电接触面电阻过大	打磨接触面

高压熔断器底座异常发热：

问题描述：高压熔断器底座异常发热，见图 18-2。

处理方法：处理底座与熔管接触面。

图 18-2 高压熔断器底座异常发热

第19章 接地装置标准化检修方法

19.1 概述

接地是确保电气设备正常工作和安全防护的重要措施。电气设备接地通过接地装置实施。接地装置由接地体和接地线组成。与土壤直接接触的金属体称为接地体；连接电气设备与接地体之间的导线（或导体）称为接地线。

19.1.1 按接地方式分类

（1）水平接地是把接地体打入大地时，与地面保持垂直有效深度不低于 2m，多级接地或接地网的接地体与接地体之间在地下保持 2.5m 以上的直线距离。垂直接地体应采用角钢或钢管制成，下端削尖，除埋入地下长度外，留出 100～200mm，以便接地线焊接。用螺钉连接。

（2）垂直接地是垂直接地极打好后，沿沟敷设的扁钢。扁钢与接地体以焊接方式连接，在管子头部焊上一个Ω形卡子。然后将扁钢与卡子两端焊起来，或者直接将扁钢弯成弧形与接地体焊接。扁钢与钢管连接位置在距离接地体顶端约 100mm 处，引出线应焊接好，并露出地面 0.5m 以上，同时涂防腐漆。

19.1.2 按材质分类

（1）钢材质标准见表 19-1。

表 19-1　　　　　　　　　　钢接地极和接地线的最小规格

种类、规格及单位		地上	地下
圆钢直径（mm）		8	8/10
扁钢	截面积（mm²）	48	48
	厚度（mm）	4	4
角钢（mm）		2.5	4
钢管管壁厚度（mm）		2.5	3.5/2.5

（2）铜材质标准见表 19-2。

表 19-2　　　　　　　　　　铜及铜覆钢接地极的最小规格

种类、规格及单位	地上	地下
铜棒直径（mm）	8	水平接地极 8
		垂直接地极 15
铜排截面积（mm²）/厚度（mm）	50/2	50/2
铜管管壁厚度（mm）	2	3
铜绞线截面积（mm²）	50	50
铜覆圆钢直径（mm）	8	10
铜覆钢绞线直径（mm）	8	10
铜覆扁钢截面积（mm²）/厚度（mm）	48/4	48/4

19.2　接地装置检修分类及要求

19.2.1　适用范围

适用于 35kV 及以上变电站接地装置。

19.2.2　检修分类

A 类检修：接地装置整体更换。
B 类检修：接地装置局部改造。
C 类检修：接地体改造、接地引下线部分更换、其他部件更换。
D 类检修：专业巡视、金属部件防腐处理、接地断接卡箱体维护。

19.3　接地装置标准化检修要求

19.3.1　检修前准备

根据工作安排合理开展准备工作，准备工作内容、标准见表 19-3。

表 19-3　　　　　　　　　　检 修 前 准 备

序号	内　　容	标　　准
1	根据检修计划安排，提前做好作业风险定级工作	按照《变电现场作业风险管控实施细则》中相关要求，明确作业风险等级
2	结合检修作业风险，必要时开展现场勘察工作	全面掌握检修设备状态、现场环境和作业需求，检修工作开展前应按检修项目类别组织合适人员开展设备信息收集和现场勘察，并填写勘察记录

序号	内　容	标　准
3	根据实际作业风险，按照模板进行检修方案的编制	按照模板内容进行方案编制，在规定时间内完成审批。并提前准备好标准化作业卡
4	准备好施工所需工器具与仪器仪表、备品备件与相关材料、相关图纸及相关技术资料	仪器仪表、工器具应试验合格，满足本次施工的要求，材料应齐全，图纸及资料应符合现场实际情况
5	开工前确定现场工器具摆放位置	确保现场施工安全、可靠
6	根据本次作业内容和性质确定好检修人员，并组织学习检修方案	要求所有工作人员都明确本次工作的作业内容、进度要求、作业标准及安全注意事项

19.3.2　接地装置检修流程图

根据接地装置的结构和检修工艺以及作业环境，将作业的全过程优化后形成检修流程见图 19-1。

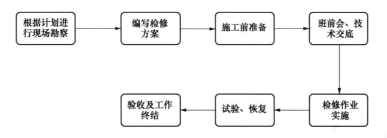

图 19-1　接地装置检修流程图

19.3.3　检修程序与工艺标准

19.3.3.1　开工

办理开工许可手续前应检查落实的内容，见表 19-4。

表 19-4　　开工内容与要求

序号	内容与要求
1	工作负责人按照有关规定办理好工作票许可手续
2	工作许可手续完成后，由总工作票负责人进行安全交底，宣读工作票，交待工作任务、计划工作时间、人员分工等内容，并组织工作票所列人员确认签字。然后对分工作票进行工作许可
3	总工作票负责人进行完安全交底后，各分工作票负责人带领各自工作班成员前往作业现场，再次对工作班成员进行安全交底，交待本工作票工作内容和人员分工，并在分工作票上确认签字
4	对辅助（外来）人员、新入职员工采用差异化标识进行身份标注，差异化分派工作任务，差异化实施现场监护，确保人员行为可控、在控

19.3.3.2 检修项目与工艺标准

按照"接地装置标准作业卡"对每一个检修项目，明确工艺标准、注意事项等内容，同时填写相关数据，见附录 R-1～附录 R-3。

19.3.3.2.1 关键工艺质量控制

（1）接地体（线）的连接应采用焊接，接地引下线与电气设备的连接可采用螺栓压接或焊接。采用铜或铜覆钢材的接地线应采用放热焊接连接。接地引下线连接处应为黄绿相间的色漆或色带，应做防腐处理。

（2）接地引下线弯曲时，应采用机械冷弯。应采取防止发生机械损伤和化学腐蚀的措施。

（3）接地引下线应便于检查，接地引下线引进建筑物的入口处应设置标志。

（4）焊接时应预热模具，模具内热溶剂应填充密实，点火过程安全防护可靠。

（5）螺栓压接应有足够的导电截面积和机械强度，接地螺栓规格及数量配置（不包括接线盒内和仪表外部的接地螺栓）应满足规程要求。

（6）螺栓压接应有足够的导电截面积和机械强度，接地螺栓规格及数量配置（不包括接线盒内和仪表外部的接地螺栓）应满足规程要求。

19.3.3.2.2 安全注意事项

（1）雷雨天气时不得开展接地装置检修。

（2）检修时，需断开电气接地连接回路前，应做好临时跨接。

（3）恢复接地连接断开点前，应确保周围环境无爆炸、火灾隐患。

（4）施工现场应准备检测合格的灭火器等消防器材。

（5）取直卷式水平接地体时，应避免弹伤人员或弹至带电设备。

（6）采用普通焊接时应佩戴专用手套、护目镜。

（7）采用放热焊接时应防止高温烫伤。

（8）开挖接地体时应注意与带电设备保持足够的安全距离，应正确使用打孔及挖掘工具。

19.3.3.3 竣工

工作结束后，按相关要求进行清理工作现场、自验收、关闭检修电源、清点工具、回收材料，填写检修记录，办理工作票终结等内容。竣工内容与要求见表 19-5。

表 19-5　　　　　　　　　　　竣 工 内 容 与 要 求

序号	内容与要求
1	清理工作现场，将工器具清点、整理并全部收拢，废弃物清除按相关规定处理完毕，材料及备品备件回收清点结束
2	按相关规定，关闭检修电源

序号	内容与要求
3	验收内容： （1）检查无漏检项目，无遗留问题。 （2）对垂直接地验收：变电站设备接地引下线连接正常，无松弛脱落、位移、断裂及严重腐蚀等情况。螺栓连接是否牢固有无松动。明敷的接地引下线表面涂刷的绿色和黄色相间的条纹应整洁、完好；无剥落、脱漆等进行验收。 （3）对水平接地验收：接地引下线普通焊接点的防腐处理完好。接地引下线无机械损伤。焊接位置及锌层破损及防腐、接地标识等进行验收。 （4）对设备全部工作现场进行周密的检查，确保无遗留问题和遗留物品
4	验收流程及要求： （1）检修工作全部完成后以及隐蔽工程、高风险工序等关键环节阶段性完成后，作业班组应及时开展自验收，自验收合格后申请所属运维单位验收。各级设备管理部门按照作业风险分级开展验收工作监督。 （2）验收人员应在验收报告或标准作业卡的"执行评价"栏中记录验收情况并签字，验收资料至少保留一个检修周期
5	经各级验收合格，填写检修记录，办理工作票终结手续

19.4　检修过程中常见问题及处理方法

接地装置常见的故障类型、现象、原因及处理方法见表 19-6。

表 19-6　　　　　　　　　　接地装置常见问题及处理方法

缺陷现象	缺陷原因	处理方法
接地体的接地电阻值增大	一般是因为接地体严重锈蚀或接地体与接地干线接触不良引起的	应更换接地体或紧固连接处的螺栓或重新焊接
接地线局部电阻值增大	因为连接点或跨接过渡线轻度松散，连接点的接触面存在氧化层或污垢引起电阻值增大	应重新紧固螺栓或清氧化层和污垢后再拧紧
接地体露出地面	因常年雨季过多，地面覆土塌陷	把接地体深埋，并填土覆盖、夯实
连接点松散或脱落	自然老化	发现后应及时紧固或重新连接

19.4.1　接地体的接地电阻值增大

问题描述：接地体严重锈蚀或接地体与接地干线接触不良，见图 19-2。

处理方法：应更换接地体重新焊接。

19.4.2　接地体露出地面

问题描述：因常年雨水冲蚀，地面覆土塌陷，接地体露出地面，见图 19-3。

处理方法：把接地体深埋，并填土覆盖、夯实。

图 19-2　接地体严重腐蚀　　　　　　　　图 19-3　接地体露出地面

第 20 章　端子箱及动力电源箱标准化检修方法

20.1　概述

接线端子箱是一种转接施工线路，对分支线路进行标注，为布线和查线提供方便的一种接口装置。在某些情况下，为便于施工及调试而使用。

20.1.1　端子箱及动力电源箱的类型

（1）按照安装形式分为户内落地、户内壁挂、户外落地、户外壁挂。
（2）按照箱体材料分为优质不锈钢板（户外）、优质冷轧钢板（户内）。

20.1.2　端子箱及动力电源箱主要技术参数

（1）外部防护等级：按照防尘、防止外物侵入、防水、防湿气之特性加以分级。
（2）散热要求：自然风冷，成套设备应充分考虑结构散热和通风，如有必要，安装风扇，采取强制风冷。
（3）额定电压：指端子箱及动力电源箱的工况电压。

20.2　端子箱及动力电源箱的检修分类及要求

20.2.1　适用范围

适用于 35kV 及以上变电站内端子箱及动力电源箱。

20.2.2　检修分类

整体更换，对端子箱整体进行更换。
部件检修，包括空气开关检修、插座检修、驱潮加热装置检修、照明装置检修、电缆及接线检修、端子及端子排检修、继电器更换。
例行检查，包括箱体密封、元器件固定情况、电缆孔洞封堵、照明及驱潮加热装置运行情况等检查。

20.3 端子箱及动力电源箱标准化检修要求

20.3.1 检修前准备

根据工作安排合理开展准备工作，准备工作内容、标准见表 20-1。

表 20-1 检 修 前 准 备

序号	内 容	标 准
1	根据检修计划安排，提前做好作业风险定级工作	按照《变电现场作业风险管控实施细则》中相关要求，明确作业风险等级
2	结合检修作业风险，必要时开展现场勘察工作	全面掌握检修设备状态、现场环境和作业需求，检修工作开展前应按检修项目类别组织合适人员开展设备信息收集和现场勘察，并填写勘察记录
3	根据实际作业风险，按照模板进行检修方案的编制	按照模板内容进行方案编制，在规定时间内完成审批。并提前准备好标准化作业卡
4	准备好施工所需工器具与仪器仪表、备品备件与相关材料、相关图纸及相关技术资料	仪器仪表、工器具应试验合格，满足本次施工的要求，材料应齐全，图纸及资料应符合现场实际情况
5	开工前确定现场工器具摆放位置	确保现场施工安全、可靠
6	根据本次作业内容和性质确定好检修人员，并组织学习检修方案	要求所有工作人员明确本次工作的作业内容、进度要求、作业标准及安全注意事项

20.3.2 端子箱及动力电源箱检修流程图

根据端子箱及动力电源箱的结构和检修工艺以及作业环境，将作业的全过程优化后形成检修流程图，见图 20-1。

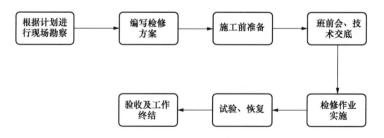

图 20-1 端子箱及动力电源箱检修流程图

20.3.3 检修程序与工艺标准

20.3.3.1 开工管理

办理开工许可手续前应检查落实的内容，见表 20-2。

序号	内容与要求
1	工作负责人按照有关规定办理好工作票许可手续
2	工作许可手续完成后，由总工作票负责人进行安全交底，宣读工作票，交待工作任务、计划工作时间、人员分工等内容，并组织工作票所列人员确认签字。然后对分工作票进行工作许可
3	总工作票负责人进行完安全交底后，各分工作票负责人带领各自工作班成员前往作业现场，再次对工作班成员进行安全交底，交待本工作票工作内容和人员分工，并在分工作票上确认签字
4	对辅助（外来）人员、新入职员工采用差异化标识进行身份标注，差异化分派工作任务，差异化实施现场监护，确保人员行为可控、在控

20.3.3.2 检修项目与工艺标准

按照"端子箱及动力电源箱标准作业卡"对每一个检修项目，明确工艺标准、注意事项等内容，同时填写相关数据，见附录 S-1 和附录 S-2。

20.3.3.2.1 关键工艺质量控制

（1）箱体、箱门完好，密封良好，无进水、受潮，电缆孔洞封堵良好，通风口畅通。

（2）二次接线牢靠、接触良好，端子无锈蚀。二次接地铜排应与电缆沟道内等电位接地网连接可靠。

（3）进、出线电缆排列整齐，无损伤，电缆吊牌齐全、清晰。

（4）加热和驱潮装置功能完好，加热装置远离二次线 50mm 以上。冷凝型驱潮装置排水通道无堵塞。

（5）内部各类元器件功能良好，显示清晰，远传信号正常，标识清楚。

20.3.3.2.2 安全注意事项

（1）工作前先确认柜内各类交直流电源并确认无压。

（2）拆接二次电缆时，作业人员必须确定所拆电缆确实无电压，并在监护人员监护下进行作业。作业人员应使用带绝缘柄或经绝缘处理的工具，工作过程中注意加强监护，不得碰触带电导体。

（3）检查加热板时防止烫伤。

（4）检修设备与运行设备二次回路有效隔离，防止误动。

20.3.3.3 竣工验收

工作结束后，按相关要求进行清理工作现场、自验收、关闭检修电源、清点工具、回收材料，填写检修记录，办理工作票终结等内容。竣工内容与要求见表 20-3。

表 20-3   竣 工 内 容 与 要 求

序号	内容与要求
1	清理工作现场，将工器具清点、整理并全部收拢，废弃物清除按相关规定处理完毕，材料及备品备件回收清点结束
2	按相关规定，关闭检修电源

序号	内容与要求
3	验收内容： （1）检查无漏检项目，无遗留问题。 （2）对外观验收：包括箱体、线缆、元器件外观，柜内相色、封堵等进行验收。 （3）对接线验收：包括二次线、接线端子、元器件接线情况进行验收。 （4）对其他方面验收：包括加热、驱潮装置、照明装置等进行验收。 （5）对设备全部工作现场进行周密的检查，确保无遗留问题和遗留物品
4	验收流程及要求： （1）检修工作全部完成后以及隐蔽工程、高风险工序等关键环节阶段性完成后，作业班组应及时开展自验收，自验收合格后申请所属运维单位验收。各级设备管理部门按照作业风险分级开展验收工作监督。 （2）验收人员应在验收报告或标准作业卡的"执行评价"栏中记录验收情况并签字，验收资料至少保留一个检修周期
5	经各级验收合格，填写检修记录，办理工作票终结手续

20.4 检修过程中常见问题及处理方法

端子箱及动力电源箱常见的故障类型、现象、原因及处理方法见表 20-4。

表 20-4 端子箱及动力电源箱常见问题及处理方法

缺陷现象	缺陷原因	处理方法
空气开关跳闸	（1）空气开关绝缘降低。 （2）电缆回路线芯绝缘损坏	（1）更换空气开关。 （2）换用备用线芯
加热器故障	（1）温度传感器损坏。 （2）加热器损坏	（1）更换温度传感器。 （2）更换加热器
箱内凝露严重	密封封堵破坏、无除湿装置	更换箱门胶条、完善底部封堵、加装除湿设备
接线端子过热	接触面老化、粗糙，紧固螺栓松动	将引线接头导电面进行处理，紧固连接螺栓

箱内凝露严重：

问题描述：箱体密封不良或封堵不严，造成箱内壁有大量水珠，见图 20-2。

处理方法：更换箱门损坏胶条、封堵箱体底部孔洞、加装除湿设备。

图 20-2 端子箱内壁有大量水珠

第 21 章　站用变压器标准化检修方法

21.1　概述

站用变压器（简称站用变）主要为了保证供给变电站内的生活用电、生产用电，为变电站内的设备提供交流电。如：为主变压器冷却系统及有载调压机构、高压断路器储能电机、高压开关柜内驱潮加热照明、隔离开关操动机构电机及控制回路、SF₆组合电器加热照明、充电机屏（柜）、主控室各种保护屏（柜）、后台机，五防机、消防设施、空调、通风设备等提供交流电源。

为保证对变电站可靠供电，110（66）kV 及以上电压等级变电站应至少配置两路站用电源，装有两台及以上主变压器的 330kV 及以上变电站和地下 220kV 变电站应配置三路站用电源。故站用变在变电站所处位置极为重要。

21.1.1　站用变型号含义

站用变型号含义如下：

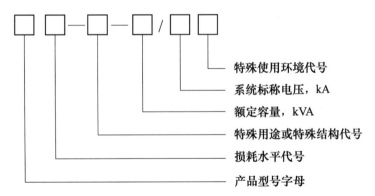

- 特殊使用环境代号
- 系统标称电压，kA
- 额定容量，kVA
- 特殊用途或特殊结构代号
- 损耗水平代号
- 产品型号字母

例：S13-M·RL-630/10 表示三相、油浸式、绝缘系统温度为 105℃、自冷、双绕组、无励磁调压、铜导线、铁芯材质为电工钢、立体卷铁芯结构、损耗水平代号为"13"、630kVA、10kV 级密封式电力变压器。

21.1.2　站用变的类型

站用变通常按照绝缘介质、冷却方式及调压方式不同进行分类。

21.1.2.1　按照绝缘介质、冷却方式不同分类

（1）油浸式站用变。油浸式变压器绝缘是 A 级绝缘，由木材、棉花、纸、纤维等天然的纺织品，以醋酸纤维和聚酯胺为基础的纺织品，以及易于热分解和熔化点较低的塑料，工作于变压器油中，或经油树脂复合胶浸过，它的极限工作温度是 105℃，变压器油的绝缘性能比空气好，绕组浸在油里可以提高各处绝缘性能，并且避免和空气接触，预防绕组受潮；变压器油起散热作用，利用油的对流，把铁芯和绕组产生的热量通过箱壁和散热管散发到外面。

（2）干式接地变。干式变压器常用 H 级绝缘材料，即用无补强或以无机材料作补强的云母制品，加厚的 F 级材料，复合云母，有机硅云母制品、硅有机漆、硅有机橡胶聚酰亚胺复合玻璃布、复合薄膜、聚酰亚胺漆等，其极限工作温度是 180℃，干式变压器依靠空气对流进行自然冷却或增加风机冷却。

21.1.2.2　按照调压方式不同分类

（1）有载调压站用变。主要在变压器高压绕组改变抽头的装置，调整分接位置，可以增加或减少一次绕组部分匝数，以改变电压比，使输出电压得到调整。

（2）无励磁调压站用变。变压器在退出运行，并从电网上断开后以手动变换分接开关位置的方式，而调整输出电压的称为无励磁调压。

21.1.3　站用变基本结构

（1）本体。本体包含了铁芯、绕组及绝缘油三部分，绕组是变压器的电路，铁芯是变压器的磁路。二者构成变压器的核心即电磁部分。

（2）铁芯。铁芯是变压器中主要的磁路部分。通常由含硅量较高、厚度为 0.35mm 或 0.5mm、表面涂有绝缘漆的热轧或冷轧硅钢片叠装而成，铁芯分为铁芯柱和铁轭两部分，铁芯柱套有绕组，铁轭闭合磁路之用。铁芯结构的基本形式有心式和壳式两种。

（3）绕组。绕组是变压器的电路部分，一般用绝缘扁铜线或圆铜线在绕线模上绕制而成。绕组套装在变压器铁芯柱上，低压绕组在内层，高压绕组套装在低压绕组外层，低压绕组和铁芯之间、高压绕组和低压绕组之间，都用绝缘材料做成的套筒分开，以便于绝缘。

（4）绝缘油。变压器油的成分是很复杂的，主要是由环烷烃、烷烃和芳香烃构成，在配电变压器中变压器油起两个作用：一是在变压器绕组与绕组、绕组与铁芯及油箱之间起绝缘作用。二是变压器油受热后产生对流，对变压器铁芯和绕组起散热作用。常用的变压器油有 10、25 号和 45 号三种规格，其标号表示油在零下开始凝固时的温度，例如"25 号"油表示这种油在零下 25℃时开始凝固。应该根据当地的气候条件选择油的规格。

（5）储油柜。储油柜装在油箱的顶盖上。储油柜的体积是油箱体积的 10% 左右。在储油柜和油箱之间有管子连通。当变压器的体积随着油的温度变化而膨胀或缩小时，储油柜起着储油和补油的作用，保证铁芯和绕组浸在油内；同时由于装了储油柜，缩小了油和空

气的接触面，减少了油的劣化速度。储油柜上装着呼吸孔，使储油柜上部空间和大气相通。变压器油热胀冷缩时，储油柜上部的空气可以通过呼吸孔出入，油面可以上升或下降，防止油箱变形甚至损坏。

（6）绝缘套管。它是变压器箱外的主要绝缘装置，大部分变压器绝缘套管采用瓷质绝缘套管。变压器通过高、低压绝缘套管，把变压器高、低压绕组的引线从油箱内引至油箱外，使变压器绕组对地（外壳和铁芯）绝缘，并且还是固定引线与外电路连接的主要部件。高压瓷套管比较高大，低压瓷套管比较矮小。

（7）分接抽头。变压器高压绕组改变抽头的装置，调整分接位置，可以增加或减少一次绕组部分匝数，以改变电压比，使输出电压得到调整。变压器在退出运行，并从电网上断开后以手动变换分接开关位置的方式，而调整输出电压的称为无载调压。

（8）气体继电器。气体继电器装于变压器油箱与储油柜连接管中间，与控制电路连通构成瓦斯保护装置。气体继电器上接点与轻瓦斯信号构成一个单独回路，气体继电器下接点连接外电路构成重瓦斯保护，重瓦斯动作使高压断路器跳闸并发出重瓦斯动作信号。

（9）防爆管。防爆管是变压器的一种安全保护装置，装于变压器大盖上面，防爆管与大气相通，故障时热量会使变压器油汽化，触动气体继电器发出报警信号或切断电源避免油箱爆裂。

干式站用变按其结构可分为铁芯、线圈（绕组）、低压端子、分接开关、夹件与底座等。

21.1.4 站用变主要技术参数

（1）额定容量。在额定使用条件下，温升也不超过极限值时变压器的容量叫额定容量，对三相变压器而言，额定容量为三相额定容量之和。用 S_N 表示，单位为千伏安（kVA）或伏安（VA）。

（2）额定电压。额定电压 U_v。在三相变压器中，如没有特殊说明额定电压都是指线电压，而单相变压器是指相电压。用 U_N 表示，单位为千伏（kV）或伏（V）。一次额定电压用 U_{N1} 表示，二次额定电压用 U_{N2} 表示。

（3）额定电流。指在额定容量和允许温升条件下，通过变压器一、二次绕组出线端子的电流，用 I_N 表示，单位为千安（kA）或安（A）。一次绕组电流用 I_{N1} 表示，二次绕组电流用 I_{UN21} 表示。

（4）额定频率。指变压器设计时所规定的运行频率。用 F_N 表示，单位为赫兹（Hz）。我国规定额定频率为 50Hz。

（5）额定温升。变压器内绕组或上层油的温度与变压器外围空气的温度（环境温度）之差，称为绕组或上层油面的温升。

（6）阻抗电压百分数。阻抗电压百分数又称短路电压百分数，表明变压器内阻抗的大小。阻抗电压百分数的大小，与变压器的容量有关。当变压器容量小时，阻抗电压百分数亦小；变压器容量大时，阻抗电压百分数应较大。

（7）空载损耗。当用额定电压施加于变压器的一个绕组上，而其余绕组均为开路时，变压器所吸收的有功功率叫空载损耗，用 P_0 表示，单位为千瓦（kW）。

（8）短路损耗。对双绕组变压器来说，当以额定电流通过变压器的一个绕组，而另一个绕组短接时变压器所吸取的有功功率叫短路损耗，用 P_k 表示，单位为千瓦（kW）。对于多绕组变压器，短路损耗是以指定的一对绕组为准。空载损耗和负载损耗之和即为变压器的总损耗。

（9）空载电流百分值。当用额定电压施加于变压器的一个一次侧绕组上，而二次侧绕组人为开路时变压器所吸取电流的三相算术平均值叫变压器的空载电流百分值。空载电流常用额定电流的百分数表示。

（10）连接组别。代表变压器高低压绕组的连接法和对应线电压的相位关系的符号称为变压器的连接组别。用时钟表示法画出高低压线电压的相量图，即为变压器的连接组标号。

21.2　站用变检修分类及要求

21.2.1　适用范围

适用于 35kV 及以上变电站内站用变。

21.2.2　检修分类

A 类检修：包含整体更换、解体检修。

B 类检修：包含部件检查、检修及更换。

C 类检修：包含本体检查维护、紧固修补清理及整体调试。

D 类检修：包含清洗或更换油封罩，使油位清晰可见，油位低时及时补油；进行实际油位测量；调整吸湿器硅胶高度至合格范围；更换吸湿器硅胶。结合停电时检查储油柜胶囊是否破损；取气分析并检查二次回路等工作。

21.3　站用变标准化检修要求

21.3.1　检修前准备

根据工作安排合理开展准备工作，准备工作内容、标准见表 21-1。

表 21-1   检 修 前 准 备

序号	内　容	标　准
1	根据检修计划安排,提前做好作业风险定级工作	按照《变电现场作业风险管控实施细则》中相关要求,明确作业风险等级
2	结合检修作业风险,必要时开展现场勘察工作	全面掌握检修设备状态、现场环境和作业需求,检修工作开展前应按检修项目类别组织合适人员开展设备信息收集和现场勘察,并填写勘察记录
3	根据实际作业风险,按照模板进行检修方案的编制	按照模板内容进行方案编制,在规定时间内完成审批,并提前准备好标准化作业卡
4	准备好施工所需工器具与仪器仪表、备品备件与相关材料、相关图纸及相关技术资料	仪器仪表、工器具应试验合格,满足本次施工的要求,材料应齐全,图纸及资料应符合现场实际情况
5	开工前确定现场工器具摆放位置	确保现场施工安全、可靠
6	根据本次作业内容和性质确定好检修人员,并组织学习检修方案	要求所有工作人员都明确本次工作的作业内容、进度要求、作业标准及安全注意事项

21.3.2　站用变检修流程图

根据站用变的结构和检修工艺以及作业环境,将作业的全过程优化后形成检修流程图,见图 21-1。

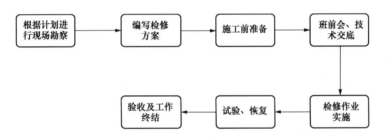

图 21-1　站用变检修流程图

21.3.3　检修程序与工艺标准

21.3.3.1　开工管理

办理开工许可手续前应检查落实的内容,见表 21-2。

表 21-2   开 工 内 容 与 要 求

序号	内容与要求
1	工作票负责人按照有关规定办理好工作票许可手续
2	本作业负责人对本班工作人员进行明确分工,并在开工前检查确认所有工作人员正确使用劳保和安全防护用品

序号	内容与要求
3	在本作业负责人带领下进入作业现场并在工作现场向所有工作人员详细交待作业任务、安全措施和安全注意事项，全体工作人员应明确作业范围、进度要求等内容，并在到位人员签字栏上分别签名，安全互保的人员相互之间确定互保关系并签字
4	对辅助人员（外来）按规定进行交底，交底内容包括：作业范围、安全措施、安全注意事项等

21.3.3.2 检修项目与工艺标准

按照"站用变标准作业卡"对每一个检修项目，明确工艺标准、注意事项等内容，同时填写相关数据，见附录 T-1～附录 T-4。

21.3.3.2.1 关键工艺质量控制

（1）套管（电容型、复合绝缘的干式、充油）套管本体及与箱体连接密封良好；导电连接部位无松动、过热或渗油；瓷件无破损、脏污；法兰无锈蚀，末屏接地良好。

（2）无励磁分接开关限位及操作正常，转动灵活、无卡涩。

（3）有载分接开关动作顺序及限位动作符合技术要求。

（4）气体继电器动作可靠，配合回路传动正确无误、密封良好、观察窗清洁，刻度清晰。

（5）压力释放装置（全密封结构）无喷油、渗漏油、回路传动正确。

（6）温度计内无潮气凝露，比较压力式温度计和电阻式（远传）温度计的指示，差值应在 5℃之内、二次回路传动正确。

（7）油位表信号端子盒密封良好，表内无潮气凝露。

21.3.3.2.2 安全注意事项

（1）断开与站用变相关的各类电源并确认无压。

（2）应注意与带电设备保持安全距离。

（3）高空作业应按规程使用安全带，安全带应挂在牢固的构件上，在转移作业位置时不准失去安全保护，禁止低挂高用。严禁上下抛掷物品。

（4）确认接地线已挂设牢固，必要时用绑扎带等对接地线线夹进行加固。

（5）一次设备试验工作不得少于 2 人；试验作业前，必须规范设置安全隔离区域，向外悬挂"止步，高压危险！"的警示牌。设专人监护，严禁非作业人员进入。设备试验时，应将所要试验的设备与其他相邻设备做好物理隔离措施。

（6）调试过程试验电源应从试验电源屏或检修电源箱取得，严禁使用绝缘破损的电源线，用电设备与电源点距离超过 3m 的，必须使用带漏电保护器的移动式电源盘，试验设备和被试设备应可靠接地，设备通电过程中，试验人员不得中途离开。工作结束后应及时将试验电源断开。

（7）装、拆试验接线应在接地保护范围内，戴绝缘手套，穿绝缘鞋。在绝缘垫上加压操作，与加压设备保持足够的安全距离。

（8）更换试验接线前，应对测试设备充分放电。

21.3.3.3 竣工验收

工作结束后，按相关要求进行清理工作现场、自验收、关闭检修电源、清点工具、回收材料，填写检修记录，办理工作票终结等内容。竣工内容与要求见表21-3。

表 21-3   竣 工 内 容 与 要 求

序号	内容与要求
1	清理工作现场，将工器具清点、整理并全部收拢，废弃物清除按相关规定处理完毕，材料及备品备件回收清点结束
2	按相关规定，关闭检修电源
3	验收内容： （1）检查无漏检项目，无遗留问题。 （2）对本体及外观验收：包括设备外观、铭牌、相色、封堵等进行验收。 （3）对温度计、油位计、压力释放阀、气体继电器、呼吸器等进行验收。 （4）对有载分接开关本体、无励磁分接开关等进行验收。 （5）对其他方面验收：本体端子箱（包括加热、驱潮、照明装置）、一次引线进行验收。 （6）对设备全部工作现场进行周密的检查，确保无遗留问题和遗留物品
4	验收流程及要求： （1）检修工作全部完成后以及隐蔽工程、高风险工序等关键环节阶段性完成后，作业班组应及时开展白验收，自验收合格后申请所属运维单位验收。各级设备管理部门按照作业风险分级开展验收工作监督。 （2）验收人员应在验收报告或标准作业卡的"执行评价"栏中记录验收情况并签字，验收资料至少保留一个检修周期
5	经各级验收合格，填写检修记录，办理工作票终结手续

21.4 运维检修过程中常见问题及处理方法

站用变常见的故障类型、现象、原因及处理方法见表21-4。

表 21-4   站用变常见问题及处理方法

缺陷现象	缺陷原因	处理方法
站用变声音异常	（1）站用变上温度表防雨罩松动引起的异声。 （2）变压器过负荷造成站用变声音大但均匀	（1）紧固温度表防雨罩固定螺栓。 （2）转移负荷
油位指示不正确	（1）标管堵塞。 （2）储油柜呼吸器堵塞。 （3）油位表卡涩	（1）清理油标管及储油柜内部。 （2）更换硅胶及滤网疏通。 （3）更换油位表
站用变渗漏油	（1）放油阀阀杆渗油。 （2）本体气体继电器接线盒渗油	（1）更换密封圈。 （2）更换气体继电器

21.4.1 油浸式站用变渗漏

问题描述：套管密封圈老化造成渗漏油，见图21-2。

处理方法：更换老化密封圈。

图 21-2　套管密封圈渗漏油

21.4.2　硅胶罐破裂

问题描述：站用变硅胶变色，底部油杯破裂，见图 21-3 和图 21-4。

处理方法：对破损硅胶罐油杯进行更换。

图 21-3　站用变硅胶变色　　　　　　　　　图 21-4　底部油杯破裂

21.4.3　测温仪故障

问题描述：接地变电脑测温仪无显示，见图 21-5。

处理方法：测温仪屏显故障，更换测温仪。

图 21-5　接地变电脑测温仪无显示

21.4.4　储油柜锈蚀破损

问题描述：接地变储油柜锈蚀破损，见图 21-6。

处理方法：储油柜除锈喷漆处理。

图 21-6　接地变储油柜锈蚀破损

第 22 章　站用交直流电源系统标准化检修方法

22.1　概述

站用交直流电源系统是指站用交流电源系统和站用直流电源系统。站用交流电源系统是保证变电站安全可靠地输送电能的一个必不可少的环节，为变压器冷却系统、主变调压机构，场地检修电源，直流充电机，UPS 装置、生活用电及全站照明等提供交流电源；站用直流电源系统是为信号、保护及自动装置、事故照明、应急电源及断路器分、合闸操作、储能机构提供直流电源的系统，它是一个独立的电源，不会受系统运行方式的影响，并在外部交流电源中断的情况下，保证由后备电源（蓄电池）继续提供稳定直流电源的重要设备。如果站用交直流电源系统发生故障，就会使事故扩大，特别是直流设备（蓄电池）及其重要，直流电源故障失电后，保护动作、信号无法发信，设备无法进行正常操作，引起事故无法有效切除，并使一次设备受到损害，可造成越级跳闸等大面积的停电或电网事故。因此，交直流电源系统性能的可靠程度是决定电力系统安全的重要因素，如何对其进行检修，保证其运行的可靠性也变得尤为重要。

22.1.1　站用交流电源系统

（1）站用交流电源柜。其核心设备就是站用备自投装置，主要由柜体、ATS 开关、负荷出线、逻辑控制部分、电量测量模块等几个部分构成，采用两套并列实现双电源输入、单母线分段输出的供电运行方式。其中 ATS 开关同时具有机械及电气双闭锁，以保证电源的安全可靠切换。

（2）站用交流不间断电源（UPS）装置。保障供电稳定和连续性的重要设备，UPS 电源系统主要分两大部分，主机和储能电池。其主机主要由操纵面板显示器、电源系统风扇、各切换把手、出线负荷开关等元件构成，额定输出功率的大小取决于主机部分，并与负载属于那种性质有关，因为 UPS 电源对不同性能的负载驱动能力不同，通常负载功率应满足 UPS 电源 70%的额定功率。电池储存容量主要取决于供电负荷时间的长短，这个时间因各变电站情况不同而不同，主要由备用电源的接入时间来定，通常在几分钟或几个小时不等。

（3）站用逆变电源（INV）装置。主要由操纵面板显示器、电子元件等导电部分与金属框架等元件构成。可直接利用站用直流电源系统的大容量电池提供交流电源，减少了维护工作量，降低了运行成本；由于变电站系统蓄电池的大容量，电网断电后不间断供电时间大大延长，真正起到了保安电源的作用，提高了其供电可靠性。

22.1.2 站用直流电源系统

（1）蓄电池组。变电站直流系统的备用电源。每套蓄电池容量根据变电站直流系统实际负荷进行配置，在通常情况下，变电站的直流电源是由充电装置来送电，蓄电池处于备用状态下。当直流电源的充电装备不能供电时，变电站的直流电源就需要蓄电池来供电。一般的蓄电池可以供给 10 个小时的电，这些时间足够变电站对直流系统进行修理复原。

（2）直流充电屏（柜）。主要由监控单元、充电模块等装置组成。监控单元采用全中文菜单显示，人机界面友好，支持多种通信规约，易于接入远程监控系统，智能化电池管理功能，有效提高蓄电池使用寿命，整流模块按照 $N+1$ 冗余设计，提高成套装置可靠性。

（3）直流馈电屏（柜）。主要由直流绝缘监察装置、直流负荷空气开关、直流指示灯等元件构成。直流馈电屏是一种全新的数字化控制、保护、管理、测量的新型直流系统。可靠的防雷和高度的电气绝缘防护措施，绝缘监测装置实时监测系统绝缘情况，确保系统和人身安全。

22.2 站用交直流电源系统检修分类及要求

22.2.1 适用范围

适用于 35kV 及以上变电站站用交直流电源系统。

22.2.2 检修分类

A 类检修：包含整体更换。
B 类检修：包含部件的解体检查、维修及更换。
C 类检修：包含检查、维护。
D 类检修：包含专业巡视及其他不停电的检查、维护工作。

22.3 站用交直流电源系统标准化检修要求

22.3.1 检修前准备

根据工作安排合理开展准备工作，准备工作内容、标准见表 22-1。

表 22-1   检 修 前 准 备

序号	内　　容	标　　准
1	根据检修计划安排，提前做好作业风险定级工作	按照《变电现场作业风险管控实施细则》中相关要求，明确作业风险等级
2	结合检修作业风险，必要时开展现场勘察工作	全面掌握检修设备状态、现场环境和作业需求，检修工作开展前应按检修项目类别组织合适人员开展设备信息收集和现场勘察，并填写勘察记录
3	根据实际作业风险，按照模板进行检修方案的编制	按照模板内容进行方案编制，在规定时间内完成审批。并提前准备好标准化作业卡
4	准备好施工所需工器具与仪器仪表、备品备件与相关材料、相关图纸及相关技术资料	仪器仪表、工器具应试验合格，满足本次施工的要求，材料应齐全，图纸及资料应符合现场实际情况
5	开工前确定现场工器具摆放位置	确保现场施工安全、可靠
6	根据本次作业内容和性质确定好检修人员，并组织学习检修方案	要求所有工作人员都明确本次工作的作业内容、进度要求、作业标准及安全注意事项

22.3.2　站用交直流电源系统检修流程图

根据交直流电源系统的结构和检修工艺以及作业环境，将作业的全过程优化后形成检修流程图，见图 22-1。

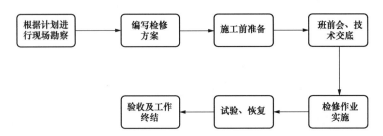

图 22-1　站用交直流电源系统检修流程图

22.3.3　检修程序与工艺标准

22.3.3.1　开工管理

办理开工许可手续前应检查落实的内容，见表 22-2。

表 22-2   开 工 内 容 与 要 求

序号	内容与要求
1	工作负责人按照有关规定办理好工作票许可手续
2	工作许可手续完成后，由总工作票负责人进行安全交底，宣读工作票，交待工作任务、计划工作时间、人员分工等内容，并组织工作票所列人员确认签字。然后对分工作票进行工作许可

序号	内容与要求
3	总工作票负责人进行完安全交底后，各分工作票负责人带领各自工作班成员前往作业现场，再次对工作班成员进行安全交底，交待本工作票工作内容和人员分工，并在分工作票上确认签字
4	对辅助（外来）人员、新入职员工采用差异化标识进行身份标注，差异化分派工作任务，差异化实施现场监护，确保人员行为可控、在控

22.3.3.2 检修项目与工艺标准

按照"站用交直流电源系统标准作业卡"对每一个检修项目，明确工艺标准、注意事项等内容，同时填写相关数据，见附录U-1～附录U-5。

22.3.3.2.1 关键工艺质量控制

（1）站用交流电源系统。

1）电源柜各接头接触良好，线夹无变色、氧化、发热变红等。

2）电源柜及二次回路各元件接线紧固，无过热、异味、冒烟，装置外壳无破损，内部无异常声响。

3）检查装置配电柜上各切换开关位置正确，交流馈线低压断路器位置与实际相符。

4）低压熔断器无熔断。

5）电缆名称编号齐全、清晰、无损坏，相色标示清晰，电缆孔洞封堵严密，配电屏间禁止使用裸导体进行连接，母线应有绝缘护套（罩）。

6）电缆端头接地良好，无松动，无断股和锈蚀，单芯电缆只能一端接地。

7）低压断路器名称编号齐全，清晰无损坏，位置指示正确。

8）低压配电室空调或轴流风机运行正常，室内温湿度在正常范围内。

（2）站用直流电源系统。

1）充电模块：交流输入电压、直流输出电压和电流显示正确；充电装置工作正常、无告警。风冷装置运行正常，滤网无明显积灰。

2）母线调压装置：在动力母线（或蓄电池输出）与控制母线间设有母线调压装置的系统，检查调压切换装置正常；直流控制母线、动力母线电压值在规定范围内，浮充电流值符合规定。

3）电压、电流监测：充电装置交流输入电压、直流输出电压、电流正常，表计指示正确，保护的声、光信号正常。运行声音无异常。

4）各支路的运行监视信号完好，指示正常，直流断路器位置正确。

5）柜内母线、引线应采取硅橡胶热缩或其他防止短路的绝缘防护措施。

6）直流屏（柜）设备和各直流回路标志、标识清晰正确、无脱落。

7）各元件接线紧固，无过热、异味、冒烟，装置外壳无破损，内部无异常声响。

8）蓄电池室通风、照明及消防设备完好，温度符合要求，无易燃、易爆物品，蓄电池室的运行温度宜保持在 15～30℃。

9）蓄电池组外观清洁，无接地，蓄电池组标志、标识清晰，各连片连接可靠无松动。

10）蓄电池外壳无裂纹，无鼓肚、漏液，呼吸器无堵塞、密封良好。

11）蓄电池极板无龟裂、弯曲、变形、硫化和短路，极板颜色正常，极柱无氧化、生盐。

12）蓄电池电压在合格范围内。

22.3.3.2.2 安全注意事项

（1）巡视人员与带电设备保持足够安全距离，防止人身触电的危险。

（2）工作时至少应有两人。

（3）单人巡视时禁止独自打开柜后门，防止误触误碰带电设备。应戴手套，使用带绝缘柄或经绝缘处理的工具；工作过程中注意加强监护，不得碰触带电导体。

（4）蓄电池室严禁烟火，进入蓄电池室前应打开风机先通风 15min，进入蓄电池室后应打开门窗，注意通风。

22.3.3.3 竣工验收

工作结束后，按相关要求进行清理工作现场、自验收、关闭检修电源、清点工具、回收材料，填写检修记录，办理工作票终结等内容。竣工内容与要求见表 22-3。

表 22-3　　　　　　　　　　竣 工 内 容 与 要 求

序号	内容与要求
1	清理工作现场，将工器具清点、整理并全部收拢，废弃物清除按相关规定处理完毕，材料及备品备件回收清点结束
2	按相关规定，关闭检修电源
3	验收内容： （1）检查无漏检项目，无遗留问题。 （2）对本体及外观验收：包括设备外观、铭牌、相色、封堵、接线工艺等进行验收。 （3）对交直流系统验收：包括交流自动切换装置、直流监控装置、绝缘监察装置、蓄电池组等进行验收。 （4）对交流自动切换装置验收：包括自动切换装置投切试验、操作及位置指示、辅助开关等进行验收。 （5）对其他方面验收：包括信号指示灯、低压交流电窜入直流回路中报警装置、蓄电池电压监测装置等进行验收。 （6）对设备全部工作现场进行周密的检查，确保无遗留问题和遗留物品
4	验收流程及要求： （1）检修工作全部完成后以及隐蔽工程、高风险工序等关键环节阶段性完成后，作业班组应及时开展自验收，自验收合格后申请所属运维单位验收。各级设备管理部门按照作业风险分级开展验收工作监督。 （2）验收人员应在验收报告或标准作业卡的"执行评价"栏中记录验收情况并签字，验收资料至少保留一个检修周期
5	经各级验收合格，填写检修记录，办理工作票终结手续

22.4 检修过程中常见问题及处理方法

站用交直流电源系统常见的故障类型、现象、原因及处理方法见表22-4。

表 22-4   常见问题及处理方法

缺陷现象	缺陷原因	处理方法
交流断路器合闸报警	(1)欠压线圈不工作（电压正常）。 (2)合闸按钮接触不良。 (3)万能转换开关在停止位	(1)更换欠压线圈。 (2)更换合闸按钮。 (3)将开关转到左送电或右送电处
交流双电源切换不能自动投切	(1)万能转换开关没有转到自动位。 (2)欠电压脱扣器没闭合。 (3)断路器分励机构没复位	(1)将开关转到自动位置。 (2)检查电压与脱扣器电压等级是否一致。 (3)检查机械联锁是否松动，有无卡滞现象
直流充电屏监控装置故障	监控装置显示屏花屏或不亮	先用万用表测量直流进线电源电压是否正常，若电压正常，则监控装置有故障，需要立即更换；若无进线电源电压，则应先检查二次回路接线，再查监控装置
直流模块故障报警	(1)电源模块亮黄灯，表示交流输入过欠压、直流输出过欠压或电源模块过热。 (2)电源模块亮红灯或电源灯不亮	(1)当输出过压时，断开电源输出，关机后再恢复；当确认外部都正常时，重启电源模块，若黄灯还亮，则表示模块有故障，需要更换。 (2)表示模块有故障，需要更换
直流母线电压异常报警	(1)母线电压过高。 (2)母线电压过低。 (3)母线电欠压或降压装置故障	(1)负荷降低和系统电压升高。 (2)负荷增加和系统电压降低。 (3)若外部电压正常，则检查母线硅链自动降压装置是否有故障，应立即更换
直流母线绝缘降低报警	(1)装置或元件超负荷运行，使其温度较高从而导致绝缘老化。 (2)先用万用表测量母线的电压是否正常，合母对地电压和控母对地电压是否平衡	(1)立即更换新设备。 (2)若是母线接地故障，则查看绝缘装置，查找母线和支路报警信息，再根据实际情况排查接地点
直流电压表故障报警	(1)数字电压表显示电压异常。 (2)数字电压表无显示	(1)先用万用表测量母线实际电压是否与表计一致，若相差过大，则表计有故障，应更换。 (2)若表计无显示，则先用万用表测量表计进线电源是否正常，若无进线电源，则检查二次回路；若表计电源电压正常，则表计有故障
单体电池过欠压报警	(1)运行时间较长，已超规定年限使用。 (2)查看蓄电池连接的螺钉是否松动、爬酸或者是腐蚀量下降等现象	(1)定期测量蓄电池电压和内阻，若超标数量过多，则立即整组更换。 (2)定期检查蓄电池端电压、极柱和环境温度

22.4.1 监控装置显示屏不亮

问题描述：监控装置显示屏不亮，见图22-2。

处理方法：先用万用表测量直流进线电源电压是否正常，若电压正常，则监控装置有故障，需要立即更换；若无进线电源电压，则应先检查二次回路接线，再查监控装置，见图22-3。

图22-2　直流充电监控装置（不亮）

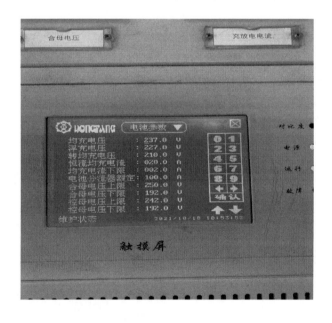

图22-3　直流充电监控装置（更换后）

22.4.2　直流电源模块运行指示灯不亮

问题描述：直流电源模块运行指示灯不亮或因故障烧损，已退出运行，见图22-4。
处理方法：立即更换新电源模块，见图22-5。

图 22-4　烧损的电源模块　　　　　　　　图 22-5　新的电源模块

22.4.3　母线电欠压或降压装置故障

问题描述：直流充电屏监控装置报警，信息显示降压装置报警，降压装置运行指示灯不亮，见图 22-6。

处理方法：更换新的降压控制装置。

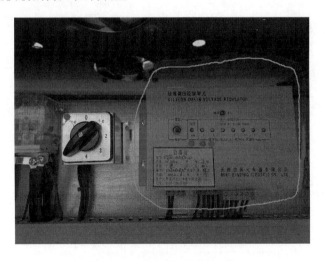

图 22-6　直流降压装置故障

22.4.4　直流绝缘装置异常

问题描述：直流绝缘监察装置报警，信息显示母线绝缘低或对地电压低，见图 22-7。

处理方法：先用万用表测量母线的电压是否正常，合母对地电压和控母对地电压是否平衡，若正负极实测对地电压正常，则绝缘装置有故障，需要立即维修或更换，见图22-8。

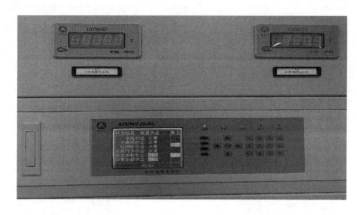

图22-7　直流绝缘监察装置（故障）

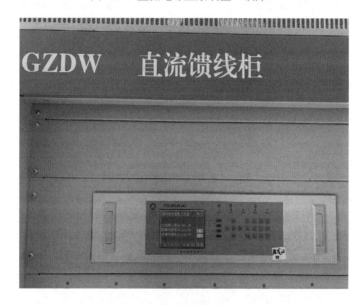

图22-8　直流绝缘监察装置（正常）

22.4.5　充电屏数字电压表无显示

问题描述：直流充电屏数字电压表无显示，见图22-9。

处理方法：先用万用表测量表计进线电源是否正常，若无进线电源，则再检查二次回路接线；若表计进线电源电压正常，则表计有故障，应尽快更换。

22.4.6　单体蓄电池过欠压报警

问题描述：检修现场发现充电屏监控装置报警，信息显示单体蓄电池欠压，蓄电池有爬酸现象，见图22-10。

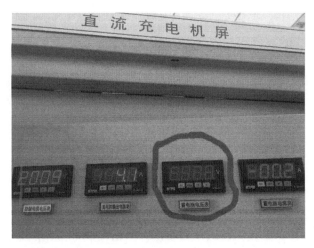

图 22-9　数字电压表（绿线—正常；红线—故障）

处理方法：按规定定期对蓄电池组进行核对性充放电测试，并定期测量蓄电池电压和内阻，若单只电池不达标，则立即拆除；若超标数量过多，则立即整组更换，见图 22-11。

图 22-10　蓄电池极柱腐蚀状态（红色标识）

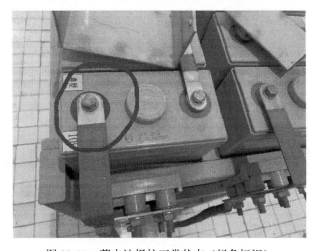

图 22-11　蓄电池极柱正常状态（绿色标识）

第 23 章　避雷针标准化检修方法

23.1　概述

避雷针是拦截雷击将雷电引向自身并泄入大地，使被保护物免遭直接雷击的防雷装置，又称导闪针。避雷针常被用作建筑物、构筑物、发电厂和变电站的屋外配电装置、烟囱、冷水塔和输煤系统的高建筑物，以及油、气等易燃物品的存放设施等的直击雷保护装置。

23.1.1　避雷针的类型

避雷针按其材料、结构可分为：钢筋混凝土环形杆避雷针、钢结构避雷针、钢管杆避雷针。

23.1.2　避雷针基本结构

避雷针实际上是一组引雷导体，由接闪器、接地引下线和接地体组成。

23.2　避雷针检修分类及要求

23.2.1　适用范围

适用于 35kV 及以上变电站避雷针。

23.2.2　检修分类

检修工作分为整体更换、部件检修、例行检查等三类。检修项目包括整体、组部件的检查及维护等。

23.3　避雷针标准化检修要求

23.3.1　检修前准备

根据工作安排合理开展准备工作，准备工作内容、标准见表 23-1。

表 23-1		检 修 前 准 备
序号	内　　容	标　　准
1	根据检修计划安排，提前做好作业风险定级工作	按照《变电现场作业风险管控实施细则》中相关要求，明确作业风险等级
2	结合检修作业风险，必要时开展现场勘察工作	全面掌握检修设备状态、现场环境和作业需求，检修工作开展前应按检修项目类别组织合适人员开展设备信息收集和现场勘察，并填写勘察记录
3	根据实际作业风险，按照模板进行检修方案的编制	按照模板内容进行方案编制，在规定时间内完成审批。并提前准备好标准化作业卡
4	准备好施工所需工器具与仪器仪表、备品备件与相关材料、相关图纸及相关技术资料	仪器仪表、工器具应试验合格，满足本次施工的要求，材料应齐全，图纸及资料应符合现场实况情况
5	开工前确定现场工器具摆放位置	确保现场施工安全、可靠
6	根据本次作业内容和性质确定好检修人员，并组织学习检修方案	要求所有工作人员都明确本次工作的作业内容、进度要求、作业标准及安全注意事项

23.3.2　避雷针检修流程图

根据避雷针的结构和检修工艺以及作业环境，将作业的全过程优化后形成检修流程图，见图 23-1。

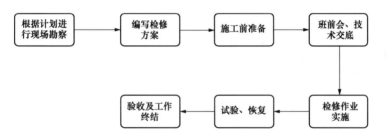

图 23-1　避雷针检修流程图

23.3.3　检修程序与工艺标准

23.3.3.1　开工管理

办理开工许可手续前应检查落实的内容，见表 23-2。

表 23-2	开 工 内 容 与 要 求
序号	内容与要求
1	工作负责人按照有关规定办理好工作票许可手续
2	工作许可手续完成后，由总工作票负责人进行安全交底，宣读工作票，交待工作任务、计划工作时间、人员分工等内容，并组织工作票所列人员确认签字。然后对分工作票进行工作许可

序号	内容与要求
3	总工作票负责人进行完安全交底后，各分工作票负责人带领各自工作班成员前往作业现场，再次对工作班成员进行安全交底，交待本工作票工作内容和人员分工，并在分工作票上确认签字
4	对辅助（外来）人员、新入职员工采用差异化标识进行身份标注，差异化分派工作任务，差异化实施现场监护，确保人员行为可控、在控

23.3.3.2 检修项目与工艺标准

按照"避雷针标准作业卡"对每一个检修项目，明确工艺标准、注意事项等内容，同时填写相关数据，见附录 V-1～附录 V-5。

23.3.3.2.1 关键工艺质量控制

（1）构件无碰伤、变形，金属部件无锈蚀。

（2）镀锌层表面连续完整，光滑无损伤，镀锌层厚度满足要求。

（3）混凝土电杆表面光滑、无露筋、跑浆及纵向裂缝，横向缝宽度小于 0.1mm，内表面混凝土无坍落。

（4）钢管杆避雷针底部排水孔通畅。

（5）塔材、螺栓无缺失、锈蚀或变形。

（6）各连接部件应紧固，无锈蚀、裂纹、变形，焊接部位无脱焊或裂纹。

（7）接地引下线导通及接地电阻测试合格。

23.3.3.2.2 安全注意事项

（1）雷雨天气严禁进行避雷针检修作业。

（2）旧避雷针拆除时应进行避雷针断裂风险评估，吊装应选用合适的吊装设备和正确的吊点，设置缆风绳控制方向，并设专人指挥。

（3）严禁高空抛物，采取措施防止高空坠物。

（4）高空作业应正确使用安全带，做好防护措施。

（5）新安装避雷针就位后立即做好临时接地。

（6）试验工作不得少于 2 人；试验作业前，必须规范设置安全隔离区域，向外悬挂"止步，高压危险!"的警示牌。设专人监护，严禁非作业人员进入。

23.3.3.3 竣工验收

工作结束后，按相关要求进行清理工作现场、自验收、关闭检修电源、清点工具、回收材料，填写检修记录，办理工作票终结等内容。竣工内容与要求见表 23-3。

表 23-3　　　　　竣 工 内 容 与 要 求

序号	内容与要求
1	清理工作现场，将工器具清点、整理并全部收拢，废弃物清除按相关规定处理完毕，材料及备品备件回收清点结束

序号	内容与要求
2	按相关规定，关闭检修电源
3	验收内容： （1）检查无漏检项目，无遗留问题。 （2）对外观验收：包括镀锌层、各类标示、焊接质量、引下线等进行验收。 （3）对接地情况验收：包括接地标志、接地电阻、防腐等进行验收。 （4）对全部工作现场进行周密的检查，确保无遗留问题和遗留物品
4	验收流程及要求： （1）检修工作全部完成后以及隐蔽工程、高风险工序等关键环节阶段性完成后，作业班组及时开展自验收，自验收合格后申请所属运维单位验收。各级设备管理部门按照作业风险分级开展验收工作监督。 （2）验收人员应在验收报告或标准作业卡的"执行评价"栏中记录验收情况并签字，验收资料至少保留一个检修周期
5	经各级验收合格，填写检修记录，办理工作票终结手续

23.4 运维检修过程中常见问题及处理方法

避雷针常见的故障类型、现象、原因及处理方法见表 23-4。

表 23-4 常见问题及处理方法

缺陷现象	缺陷原因	处理方法
变形、倾斜超过允许偏差值	材质不良或基础不均匀沉降	开展外观检查和巡视，必要时进行整体更换
连接螺栓松动或丢失	机械震动	紧固或补全螺栓
镀锌层脱落或锈蚀	金属表面漆层破损或脱漏	进行防腐处理
排水孔堵塞	异物堵塞	疏通排水孔
水泥杆破损、裂纹等	水泥杆风化	对水泥杆修补，必要时进行整体更换
基础破损	外力破坏或混凝土风化	进行修补处理
接地引下线腐蚀、断裂	外力破坏、材质不良或运行年限长	进行防腐或更换接地引下线

23.4.1 避雷针连接螺栓脱落

问题描述：某变电站 1 号避雷针连接螺栓脱落，见图 23-2。

处理方法：补充脱落的螺栓并重新紧固，见图 23-3。

23.4.2 避雷针变形

问题描述：某变电站 4 号避雷针严重变形，见图 23-4。

处理方法：更换避雷针，见图 23-5。

图 23-2　避雷针连接螺栓丢失

图 23-3　避雷针连接螺栓完好

图 23-4　避雷针严重变形

图 23-5　避雷针完好

附录 A-1　油浸变压器储油柜及
油保护装置检修标准作业卡

编制人：＿＿＿＿＿＿　　审核人：＿＿＿＿＿＿

1．作业信息

设备双重编号		工作时间	年　月　日 至 年　月　日	作业卡编号	变电站名称＋工作类别＋年月＋序号

2．工序要求

序号	关键工序	标准及要求	风险辨识与预控措施	执行完打 √ 或记录数据
1	储油柜检修	1．胶囊式储油柜检修 （1）更换所有连接管道的法兰密封垫。 （2）拆除管道前关闭连通气体继电器的碟阀，拆除后应及时密封。 （3）放出储油柜内的存油，取出胶囊，清扫储油柜，储油柜内部应清洁，无锈蚀和水分。 （4）排除集污盒内污油。 （5）储油柜内有小胶囊时，应排净小胶囊内的空气，检查玻璃管、小胶囊、红色浮标应完好。 （6）若变压器有安全气道则应和储油柜间互相连通。 （7）胶囊应无老化开裂现象，密封性能良好。 （8）胶囊在安装前应在现场进行密封试验，如发现有泄漏现象，需对胶囊进行更换。 （9）清洁胶囊，将胶囊挂在挂钩上，保证胶囊悬挂在储油柜内，防止胶囊堵塞各联管口。 （10）新储油柜应进行试漏，耐受压力 0.03MPa，时间 24h 无渗漏。 （11）保持连接法兰的平行和同心，密封垫压缩量为 1/3（胶棒压缩 1/2）。 （12）管式油位计复装时应注入 3～4 倍玻璃管容积的合格绝缘油，排尽小胶囊中的气体。 （13）指针式油位计复装时应根据伸缩连杆的实际安装结点用手动模拟连杆的摆动观察指针的指示位置应正确，然后固定安装结点。	（1）吊装过程中应设专人指挥，指挥人员应站在能全面观察到整个作业范围及吊车司机和司索人员的位置，对于任何工作人员发出紧急信号，必须停止吊装作业，吊钩下方不允许人员穿行。 （2）起吊应缓慢进行，离地 100mm 左右，应停止起吊，使吊件稳定后，指挥人员检查起吊系统的受力情况，确认无问题后，方可继续起吊。 （3）确认所有绳索从吊钩上卸下后再起钩，不允许吊车抖绳摘索，更不允许借助吊车臂的升降摘索。 （4）设置揽风绳控制方向，起吊过程，被吊设备在其他设备附近时，控制起吊速度和角度，应避免设备磕碰损坏。	

序号	关键工序	标准及要求	风险辨识与预控措施	执行完打 √ 或记录数据
1	储油柜检修	（14）胶囊密封式储油柜注油时，打开顶部放气塞，直至冒油立即旋紧放气塞，再调整油位，以防止出现假油位。 （15）拆装前后应确认蝶阀位置正确。 （16）油位指示应符合"油温—油位曲线"。 2. 隔膜式储油柜检修 （1）用吊车和吊具吊住储油柜，拆除储油柜固定螺栓，吊下储油柜。 （2）更换所有与储油柜连接管路的法兰密封垫。 （3）清洗油污，清除锈蚀后应重新防腐处理。 （4）清扫上下节油箱内部。检查内壁应清洁，无毛刺、锈蚀和水分。 （5）管路畅通、无杂质、锈蚀和水分。 （6）隔膜无老化开裂、损坏现象，双重密封性能良好。 （7）储油柜复装时保持连接法兰的平行和同心，密封垫压缩量为1/3（胶棒压缩1/2），确保接口密封和畅通。 （8）新储油柜应进行试漏，耐受压力 0.03MPa，时间 24h 无渗漏。 （9）隔膜式储油柜注油后应排尽气体后塞紧放气塞。 （10）拆装前后应确认蝶阀位置正确。 （11）油位指示应符合"油温—油位曲线"。 3. 金属波纹储油柜检修 （1）应更换所有连接管道的法兰密封垫。 （2）用吊车和吊具吊住储油柜，拆除储油柜固定螺栓，吊下储油柜。 （3）通过观察金属隔膜膨胀情况，调整油位指示与油位曲线表温对应，确保指示清晰正确，无假油位现象。 （4）管道应清洁，管道内应畅通、无杂质、锈蚀和水分。保证接口密封和呼吸畅通。 （5）新储油柜应进行试漏，耐受压力 0.03MPa，时间 24h 无渗漏（内油式不能充压）。 （6）储油柜复装时保持连接法	（5）作业人员在斗臂车或脚手架搭设的平台上作业时正确佩戴安全带，脚手架做好防倾倒措施。 （6）储油柜拆除前，应排尽储油柜内绝缘油，拆除呼吸器等元件。 （7）起重车辆应接地可靠，并与带电设备保持足够的安全距离。 （8）储油柜要放置在事先准备好的枕木上，以防损坏储油柜。	

序号	关键工序	标准及要求	风险辨识与预控措施	执行完打 √ 或记录数据
1	储油柜检修	兰的平行和同心，密封垫压缩量为 1/3（胶棒压缩 1/2），确保接口密封和畅通，储油。 （7）柜本体和各管道固定牢固。 （8）打开放气塞，待排尽气体后关闭放气塞。 （9）按照油温油位标准曲线调整油量。 （10）拆装前后应确认蝶阀位置正确。 （11）检查金属波纹移动滑道和滑轮完好无卡涩。 （12）油位指示应符合"油温—油位曲线"	（9）高处拆接作业使用工具袋，防止高处落物。严禁上下抛掷物品	
2	吸湿器检修	（1）吸湿剂宜采用无钴变色硅胶，应经干燥。 （2）吸湿剂上部不应被油浸润，无碎裂、粉化现象。 （3）吸湿剂的潮解变色从上至下不应超过 2/3，更换灌装硅胶应保留 1/6～1/5 高度的空隙，并有标注刻度线。 （4）更换密封垫，密封垫压缩量为 1/3（胶棒压缩 1/2）。 （5）油杯注入干净变压器油，加油至正常油位线，油面应高于呼吸管口，油位在油杯上下限之间，起到密封作用。 （6）新装吸湿器，应将内口密封垫拆除，并检查吸湿器呼吸是否畅通	（1）注意与带电设备保持足够的安全距离。 （2）拆卸前后检查吸湿器的呼吸情况。 （3）高处拆装过程中做好吸湿器滑落损坏的措施。 （4）更换吸湿器及吸湿剂期间，应将相应重瓦斯保护改投信号，工作结束后恢复。 （5）高空作业应使用安全带，禁止低挂高用。 （6）使用合适且合格的绝缘梯，梯子必须架设在牢固基础上，与地面夹角 60°～75° 之间，顶部必须绑扎固定，无绑扎条件时必须有专人扶持，禁止两人及以上在同一梯子上工作	

3．签名确认

工作人员确认签名	

4．执行评价

工作负责人签名：

附录 A-2 油浸变压器分接开关检修标准作业卡

编制人： _____   审核人： _____

1．作业信息

设备双重编号		工作时间	年　月　日 至 年　月　日	作业卡编号	变电站名称＋工作类别＋年月＋序号

2．工序要求

序号	关键工序	标准及要求	风险辨识与预控措施	执行完扌打 √或记录数据
1	有载分接开关检修	（1）严禁踩踏有载开关防爆膜。 （2）变压器投入运行前必须多次排出有载分接开关油室等处的残存气体。 （3）机构档位指针停止在规定区域内与顶盖档位、远方档位一致。 （4）检查切换开关紧固件无松动现象，过渡电阻及触头无烧损。各触头编织软连接线无断股、起毛；触头无严重烧损。过渡电阻无断裂，直流电阻阻值与产品出厂铭牌数据相比，其偏差值不大于±10%。 （5）绝缘筒完好，绝缘筒内外壁应光滑、颜色一致，表面无起层、发泡裂纹或电弧烧灼的痕迹。 （6）有载开关检修后，应测量全程的直流电阻、变比及分接开关动作特性试验，合格后方可投运。 （7）有载分接开关检修人员应清理个人口袋内物品，拆除固定螺栓时做好防护，防止遗落至器身内部。 （8）在线净油装置检修接地装置可靠，金属部件无锈蚀，承压部件无变形，各部位无渗油。 （9）净油装置更换滤芯和部件可在变压器不停电状况下进行。检修完毕后要在滤油机内部进行循环、补油、放气。 （10）净油装置极寒条件下应配置防冻措施，应接入滤油装置油温传感器并加装和启动加热保温装置。 （11）有档位输出的有载分接开关档位指示应与控制室一致	（1）做好器身顶部作业的防坠落措施，高处作业人员应系安全带、穿防滑鞋，工具等用布带系好。必须通过变压器自带爬梯上下作业。 （2）检修前断开有载分接开关控制、操作电源。 （3）有载开关检修需要对有载芯子进行吊检，涉及起重作业；作业全过程应设专人指挥，指挥人员应站在能全面观察到整个作业范围及吊车司机和司索人员的位置，对于任何工作人员发出紧急信号，必须停止吊装作业。 （4）有载机构有储能元器件，拆卸前应按照制造厂要求进行能量释放。 （5）变压器顶部的油污及时清理干净，应避免残油滴落到油箱顶部。 （6）应注意与带电设备保持足够的安全距离，准备充足的施工电源及照明	

序号	关键工序	标准及要求	风险辨识与预控措施	执行完打√或记录数据
2	无励磁分接开关检修	（1）极限位置的限位应准确有效。 （2）无励磁分接开关改变分接位置后，必须测量使用分接的直阻和变比。 （3）密封垫圈入槽、位置正确，压缩均匀，法兰面啮合良好无渗漏油。 （4）逐级手摇时检查定位螺栓应处在正确位置。 （5）触头表面应光洁，无变色、镀层脱落及无损伤，弹簧无松动。触头接触压力均匀、接触严密。 （6）绝缘件、绝缘筒和支架应完好，无受潮、破损、剥离开裂或变形、放电，表面清洁无油垢。 （7）无载开关操动机构应做好防水、防潮措施。操作杆绝缘良好，无弯曲变形。操作杆 U 型拨叉应保持良好接触。 （8）调试最好在注油前和套管安装前进行，应逐级手动操作，操作灵活无卡滞，观察和通过测量确认定位正确、指示正确、限位正确。 （9）有档位输出的无励磁分接开关档位指示应与控制室一致	（1）应注意与带电设备保持足够的安全距离，准备充足的施工电源及照明。 （2）做好器身顶部作业的防坠落措施，高处作业人员应系安全带、穿防滑鞋，工具等用布带系好.必须通过变压器自带爬梯上下作业。 （3）变压器顶部的油污及时清理干净，应避免残油滴落到油箱顶部	

3．签名确认

工作人员确认签名	

4．执行评价

工作负责人签名：

附录 A-3 油浸变压器器身检修标准作业卡

编制人：_____   审核人：_____

1．作业信息

设备双重编号		工作时间	年　月　日 至 年　月　日	作业卡编号	变电站名称＋工作类别＋年月＋序号

2．工序要求

序号	关键工序	标准及要求	风险辨识与预控措施	执行完打√ 或记录数据
1	通用部分	（1）检修工作应选在无尘土飞扬及其他污染的晴天时进行，不应在空气相对湿度超过 75% 的气候条件下进行。如相对湿度大于 75% 时，应采取必要措施。 （2）大修时器身暴露在空气中的时间（器身暴露时间是从变压器放油时起至开始抽真空或注油时为止。）应不超过如下规定： 1）空气相对湿度≤65% 为 16h； 2）空气相对湿度≤75% 为 12h。 （3）器身温度应不低于周围环境温度，否则应采取对器身加热措施，如采用真空滤油机循环加热，使器身温度高于周围空气温度 5℃以上。 （4）器身检查时，人员身着全套防护服，对于工具及工作人员随身携带物品，应做好记录，并在操作时进行清点，工器具应绑扎防丢绳；进入油箱的工具、衣物、鞋等应清理干净，保证无异物掉入油箱内。 （5）引线、导线夹及绝缘件上不应搭、挂、靠任何物品，不应在引线及支架上攀登；器身上不应放置任何物品；线圈引出线不应有任何弯折（对于有折伤的应进行修复），须保持原安装位置；使用的灯具必须有保护罩，严禁在油箱内更换灯泡和检查、修理工具。 （6）检查完毕，内检人员将箱底所有杂物清理干净；内检人员出箱后，检查所带物品与清单核对无误后，封好入口盖板。 （7）回装人孔板时注意密封件的正确安装，并均匀紧固固定螺栓	（1）起重工作应分工明确，专人指挥；起重设备要根据变压器钟罩（或器身）的重量选择，起吊时钢丝绳的夹角不应大于 60°，并设专人监护。 （2）起重前先拆除影响起重工作的各种连接件。 （3）起吊或落回钟罩（器身）时，四角应系绳子，由专人扶持，使其保持平稳。 （4）吊装应按照厂家规定程序进行，选用合适的吊装设备和正确的吊点。 （5）吊装过程中高、低压侧引线，分接开关支架与箱壁间应保持一定的间隙，以免碰伤器身。钟罩（器身）应吊放到安全宽敞的地方。当钟罩（器身）因受条件限制，起吊后不能移动而需在空中停留时，应采取支撑等防止坠落措施。 （6）应注意与带电设备保持足够的安全距离。 （7）进入主变前必须充分通风，防止窒息，并测试含氧量应不低于 18% 方可进入，内检为两个人，一个人在外部，要不断与内部人员沟通，保证安全。 （8）进箱内检人员需穿防滑绝缘靴，移动过程需缓慢进行，落脚前先试探落脚点是否稳固不滑；内检人员必须全程正确佩戴安全帽，时刻注意周围环境，预防物体打击。 （9）上、下主变用的梯子应用绳子扎牢或专人扶住，梯子不能搭靠在绝缘支架、变压器围屏及线圈上	

序号	关键工序	标准及要求	风险辨识与预控措施	执行完打√或记录数据
2	绕组	（1）绕组各部分垫块应排列整齐，辐向间距相等，轴向成一垂直线支撑牢固，垫块外露绕组的长度应超过绕组导线厚度。 （2）对穿缆引线应将引线用白纱带半包绕至少一层，引线焊接处去毛刺，表面光洁；包金属屏蔽层后再包绝缘。 （3）围屏应清洁，无破损、无变形、无发热和树枝状放电痕迹，绑扎紧固完整，分接引线出口处封闭良好。 （4）相间隔板应完整并固定牢固。 （5）绕组应清洁，无油垢、无变形、无过热变色和放电痕迹。 （6）整个绕组无倾斜、位移，导线辐向无明显弹出现象。 （7）油道应保持畅通，无油垢及其他杂物积存。 （8）外观整齐清洁，绝缘及导线无破损。 （9）垫块应无位移和松动情况。 （10）进入变压器内检修人员，应避免踩踏夹持件、支撑件，避免遗留物品	（1）起重工作应分工明确，专人指挥；起重设备要根据变压器钟罩（或器身）的重量选择，起吊时钢丝绳的夹角不应大于60°，并设专人监护。 （2）起重前先拆除影响起重工作的各种连接件。 （3）起吊或落回钟罩（器身）时，四角应系缆绳，由专人扶持，使其保持平稳。 （4）吊装应按照厂家规定程序进行，选用合适的吊装设备和正确的吊点。 （5）吊装过程中高、低压侧引线，分接开关支架与箱壁间应保持一定的间隙，以免碰伤器身。钟罩（器身）应吊放到安全宽敞的地方。当钟罩（器身）因受条件限制，起吊后不能移动而需在空中停留时，应采取支撑等防止坠落措施。 （6）应注意与带电设备保持足够的安全距离。 （7）进入主变前必须充分通风，防止窒息，并测试含氧量应不低于18%方可进入，内检为两个人，一个人在外部，要不断与内部人员沟通，保证安全。 （8）进箱内检人员需穿防滑绝缘靴，移动过程需缓慢进行，落脚前先试探落脚点是否稳固不滑；内检人员必须全程正确佩戴安全帽，时刻注意周围环境，预防物体打击。 （9）上、下主变用的梯子应用绳子扎牢或专人扶住，梯子不能搭靠在绝缘支架、变压器围屏及线圈上	
3	引线及绝缘支架	（1）引线绝缘应完好，无变形、起皱、变脆、破损、断股、变色。 （2）引线绝缘的厚度及间距应符合有关要求。 （3）引线应无断股损伤。 （4）接头表面应平整、光滑，无毛刺、过热性变色。 （5）引线长短应适宜，不应有扭曲和应力集中。 （6）绝缘支架应无破损、裂纹、弯曲变形及烧伤。 （7）绝缘固定应可靠，无松动和串动。 （8）绝缘夹件固定引线处应加垫附加绝缘。 （9）引线与各部位之间的绝缘距离应符合要求。 （10）螺栓紧固。 （11）进入变压器内检修人员，应避免踩踏夹持件、支撑件，避免遗留物品		

序号	关键工序	标准及要求	风险辨识与预控措施	执行完打√或记录数据
4	铁芯检修	（1）铁芯应平整、清洁，无片间短路或变色、放电烧伤痕迹；铁芯应无卷边、翘角、缺角、位移等现象。 （2）油道应畅通，无垫块脱落和堵塞，且应排列整齐。 （3）铁芯与上下夹件、方铁、压板、底脚板间均应保持良好绝缘。 （4）绝缘压板与铁芯间要有明显的均匀间隙，绝缘压板应保持完整、无破损、变形、开裂和裂纹现象。 （5）钢压板不得构成闭合回路，应一点可靠接地。 （6）金属结构件应无悬浮，应一点可靠接地。或其接地引出装置应绝缘安装可靠，便于测量泄漏电流。 （7）铁芯组间、夹件、穿心螺栓、钢拉带绝缘良好，其绝缘电阻应符合设备技术要求，应一点可靠接地。 （8）铁芯接地片插入深度应足够、且牢靠，其外露部分应包扎绝缘，防止铁芯短路。 （9）电屏蔽、磁屏蔽固定应牢靠；电屏蔽、磁屏蔽表面应清洁，无变色、变形、过热、放电痕迹，电屏蔽、磁屏蔽绝缘电阻应合格	（1）起重工作应分工明确，专人指挥；起重设备要根据变压器钟罩（或器身）的重量选择，起吊时钢丝绳的夹角不应大于60°，并设专人监护。 （2）起重前先拆除影响起重工作的各种连接件。 （3）起吊或落回钟罩（器身）时，四角应系缆绳，由专人扶持，使其保持平稳。 （4）吊装应按照厂家规定程序进行，选用合适的吊装设备和正确的吊点。 （5）吊装过程中高、低压侧引线，分接开关支架与箱壁间应保持一定的间隙，以免碰伤器身。钟罩（器身）应吊放到安全宽敞的地方。当钟罩（器身）因受条件限制，起吊后不能移动而需在空中停留时，应采取支撑等防止坠落措施。 （6）应注意与带电设备保持足够的安全距离。 （7）进入主变前必须充分通风，防止窒息，并测试含氧量应不低于18%方可进入，内检为两个人，一个人在外部，要不断与内部人员沟通，保证安全。 （8）进箱内检人员需穿防滑绝缘靴，移动过程需缓慢进行，落脚前先试探落脚点是否稳固不滑；内检人员必须全程正确佩戴安全帽，时刻注意周围环境，预防物体打击。 （9）上、下主变用的梯子应用绳子扎牢或专人扶住，梯子不能搭靠在绝缘支架、变压器围屏及线圈上	
5	油箱及管道	（1）油箱外表面应洁净，无锈蚀，漆膜完整，焊缝无渗漏点。 （2）油箱内部应洁净，无锈蚀、放电现象，漆膜完整。 （3）磁（电）屏蔽装置固定牢固，无放电痕迹，接地可靠。 （4）定位装置不应造成铁芯多点接地。 （5）管道内部应清洁、无锈蚀、堵塞现象。 （6）胶垫接头黏合应牢固，并放置在油箱法兰直线部位的两螺栓的中间，搭接面应平放，搭接面长度不少于胶垫宽度的2倍；胶垫压缩量为其厚度的1/3左右（胶棒压缩量为1/2左右）。 （7）装配完成后整体内施加0.035MPa压力，保持12h不应渗漏。 （8）进入变压器内检修人员，应避免踩踏夹持件、支撑件，避免遗留物品		

序号	关键工序	标准及要求	风险辨识与预控措施	执行完打√或记录数据
6	真空热油循环	（1）滤油机应设专人操作和维护，严格按厂家提供的操作步骤进行。油罐与油管的连接处及油管与其他设备之间的各个连接处必须绑扎牢固，严防发生跑油事故。 （2）油罐内应无残留油和杂质、水分，使用干净变压油清洗储油罐，残余变压器油倒入废油桶。 （3）热油循环前应对油管抽真空。 （4）冷却器内的油应与本体的油同时进行热油循环。 （5）滤油机加热脱水缸中的温度应控制在 65℃±5℃ 范围内，油箱内的温度不低于 40℃。当环境温度低于 15℃ 时应对油箱及管路采取保温措施。 （6）上层油温不得超过 85℃。 （7）干燥过程中应注意加温均匀，升温速度以 10～15℃/h 为宜，防止产生局部过热，特别是绕组部分，不应超过其绝缘耐热等级的最高允许温度。 （8）变压器采用真空加热干燥时，应先进行预热，并根据制造厂规定的真空值抽真空。按变压器容量大小以 10～15℃/h 的速度升温到指定温度，再以 6.7kPa/h 的速度递减抽真空。 （9）干燥过程中应每 2h 检查与记录绕组的绝缘电阻、绕组、铁芯和油箱等各部温度、真空度。 （10）热油循环持续时间不应少于 48h，或不少于 3×变压器总油重/通过滤油机每小时的油量，以时间长者为准。 （11）热油循环完毕后，在试加电压前，应进行静置，110kV 及以下不少于 24h，220～330kV 不少于 48h，500kV 及 750kV 不少于 72h，1000kV 不少于 168h。 （12）静置完毕后，应从变压器套管、升高座、冷却装置、气体继电器等有关部位进行多次放气，并启动潜油泵，直至残余气体排尽。并调整当前温度的油位。 （13）干燥完成后，变压器即可以 10～15℃/h 的速度降温（真空仍保持不变）。当温度下降至 55℃左右，在真空状态下将合格变压器油注入油箱内，直至器身完全浸没于油中为止，并继续抽真空 4h 以上	（1）滤油机必须接地，滤油机管路与变压器接口可靠连接。 （2）储油罐可露天放置，但要检查阀门、人孔盖等密封良好，应做好接地措施，并做好防雨、防潮措施，更换吸湿硅。滤油场地附近应无易燃易爆物，并设置安全防护围栏、安全标识牌和消防器材。变压器、滤油机、油罐周边 10m 内严禁烟火，不得有动火作业。 （3）抽真空过程中，为防止真空泵停用或发生故障时，真空泵润滑油被吸入变压器本体，真空系统应装设逆止阀或缓冲罐。严禁使用麦氏真空表，以防麦氏表中的水银吸入变压器本体。 （4）油罐与油管的连接处及油管与其他设备之间的各个连接处必须绑扎牢固，严防发生跑油事故。 （5）热油循环过程中应时刻观察滤油机各个压力表及温度表，防止出现过热导致油质老化甚至发生火灾，各个滤油机旁都应放有灭火装置。 （6）滤油机所接电源应与滤油机功率相匹配，应定期检测滤油机电缆及电缆接头温度，防止电缆发热烧熔造成火灾。 （7）滤油机加热器应根据电源容量进行投切，防止负荷过大造成电源跳闸	

序号	关键工序	标准及要求	风险辨识与预控措施	执行完打√或记录数据
7	吊装钟罩（器身）	（1）吊罩（心）前应把变压器内的油排尽。 （2）排油前应先松开或拆除储油柜上部的放气螺栓或放气阀门。 （3）排油用的油泵、金属管道等均应接地良好。 （4）吊罩前应将必须拆除的绕组接头（如套管与绕组接线）和一些与铁芯及绕组有联系的附件（如分接头）的拆除，拆除附件定位销及连接螺栓。 （5）装配前应确认所有组、部件均符合技术要求，并用合格的变压器油冲洗与油直接接触的组、部件。 （6）装配时，应按图纸装配，确保各种电气距离符合要求，各组、部件装配到位，固定牢靠。 （7）保持油箱内部的清洁，禁止有杂物掉入油箱内。 （8）套管与引线连接后，套管不应受过大的横向力。 （9）变压器内部的引线、分接开关连线等不能过紧。 （10）所有连接或紧固处均用锁母或备帽紧固。 （11）确认全部等电位连接牢固	（1）吊装过程中应设专人指挥，指挥人员应站在能全面观察到整个作业范围及吊车司机和司索人员的位置，对于任何工作人员发出紧急信号，必须停止吊装作业。 （2）起吊前，应清理钟罩上的工具、螺栓等，确保吊装过程无异物掉落。 （3）吊机吊钩保险扣应可靠闭合，与钟罩相连的卸扣或吊钩应正确受力，并具备防脱落措施，至四角吊环的吊带长度应调整对称确保钟罩处于水平位置。起吊应缓慢进行，离地100mm左右，应停止起吊，指挥人员检查起吊系统的受力情况，确认无问题后，方可起吊。 （4）作业人员在主变本体上作业时正确佩戴安全带，在转移作业位置时不准失去安全保护。 （5）钟罩起吊后及落地前，严禁将手脚等身体部位伸入钟罩法兰边沿下侧，钟罩吊起转移过程中，下方严禁站人。 （6）起吊前，在钟罩四角设置揽风绳，吊机吊臂注意保持与相应电压等级带电设备足够安全距离。 （7）确认所有绳索从吊钩上卸下后再起钩，不允许吊车抖绳摘索，更不允许借助吊车臂的升降摘索	

3. 签名确认

工作人员确认签名	

4. 执行评价

工作负责人签名：

附录 A-4 油浸变压器例行检修标准作业卡

编制人：＿＿＿＿＿＿＿　　审核人：＿＿＿＿＿＿＿

1．作业信息

设备双重编号		工作时间	年　月　日 至 年　月　日	作业卡编号	变电站名称＋工作类别＋年月＋序号

2．工序要求

序号	关键工序	标准及要求	风险辨识与预控措施	执行完打√或记录数据
1	冷却装置	（1）开启冷却装置，冷却装置应无不正常的振动和异音。 （2）检查冷却器管和支架无脏污、锈蚀。 （3）采用 500V 或 1000V 绝缘电阻表测量二次回路元器件绝缘电阻，其值应不低于1MΩ。 （4）阀门应正确开启。 （5）逐台关闭冷却器电源一定时间（30min 左右）后，冷却器负压区无渗漏现象	（1）应注意与带电设备保持足够的安全距离。 （2）高空作业应按规程使用安全带，安全带应挂在牢固的构件上，禁止低挂高用。 （3）严禁上下抛掷物品	
2	复合绝缘的干式套管	（1）绝缘件表面应无放电、裂纹、破损、脏污等，法兰无锈蚀。 （2）套管本体及与箱体连接密封、固定应良好。 （3）套管导电连接部位应无松动。 （4）套管接线端子等连接部位表面应无氧化或过热。 （5）末屏接地良好，无断股、无放电、过热痕迹。 （6）外观及辅助伞裙检查正常	（1）应注意与带电设备保持足够的安全距离。 （2）高空作业应按规程使用安全带，安全带应挂在牢固的构件上，禁止低挂高用。 （3）严禁上下抛掷物品。 （4）严禁人员攀爬套管；人员应穿着防滑鞋	
3	电容型套管	（1）瓷件应无放电、裂纹、破损、渗漏、脏污等现象，法兰无锈蚀。 （2）套管外观完好，辅助伞裙无开胶、损坏，防污闪喷涂层无龟裂、起毛现象。 （3）套管外绝缘爬距满足污秽等级要求。 （4）套管本体及与箱体连接密封应良好，无渗油，油位指示清晰，油位正常。 （5）套管导电连接部位应无松动。 （6）套管接线端子等连接部位表面应无氧化或过热现象。 （7）末屏接地良好，无断股、无放电、过热痕迹，密封良好，无渗漏油	（1）应注意与带电设备保持足够的安全距离。 （2）高空作业应按规程使用安全带，安全带应挂在牢固的构件上，禁止低挂高用。 （3）严禁上下抛掷物品。 （4）严禁人员攀爬套管；人员应穿着防滑鞋	

序号	关键工序	标准及要求	风险辨识与预控措施	执行完打√或记录数据
4	充油套管	（1）瓷件应无放电、裂纹、破损、渗漏、脏污等现象，法兰无锈蚀。 （2）套管外绝缘爬距满足污秽等级要求。 （3）套管本体及与箱体连接密封应良好。 （4）套管导电连接部位应无松动。 （5）套管接线端子等连接部位表面应无氧化或过热现象。 （6）密封连接处无渗漏	（1）应注意与带电设备保持足够的安全距离。 （2）高空作业应按规程使用安全带，安全带应挂在牢固的构件上，禁止低挂高用。 （3）严禁上下抛掷物品。 （4）严禁人员攀爬套管；人员应穿着防滑鞋	
5	无励磁分接开关	（1）限位及操作正常。 （2）进行两个循环操作，转动灵活，无卡涩现象。 （3）密封良好。 （4）螺栓紧固。 （5）分接位置显示应正确一致	（1）应注意与带电设备保持足够的安全距离。 （2）高空作业应按规程使用安全带，安全带应挂在牢固的构件上，禁止低挂高用。 （3）严禁上下抛掷物品。 （4）变压器顶部的油污及时清理干净，应避免残油滴落到油箱顶部	
6	有载分接开关	（1）两个循环操作各部件的全部动作顺序及限位动作，应符合技术要求。 （2）各分接位置显示应正确一致，并三相联调远传无误。 （3）采用500～1000V绝缘电阻表测量辅助回路绝缘电阻应大于1MΩ。 （4）操作齿轮机构无渗漏油现象。 （5）分接开关连接、齿轮箱、开关操作箱内部等无异常	（1）应注意与带电设备保持足够的安全距离。 （2）高空作业应按规程使用安全带，安全带应挂在牢固的构件上，禁止低挂高用。人员应穿着防滑鞋。 （3）严禁上下抛掷物品。 （4）变压器顶部的油污及时清理干净，应避免残油滴落到油箱顶部	
7	气体继电器	（1）密封良好。 （2）动作可靠，配合回路传动正确无误。 （3）观察窗清洁，刻度清晰。视窗封盖应敞开。 （4）气体继电器应加装防雨罩。 （5）集气盒没有气体，无渗漏。视窗封盖应敞开	（1）应注意与带电设备保持足够的安全距离。 （2）高空作业应按规程使用安全带，安全带应挂在牢固的构件上，禁止低挂高用。 （3）严禁上下抛掷物品。 （4）拆接二次回路时，认清元器件的编号，做好防触电，误动措施	
8	压力释放阀	（1）无喷油、渗漏油现象。 （2）动作测试，回路传动正确。 （3）动作指示杆应保持灵活。动作应可靠，微动开关密封良好，开启和关闭压力符合要求	（1）应注意与带电设备保持足够的安全距离。 （2）高空作业应按规程使用安全带，安全带应挂在牢固的构件上，禁止低挂高用。 （3）严禁上下抛掷物品	

序号	关键工序	标准及要求	风险辨识与预控措施	执行完打√或记录数据
9	压力式温度计、电阻温度计	（1）温度计内应无潮气凝露。 （2）比较压力式温度计和电阻（远传）温度计的指示，差值应在5℃之内。 （3）温度计接点整定值正确，二次回路传动正确。 （4）温度计加装防雨罩	（1）应注意与带电设备保持足够的安全距离。 （2）高空作业应按规程使用安全带，安全带应挂在牢固的构件上，禁止低挂高用。 （3）严禁上下抛掷物品	
10	绕组温度计	（1）温度计内应无潮气凝露。 （2）温度计接点整定值正确。 （3）温度计加装防雨罩	（1）应注意与带电设备保持足够的安全距离。 （2）高空作业应按规程使用安全带，安全带应挂在牢固的构件上，禁止低挂高用。 （3）严禁上下抛掷物品	
11	油位计	（1）表内应无潮气凝露。 （2）确认无假油位现象。 （3）油位表信号端子盒密封良好。 （4）室外温度计应加防雨罩	（1）应注意与带电设备保持足够的安全距离。 （2）高空作业应按规程使用安全带，安全带应挂在牢固的构件上，禁止低挂高用。 （3）严禁上下抛掷物品	
12	油流继电器	（1）表内应无潮气凝露。 （2）指针位置正确，油泵启动后指针应达到绿区，无抖动现象	（1）应注意与带电设备保持足够的安全距离。 （2）高空作业应按规程使用安全带，安全带应挂在牢固的构件上，禁止低挂高用。 （3）严禁上下抛掷物品	
13	二次回路	（1）采用500V或1000V绝缘电阻表测量继电器、油温指示器、油位计、压力释放阀二次回路的绝缘电阻应大于1MΩ。 （2）接线盒、控制箱等防雨、防尘措施良好，接线端子无松动和锈蚀现象。 （3）二次电缆进线处应密封良好	（1）应注意与带电设备保持足够的安全距离。 （2）高空作业应按规程使用安全带，安全带应挂在牢固的构件上，禁止低挂高用。 （3）严禁上下抛掷物品	
14	储油柜	（1）储油柜油位指示满足温度曲线要求，注意区分本体储油柜和有载调压装置储油柜。 （2）储油柜及连接管无渗漏。 （3）吸湿器矽胶无变色，油杯的变压器油在刻度线内（如有）	（1）应注意与带电设备保持足够的安全距离。 （2）高空作业应按规程使用安全带，安全带应挂在牢固的构件上，禁止低挂高用。 （3）严禁上下抛掷物品	
15	本体	（1）渗漏处理，密封胶垫放置位置准确，密封胶垫压缩量为1/3（胶棒压缩1/2）。 （2）焊点准确，焊接牢固，处理完成后开展油中色谱检测应无异常。 （3）法兰对接面螺栓均匀紧固，力矩满足标准要求。 （4）本体裸露处需补漆	（1）作业现场禁止吸烟及明火。 （2）电焊、气割场地不准有易燃、易爆物品。 （3）电焊、气割作业人员应持证上岗并按要求佩戴防护用品。 （4）作业现场配备足够的灭火器材	

3．签名确认

工作人员确认签名	

4．执行评价

工作负责人签名：

附录 A-5　油浸变压器专业巡视标准作业卡

编制人：＿＿＿＿＿＿＿　　　审核人：＿＿＿＿＿＿＿

1．作业信息

设备双重编号		工作时间	年　月　日 至 年　月　日	作业卡编号	变电站名称＋工作类别＋年月＋序号

2．工序要求

序号	关键工序	标准及要求	风险辨识与预控措施	执行完打√ 或记录数据
1	本体及储油柜	（1）顶层温度计、绕组温度计外观应完整，表盘密封良好，无进水、凝露，防雨罩完好，读取清晰，温度指示正常，并应与远方温度显示比较，相差不超过 5℃。 （2）油位计外观完整，密封良好，无进水、凝露，指示应符合油温油位标准曲线的要求。 （3）法兰、阀门、冷却装置、油箱、油管路等密封连接处应密封良好，无渗漏痕迹，油箱、升高座等焊接部位质量良好，无渗漏油。 （4）无异常振动声响。 （5）铁芯、夹件外引接地应良好。 （6）油箱及外部螺栓等部位无异常发热	应注意与带电设备保持足够的安全距离	
2	冷却装置	（1）散热器外观完好、无锈蚀、无渗漏油。 （2）阀门开启方向正确，油泵、油路等无渗漏，无掉漆及锈蚀。 （3）运行中的风扇和油泵、水泵运转平稳，转向正确，无异常声音和振动，油泵油流指示器密封良好，指示正确，无抖动现象。 （4）水冷却器压差继电器、压力表、温度表、流量表的指示正常，指针无抖动现象。 （5）冷却器无堵塞及气流不畅等情况。 （6）冷却塔外观完好，运行参数正常，各部件无锈蚀、管道无渗漏，阀门开启正确、电机运转正常	应注意与带电设备保持足够的安全距离	

序号	关键工序	标准及要求	风险辨识与预控措施	执行完打 √ 或记录数据
3	套管	（1）瓷套完好，无脏污、破损，无放电。 （2）防污闪涂料、复合绝缘套管伞裙、辅助伞裙无龟裂老化脱落。 （3）套管油位应清晰可见，观察窗玻璃清晰，油位指示在合格范围内。 （4）各密封处应无渗漏。 （5）套管及接头部位无异常发热。 （6）电容型套管末屏应接地可靠，密封良好，无渗漏油	应注意与带电设备保持足够的安全距离	
4	吸湿器	（1）油杯的油位在油位线范围内，油质透明无浑浊，呼吸正常。 （2）免维护吸湿器应检查电源，检查排水孔畅通、加热器工作正常。 （3）外观无破损，干燥剂变色部分不超过 2/3，不应自上而下变色	应注意与带电设备保持足够的安全距离	
5	分接开关	无励磁分接开关 （1）密封良好，无渗漏油。 （2）档位指示器清晰、指示正确。 （3）机械操作装置应无锈蚀。 有载分接开关 （1）机构箱密封良好，无进水、凝露，控制元件及端子无烧蚀发热。 （2）档位指示正确，指针在规定区域内，与远方档位一致。 （3）指示灯显示正常，加热器投切及运行正常。 （4）开关密封部分、管道及其法兰无渗漏油。 （5）储油柜油位指示在合格范围内。 （6）户外变压器的油流控制（气体）继电器应密封良好，无集聚气体，户外变压器的防雨罩无脱落、偏斜。 （7）有载开关在线滤油装置无渗漏，压力表指示在标准压力以下，无异常噪声和振动；控制元件及端子无烧蚀发热，指示灯显示正常。 （8）冬季寒冷地区（温度持续保持零下）机构控制箱与分接开关连接处齿轮箱内应使用防冻润滑油并定期更换	应注意与带电设备保持足够的安全距离	

序号	关键工序	标准及要求	风险辨识与预控措施	执行完打 √ 或记录数据
6	气体继电器	（1）防雨罩完好（适用于户外变压器）。 （2）集气盒无渗漏。 （3）视窗内应无气体（有载分接开关气体继电器除外）。 （4）接线盒电缆引出孔应封堵严密，出口电缆应设防水弯，电缆外护套最低点应设排水孔。 （5）密封良好、无渗漏	应注意与带电设备保持足够的安全距离	
7	压力释放装置	（1）外观完好、无渗漏，无喷油现象。 （2）导向装置固定良好，方向正确，导向喷口方向正确	应注意与带电设备保持足够的安全距离	
8	突发压力继电器	外观完好、无渗漏	应注意与带电设备保持足够的安全距离	
9	断流阀	（1）密封良好、无渗漏。 （2）控制手柄在运行位置。 （3）分合指示功能正常	应注意与带电设备保持足够的安全距离	
10	冷却装置控制箱和端子箱	（1）柜体接地应良好，密封、封堵良好，无进水、凝露。 （2）控制元件及端子无烧蚀过热。 （3）指示灯显示正常，投切温湿度控制器及加热器工作正常。 （4）电源具备自动投切功能、风机能正常切换	应注意与带电设备保持足够的安全距离	

3. 签名确认

工作人员确认签名	

4. 执行评价

工作负责人签名：

附录 B-1 瓷柱式断路器本体检修标准作业卡

编制人：＿＿＿＿＿＿＿＿＿　　审核人：＿＿＿＿＿＿＿＿＿

1．作业信息

设备双重编号		工作时间	年　月　日 至 年　月　日	作业卡编号	变电站名称＋工作类别＋年月＋序号

2．工序要求

序号	关键工序	标准及要求	风险辨识与预控措施	执行完打√或记录数据
1	支柱瓷套管检修	（1）施工环境应满足要求，温度不低于 5℃（高寒地区参考执行），相对湿度不大于 80%，并采取防尘防雨防潮防风等措施。 （2）检查绝缘拉杆、绝缘件表面情况符合产品技术规定，绝缘拉杆无弯曲、损伤。 （3）绝缘拉杆的金属接头连接牢固。 （4）绝缘拉杆、绝缘件清洁后应放置烘房加温防潮，绝缘拉杆应悬挂或采取多点支撑方式存放。 （5）各部件清洁后应用烘箱进行干燥。无特殊要求时，烘干温度 60℃，保持 48h。 （6）直动密封装配内部应注入低温润滑脂，并检查密封良好且动作灵活。 （7）密封圈、尼龙垫圈的安装顺序，唇形、V 型密封圈的安装方向符合产品技术规定。 （8）密封槽面应清洁、无杂质、划痕。 （9）检查新密封件完好，已用过的密封件不得重复使用。 （10）涂密封脂时，不得使其流入密封件内侧而与 SF_6 气体接触。 （11）密封件安装过程中防止划伤、过度扭曲或拉伸。 （12）外绝缘清洁、无破损，瓷件与金属法兰浇注面防水胶层完好，法兰排水孔畅通。 （13）瓷套管探伤应符合厂家设计或有关技术标准的要求。	（1）断开与断路器相关的各类电源并确认无电压，充分释放能量。 （2）拆除支柱瓷套管前，应先回收 SF_6 气体，将本体抽真空后用高纯氮气冲洗 3 次。 （3）打开气室后，所有人员撤离现场 30min 后方可继续工作，工作时人员站在上风侧，穿戴好防护用具。 （4）对户内设备，应先开启强排通风装置 15min 后，监测工作区域空气中 SF_6 气体含量不得超过 1000μL/L，含氧量大于 18%，方可进入，工作过程中应当保持通风装置运转。作业人员应进行不间断巡视，随时查看气体检测仪含氧量是否正常，并检查通风装置运转是否良好、空气是否流通，如有异常，立即停止作业，组织作业人员撤离现场。再次进入时，应佩戴防毒面具或正压式空气呼吸器。 （5）工作前先用真空吸尘器将 SF_6 生成物粉末吸尽。 （6）吊装应按照厂家规定程序进行，选用合适的吊装设备和正确的吊点，设置揽风绳控制方向，并设专人指挥。确认所有绳索从吊钩上卸下后再起钩，不允许吊车抖钩摘索，更不允许借助吊车臂的升降摘索。在变电站内使用起重器械时，应安装满足安规规定的接地装置。 （7）起吊前确认连接件已拆除，对接密封面已脱胶。 （8）起吊平稳，对法兰密封面、槽应采取保护措施，使其不受到损伤。	

序号	关键工序	标准及要求	风险辨识与预控措施	执行完打√或记录数据
1	支柱瓷套管检修	（14）绝缘拉杆安装前应经耐压试验合格，吊装时防止支柱瓷套管、绝缘拉杆相互碰撞受损。 （15）屏蔽罩表面光洁，应清除毛刺、修复变形，安装应对称。 （16）螺栓应对称均匀紧固，力矩符合产品技术规定，密封面的连接螺栓应涂防水胶。 （17）支柱瓷套管装复后放置于烘房加温防潮。 （18）支柱瓷套管与其他气室分开的断路器，应进行抽真空处理，并按规定预充入合格的 SF_6 气体。 （19）核对并记录导电回路触头行程、超行程、开距等机械尺寸符合产品技术规定	（9）取出的吸附剂及 SF_6 生成物粉末应倒入 20%浓度 NaOH 溶液内浸泡 12h 后，装于密封容器内深埋。 （10）合闸电阻、均压电容影响吊装平衡时应分开吊装	
2	SF_6 气体回收、抽真空及充气	（1）回收、抽真空及充气前，检查 SF_6 充放气接口的逆止阀顶杆和阀芯，更换使用过的密封圈。 （2）回收、充气装置中的软管和电气设备的充气接头应连接可靠，管路接头连接后抽真空进行密封性检查。 （3）充装 SF_6 气体时，周围环境的相对湿度不应大于 80%。 （4）SF_6 气体应经检测合格（含水量≤40μL/L、纯度≥99.9%），充气管道和接头应使用检测合格的 SF_6 气体进行清洁、干燥处理，充气时应防止空气混入。 （5）气室抽真空及密封性检查应按照厂家要求进行，厂家无明确规定时，抽真空至 133Pa 以下并继续抽真空 30min，停泵 30min，记录真空度（A），再隔 5h，读真空度（B），若（B）－（A）值<133Pa，则可认为合格，否则应进行处理并重新抽真空至合格为止。 （6）选用的真空泵其功率等技术参数应能满足气室抽真空的最低要求，管径大小及强度、管道长度、接头口径应与被抽空的气室大小相匹配。 （7）设备抽真空时，严禁用抽真空的时间长短来估计真空度，抽真空所连接的管路一般不超过 10m。 （8）宜采用气相法充气。	（1）断开与断路器相关的各类电源并确认无电压，充分释放能量。 （2）拆除支柱瓷套管前，应先回收 SF_6 气体，将本体抽真空后用高纯氮气冲洗 3 次。 （3）打开气室后，所有人员撤离现场 30min 后方可继续工作，工作时人员站在上风侧，穿戴好防护用具。 （4）对户内设备，应先开启强排通风装置 15min 后，监测工作区域空气中 SF_6 气体含量不得超过 1000μL/L，含氧量大于 18%，方可进入，工作过程中应当保持通风装置运转。作业人员应进行不间断巡视，随时查看气体检测仪含氧量是否正常，并检查通风装置运转是否良好、空气是否流通，如有异常，立即停止作业，组织作业人员撤离现场。再次进入时，应佩戴防毒面具或正压式空气呼吸器。 （5）工作前先用真空吸尘器将 SF_6 生成物粉末吸尽。 （6）吊装按照厂家规定程序进行，选用合适的吊装设备和正确的吊点，设置揽风绳控制方向，并设专人指挥。确认所有绳索从吊钩上卸下后再起钩，不允许吊车抖绳摘索，更不允许借助吊车臂的升降摘索。在变电站内使用起重机械时，应安装满足安规规定的接地装置。 （7）起吊前确认连接件已拆除，对接密封面已脱胶。 （8）起吊平稳，对法兰密封面、槽应采取保护措施，使其不受到损伤。 （9）取出的吸附剂及 SF_6 生成物粉末应倒入 20%浓度 NaOH 溶液内浸泡 12h 后，装于密封容器内深埋。	

序号	关键工序	标准及要求	风险辨识与预控措施	执行完打√或记录数据
2	SF₆气体回收、抽真空及充气	（9）充气速率不宜过快，以充气管道不凝露、气瓶底部不结霜为宜。环境温度较低时，液态SF₆气体不易气化，可对钢瓶加热（不能超过40℃），提高充气速度。 （10）对使用混合气体的断路器，气体混合比例应符合产品技术规定。 （11）当气瓶内压力降至0.1MPa时，应停止充气。充气完毕后，应称钢瓶的质量，以计算断路器内气体的质量，瓶内剩余气体质量应标出。 （12）充气24h之后应进行密封性试验。充气完毕静置24h后进行含水量测试、纯度检测，必要时进行气体成分分析	（10）合闸电阻、均压电容影响吊装平衡时应分开吊装。 （11）回收、充装SF₆气体时，工作人员应在上风侧操作，必要时应穿戴好防护用具。作业环境应保持通风良好，尽量避免和减少SF₆气体泄漏到工作区域。户内作业要求开启通风系统，监测工作区域空气中SF₆气体含量不得超过1000μL/L，含氧量大于18%。 （12）抽真空时要有专人负责，应采用出口带有电磁阀的真空处理设备，且在使用前应检查电磁阀动作可靠，防止抽真空设备意外断电造成真空泵油倒灌进入设备中。被抽真空气室附近有高压带电体时，主回路应可靠接地。 （13）抽真空的过程中，严禁对设备进行任何加压试验。 （14）抽真空设备应用经校验合格的指针式或电子液晶体真空计，严禁使用水银真空计，防止抽真空操作不当导致水银被吸入电气设备内部。 （15）从SF₆瓶中引出SF₆气体时，应使用减压阀降压。运输和安装后第一次充气时，充气装置中应包括一个安全阀，以免充气压力过高引起设备损坏。避免装有SF₆气体的气瓶靠近热源、油污或受阳光暴晒、受潮。 （16）气瓶轻搬轻放，避免受到剧烈撞击。 （17）用过的SF₆气瓶应关紧阀门，带上瓶帽	
3	吸附剂更换	（1）正确选用吸附剂，吸附剂安装罩应使用金属罩或不锈钢罩，吸附剂规格、数量符合产品技术规定。 （2）吸附剂使用前放入烘箱进行活化，温度、时间符合产品技术规定。 （3）吸附剂取出后应立即将新吸附剂装入气室（小于15min），尽快将气室密封抽真空（小于30min）。 （4）对于真空包装的吸附剂，使用前真空包装应无破损	（1）打开气室工作前，应先将SF₆气体回收并抽真空后，用高纯氮气冲洗3次。打开气室后，所有人员应撤离现场30min后方可继续工作，工作时人员应站在上风侧，应穿戴防护用具。 （2）对户内设备，应先开启强排通风装置15min后，监测工作区域空气中SF₆气体含量不得超过1000μL/L，含氧量大于18%，方可进入，工作过程中应当保持通风装置运转。作业人员应进行不间断巡视，随时查看气体检测仪含氧量是否正常，并检查通风装置运转是否良好、空气是否流通，如有异常，立即停止作业，组织作业人员撤离现场。再次进入时，应佩戴防毒面具或正压式空气呼吸器。 （3）更换旧吸附剂时，应戴防毒面具和使用乳胶手套，避免直接接触皮肤。 （4）旧吸附剂应倒入20%浓度NaOH溶液内浸泡12h后，装于密封容器内深埋。从烘箱取出烘干的新吸附剂前，应适当降温，并戴隔热防护手套	

序号	关键工序	标准及要求	风险辨识与预控措施	执行完打√或记录数据
4	传动部件(三联箱、五联箱等)检修	(1) 施工环境应满足要求,温度不低于 5℃(高寒地区参考执行),相对湿度不大于 80%,并采取防尘防雨防潮防风等措施。 (2) 拆除前应做好螺栓、连杆位置标记,复装后应检查位置一致。 (3) 检查连板、拐臂有无变形,并进行防腐处理,轴、孔、轴承是否完好,如有明显的晃动或卡涩等情况需进行修复或更换。 (4) 螺扣连接部件应有防松措施。 (5) 密封槽面应清洁、无杂质、划痕。 (6) 检查新密封件完好,已用过的密封件不得重复使用。 (7) 涂密封脂时,不得使其流入密封件内侧而与 SF_6 气体接触。 (8) 二联箱或五联箱主导电接触面应进行打磨、清洁处理,并按产品技术规定涂以导电脂。 (9) 装复后,应以手力进行模拟试操作,检查装复效果。 (10) 传动部件装复后放置于烘房加温防潮	(1) 断开与断路器相关的各类电源并确认无电压,充分释放能量。 (2) 打开气室工作前,应先将 SF_6 气体回收并抽真空后,用高纯氮气冲洗 3 次。打开气室后,所有人员应撤离现场 30min 后方可继续工作,工作时人员应站在上风侧,应穿戴防护用具。 (3) 对户内设备,应先开启强排通风装置 15min 后,监测工作区域空气中 SF_6 气体含量不得超过 1000μL/L,含氧量大于 18%,方可进入,工作过程中应当保持通风装置运转。作业人员应进行不间断巡视,随时查看气体检测仪含氧量是否正常,并检查通风装置运转是否良好、空气是否流通,如有异常,立即停止作业,组织作业人员撤离现场。再次进入时,应佩戴防毒面具或正压式空气呼吸器。 (4) 解体工作前用吸尘器将 SF_6 生成物粉末吸尽,其 SF_6 生成物粉末应倒入 20%浓度 NaOH 溶液内浸泡 12h 后,装于密封容器内深埋	

3. 签名确认

工作人员确认签名	

4. 执行评价

工作负责人签名:

附录 B-2 弹簧操动机构检修标准作业卡

编制人：＿＿＿＿＿＿ 审核人：＿＿＿＿＿＿

1. 作业信息

设备双重编号		工作时间	年 月 日 至 年 月 日	作业卡编号	变电站名称＋工作类别＋年月＋序号

2. 工序要求

序号	关键工序	标准及要求	风险辨识与预控措施	执行完打√或记录数据
1	电动机检修	（1）电动机固定应牢固，电机电源相序接线正确，防止电机反转。直流电机换向器状态良好，工作正常。 （2）检查轴承、整流子磨损情况，定子与转子间的间隙应均匀，无摩擦，磨损深度不超过规定值。 （3）电机的联轴器、刷架、绕组接线、地角、垫片等关键部位应做好标记，引线做好相序记号，原拆原装。 （4）测量电机绝缘电阻、直流电阻符合相关技术标准要求，并做记录。 （5）储能电动机应能在 85%～110%的额定电压下可靠动作	（1）检修前确保断开电机电源及相关设备电源并确认无电压。 （2）充分释放分合闸弹簧能量	
2	油缓冲器检修	（1）油缓冲器无渗漏，油位及行程调整符合产品技术规定，测量缓冲曲线符合要求。 （2）缓冲器动作可靠。操动机构的缓冲器应调整适当，油缓冲器所采用的液压油应与当地的气候条件相适应。 （3）缓冲器压缩量应符合产品技术规定。 （4）缸体内表面、活塞外表面无划痕，缓冲弹簧进行防腐处理，装配后，连接紧固	（1）工作前释放分合闸弹簧能量。 （2）工作前应断开各类电源并确认无电压	
3	齿轮及链条检修	（1）齿轮轴及齿轮的轮齿未损坏，无明显磨损。 （2）齿轮与齿轮间、齿轮与链条之间配合间隙符合厂家规定。 （3）传动链条无锈蚀，链条接头的卡簧紧固正常无松动，表面涂抹适合当地气候条件的润滑脂	（1）工作前释放分合闸弹簧能量。 （2）工作前断开储能电源并确认无电压	

序号	关键工序	标准及要求	风险辨识与预控措施	执行完打 √ 或记录数据
4	弹簧检修	（1）检查弹簧自由长度符合厂家规定，应将动作特性试验测试数据作为弹簧性能判据之一。 （2）处理弹簧表面锈蚀，涂抹适合当地气候条件的润滑脂	（1）工作前释放分合闸弹簧能量。 （2）工作前断开储能电源并确认无电压	
5	传动及限位部件检修	（1）处理传动及限位部件锈蚀、变形等。 （2）卡、销、螺栓等附件齐全无松动、无变形、无锈蚀，转动灵活连接牢固可靠，否则应更换。 （3）转动部分涂抹适合当地气候条件的润滑脂。 （4）检查传动连杆与转动轴无松动，润滑良好。 （5）检查拐臂和相邻的轴销的连接情况	（1）工作前断开各类电源并确认无电压。 （2）释放分合闸弹簧能量	
6	分合闸电磁铁装配检修	（1）按照厂家规定工艺要求进行解体与装复，确保清洁。 （2）检测并记录分、合闸线圈电阻，检测结果应符合设备技术文件要求，无明确要求时，以线圈电阻初值差不超过 5%作为判据，绝缘值符合相关技术标准要求。 （3）解体检修电磁铁装配，打磨锈蚀，修整变形，使用适量低温润滑脂擦拭。 （4）衔铁、扣板、掣子无变形，动作灵活，电磁铁动铁芯运动行程（即空行程）符合产品技术规定。 （5）分合闸电磁铁装配安装牢靠，动作灵活。 （6）对于双分闸线圈并列安装的分闸电磁铁，应注意线圈的极性。 （7）并联合闸脱扣器在合闸装置额定电源电压的 85%～110%范围内，应可靠动作；并联分闸脱扣器在分闸装置额定电源电压的 65%～110%（直流）或 85%～110%（交流）范围内，应可靠动作；当电源电压低于额定电压的 30%时，脱扣器不应脱扣，并做记录	（1）工作前释放分合闸弹簧能量。 （2）工作前断开各类电源并确认无电压	
7	SF$_6$密度继电器更换	（1）SF$_6$密度继电器应校检合格，报警、闭锁功能正常。 （2）SF$_6$密度继电器外观完好，无破损、漏油等，防雨罩完好，安装牢固。	（1）工作前确认 SF$_6$密度继电器与本体之间的阀门已关闭或本体 SF$_6$已全部回收，工作人员位于上风侧，做好防护措施。	

序号	关键工序	标准及要求	风险辨识与预控措施	执行完打√或记录数据
7	SF$_6$密度继电器更换	（3）SF$_6$密度继电器及管路密封良好,年漏气率小于0.5%或符合产品技术规定。 （4）电气回路端子接线正确,电气接点切换准确可靠、绝缘电阻符合产品技术规定,并做记录	（2）对户内设备,应先开启强排通风装置15min后,监测工作区域空气中SF$_6$气体含量不得超过1000μL/L,含氧量大于18%,方可进入,工作过程中应当保持通风装置运转。作业人员应进行不间断巡视,随时查看气体检测仪含氧量是否正常,并检查通风装置运转是否良好、空气是否流通,如有异常,立即停止作业,组织作业人员撤离现场。再次进入时,应佩戴防毒面具或正压式空气呼吸器	

3．签名确认

工作人员确认签名	

4．执行评价

工作负责人签名：

附录 B-3 液压（液压弹簧）操动机构检修标准作业卡

编制人：_____   审核人：_____

1．作业信息

设备双重编号		工作时间	年　月　日 至 年　月　日	作业卡编号	变电站名称＋工作类 别＋年月＋序号

2．工序要求

序号	关键 工序	标准及要求	风险辨识与预控措施	执行完打√ 或记录数据
1	高压 油泵(含 手力泵) 检修	（1）按照厂家规定工艺要求进行解体与装复，确保清洁。 （2）更换所有密封件，密封良好，无渗漏油。 （3）高、低压逆止阀无变形、损伤等，密封线完好，性能可靠。 （4）柱塞与柱塞座配合良好，运动灵活，密封良好。 （5）油泵内部空间需注满液压油，排净空气后，方可运转工作。 （6）补压及零启打压时间测试，符合产品技术规定。 （7）打压停机后无油泵反转和皮带松动现象。 （8）油泵与电机联轴器内的橡胶缓冲垫松紧适度。 （9）油泵与电机同轴度符合要求	（1）检修前断开储能电源并确认无电压。 （2）工作前应将机构压力充分泄放。 （3）高压油泵及管道承受压力时不得对任何受压元件进行修理与紧固	
2	储压器 检修	（1）按照厂家规定工艺要求进行解体与装复，确保清洁。 （2）储压器各部件无锈蚀、变形、卡涩，检查活塞表面镀铬层完整，无损坏。 （3）更换所有密封件，密封良好，无渗漏油及漏气。 （4）检修后充排气阀位置符合产品技术规定。 （5）检查直动密封装配密封良好且动作灵活。 （6）对于设有漏氮报警装置的储压器，需检查漏氮报警装置功能可靠，绝缘符合相关技术标准要求。 （7）压缩氮气位于储压器活塞上部时，活塞上部需注液压油，油位高度符合产品技术规定。	（1）检修前断开储能电源并确认无电压。 （2）工作前应将机构压力充分泄放。	

序号	关键工序	标准及要求	风险辨识与预控措施	执行完打√或记录数据
2	储压器检修	（8）应采用高纯度氮气（微水含量小于 5μL/L）进行预充，预充压力（行程）符合产品技术规定。 （9）对于液压弹簧机构，检查碟簧外观无变形，无锈蚀，无疲劳迹象	（3）储压器及管道承受压力时不得对任何受压元件进行修理与紧固。 （4）预储能侧能量释放及充入应采用厂家规定的专用工具及操作程序	
3	电动机检修	（1）电机绕组电阻值、绝缘值符合相关技术标准要求，并做记录。 （2）电机转动灵活，转速符合产品技术要求。 （3）直流电机换向器状态良好，工作正常可靠。 （4）电机安装牢固、接线正确，工作电流符合产品技术规定。 （5）对电机碳刷进行检查，测量直流电阻。 （6）更换电机底部橡胶缓冲垫。 （7）电机与油泵的同轴度符合要求。 （8）储能电动机应能在85%～110%的额定电压下可靠动作	（1）工作前应断开电机电源并确认无电压。 （2）工作前应将机构压力充分泄放	
4	分合闸电磁铁装配检修	（1）按照厂家规定工艺要求进行解体与装复，确保清洁。 （2）检测并记录分、合闸线圈电阻，检测结果应符合设备技术文件要求，无明确要求时，以线圈电阻初值差不超过5%作为判据，绝缘值符合相关技术标准要求。 （3）解体检修电磁铁装配，打磨锈蚀，修整变形，使用适量低温润滑脂擦拭。衔铁、扣板、掣子无变形，动作灵活，电磁铁动铁芯运动行程（即空行程）符合产品技术规定。 （4）分、合闸电磁铁装配安装牢靠。 （5）对于双分闸线圈并列安装的分闸电磁铁，应注意线圈的极性。 （6）并联合闸脱扣器在合闸装置额定电源电压的 85%～110%范围内，应可靠动作；并联分闸脱扣器在分闸装置额定电源电压的 65%～110%（直流）或85%～110%（交流）范围内，应可靠动作；当电源电压低于额定电压的 30%时，脱扣器不应脱扣。记录测试值	（1）工作前应断开分、合闸控制回路电源并确认无电压。 （2）工作前应将机构压力充分泄放	

序号	关键工序	标准及要求	风险辨识与预控措施	执行完打√或记录数据
5	阀体检修	（1）按照厂家规定工艺要求进行解体与装复，确保清洁。 （2）更换所有密封件，密封良好，无渗漏。阀体各部件应无锈蚀、变形、卡涩，动作灵活。 （3）各金属密封部位（含合金密封件）完好，密封线、面完好无损，密封性能良好。 （4）对于弹簧压缩密封组件的安装，应采用厂家规定的专用工具及操作程序。阀体各运动行程符合产品技术规定。防失压慢分装置功能完备，动作正确可靠。 （5）手动操作方法符合厂家规定，严禁快速冲击操作	（1）阀体及管道承受压力时不得对任何受压元件进行修理与紧固。 （2）工作前应将机构压力充分泄放。 （3）工作前应断开各类电源并确认无电压	
6	工作缸检修	（1）按照厂家规定工艺要求进行解体与装复，确保清洁。 （2）更换所有密封件，密封良好，无渗漏。阀体各部件应无锈蚀、变形、卡涩，动作灵活。 （3）各金属密封部位（含合金密封件）完好，密封线、面完好无损，密封性能良好。 （4）对于弹簧压缩密封组件的安装，应采用厂家规定的专用工具及操作程序。液压机构在慢分、合闸时，工作缸活塞杆运动无卡阻。 （5）检查直动密封装配密封良好且动作灵活。 （6）工作缸活塞杆镀铬层应光滑、无划伤、脱落、起层、腐蚀点。 （7）工作缸运动行程符合产品技术规定	（1）工作缸承受压力时不得对任何受压元件进行修理与紧固。 （2）工作前应将机构压力充分泄放。 （3）工作前应断开各类电源并确认无电压	
7	压力开关组件（含安全阀）检修	（1）按照厂家规定工艺要求进行解体与装复，确保清洁。 （2）更换所有密封件，密封良好，无渗漏。紧固件标号符合产品技术规定。 （3）对于采用弹簧管结构的压力开关组件，严禁人为强力改变弹簧管弯曲度。 （4）对于电子式压力开关组件压力接点动作值在现场只可校验，如需调整须有专用软件和数据转换器通过电脑进行调整。 （5）压力开关组件应无锈蚀、变形、卡涩，动作灵活。 （6）测试并记录压力开关组件动作及返回值（运动行程），符合产品技术规定。 （7）测试并记录安全阀动作及返回值，符合产品技术规定	（1）压力开关组件及管道承受压力时不得对任何受压元件进行修理与紧固。 （2）工作前应将机构压力充分泄放。 （3）断开压力开关相关电源并确认无电压。 （4）使用专用工具及操作程序，拆卸或组装预压缩（储能）部件	

序号	关键工序	标准及要求	风险辨识与预控措施	执行完打√或记录数据
8	信号缸检修	（1）按照厂家规定工艺要求进行解体与装复，确保清洁。 （2）更换所有密封件，密封良好，无渗漏。阀体各部件应无锈蚀、变形、卡涩，动作灵活。 （3）信号缸运动行程符合产品技术规定。 （4）对于弹簧压缩密封组件的安装，应采用厂家规定的专用工具及操作程序。信号缸传动部件无锈蚀、开裂及变形。 （5）机构辅助开关转换时间与断路器主触头动作时间之间的配合符合产品技术规定	（1）信号缸及管道承受压力时不得对任何受压元件进行修理与紧固。 （2）工作前应将机构压力充分泄放。 （3）工作前应断开各类电源并确认无电压	
9	防震容器检修	（1）按照厂家规定工艺要求进行拆除与装复，确保清洁。 （2）更换所有密封件，密封良好，无渗漏。防震容器各部件外观完好	（1）防震容器及管道承受压力时不得对任何受压元件进行修理与紧固。 （2）工作前应将机构压力充分泄放。 （3）工作前应断开各类电源并确认无电压	
10	低压油箱（含油气分离器、过滤器)检修	（1）按照厂家规定工艺要求进行解体与装复，确保清洁。 （2）更换所有密封件，密封良好，无渗漏。 （3）低压油箱各部件无锈蚀、变形。 （4）低压油箱内无金属碎屑等杂物。 （5）油气分离器及过滤器良好，无部件缺失、堵塞不畅、破损失效等	（1）工作前应将机构压力充分泄放。 （2）工作前应断开各类电源并确认无电压	
11	液压油处理	（1）正确选用厂家规定标号液压油，厂家未做明确要求时，选用的液压油标号及相关性能不得低于#10航空液压油标准。 （2）液压油应经过滤清洁、干燥，无杂质方可注入机构内使用。 （3）严禁混用不同标号液压油。 （4）注入机构内的液压油油面高度符合产品技术规定	（1）注意滤油机进出油方向正确。 （2）工作前应将机构压力充分泄放。 （3）工作前应断开各类电源并确认无电压	
12	机构箱、汇控柜检修	（1）二次回路连接正确，绝缘值符合相关技术标准，并做记录。 （2）接线排列整齐美观，端子无锈蚀。 （3）柜体封堵到位，密封良好，温湿度控制装置功能可靠，检查封堵、吊牌、标志正确完好。 （4）二次元器件无损伤，各种接触器、继电器、微动开关、加热驱潮装置和辅助开关的动作应准确、可靠，接点应接触良好、无烧损或锈蚀。	工作前断开柜内相关交直流电源并确认无电压	

序号	关键工序	标准及要求	风险辨识与预控措施	执行完打√或记录数据
12	机构箱、汇控柜检修	（5）非全相保护、防跳时间继电器校验合格，定值正确，进行非全相和防跳试验，动作正确可靠。 （6）辅助开关应安装牢固，应能防止因多次操作松动变位。 （7）辅助开关接点应转换灵活、切换可靠、性能稳定。 （8）辅助开关与机构间的连接应松紧适当、转换灵活，并应能满足通电时间的要求。 （9）汇控柜外壳应可靠接地，并符合相关要求	工作前断开柜内相关交直流电源并确认无电压	
13	SF₆密度继电器更换	（1）SF$_6$密度继电器应校检合格，报警、闭锁功能正常。 （2）SF$_6$密度继电器外观完好，无破损、漏油等，防雨罩完好，安装牢固。 （3）SF$_6$密度继电器及管路密封良好，年漏气率小于0.5%或符合产品技术规定。 （4）电气回路端子接线正确，电气接点切换准确可靠、绝缘电阻符合产品技术规定，并做记录。 （5）带有三通接头的阀门在投入运行前应缓慢打开，确保阀门处于"打开"位置。 （6）SF$_6$密度继电器应装设在与断路器本体同一运行环境温度的位置。 （7）户外安装的密度继电器应设置防雨罩，密度继电器防雨罩应能将表、控制电缆接线端子一起放入	（1）工作前确认SF$_6$密度继电器与本体之间的阀门已关闭或本体SF$_6$已全部回收，工作人员位于上风侧，做好防护措施。 （2）工作前断开SF$_6$密度继电器相关电源并确认无电压。 （3）对户内设备，应先开启强排通风装置15min后，监测工作区域空气中SF$_6$气体含量不得超过1000μL/L，含氧量大于18%，方可进入，工作过程中应当保持通风装置运转。作业人员应进行不间断巡视，随时查看气体检测仪含氧量是否正常，并检查通风装置运转是否良好、空气是否流通，如有异常，立即停止作业，组织作业人员撤离现场。再次进入时，应佩戴防毒面具或正压式空气呼吸器	
14	压力表更换	（1）压力表应经校检合格方可使用。 （2）压力表外观良好，无破损、泄漏等。压力表及管路密封良好，更换后24h内无频繁打压现象。 （3）电接点压力表的电气接点切换准确可靠、绝缘值符合相关技术标准要求，并做记录	（1）必要时应将机构压力充分泄放。 （2）工作前断开压力表相关电源并确认无电压	

3．签名确认

工作人员确认签名	

4. 执行评价

工作负责人签名：

附录 B-4 罐式断路器本体检修标准作业卡

编制人：_____ 审核人：_____

1. 作业信息

设备双重编号		工作时间	年 月 日 至 年 月 日	作业卡编号	变电站名称＋工作类别＋年月＋序号

2. 工序要求

序号	关键工序	标准及要求	风险辨识与预控措施	执行完打√或记录数据
1	充气套管(含套管式电流互感器)检修	（1）施工环境应满足要求，温度不低于 5℃（高寒地区参考执行），相对湿度不大于 80%，并采取防尘防雨防潮防风等措施。 （2）外绝缘清洁、无破损，瓷件与金属法兰浇注面防水胶层完好，法兰排水孔畅通。瓷套管探伤应符合厂家设计或有关技术标准的要求。 （3）安装过程中气室暴露在空气中的时间不应超过厂家规定的最大时间，且本体内部应确保清洁。 （4）导电杆完好，光滑无毛刺，各导电接触面完好无损伤。 （5）套管电流互感器极性安装正确，绕组绝缘合格。 （6）密封槽面应清洁、无杂质、划痕。 （7）检查新密封件完好，已用过的密封件不得重复使用。 （8）涂密封脂时，不得使其流入密封件内侧而与 SF_6 气体接触。 （9）螺栓应对称均匀紧固，力矩符合产品技术规定，密封面的连接螺栓应涂防水胶。 （10）新 SF_6 气体应经检测合格，充气管道和接头应进行清洁、干燥处理，严禁使用橡皮管、聚氯乙烯等高弹性材质的管道，应使用不锈钢管、铜管或聚四氟乙烯管道，充气时应防止空气混入。 （11）本体充气 24h 之后应进行密封性试验。充气完毕后静置 24h 后进行含水量测试、纯度检测，必要时进行气体成分分析	（1）断开与断路器相关的各类电源并确认无电压，并充分释放能量。 （2）拆除前，应先回收 SF_6 气体，将本体抽真空后用高纯氮气冲洗 3 次。打开气室后，所有人员应撤离现场 30min 后方可继续工作，工作时人员应站在上风侧，应穿戴防护用具。 （3）对户内设备，应先开启强排通风装置 15min 后，监测工作区域空气中 SF_6 气体含量不得超过 1000μL/L，含氧量大于 18%，方可进入，工作过程中应当保持通风装置运转。作业人员应进行不间断巡视，随时查看气体检测仪含氧量是否正常，并检查通风装置运转是否良好、空气是否流通，如有异常，立即停止作业，组织作业人员撤离现场。再次进入时，应佩戴防毒面具或正压式空气呼吸器。 （4）吊装应按照厂家规定程序进行，选用合适的吊装设备和正确的吊点，设置揽风绳控制方向，并设专人指挥。确认所有绳索从吊钩上卸下后再起钩，不允许吊车抖绳摘索，更不允许借助吊车臂的升降摘索。在变电站内使用起重器械时，应安装满足安规规定的接地装置。 （5）起吊角度应与套管安装倾斜角一致	

序号	关键工序	标准及要求	风险辨识与预控措施	执行完打 √ 或记录数据
2	金属罐及灭弧室检修	（1）施工环境应满足要求，温度不低于 5℃（高寒地区参考执行），相对湿度不大于 80%，并采取防尘防雨防潮防风等措施。 （2）金属罐内壁及各个部件表面应平整无毛刺，涂漆的漆层应完好，内部应彻底清洁无遗留物品。 （3）喷口烧损深度、喷口内径应小于产品技术规定值，表面光洁无裂纹。 （4）弧触头烧损深度应小于产品技术规定值，表面光洁。 （5）支撑绝缘件表面完好，无爬电痕迹。 （6）均压电容屏蔽罩应完好。 （7）合闸电阻电阻片无裂痕、烧痕及破损，电阻值应符合产品技术规定。 （8）合闸电阻触头表面完好，操作灵活、可靠，接触良好。 （9）合闸电阻比主触头提前接触距离符合产品技术规定。 （10）动静触头安装时，应完全对中后再进行紧固。 （11）触头拧紧力矩符合要求，触头座、导电杆、喷口组装完好紧固，连接处接缝光洁。 （12）灭弧室的压气缸导电接触面完好无损伤，镀银层无脱落。 （13）压气缸、气缸座表面完好无损伤，逆止阀片与挡板间密封良好，逆止阀应活动自如。 （14）活塞工作表面完好无损伤，活塞杆完好、无弯曲变形。 （15）直动密封装配内部应注入低温润滑脂，并检查密封良好且动作灵活。 （16）导向套及其内部工作面完好、无损伤。 （17）各部件清洁后应用烘箱进行干燥。无特殊要求时，烘干温度 60℃，保持 48h。 （18）密封圈、尼龙垫圈的安装顺序，唇形、V 型密封圈的安装方向符合产品技术规定。密封槽面应清洁、无杂质、划痕。 （19）检查新密封件完好，已用过的密封件不得重复使用。 （20）涂密封脂时，不得使其流入密封件内侧而与 SF_6 气体接触。	（1）对户内设备，应先开启强排通风装置 15min 后，监测工作区域空气中 SF_6 气体含量不得超过 1000μL/L，含氧量大于 18%，方可进入，工作过程中应当保持通风装置运转。作业人员应进行不间断巡视，随时查看气体检测仪含氧量是否正常，并检查通风装置运转是否良好、空气是否流通，如有异常，立即停止作业，组织作业人员撤离现场。再次进入时，应佩戴防毒面具或正压式空气呼吸器。	

序号	关键工序	标准及要求	风险辨识与预控措施	执行完打√或记录数据
2	金属罐及灭弧室检修	（21）密封件安装过程中防止划伤，过度扭曲或拉伸。 （22）各导电接触面安装符合要求，紧固有防松措施。 （23）灭弧室内部应彻底清洁、吸附剂应更换。 （24）螺栓应对称均匀紧固，力矩符合产品技术规定，密封面的连接螺栓应涂防水胶。 （25）定开距灭弧室的弧触头开距符合产品技术规定。 （26）灭弧室装复后放置于烘房加温防潮。 （27）新 SF$_6$ 气体应经过检测合格，充气管道和接头应进行清洁、干燥处理，严禁使用橡皮管、聚氯乙烯等高弹性材质的管道，应使用不锈钢管、铜管或聚四氟乙烯管道，充气时应防止空气混入。 （28）对于现场无需抽真空的 SF$_6$ 断路器，在充气前应检测预充气体的含水量合格。 （29）本体充气 24h 之后应进行密封性试验。 （30）充气完毕后静置 24h 后进行含水量测试、纯度检测，必要时进行气体成分分析。 （31）核对并记录断路器本体行程、超行程、开距等机械尺寸，应符合产品技术规定	（2）吊装应按照厂家规定程序进行，选用合适的吊装设备和正确的吊点，设置揽风绳控制方向，并设专人指挥。确认所有绳索从吊钩上卸下后再起钩，不允许吊车抖绳摘索，更不允许借助吊车臂的升降摘索。在变电站内使用起重器械时，应安装满足安规规定的接地装置。 （3）取出断路器中的吸附物时，作业人员应使用橡胶手套、防护镜及防毒口罩等防护用品	

3．签名确认

工作人员确认签名	

4．执行评价

工作负责人签名：

附录 B-5 断路器例行维护标准作业卡

编制人：＿＿＿＿＿＿＿＿＿   审核人：＿＿＿＿＿＿＿＿＿

1．作业信息

设备双重编号		工作时间	年　月　日 至 年　月　日	作业卡编号	变电站名称＋工作类别＋年月＋序号

2．工序要求

序号	关键工序	标准及要求	风险辨识与预控措施	执行完打√或记录数据
1	外观检查	（1）检查和清扫套管，必要时补涂 PRTV。 （2）检查接线板有无过热、变色，接触应良好。 （3）检查壳体有无锈蚀，各外部连接螺栓有无锈蚀、松动并处理。 （4）检查机构箱封堵情况、油漆有无脱落并处理。 （5）检查并联电容器有无渗漏油并处理（如有）。 （6）检查瓷套防水措施应完好，外绝缘清洁、无破损，瓷件与金属法兰浇注面防水胶层完好，法兰排水孔畅通。必要时进行探伤。 （7）检查设备接地应良好	高处作业应正确使用安全带，作业人员在转移作业位置时不准失去安全保护	
2	均压环检查	均压环无锈蚀、变形，安装牢固、平正，排水孔无堵塞	高处作业应正确使用安全带，作业人员在转移作业位置时不准失去安全保护	
3	SF$_6$密度继电器及压力值检查	SF$_6$密度继电器动作值符合产品技术规定。SF$_6$密度继电器指示正常，无漏油，气体无泄漏		SF$_6$气体额定压力值检查： A（　）MPa B（　）MPa C（　）MPa SF$_6$气体报警压力值检查： A（　）MPa B（　）MPa C（　）MPa SF$_6$气体闭锁压力值检查： A（　）MPa B（　）MPa C（　）MPa

序号	关键工序	标准及要求	风险辨识与预控措施	执行完打√或记录数据
4	传动部位(含相间连杆等)检查	轴、销、锁扣和机械传动部件无变形或损坏	(1)断开控制电源、电机电源,将机构弹簧释能。 (2)作业前确认机构能量已释放,防止机械伤人	
5	分、合闸线圈电阻检测	(1)分、合闸线圈电阻检测应符合产品技术规定,无明确要求时,以初值差应不超过 5%作为判据。 (2)合闸线圈、分闸线圈绝缘正常:1000V 电压下测量绝缘电阻应≥10MΩ。 (3)进行行程曲线测试,并同时测量分/合闸线圈电流波形。(测试图谱另做附页)	(1)断开控制电源、电机电源,将机构弹簧释能。 (2)作业前确认机构能量已释放,防止机械伤人	合闸线圈电阻: A ( ) Ω B ( ) Ω C ( ) Ω A 绝缘电阻:____MΩ B 绝缘电阻:____MΩ C 绝缘电阻:____MΩ 分闸线圈 1 电阻: A ( ) Ω B ( ) Ω C ( ) Ω A 绝缘电阻:____MΩ B 绝缘电阻:____MΩ C 绝缘电阻:____MΩ 分闸线圈 2 电阻: A ( ) Ω B ( ) Ω C ( ) Ω A 绝缘电阻:____MΩ B 绝缘电阻:____MΩ C 绝缘电阻:____MΩ
6	储能电动机检查	(1)储能电动机工作电流及储能时间检测,检测结果应符合产品技术规定。储能电动机应能在 85%～110%的额定电压下可靠工作。 (2)电动机工作电流检测。 (3)储能时间检测。(零起达压到额定)	作业前确认机构能量已释放,防止机械伤人	工作电流: A ( ) A B ( ) A C ( ) A 储能时间: A ( ) s B ( ) s C ( ) s
7	辅助回路和控制回路检查	辅助回路和控制回路电缆、接地线外观完好,绝缘电阻合格	作业前确认二次回路电源已断开,防止低压触电。并在监护人员监护下进行作业	辅助回路和控制回路绝缘电阻 A ( ) MΩ B ( ) MΩ C ( ) MΩ
8	缓冲器检查	缓冲器外观完好,无渗漏		
9	二次元件检查	(1)检查二次元件动作正确、顺畅无卡涩,防跳和非全相功能正常,联锁和闭锁功能正常。 (2)检查辅助开关的切换动作应灵活、正确。 (3)检查触点应烧伤	作业前确认二次回路电源已断开,防止低压触电。并在监护人员监护下进行作业	
10	二次回路绝缘电阻	应无显著下降,不低于 2MΩ		电阻值:____MΩ

序号	关键工序	标准及要求	风险辨识与预控措施	执行完打√或记录数据
11	低电压试验	并联合闸脱扣器在合闸装置额定电源电压的 85%～110%范围内，应可靠动作；并联分闸脱扣器在分闸装置额定电源电压的 65%～110%（直流）或 85%～110%（交流）范围内，应可靠动作；当电源电压低于额定电压的 30%时，脱扣器不应脱扣，并做记录	（1）作业前相互呼唱，防止机械伤人。 （2）调试过程试验电源应从试验电源屏或检修电源箱取得，严禁使用绝缘破损的电源线，必须使用带漏电保护器的移动式电源盘，试验设备和被试设备应可靠接地，设备通电过程中，试验人员不得中途离开。工作结束后应及时将试验电源断开	合闸最低动作电压： A（ ）V B（ ）V C（ ）V 分闸 1 最低动作电压： A（ ）V B（ ）V C（ ）V 分闸 2 最低动作电压（如有）： A（ ）V B（ ）V C（ ）V
12	对于液（气）压操动机构检查及试验	对于液（气）压操动机构，还应进行下列各项检查，结果均应符合产品技术规定要求： （1）机构压力表、机构操作压力（气压、液压）整定值和机械安全阀校验。 （2）分闸、合闸或重合闸操作时的压力（气压、液压）下降值校验。 （3）在分闸和合闸位置分别进行液（气）压操动机构的保压试验。 （4）液压机构及气动机构，进行防失压慢分试验和非全相试验	（1）作业前相互呼唱，防止机械伤人。 （2）调试过程试验电源应从试验电源屏或检修电源箱取得，严禁使用绝缘破损的电源线，必须使用带漏电保护器的移动式电源盘，试验设备和被试设备应可靠接地，设备通电过程中，试验人员不得中途离开。工作结束后应及时将试验电源断开	
13	断路器特性试验、回路电阻试验	（1）应进行机械特性测试、回路电阻，各项试验数据符合产品技术规定。	（1）作业前相互呼唱，防止机械伤人。	分闸 1 时间： A（ ）ms B（ ）ms C（ ）ms 分闸 2 时间： A（ ）ms B（ ）ms C（ ）ms 合闸时间： A（ ）ms B（ ）ms C（ ）ms 合分时间： A（ ）ms B（ ）ms C（ ）ms 分闸 1 不同期： A（ ）ms B（ ）ms C（ ）ms 分闸 2 不同期： A（ ）ms B（ ）ms C（ ）ms

序号	关键工序	标准及要求	风险辨识与预控措施	执行完打√或记录数据
13	断路器特性试验、回路电阻试验	(2)弹簧机构,应通过测试特性曲线来检查其弹簧拉力。(测试图谱另做附页)	(2)调试过程试验电源应从试验电源屏或检修电源箱取得,严禁使用绝缘破损的电源线,必须使用带漏电保护器的移动式电源盘,试验设备和被试设备应可靠接地,设备通电过程中,试验人员不得中途离开。工作结束后应及时将试验电源断开	合闸不同期: A( )ms B( )ms C( )ms 分闸1速度: ( )m/s 分闸2速度: ( )m/s 合闸速度: ( )m/s
14	合闸电阻测试(如有)	应对断路器主触头与合闸电阻触头的时间配合关系进行测试,并测量合闸电阻的阻值(多断口断路器可整体测量合闸电阻值)		合闸电阻: A( )Ω B( )Ω C( )Ω
15	油泵检查	(1)测试油泵启动油压值。 (2)油泵停止油压值。 (3)测试合闸闭锁油压值。 (4)测试重合闸闭锁油压值。 (5)测试分闸闭锁油压值		油泵启动油压值: A( )MPa B( )MPa C( )MPa 油泵停止油压值: A( )MPa B( )MPa C( )MPa 合闸闭锁油压值: A( )MPa B( )MPa C( )MPa 重合闸闭锁油压值: A( )MPa B( )MPa C( )MPa 分闸闭锁油压值: A( )MPa B( )MPa C( )MPa
16	罐体伴热带检查(如有)	(1)伴热带控制回路接线正确、状态良好。 (2)伴热带与罐体密封良好。 (3)伴热带接线盒密封良好,二次接线紧固、端子无过热现象		
17	罐体伴热带电阻测量(如有)	伴热带电阻测量		电阻测值: A( )Ω B( )Ω C( )Ω
18	信号校对	按图纸进行后台信号对试,现场模拟信号应与监控系统显示信号一致		

3．签名确认

工作人员确认签名	

4．执行评价

工作负责人签名：

附录 B-6　断路器专业巡视标准作业卡

编制人：＿＿＿＿＿＿＿　　审核人：＿＿＿＿＿＿＿

1．作业信息

设备双重编号		工作时间	年　月　日 至 年　月　日	作业卡编号	变电站名称＋工作类别＋年月＋序号

2．工序要求

序号	关键工序	标准及要求	风险辨识与预控措施	执行完打√或记录数据
1	SF₆断路器本体巡视	（1）本体及支架无异物。 （2）外绝缘有无放电，放电不超过第二片伞裙，不出现中部伞裙放电。 （3）覆冰厚度不超过设计值（一般为10mm），冰凌桥接长度不宜超过干弧距离的1/3。 （4）外绝缘无破损或裂纹，无异物附着，增爬裙无脱胶、变形。 （5）均压电容、合闸电阻外观完好，气体压力正常，均压环无变形、松动或脱落。 （6）无异常声响或气味。 （7）SF₆密度继电器指示正常，表计防震液无渗漏。 （8）套管法兰连接螺栓紧固，法兰无开裂，胶装部位无破损、裂纹、积水。高压引线、接地线连接正常，设备线夹无裂纹、无发热。 （9）对于罐式断路器，寒冷季节罐体加热带工作正常	工作中与带电部分保持足够的安全距离	
2	油断路器本体巡视	（1）本体及支架无异物。 （2）外绝缘有无放电，放电不超过第二片伞裙，不出现中部伞裙放电。 （3）覆冰厚度不超过设计值（一般为10mm），冰凌桥接长度不宜超过干弧距离的1/3。 （4）外绝缘无破损或裂纹，无异物附着，增爬裙无脱胶、变形。 （5）均压电容无渗漏油，防雨罩无移位。无异常声响或气味。 （6）本体油位正常，油色正常，无渗漏油。套管法兰连接螺栓紧固，法兰无开裂，胶装部位无破损、裂纹、积水。高压引线、接地线连接正常，设备线夹无裂纹、无发热	工作中与带电部分保持足够的安全距离	

序号	关键工序	标准及要求	风险辨识与预控措施	执行完打 √ 或记录数据
3	真空断路器本体巡视	（1）本体及支架无异物。 （2）外绝缘有无放电，放电不超过第二片伞裙，不出现中部伞裙放电。 （3）覆冰厚度不超过设计值（一般为10mm），冰凌桥接长度不宜超过干弧距离的1/3。 （4）外绝缘无破损或裂纹，无异物附着，增爬裙无脱胶、变形。 （5）无异常声响或气味。 （6）套管法兰连接螺栓紧固，法兰无开裂，胶装部位无破损、裂纹、积水。高压引线、接地线连接正常，设备线夹无裂纹、无发热	工作中与带电部分保持足够的安全距离	
4	液压（液压弹簧）操动机构巡视	（1）分、合闸到位，指示正确。 （2）对于三相机械联动断路器检查相间连杆与拐臂所处位置无异常，连杆接头和连板无裂纹、锈蚀；对于分相操作断路器检查各相连杆与拐臂相对位置一致。 （3）拐臂箱无裂纹。 （4）液压机构压力指示正常，液压弹簧机构弹簧压缩量正常。 （5）压力开关微动接点固定螺杆无松动。机构内金属部分及二次元器件外观完好。 （6）储能电机无异常声响或气味，外观检查无异常。 （7）机构箱密封良好，清洁无杂物，无进水受潮，加热驱潮装置功能正常。 （8）液压油油位、油色正常，油路管道及各密封处无渗漏。 （9）分析后台打压频度及打压时长记录，无异常	工作中与带电部分保持足够的安全距离	
5	气动（气动弹簧）操动机构巡视	（1）分、合闸到位，指示正确。 （2）对于三相机械联动断路器检查相间连杆与拐臂所处位置无异常，连杆接头和连板无裂纹、锈蚀；对于分相操作断路器检查各相连杆与拐臂相对位置一致，拐臂箱无裂纹。 （3）气压压力指示正常。 （4）检查空压机润滑油，油位正常，无乳化。 （5）气水分离器工作正常。 （6）检查分、合闸缓冲器无渗漏油。 （7）观察分、合闸脱扣器和动铁芯无锈蚀，检查机芯固定螺栓无松动。	工作中与带电部分保持足够的安全距离	

序号	关键工序	标准及要求	风险辨识与预控措施	执行完打√或记录数据
5	气动（气动弹簧）操动机构巡视	（8）机构内金属部分及二次元器件外观完好。 （9）对气动机构气水分离器进行检查，包括电磁阀、装置阀门位置、排气情况、老化状况。 （10）机构箱密封良好，清洁无杂物，无进水受潮，加热驱潮装置功能正常。 （11）分析后台打压频度及打压时长记录，无异常	工作中与带电部分保持足够的安全距离	
6	弹簧操动机构巡视	（1）分、合闸到位，指示正确。 （2）对于三相机械联动断路器检查相间连杆与拐臂所处位置无异常，连杆接头和连板无裂纹、锈蚀；对于分相操作断路器检查各相连杆与拐臂相对位置一致。 （3）拐臂箱无裂纹。 （4）储能指示正常，储能行程开关无锈蚀，无松动。 （5）分、合闸弹簧外观完好，无锈蚀。 （6）齿轮无破损、啮合深度不少于 2/3，挡圈无脱落、轴销无开裂、变形、锈蚀。 （7）查看储能链条无松动、断裂、锈蚀现象；分、合闸弹簧固定螺栓紧固无松动、脱落现象。 （8）分、合闸缓冲器无渗漏油。 （9）分、合闸脱扣器和动铁芯无锈蚀，机芯固定螺栓无松动。 （10）机构内金属部分及二次元器件外观完好。 （11）机构箱密封良好，清洁无杂物，无进水受潮，加热驱潮装置功能正常	工作中与带电部分保持足够的安全距离	
7	电磁操动机构巡视	（1）分、合闸到位，指示正确。 （2）对于三相机械联动断路器检查相间连杆与拐臂所处位置无异常，连杆接头和连板无有裂纹、锈蚀；对于分相操作断路器检查各相连杆与拐臂相对位置一致。 （3）拐臂箱无裂纹。 （4）直流接触器、线圈外观完好，绝缘部分无破损。 （5）分闸电磁铁线圈安装牢固，无松动、无损伤、无锈蚀。 （6）连板、拐臂无变形，轴、孔、轴承完好，无松动。 （7）机构传动连杆无变形，卡、销、螺栓完好，无变形脱落。	工作中与带电部分保持足够的安全距离	

序号	关键工序	标准及要求	风险辨识与预控措施	执行完打√或记录数据
7	电磁操动机构巡视	（8）机构内金属部分及二次元器件外观完好。 （9）检查机构箱密封情况，无进水受潮，加热驱潮装置功能正常	工作中与带电部分保持足够的安全距离	

3．签名确认

工作人员确认签名	

4．执行评价

工作负责人签名：

附录 B-7　真空断路器例行检修标准作业卡

编制人：_____　　审核人：_____

1. 作业信息

设备双重编号		工作时间	年　月　日 至 年　月　日	作业卡编号	变电站名称＋工作类别＋年月＋序号

2. 工序要求

序号	关键工序	标准及要求	风险辨识与预控措施	执行完打√或记录数据
1	整体检查	（1）断路器外表清除干净，绝缘子、绝缘壳无变形、破损，并用干净的布擦净，机械摩擦部位涂干净的润滑油。 （2）检查各外部连接螺栓有无锈蚀、松动并处理。 （3）与断器连接的母线段螺栓应牢固，保证导电良好。 （4）断路器导电部分软连接无断裂，固定螺栓紧固。 （5）导电杆、导电夹接触紧密；绝缘件完整。 （6）接地螺栓接触表面应清理干净，接地良好。 （7）操动机构各部件齐全、转动部分涂润滑脂。 （8）检查触头烧蚀刻度线是否满足制造厂要求	断开与断路器相关的各类电源并确认无电压，并充分释放能量	
2	机构内二次元件、端子排检查	（1）行程开关、辅助开关、继电器、接触器接触良好、动作可靠，不发生卡涩及摩擦现象。 （2）二次接线端子牢固、整齐，无烧痕。 （3）电缆应无损伤，电缆切口部位应做好防水、绝缘措施	（1）断开与断路器相关的各类电源并确认无电压。 （2）拆下的控制回路及电源线头所作标记正确、清晰、牢固，防潮措施可靠。 （3）对于储能型操动机构，工作前应充分释放所储能量	
3	操作试验	手动使断路器分、合闸。检查"储能""合闸""分闸"指示应正确，然后在进行远方操作试验，并进行信号对试		
4	操作电压试验	（1）合闸脱扣器应能在额定电压的85%～110%范围内可靠动作。在使用电磁机构时，合闸电磁铁线圈通流时的端电压为操作电压额定值的80%（关合峰值电流等于或大于50kA时为85%）时应可靠动作。	测试仪器由专人操作、现场专人监护	

序号	关键工序	标准及要求	风险辨识与预控措施	执行完打√或记录数据
4	操作电压试验	（2）分闸脱扣器应在额定电压的65%～110%（直流）或85%～110%（交流）范围内可靠动作。 （3）当电源电压低至额定值的30%时不应脱扣	测试仪器由专人操作、现场专人监护	
5	分、合闸弹簧检查	润滑良好，无锈蚀、变形、裂纹	（1）工作前释放分合闸弹簧能量。 （2）工作前断开储能电源并确认无电压	
6	断路器测试	（1）灭弧室真空度测试：真空度一般要求在1×106Pa以上		（　　）Pa
		（2）测量主分闸线圈电阻值		A（　　）Ω B（　　）Ω C（　　）Ω
		（3）测量主分闸线圈绝缘电阻值		A（　　）MΩ B（　　）MΩ C（　　）MΩ
		（4）测量副分闸线圈电阻值		A（　　）Ω B（　　）Ω C（　　）Ω
		（5）测量副分闸线圈绝缘电阻值		A（　　）MΩ B（　　）MΩ C（　　）MΩ
		（6）测量合闸线圈电阻值		A（　　）Ω B（　　）Ω C（　　）Ω
		（7）测量合闸线圈绝缘电阻值		A（　　）MΩ B（　　）MΩ C（　　）MΩ
		（8）测试辅助回路绝缘电阻值（1000V绝缘电阻表）		（　　）Ω
		（9）测试控制回路绝缘电阻值（1000V绝缘电阻表）		（　　）Ω
		（10）测试合闸动作电压值		A（　　）V B（　　）V C（　　）V
		（11）测试分闸1动作电压值		A（　　）V B（　　）V C（　　）V
		（12）测试分闸2动作电压值		A（　　）V B（　　）V C（　　）V
		（13）测试分闸1时间		（　　）ms
		（14）测试分闸2时间		（　　）ms
		（15）测试合闸时间		（　　）ms

序号	关键工序	标准及要求	风险辨识与预控措施	执行完打 √ 或记录数据
6	断路器测试	（16）测试分闸 1 不同期时间（≤3ms）		（ ）ms
		（17）测试分闸 2 不同期时间（≤3ms）		（ ）ms
		（18）测试合闸不同期时间（≤5ms）		（ ）ms
		（19）测试主回路电阻值，不超过制造厂规定值		（ ）ms
		（20）分闸 1 速度测试		（ ）m/s
		（21）分闸 2 速度测试		（ ）m/s
		（22）合闸速度测试		（ ）m/s
		（23）测试合闸弹跳时间（10kV 弹跳时间≤2ms，35kV 弹跳时间≤3ms）		（ ）m/s
		（24）测试分闸反弹幅值（不应超过额定开距的 20%）		
7	清理工作现场	（1）清理工作现场。 （2）工作班成员撤离现场		

3. 签名确认

工作人员确认签名	

4. 执行评价

工作负责人签名：

附录 C-1 组合电器本体检修标准作业卡

编制人：_____ 审核人：_____

1. 作业信息

设备双重编号		工作时间	年 月 日 至 年 月 日	作业卡编号	变电站名称＋工作类别＋年月＋序号

2. 工序要求

序号	关键工序	标准及要求	风险辨识与预控措施	执行完打√或记录数据
1	气室及密封面检修	（1）施工环境应满足要求，现场环境温度在−5～40℃，相对湿度不大于80%，并采取防尘防雨防潮措施。 （2）安装过程中气室暴露在空气中的时间不应超过厂家规定的最大时间，在对接、安装过程中应保持气室内部的清洁。 （3）导体、绝缘件无划痕、损伤、裂纹、尖角毛刺等缺陷，擦拭绝缘子时沿高电位向低电位方向擦拭。盆式绝缘子表面无划伤、开裂、表面光滑，绝缘子表面不允许打磨。 （4）导体表面镀银无脱落起泡，且无氧化变色。导体连接的紧固螺钉和紧固力矩应满足技术要求。进行回路电阻测试，数值满足厂家技术要求。 （5）气室开启后及时用封盖封住法兰孔。 （6）密封槽面应清洁，无杂质、划痕，新密封件完好，已用过的密封件不得重复使用。 （7）涂密封脂时，不得使其流入密封垫（圈）内侧而与SF$_6$气体接触。 （8）波纹管的螺母紧固方式应符合厂家技术要求，室外设备密封面的连接螺栓应涂防水胶。 （9）法兰螺栓应按对角线位置依次均匀紧固并做好标记，紧固后的法兰间隙应均匀。 （10）螺栓材质及紧固力矩应符合规定或厂家要求	（1）打开气室前，应先回收SF$_6$气体并抽真空，对发生放电的气室，应将用高纯氮气冲洗3次。 （2）打开气室封板前，需确认气室内部已降至零压，相邻的气室根据各厂家实际情况进行降压或回收处理。检查内部时，含氧量应大于18%方可工作，否则应吹入干燥空气。 （3）打开气室后，所有人员撤离现场30min后方可继续工作，工作时人员站在上风侧，穿戴好防护用具。 （4）对户内设备，应先开启强排通风装置15min后，监测工作区域空气中SF$_6$气体含量不得超过1000μL/L，含氧量大于18%，方可进入，工作过程中应当保持通风装置运转。 （5）进入较长母线筒进行清擦时，要有通风及防止烧伤措施，监护人不得擅自离开。 （6）GIS检修时应确保防爆膜泄压挡板不受应力，人员禁止正对防爆膜喷口方向	

序号	关键工序	标准及要求	风险辨识与预控措施	执行完打√或记录数据
2	SF$_6$气体回收、抽真空及充气	（1）回收、抽真空及充气前，检查 SF$_6$充放气接口的逆止阀顶杆和阀心，更换使用过的密封圈。 （2）回收、充气装置中的软管和电气设备的充气接头应连接可靠，管路接头连接后抽真空进行密封性检查。 （3）充装 SF$_6$气体时，周围环境的相对湿度不应大于80%。 （4）SF$_6$气体应经检测合格（含水量≤40μL/L、纯度≥99.9%），充气管道和接头应使用检测合格的 SF$_6$气体进行清洁、干燥处理，充气时应防止空气混入。 （5）气室抽真空及密封性检查应按照厂家要求进行，厂家无明确规定时，抽真空至133Pa 以下并继续抽真空30min，停泵30min，记录真空度（A），再隔 5h，读真空度（B），若（B）−（A）值＜133Pa，则可认为合格，否则应进行处理并重新抽真空至合格为止。 （6）选用的真空泵其功率等技术参数应能满足气室抽真空的最低要求，管径大小及强度、管道长度、接头口径应与被抽真空的气室大小相匹配。 （7）设备抽真空时，严禁用抽真空的时间长短来估计真空度，抽真空所连接的管路一般不超过5m。 （8）对国产气体宜采用液相法充气（将钢瓶放倒，底部垫高约30°），使钢瓶的出口处于液相。对于进口气体，可以采用气相法充气。 （9）充气速率不宜过快，以充气管道不凝露，气瓶底部不结霜为宜。环境温度较低时，液态 SF$_6$气体不易气化，可对钢瓶加热（不能超过40℃），提高充气速度。 （10）对使用混合气体的断路器，气体混合比例应符合产品技术规定。 （11）当气瓶内压力降至0.1MPa时，应停止充气。充气完毕后，应称钢瓶的质量，以计算断路器内气体的质量，瓶内剩余气体质量应标出。 （12）充气 24h 之后应进行密封性试验。 （13）充气完毕静置 24h 后进行含水量测试、纯度检测，必要时进行气体成份分析	（1）回收、充装 SF$_6$气体时，工作人员应在上风侧操作，必要时应穿戴好防护用具。作业环境应保持通风良好，尽量避免和减少 SF$_6$气体泄漏到工作区域。户内作业要求开启通风系统，监测工作区域空气中 SF$_6$气体含量不得超过1000μL/L，含氧量大于18%。 （2）抽真空时要有专人负责，应采用出口带有电磁阀的真空处理设备，且在使用前应检查电磁阀动作可靠，防止抽真空设备意外断电造成真空泵油倒灌进入设备中。被抽真空气室附近有高压带电体时，主回路应可靠接地。 （3）抽真空的过程中，严禁对设备进行任何加压试验及操作。 （4）抽真空设备应用经校验合格的指针式或电子液晶体真空计，严禁使用水银真空计，防止抽真空操作不当导致水银被吸入电气设备内部。 （5）从 SF$_6$瓶中引出 SF$_6$气体时，应使用减压降压。运输和安装后第一次充气时，充气装置中应包括一个安全阀，以免充气压力过高引起设备损坏。 （6）避免装有 SF$_6$气体的气瓶靠近热源、油污或受阳光暴晒、受潮。 （7）气瓶轻搬轻放，避免受到剧烈撞击。气瓶应带有安全帽和防震胶圈。 （8）用过的 SF$_6$气瓶应关紧阀门，带上瓶帽	

序号	关键工序	标准及要求	风险辨识与预控措施	执行完打√或记录数据
3	灭弧室检修	（1）按照厂家规定工艺要求进行解体与装复，确保清洁。 （2）施工环境应满足要求，现场环境温度在−5～40℃，相对湿度不大于80%，并采取防尘防雨防潮措施。 （3）灭弧室拆除后应将支持瓷套上法兰开口可靠密封。 （4）喷口烧损深度、喷口内径应小于产品技术规定值，石墨材质的喷口、铜钨过渡部分应光滑。 （5）弧触头烧损深度应小于产品技术规定值，表面光洁。若发现有1mm及以上的烧蚀现象应更换。 （6）动静触头安装时，应完全对中后再进行紧固。 （7）触头拧紧力矩符合要求，触头座、导电杆、喷口组装完好紧固，连接处接缝光洁。 （8）灭弧室的压气缸导电接触面完好，镀银层完整、表面光洁。 （9）压气缸、气缸座表面完好，逆止阀片与挡板间密封良好，逆止阀应活动自如。 （10）活塞工作表面光滑，活塞杆完好，轻微变形应修复，如变形严重应更换。 （11）检查压力防爆膜，无老化开裂。 （12）各部件清洁后应用烘箱进行干燥。无特殊要求时，烘干温度60℃，保持48h。 （13）原密封件不得重复使用。 （14）密封圈、尼龙垫圈的安装顺序，唇形、V型密封圈的安装方向符合产品技术规定。 （15）密封槽面应清洁、无杂质、划痕。 （16）涂密封脂时，严格检查密封硅脂涂覆工艺，不得使其流入密封垫（圈）内侧，避免过量滴溅造成GIS放电。 （17）密封件安装过程中防止划伤、过度扭曲或拉伸。 （18）各导电接触面平整、光滑，连接可靠。 （19）屏蔽罩表面光洁，无毛刺、变形。屏蔽罩端面与弧触头端面之间的高差应符合产品技术规定。	（1）作业人员在斗臂车或脚手架搭设的平台上作业时正确佩戴安全带，做好防高处坠落措施。 （2）断开与断路器相关的各类电源并确认无电压，充分释放能量。 （3）气动弹簧机构将气压泄压到零，置于合闸位置；弹簧机构应进行一次合闸-分闸操作，置于分闸位置。 （4）打开气室前，应先回收SF_6气体并抽真空，对发生放电的气室，应使用高纯氮气冲洗3次。 （5）打开气室封板前，需确认气室内部已降至零压，相邻的气室根据各厂家实际情况进行降压或回收处理。 （6）打开气室后，所有人员撤离现场30min后方可继续工作，工作时人员站在上风侧，穿戴好防护用具。 （7）对户内设备，应先开启强排通风装置15min后，监测工作区域空气中SF_6气体含量不得超过1000μL/L，含氧量大于18%，方可进入，工作过程中应当保持通风装置运转。 （8）吊装应按照厂家规定程序进行，选用合适的吊装设备和正确的吊点，设置缆风绳控制方向，并设专人指挥。 （9）起吊前确认连接件已拆除，对接密封面已脱胶。 （10）起吊平稳，对法兰密封面、槽应采取保护措施，使其不受到损伤。 （11）合闸电阻、并联电容影响吊装平衡时应分开吊装。 （12）吊装时注意防护绝缘筒、屏蔽、绝缘支架，避免划碰伤。 （13）回收、充装SF_6气体时，工作人员应在上风侧操作，必要时应穿戴好防护用具。作业环境应保持通风良好，尽量避免和减少SF_6气体泄漏到工作区域。户内作业要求开启通风系统，监测工作区域空气中SF_6气体含量不得超过1000μL/L，含氧量大于18%。 （14）打开气室前，应先回收SF_6气体并抽真空，对发生放电的气室，应使用高纯氮气冲洗3次。抽真空时要有专人负责，在真空泵进气口配置电磁阀，防止误操作而引起的真空泵油倒灌。被抽真空气室附近有高压带电体时，主回路应可靠接地。 （15）抽真空的过程中，严禁对设备进行任何加压试验和操作。 （16）抽真空设备应用经校验合格的指针式或电子液晶体真空计，严禁使用水银真空计，防止抽真空操作不当导致水银被吸入电气设备内部。	

序号	关键工序	标准及要求	风险辨识与预控措施	执行完打 √ 或记录数据
3	灭弧室检修	（20）灭弧室内部应彻底清洁，吸附剂应更换。 （21）外绝缘清洁、无破损，瓷套与金属法兰浇注面防水胶层完好，法兰排水孔畅通。瓷套探伤应符合厂家设计或有关技术标准的要求。 （22）灭弧室动触头系统与绝缘拉杆连接轴销安装牢固，螺栓、螺钉、螺母紧固连接无松动。 （23）螺栓应对称均匀紧固，力矩符合产品技术规定，密封面的连接螺栓应涂防水胶。 （24）定开距灭弧室的弧触头开距符合产品技术规定。 （25）灭弧室装复后放置于烘房加温防潮。 （26）灭弧室与其他气室分开的断路器，应进行抽真空处理，并按规定预充入合格的 SF$_6$ 气体。 （27）核对并记录导电回路触头行程、超行程、开距等机械尺寸，符合产品技术规定	（17）从 SF$_6$ 气瓶中引出 SF$_6$ 气体时，应使用减压阀降压。运输和安装后第一次充气时，充气装置中应包括一个安全阀，以免充气压力过高引起设备损坏。 （18）避免装有 SF$_6$ 气体的气瓶靠近热源或受阳光暴晒。 （19）气瓶轻搬轻放，避免受到剧烈撞击。 （20）用过的 SF$_6$ 气瓶应关紧阀门，带上瓶帽。 （21）打开气室封板前，需确认气室内部已降至零压，相邻的气室根据各厂家实际情况进行降压或回收处理。 （22）打开气室封板后，所有人员应暂离现场通风 30min 以上，工作时应尽量站在上风口，不宜站在电缆沟等低洼区，防止由于 SF$_6$ 发生沉积，人员缺氧，可能引起窒息的危险。 （23）解体时，工作人员应穿防护服、戴防护手套，皮肤不得与分解物接触；取出断路器中的吸附物时，作业人员应使用橡胶手套、防护镜及防毒口罩等防护用品。 （24）吊装应按照厂家规定程序进行，选用合适的吊装设备和正确的吊点，设置缆风绳控制方向，并设专人指挥，吊装作业下方严禁站人。 （25）起吊前确认连接件已拆除，对接密封面已脱胶。 （26）吊装时起吊平稳，对法兰密封面、槽应采取保护措施，注意防护绝缘筒、屏蔽、绝缘支架，避免划碰伤。 （27）合闸电阻、并联电容影响吊装平衡时应分开吊装	
4	盆式绝缘子检修	（1）打开气室前，应先回收 SF$_6$ 气体并抽真空，对发生放电的气室，应使用高纯氮气冲洗 3 次。 （2）打开气室封板前，需确认气室内部已降至零压，相邻的气室根据各厂家实际情况进行降压或回收处理。 （3）打开气室后，所有人员撤离现场 30min 后方可继续工作，工作时人员站在上风侧，穿戴好防护用具。 （4）对户内设备，应先开启强排通风装置 15min 后，监测工作区域空气中 SF$_6$ 气体含量不得超过 1000μL/L，含氧量大于 18%，方可进入，工作过程中应当保持通风装置运转。盆式绝缘子的嵌件镀银面无划伤、无氧化、无变色。	（1）断开相关的各类电源并确认无电压。 （2）抽真空时要有专人负责，在真空泵进气口配置电磁阀，防止误操作而引起的真空泵油倒灌。被抽真空气室附近有高压带电体时，主回路应可靠接地。 （3）抽真空的过程中，严禁对设备进行任何加压试验。 （4）抽真空设备应用经校验合格的指针式或电子液晶体真空计，严禁使用水银真空计，防止抽真空操作不当导致水银被吸入电气设备内部。 （5）从 SF$_6$ 气瓶中引出 SF$_6$ 气体时，应使用减压阀降压。运输和安装后第一次充气时，充气装置中应包括一个安全阀，以免充气压力过高引起设备损坏。 （6）避免装有 SF$_6$ 气体的气瓶靠近热源或受阳光暴晒。	

序号	关键工序	标准及要求	风险辨识与预控措施	执行完打√或记录数据
4	盆式绝缘子检修	（5）盆式绝缘子表面无划伤、开裂、表面光滑，绝缘子表面不允许打磨。 （6）带金属外圈的盆式绝缘子间隙内部无尘埃。 （7）清洁绝缘子时使用无毛纸沿高电位向低电位单向擦拭。 （8）插接的导体应对中，插入量符合产品技术规定。 （9）法兰对接时，应采用定位杆先导的方式，并对称均衡紧固法兰。 （10）进行回路电阻测试，数值满足厂家产品技术要求。 （11）回收、抽真空及充气前，检查 SF_6 充放气逆止阀顶杆和阀心，更换使用过的密封圈。 （12）回收、充气装置中的软管和电气设备的充气接头应连接可靠，管路接头连接后抽真空进行密封性检查。 （13）充装 SF_6 气体时，周围环境的相对湿度不应大于80%。 （14） SF_6 气体应经检测合格[含水量≤40μL/L、纯度≥99.8%（质量分数）]，充气管道和接头应进行清洁、干燥处理，充气时应防止空气混入。 （15）气室抽真空及密封性检查应按照厂家要求进行，厂家无明确规定时，抽真空至133Pa以下并继续抽真空 30min，停泵30min，记录真空度（A），再隔5h，读真空度（B），若（B）－（A）值＜133Pa，则可认为合格，否则应进行处理并重新抽真空至合格为止。 （16）选用的真空泵其功率等技术参数应能满足气室抽真空的最低要求，管径大小及强度、管道长度、接头口径应与被抽真空的气室大小相匹配。 （17）设备抽真空时，严禁用抽真空的时间长短来估计真空度，抽真空所连接的管路一般不超过 5m。 （18）对国产气体宜采用液相法充气（将钢瓶放倒，底部垫高约 30°），使钢瓶的出口处于液相。对于进口气体，可以采用气相法充气。	（7）气瓶轻搬轻放，避免受到剧烈撞击。 （8）用过的 SF_6 气瓶应关紧阀门，带上瓶帽	

序号	关键工序	标准及要求	风险辨识与预控措施	执行完打√或记录数据
4	盆式绝缘子检修	（19）充气速率不宜过快，以气瓶底部不结霜为宜。环境温度较低时，液态 SF_6 气体不易气化，可对钢瓶加热（不能超过 40℃），提高充气速度。 （20）对使用混合气体的断路器，气体混合比例应符合产品技术规定。 （21）当气瓶内压力降至 0.1MPa 时，应停止充气。充气完毕后，应称钢瓶的质量，以计算断路器内气体的质量，瓶内剩余气体质量应标出。 （22）充气 24h 之后应进行密封性试验。 （23）充气完毕静置 24h 后进行 SF_6 湿度检测、纯度检测，必要时进行 SF_6 气体分解产物检测		
5	波纹管检修	（1）施工环境应满足要求，现场环境温度在 -5～40℃，相对湿度不大于 80%，并采取防尘防雨防潮措施。 （2）安装过程中气室暴露在空气中的时间不应超过厂家规定的最大时间，在对接、安装过程中应保持气室内部的清洁。 （3）气室开启后及时用封盖封住法兰孔。 （4）密封槽面应清洁，无杂质、划痕，新密封件完好，已用过的密封件不得重复使用。 （5）涂密封脂时，严格检查封硅脂涂覆工艺，不得使其流入密封垫（圈）内侧，避免过量滴溅造成 GIS 放电。 （6）波纹管的螺母紧固方式应符合厂家技术要求，室外设备密封面的连接螺栓应涂防水胶。 （7）法兰螺栓应按对角线位置依次均匀紧固并做好标记，紧固后的法兰间隙应均匀。 （8）螺栓材质及紧固力矩应符合规定或厂家要求。 （9）波纹管外观无损伤、变形等异常情况。 （10）波纹管波纹尺寸符合厂家技术要求。 （11）波纹管伸缩长度裕量符合厂家技术要求，波纹管应伸缩自如。	（1）作业人员在斗臂车或脚手架搭设的平台上作业时正确佩戴安全带，做好防高处坠落措施。 （2）断开相关的各类电源并确认无电压。 （3）打开气室前，应先回收 SF_6 气体并抽真空，对发生放电的气室，应使用高纯氮气冲洗 3 次。 （4）打开气室封板前，需确认气室内部已降至零压，相邻的气室根据各厂家实际情况进行降压或回收处理。 （5）打开气室后，所有人员撤离现场30min 后方可继续工作，工作时人员站在上风侧，穿戴好防护用具。 （6）对户内设备，应先开启强排通风装置 15min 后，监测工作区域空气中 SF_6 气体含量不得超过 1000μL/L，含氧量大于 18%，方可进入，工作过程中应当保持通风装置运转。 （7）回收、充装 SF_6 气体时，工作人员应在上风侧操作，必要时穿戴好防护用具。作业环境应保持通风良好，尽量避免和减少 SF_6 气体泄漏到工作区域。户内作业要求开启通风系统，监测工作区域空气中 SF_6 气体含量不得超过 1000μL/L，含氧量大于 18%。	

序号	关键工序	标准及要求	风险辨识与预控措施	执行完打√或记录数据
5	波纹管检修	（12）安装过程中波纹管压缩长度符合厂家技术要求。 （13）插接的导体应对中，并保证插入量符合厂家设计要求。 （14）导体安装后应进行回路电阻测试。 （15）清洁波纹管安装对接面，波纹管的螺母材质、紧固力矩、紧固方式应符合厂家的技术要求，室外设备密封面的连接螺栓应涂防水胶。 （16）回收、抽真空及充气前，检查 SF$_6$ 充放气逆止阀顶杆和阀心，更换使用过的密封圈。 （17）回收、充气装置中的软管和电气设备的充气接头应连接可靠，管路接头连接后抽真空进行密封性检查。 （18）充装 SF$_6$ 气体时，周围环境的相对湿度不应大于80%。 （19）SF$_6$ 气体应经检测合格［含水量≤40μL/L、纯度≥99.8%（质量分数）］，充气管道和接头应进行清洁、干燥处理，充气时应防止空气混入。 （20）气室抽真空及密封性检查应按照厂家要求进行，厂家无明确规定时，抽真空至133Pa以下并继续抽真空30min，停泵30min，记录真空度（A），再隔5h，读真空度（B），若（B）－（A）值<133Pa，则可认为合格，否则应进行处理并重新抽真空至合格为止。 （21）选用的真空泵其功率等技术参数应能满足气室抽真空的最低要求，管径大小及强度、管道长度、接头口径应与被抽真空的气室大小相匹配。 （22）设备抽真空时，严禁用抽真空的时间长短来估计真空度，抽真空所接的管路一般不超过5m。 （23）对国产气体宜采用液相法充气（将钢瓶放倒，底部垫高约30°），使钢瓶的出口处于液相。对于进口气体，可以采用气相法充气。 （24）充气速率不宜过快，以气瓶底部不结霜为宜。环境温度较低时，液态 SF$_6$ 气体不易气化，可对钢瓶加热（不能超过40℃），提高充气速率。	（8）抽真空时要有专人负责，在真空泵进气口配置电磁阀，防止误操作而引起的真空泵油倒灌。被抽真空气室附近有高压带电体时，主回路应可靠接地。 （9）抽真空的过程中，严禁对设备进行任何加压试验及操作。 （10）抽真空设备应用经校验合格的指针式或电子液晶体真空计，严禁使用水银真空计，防止抽真空操作不当导致水银被吸入电气设备内部。 （11）从 SF$_6$ 气瓶中引出 SF$_6$ 气体时，应使用减压阀降压。运输和安装后第一次充气时，充气装置中应包括一个安全阀，以免充气压力过高引起设备损坏。 （12）避免装有 SF$_6$ 气体的气瓶靠近热源或受阳光暴晒。	

序号	关键工序	标准及要求	风险辨识与预控措施	执行完打 √ 或记录数据
5	波纹管检修	（25）对使用混合气体的断路器，气体混合比例应符合产品技术规定。 （26）当气瓶内压力降至 0.1MPa 时，应停止充气。充气完毕后，应称钢瓶的质量，以计算断路器内气体的质量，瓶内剩余气体质量应标出。 （27）充气 24h 之后应进行密封性试验。 （28）充气完毕静置 24h 后进行 SF_6 湿度检测、纯度检测，必要时进行 SF_6 气体分解产物检测。 （29）法兰螺栓应按对角线位置依次均匀紧固并做好标记，紧固后的法兰间隙应均匀。 （30）插接的导体应对中，并保证插入量符合厂家设计要求。 （31）导体安装后应进行回路电阻测试	（13）气瓶轻搬轻放，避免受到剧烈撞击。 （14）用过的 SF_6 气瓶应关紧阀门，带上瓶帽	
6	压力释放装置检修	（1）施工环境应满足要求，现场环境温度在 -5~40℃，相对湿度不大于 80%，并采取防尘防雨防潮措施。 （2）安装过程中气室暴露在空气中的时间不应超过厂家规定的最大时间，在对接、安装过程中应保持气室内部的清洁。 （3）气室开启后及时用封盖封住法兰孔。 （4）密封槽面应清洁，无杂质、划痕，新密封件完好，已用过的密封件不得重复使用。 （5）涂密封脂时，不得使其流入密封垫（圈）内侧而与 SF_6 气体接触。 （6）波纹管的螺母紧固方式应符合厂家技术要求，室外设备密封面的连接螺栓应涂防水胶。 （7）法兰螺栓应按对角线位置依次均匀紧固并做好标记，紧固后的法兰间隙应均匀。 （8）螺栓材质及紧固力矩符合规定或厂家要求。 （9）压力释放装置外观良好、无异常。 （10）技术特性（设计爆破压力、爆破压力允差、泄漏口径等）满足技术要求，铭牌标识正确。 （11）装置及夹持片同轴度满足要求。 （12）压力释放装置安装方向正确，释放通道无障碍物，泄压方向不得朝向巡视通道。	（1）气室压力应在额定压力范围之内，人员不得在压力释放装置的泄压方向。 （2）压力释放装置故障后，对户内设备，应立即开启全部通风系统，工作人员根据事故情况，佩戴防毒面具或氧气呼吸器，进入现场进行处理。 （3）防爆膜破裂喷出的粉末，应用吸尘器吸尽。 （4）打开气室前，应先回收 SF_6 气体并抽真空，对发生放电的气室，应使用高纯氮气冲洗 3 次。 （5）打开气室封板前，需确认气室内部已降至零压，相邻的气室根据各厂家实际情况进行降压或回收处理。 （6）打开气室后，所有人员撤离现场 30min 后方可继续工作，工作时人员站在上风侧，穿戴好防护用具。 （7）对户内设备，应先开启强排通风装置 15min 后，监测工作区域空气中 SF_6 气体含量不得超过 $1000\mu L/L$，含氧量大于 18%，方可进入，工作过程中应当保持通风装置运转。 （8）回收、充装 SF_6 气体时，工作人员应在上风侧操作，必要时穿戴好防护用具。作业环境应保持通风良好，尽量避免和减少 SF_6 气体泄漏到工作区域。户内作业要求开启通风系统，监测工作区域空气中 SF_6 气体含量不得超过 $1000\mu L/L$，含氧量大于 18%。	

序号	关键工序	标准及要求	风险辨识与预控措施	执行完打 √ 或记录数据
6	压力释放装置检修	（13）回收、抽空及充气前，检查 SF_6 充放气逆止阀顶杆和阀心，更换使用过的密封圈。 （14）回收、充气装置中的软管和电气设备的充气接头应连接可靠，管路接头连接后抽真空进行密封性检查。 （15）充装 SF_6 气体时，周围环境的相对湿度不应大于 80%。 （16）SF_6 气体应经检测合格（含水量≤40μL/L、纯度≥99.8%（质量分数）），充气管道和接头应进行清洁、干燥处理，充气时应防止空气混入。 （17）气室抽真空及密封性检查应按照厂家要求进行，厂家无明确规定时，抽真空至 133Pa 以下并继续抽真空 30min，停泵 30min，记录真空度（A），再隔 5h，读真空度（B），若（B）－（A）值＜133Pa，则可认为合格，否则应进行处理并重新抽真空至合格为止。 （18）选用的真空泵其功率等技术参数应能满足气室抽真空的最低要求，管径大小及强度、管道长度、接头口径应与被抽真空的气室大小相匹配。 （19）设备抽真空时，严禁用抽真空的时间长短来估计真空度，抽真空所连接的管路一般不超过 5m。 （20）对国产气体宜采用液相法充气（将钢瓶放倒，底部垫高约 30°），使钢瓶的出口处于液相。对于进口气体，可以采用气相法充气。 （21）充气速率不宜过快，以气瓶底部不结霜为宜。环境温度较低时，液态 SF_6 气体不易气化，可对钢瓶加热（不能超过 40℃），提高充气速度。 （22）对使用混合气体的断路器，气体混合比例应符合产品技术规定。 （23）当气瓶内压力降至 0.1MPa 时，应停止充气。充气完毕后，应称钢瓶的质量，以计算断路器内气体的质量，瓶内剩余气体质量应标出。 （24）充气 24h 之后应进行密封性试验。 （25）充气完毕静置 24h 后进行 SF_6 湿度检测、纯度检测，必要时进行 SF_6 气体分解产物检测	（9）抽真空时要有专人负责，在真空泵进气口配置电磁阀，防止误操作而引起的真空泵油倒灌。被抽真空气室附近有高压带电体时，主回路应可靠接地。 （10）抽真空的过程中，严禁对设备进行任何加压试验及操作。 （11）抽真空设备应用经校验合格的指针式或电子液晶体真空计，严禁使用水银真空计，防止抽真空操作不当导致水银被吸入电气设备内部。 （12）从 SF_6 气瓶中引出 SF_6 气体时，应使用减压阀降压。运输和安装后第一次充气时，充气装置中应包括一个安全阀，以免充气压力过高引起设备损坏。 （13）避免装有 SF_6 气体的气瓶靠近热源或受阳光暴晒。 （14）气瓶轻搬轻放，避免受到剧烈撞击。 （15）用过的 SF_6 气瓶应关紧阀门，带上瓶帽	

序号	关键工序	标准及要求	风险辨识与预控措施	执行完打√或记录数据
7	接地装置检修	（1）外壳接地良好，接地无锈蚀、变形，无过热迹象，接地点的接地符号明显。 （2）外壳、构架等的相互电气连接应采用紧固连接（如螺栓连接或焊接）。 （3）接地线与接地极的连接应用焊接，接地线与电气设备的连接可用螺栓或焊接，用螺栓连接时应防松螺帽或防松垫片。 （4）螺栓材质及紧固力矩应符合规定或厂家要求。 （5）接地线外表面按照工艺要求涂刷黄绿相间的纹。 （6）外壳间跨接，垫片应破漆处理。 （7）跨接波纹管两端的导通导体长度留有裕度。 （8）接地装置满足动热稳定性要求	（1）接地极与地网焊接时做好防火措施。 （2）电源接取安全注意事项，电焊机接地良好，严禁通过组合电器外壳接地	
8	吸附剂更换	（1）正确选用吸附剂，吸附剂规格、数量符合产品技术规定。 （2）吸附剂使用前放入烘箱进行活化，温度、时间符合产品技术规定。 （3）吸附剂取出后应立即装入气室（小于15min），尽快将气室密封抽真空（小于30min）。 （4）对于真空包装的吸附剂，使用前真空包装应无破损，如存在破损进气，应放入烘箱重新进行活化处理	（1）打开气室工作前，应先将SF_6气体回收并抽真空后，用高纯氮气冲洗3次。 （2）打开气室后，所有人员应撤离现场30min后方可继续工作，工作时人员应站在上风侧，应穿戴防护用具。 （3）对户内设备，应先开启强排通风装置15min后，监测工作区域空气中SF_6气体含量不得超过$1000\mu L/L$，含氧量大于18%，方可进入，工作过程中应当保持通风装置运转。 （4）更换旧吸附剂时，应穿戴好乳胶手套，避免直接接触皮肤。 （5）旧吸附剂应倒入20%浓度NaOH溶液内浸泡12h后，装于密闭容器内深埋。 （6）从烘箱取出烘干的新吸附剂前，应适当降温，并戴隔热防护手套	
9	SF_6密度继电器检修	（1）SF_6密度继电器采用防震型，应校检合格，报警、闭锁功能正常。 （2）SF_6密度继电器外观完好，无破损、漏油等，防雨罩完好，安装牢固，航空接线插头密封良好。 （3）SF_6密度继电器及管路密封良好，漏气率符合产品技术规定。 （4）电气回路端子接线正确，电气接点切换准确可靠、绝缘电阻符合产品技术规定，并做记录。 （5）SF_6密度继电器检修完毕后，检查连接螺栓紧固，各阀门开闭方向是否正确	（1）工作前将SF_6密度继电器与本体气室的连接气路断开，确认SF_6密度继电器与本体之间的阀门已关闭或本体SF_6已全部回收，工作人员立于上风侧，做好防护措施。 （2）工作前断开SF_6继电器相关电源并确认无电压。 （3）严禁拍打密度继电器，防止玻璃封罩炸裂	

3. 签名确认

工作人员确认签名	

4. 执行评价

工作负责人签名：

附录 C-2 组合电器断路器单元弹簧操动机构检修标准作业卡

编制人: _____   审核人: _____

1. 作业信息

设备双重编号		工作时间	年　月　日 至 年　月　日	作业卡编号	变电站名称＋工作类别＋年月＋序号

2. 工序要求

序号	关键工序	标准及要求	风险辨识与预控措施	执行完打√或记录数据
1	电动机检修	（1）电动机固定应牢固，电机电源相序接线正确。 （2）直流电机换向器状态良好，工作正常。 （3）检查轴承、整流子磨损情况，定子与转子间的间隙应均匀，无摩擦，磨损深度不超过规定值，否则应更换。 （4）电机的联轴器、刷架、绕组接线、地角、垫片等关键部位应做好标记，电机引线做好极性（或相序）记号。 （5）对电机进行绝缘电阻测试，在交接验收时，采用 2500V 绝缘电阻表且绝缘电阻大于 10MΩ 的指标；在投运后，采用 1000V 绝缘电阻表且绝缘电阻大于 2MΩ 的指标。 （6）电机参数符合要求，无烧损，齿轮啮合正常，无断齿	检修前确保断开电机电源及相关设备电源并确认无电压	
2	油缓冲器检修	（1）油缓冲器无渗漏油，油位及行程调整符合产品技术规定。 （2）缓冲器动作可靠，操动机构的缓冲器应调整适当，油缓冲器所采用的液压油应与当地的气候条件相适应。 （3）修复缸体内表、活塞外表划痕等缺陷；缓冲弹簧进行防腐处理，装配后，连接紧固	（1）工作前应释放分、合闸弹簧能量。 （2）工作前应断开各类电源并确认无电压	
3	齿轮及链条检修	（1）齿轮轴及齿轮的轮齿未损坏，无严重磨损，否则应更换。 （2）齿轮与齿轮间、齿轮与链条之间配合间隙符合厂家规定。 （3）传动链条无锈蚀，表面涂抹二硫化钼锂基脂	（1）工作前应释放分、合闸弹簧能量。 （2）工作前应断开储能电源并确认无电压	

序号	关键工序	标准及要求	风险辨识与预控措施	执行完打√或记录数据
4	弹簧检修	（1）检查弹簧自由长度符合厂家规定，应将动作特性试验测试数据作为弹簧性能判据之一。 （2）处理弹簧表面锈蚀，涂抹二硫化钼锂基脂	（1）工作前释放分合闸弹簧能量。 （2）工作前应断开储能电源并确认无电压	
5	传动及限位部件检修	（1）处理传动及限位部件锈蚀、变形等。 （2）卡、销、螺栓等附件齐全无松动。 （3）转动部分涂抹润滑脂或二硫化钼锂基脂。 （4）传动部分的检修，检查传动连杆与转动轴无松动，润滑良好。 （5）检查拐臂和相邻的轴销的连接情况。 （6）检查卡、销、螺栓等附件无变形、无锈蚀，转动灵活连接牢固可靠，否则应更换。 （7）机构拐臂、拉杆无锈蚀变形，分合闸指示位置正常。 （8）轴连接部位动作顺畅无磨损情况，开口销或挡圈安装良好，符合厂家要求，分合闸限位紧固是否牢固，尺寸符合厂家要求	（1）工作前断开各类电源并确认无电压。 （2）释放分、合闸弹簧能量	
6	分合闸电磁铁装配检修	（1）按照厂家规定工艺要求进行解体与装复，确保清洁。 （2）检测并记录分、合闸线圈电阻，检测结果应符合设备技术文件要求，无明确要求时，以线圈电阻初值差不超过 5%作为判据，绝缘值符合相关技术标准要求。 （3）解体检修电磁铁装配，打磨锈蚀，修整变形，擦拭干净。 （4）电磁铁动铁芯运动行程（即空行程）符合产品技术规定。 （5）分、合闸电磁铁装配安装，固定牢靠。 （6）对于双分闸线圈并列安装的分闸电磁铁，应注意线圈的极性。 （7）并联合闸脱扣器在合闸装置额定电源电压的 85%～110%范围内，应可靠动作；并联分闸脱扣器在分闸装置额定电源电压的 65%～110%（直流）或 85%～110%（交流）范围内，应可靠动作；当电源电压低于额定电压的30%时，脱扣器不应脱扣	（1）工作前释放分、合闸弹簧能量。 （2）工作前应断开各类电源并确认无电压	合闸最低动作电压： A（　）V B（　）V C（　）V 分闸 1 最低动作电压： A（　）V B（　）V C（　）V 分闸 2 最低动作电压： A（　）V B（　）V C（　）V

3．签名确认

工作人员确认签名	

4．执行评价

工作负责人签名：

附录 C-3　组合电器断路器单元液压（液压弹簧）操动机构检修标准作业卡

编制人：_____　　审核人：_____

1. 作业信息

设备双重编号		工作时间	年　月　日 至 年　月　日	作业卡编号	变电站名称＋工作类别＋年月＋序号

2. 工序要求

序号	关键工序	标准及要求	风险辨识与预控措施	执行完打√或记录数据
1	高压油泵（含手力泵）检修	（1）按照厂家规定工艺要求进行解体与装复，确保清洁。 （2）更换所有密封件，密封良好，无渗漏油。 （3）高、低压逆止阀无变形、损伤，如有应修复，密封线完好，性能可靠。 （4）柱塞与柱塞座配合良好，运动灵活，密封良好。 （5）油泵内部空间需注满液压油，排净空气后，方可运转工作。 （6）补压及零启打压时间测试，符合产品技术规定。 （7）打压停机后无油泵反转。 （8）油泵与电机联轴器内的橡胶缓冲垫松紧适度。 （9）装复时油泵与电机同轴度符合要求。 （10）核对并记录预充压力值、启停泵、重合闸闭锁、合闸闭锁、分闸闭锁、零压闭锁、漏氮报警等压力值（行程）数据，数据符合产品技术规定。 （11）应进行分合闸位置保压试验，无渗油，试验结果符合产品技术规定。 （12）应进行合闸位置防失压慢分试验，试验结果符合产品技术规定。 （13）应进行重合闸闭锁试验（测试保护装置与其配合情况）。 （14）应核对并记录额定操作顺序机构压力下降值符合产品技术规定	（1）检修前断开储能电源并确认无电压。 （2）工作前应将机构压力泄至零压。 （3）高压油泵及管道承受压力时不得对任何受压元件进行修理与紧固	

序号	关键工序	标准及要求	风险辨识与预控措施	执行完打√或记录数据
2	储压器检修	（1）按照厂家规定工艺要求进行解体与装复，确保清洁。 （2）储压器各部件无锈蚀、变形、卡涩、划伤。 （3）更换所有密封件，密封良好，无渗漏油及漏气。 （4）检修后充排气阀位置符合产品技术规定。 （5）检查直动密封装配密封良好且动作灵活。 （6）对于设有漏氮报警装置的储压器，需检查漏氮报警装置功能可靠，绝缘符合相关技术标准要求。 （7）压缩氮气位于储压器活塞上部时，活塞上部需注液压油，油位高度符合产品技术规定。 （8）预充压力（行程）符合产品技术规定。 （9）对于液压弹簧机构，检查碟簧外观无变形，无锈蚀，无疲劳迹象。	（1）检修前断开储能电源并确认无电压。 （2）工作前应将机构压力泄至零压。 （3）储压器及管道承受压力时不得对任何受压元件进行修理与紧固。 （4）预储能侧能量释放及充入应采用厂家规定的专用工具及操作程序	
3	电动机检修	（1）电机绕组电阻值、绝缘值符合相关技术标准要求，并做记录。 （2）电机转动灵活，转速符合产品铭牌参数要求。 （3）直流电机换向器状态良好，工作正常可靠。 （4）电机接线正确，工作电流符合产品铭牌参数要求。 （5）更换电机底部橡胶缓冲垫。 （6）电机与油泵的同轴度符合要求	工作前应断开电机电源并确认无电压	
4	分、合闸电磁铁装配检修	（1）按照厂家规定工艺要求进行解体与装复，确保清洁。 （2）检测并记录分、合闸线圈电阻，检测结果应符合设备技术文件要求，无明确要求时，以线圈电阻初值差不超过5%作为判据，绝缘值符合相关技术标准要求。 （3）解体检修电磁铁装配，打磨锈蚀，修整变形，擦拭干净。 （4）电磁铁动铁芯运动行程（即空行程）符合产品技术规定，脱扣器间隙符合厂家要求，手动操作无卡涩。 （5）分、合闸电磁铁装配安装，固定牢靠。 （6）对于双分闸线圈并列安装的分闸电磁铁，应注意线圈的极性。	（1）工作前应断开分、合闸控制回路电源并确认无电压。	合闸最低动作电压： A（　　）V B（　　）V C（　　）V 分闸1最低动作电压 A（　　）V B（　　）V C（　　）V 分闸2最低动作电压 A（　　）V B（　　）V C（　　）V

序号	关键工序	标准及要求	风险辨识与预控措施	执行完打√或记录数据
4	分、合闸电磁铁装配检修	（7）并联合闸脱扣器在合闸装置额定电源电压的 85%～110% 范围内，应可靠动作；并联分闸脱扣器在分闸装置额定电源电压的65%～110%（直流）或85%～110%（交流）范围内，应可靠动作；当电源电压低于额定电压的30%时，脱扣器不应脱扣。记录测试值	（2）工作前应将机构压力泄至零压	合闸最低动作电压： A（　　）V B（　　）V C（　　）V 分闸1最低动作电压： A（　　）V B（　　）V C（　　）V 分闸2最低动作电压： A（　　）V B（　　）V C（　　）V
5	阀体检修	（1）按照厂家规定工艺要求进行解体与装复，确保清洁。 （2）更换所有密封件，密封良好，无渗漏油。 （3）对阀体各受损部件进行修复或更换，应无锈蚀、变形、卡涩，动作灵活。 （4）各金属密封部位（含合金密封件）完好，密封线、面完好无损，密封性能良好，必要时进行研磨修复，无渗漏。 （5）对于弹簧压缩密封组件的安装，应采用厂家规定的专用工具及操作程序。 （6）阀体各运动行程符合产品技术规定。 （7）防失压慢分装置功能完备，动作正确可靠。 （8）手动操作方法符合厂家规定，严禁快速冲击操作	（1）阀体及管道承受压力时不得对任何受压元件进行修理与紧固。 （2）工作前应将机构压力泄至零压。 （3）工作前应断开各类电源并确认无电压	
6	工作缸检修	（1）按照厂家规定工艺要求进行解体与装复，确保清洁。 （2）更换所有密封件，密封良好，无渗漏。 （3）对工作缸各受损部件进行修复或更换，应无锈蚀、变形、卡涩，动作灵活，工作缸内壁光滑、无划伤。 （4）各金属密封部位（含合金密封件）完好，密封线、面完好无损，密封性能良好，必要时进行研磨修复，无渗漏。 （5）对于弹簧压缩密封组件的安装，应采用厂家规定的专用工具及操作程序。 （6）液压机构在慢分、合闸时，应观察工作缸活塞杆的运动有无卡阻。 （7）检查直动密封装配密封良好且动作灵活。 （8）工作缸运动行程符合产品技术规定	（1）信号缸承受压力时不得对任何受压元件进行修理与紧固。 （2）工作前应将机构压力泄至零压。 （3）工作前应断开各类电源并确认无电压	

序号	关键工序	标准及要求	风险辨识与预控措施	执行完打√或记录数据
7	压力开关组件（含安全阀）检修	（1）按照厂家规定工艺要求进行解体与装复，确保清洁。 （2）更换所有密封件，密封良好，无渗漏。 （3）紧固件标号符合产品技术规定。 （4）对于采用弹簧管结构的压力开关组件，严禁人为强力改变弹簧管弯曲度。 （5）对于电子式压力开关组件压力接点动作值在现场只可校验，如需调整须有专用软件和数据转换器通过电脑进行调整。 （6）对压力开关组件各受损部件进行修复或更换，应无锈蚀、变形、卡涩，动作灵活。 （7）测试并记录压力开关组件动作及返回值（运动行程）符合产品技术规定。 （8）测试并记录安全阀动作及返回值经校检符合产品技术规定，性能可靠	（1）压力开关组件及管道承受压力时不得对任何受压元件进行修理与紧固。 （2）工作前应将机构压力泄至零压。 （3）断开压力开关相关电源并确认无电压。 （4）使用专用工具及操作程序，拆卸或组装预压缩（储能）部件	
8	信号缸检修	（1）按照厂家规定工艺要求进行解体与装复，确保清洁。 （2）更换所有密封件，密封良好，无明显漏油、泄压。 （3）对信号缸各受损部件进行修复或更换，应无锈蚀、变形、卡涩，动作灵活。 （4）信号缸运动行程符合产品技术规定。 （5）对于弹簧压缩密封组件的安装，应采用厂家规定的专用工具及操作程序。 （6）信号缸传动部件无锈蚀、开裂及变形等异常。 （7）机构辅助开关转换时间与断路器主触头动作时间之间的配合符合产品技术规定	（1）信号缸及管道承受压力时不得对任何受压元件进行修理与紧固。 （2）工作前将机构压力泄至零压。 （3）工作前应断开各类电源并确认无电压	
9	防震容器检修	（1）按照厂家规定工艺要求进行解体与装复，确保清洁。 （2）更换所有密封件，密封良好，无明显渗漏油。 （3）对防震容器各受损部件进行修复或更换	（1）防震容器及管道承受压力时不得对任何受压元件进行修理与紧固。 （2）工作前应将机构压力泄至零压。 （3）工作前应断开各类电源并确认无电压	

序号	关键工序	标准及要求	风险辨识与预控措施	执行完打 √ 或记录数据
10	低压油箱（含油气分离器、过滤器）检修	（1）按照厂家规定工艺要求进行解体与装复，确保清洁。 （2）更换所有密封件，密封良好，无明显渗漏油。 （3）修复低压油箱各部件锈蚀、变形。 （4）彻底清洁低压油箱内金属碎屑等杂物。 （5）油气分离装置及过滤器良好，无部件缺失、堵塞不畅、破损失效等现象	（1）工作前应将机构压力泄至零压。 （2）工作前应断开各类电源并确认无电压	
11	液压油处理	（1）正确选用厂家规定标号液压油，厂家未作明确要求时，选用的液压油标号及相关性能不得低于#10航空液压油标准。 （2）液压油应经过滤清洁、干燥，无杂质方可注入机构内使用。 （3）严禁混用不同标号液压油。 （4）注入机构内的液压油面高度符合产品技术规定	（1）使用滤油机过滤液压油时，应正确取用电源并将其可靠接地。注意滤油机进出油方向正确。 （2）工作前应将机构压力泄至零压。 （3）工作前应断开各类电源并确认无电压	
12	压力表更换	（1）使用的压力表应经校检合格方可使用。 （2）压力表外观良好，无破损、漏油，否则应更换，压力表更换后应取掉橡胶塞。 （3）压力表及管路密封良好，处理渗漏点。 （4）电接点压力表的电气接点切换准确可靠、绝缘值符合相关技术标准要求，并做记录	（1）工作前应将机构压力泄至零压。 （2）工作前断开压力表相关电源并确认无电压	

3. 签名确认

工作人员确认签名	

4. 执行评价

工作负责人签名：

附录 C-4 组合电器隔离开关单元检修标准作业卡

编制人：＿＿＿＿＿＿＿   审核人：＿＿＿＿＿＿＿

1．作业信息

设备双重编号		工作时间	年 月 日 至 年 月 日	作业卡编号	变电站名称＋工作类别＋年月＋序号

2．工序要求

序号	关键工序	标准及要求	风险辨识与预控措施	执行完打√或记录数据
1	隔离开关导电部分检修	（1）施工环境应满足要求，现场环境温度为－5～40℃，相对湿度不大于80%，并采取防尘防雨防潮措施。 （2）安装过程中气室暴露在空气中的时间不应超过厂家规定的最大时间，在对接、安装过程中应保持气室内部的清洁。 （3）气室开启后及时用封盖封住法兰孔。 （4）密封槽面应清洁，无杂质、划痕，新密封件完好，已用过的密封件不得重复使用。 （5）涂密封脂时，不得使其流入密封垫（圈）内侧而与 SF_6 气体接触。 （6）波纹管的螺母紧固方式应符合厂家技术要求，室外设备密封面的连接螺栓应涂防水胶。 （7）法兰螺栓应按对角线位置依次均匀紧固并做好标记，紧固后的法兰间隙应均匀。 （8）螺栓材质及紧固力矩应符合规定或厂家要求。 （9）确认导体和屏蔽罩紧固良好，表面圆滑无尖角毛刺及划碰伤。 （10）触头表面镀银无脱落起泡。 （11）操作拉杆表面无划碰伤、裂纹或闪络痕迹。 （12）三工位刀闸触头动作符合厂家技术规定。 （13）分、合闸操作灵活，无卡涩。 （14）回路电阻值符合厂家技术要求。 （15）分、合闸位置符合厂家技术要求。 （16）检查并记录隔离开关触	（1）断开相关的各类电源并确认无电压。 （2）打开气室前，应先回收 SF_6 气体并抽真空，对发生放电的气室，应使用高纯氮气冲洗 3 次。 （3）打开气室封板前，需确认气室内部已降至零压，相邻的气室根据各厂家实际情况进行降压或回收处理。 （4）打开气室后，所有人员撤离现场30min 后方可继续工作，工作时人员站在上风侧，穿戴好防护用具。 （5）对户内设备，应先开启强排通风装置 15min 后，监测工作区域空气中 SF_6 气体含量不得超过 $1000\mu L/L$，含氧量大于 18%，方可进入，工作过程中应当保持通风装置运转。 （6）吊装应按照厂家规定程序进行，选用合适的吊装设备和正确的吊点，设置缆风绳控制方向，并设专人指挥。 （7）起吊前确认连接件已拆除，对接密封面已脱胶。 （8）回收、充装 SF_6 气体时，工作人员应在上风侧操作，必要时应穿戴好防护用具。作业环境应保持通风良好，尽量避免和减少 SF_6 气体泄漏到工作区域。户内作业要求开启通风系统，监测工作区域空气中 SF_6 气体含量不得超过 $1000\mu L/L$，含氧量大于 18%。 （9）抽真空时要有专人负责，在真空泵进气口配置电磁阀，防止误操作而引起的真空泵油倒灌。被抽真空气室附近有高压带电体时，主回路应可靠接地。 （10）抽真空的过程中，严禁对设备进行任何加压试验及操作。 （11）抽真空设备应用经校验合格的指针式或电子液晶体真空计，严禁使用水银真空计，防止抽真空操作不当导致水银被吸入电气设备内部。	主回路接触电阻： A （　　）$\mu\Omega$ B （　　）$\mu\Omega$ C （　　）$\mu\Omega$ 微水含量： A （　　）$\mu L/L$ B （　　）$\mu L/L$ C （　　）$\mu L/L$ （还包括是否选择）

序号	关键工序	标准及要求	风险辨识与预控措施	执行完打√或记录数据
1	隔离开关导电部分检修	头插入深度、三相分、合闸不同期值等机械尺寸，符合产品技术规定。 （17）回收、抽真空及充气前，检查 SF_6 充放气逆止阀顶杆和阀心，更换使用过的密封圈。 （18）回收、充气装置中的软管和电气设备的充气接头应连接可靠，管路接头连接后抽真空进行密封性检查。 （19）充装 SF_6 气体时，周围环境的相对湿度不应大于 80%。 （20）SF_6 气体应经检测合格[含水量≤40μL/L、纯度≥99.8%（质量分数）]，充气管道和接头应进行清洁、干燥处理，充气时应防止空气混入。 （21）气室抽真空及密封性检查应按照厂家要求进行，厂家无明确规定时，抽真空至 133Pa 以下并继续抽真空 30min，停泵 30min，记录真空度（A），再隔 5h，读真空度（B），若（B）−（A）值<133Pa，则可认为合格，否则应进行处理并重新抽真空至合格为止。 （22）选用的真空泵其功率等技术参数应能满足气室抽真空的最低要求，管径大小及强度、管道长度、接头口径应与被抽真空的气室大小相匹配。 （23）设备抽真空时，严禁用抽真空的时间长短来估计真空度，抽真空所连接的管路一般不超过 5m。 （24）对国产气体宜采用液相法充气（将钢瓶放倒，底部垫高约 30°），使钢瓶的出口处于液相。对于进口气体，可以采用气相法充气。 （25）充气速率不宜过快，以气瓶底部不结霜为宜。环境温度较低时，液态 SF_6 气体不易气化，可对钢瓶加热（不能超过 40℃），提高充气速度。 （26）对使用混合气体的断路器，气体混合比例应符合产品技术规定。 （27）当气瓶内压力降至 0.1MPa 时，应停止充气。充气完毕后，应称钢瓶的质量，以计算断路器内气体的质量，瓶内剩余气体质量应标出。 （28）充气 24h 之后应进行密封性试验。 （29）充气完毕静置 24h 后进行 SF_6 湿度检测、纯度检测，必要时进行 SF_6 气体分解产物检测	（12）从 SF_6 气瓶中引出 SF_6 气体时，应使用减压阀降压。运输和安装后第一次充气时，充气装置中应包括一个安全阀，以免充气压力过高引起设备损坏。 （13）避免装有 SF_6 气体的气瓶靠近热源或受阳光暴晒。 （14）SF_6 气瓶轻搬轻放，避免受到剧烈撞击。用过的 SF_6 气瓶应关紧阀门，带上瓶帽。 （15）在组合电器本体、脚手架搭设的平台上等高处作业时，应正确佩戴安全带，做好防高处坠落措施	

序号	关键工序	标准及要求	风险辨识与预控措施	执行完打 √ 或记录数据
2	操动机构检修	（1）机构拐臂、拉杆无锈蚀变形，分合闸指示位置正常。 （2）快速机构弹簧合分闸位置尺寸符合厂家技术要求，缓冲器功能正常，快速机构弹簧自由长度符合厂家设计要求。 （3）轴连接部位动作顺畅无磨损情况，开口销或挡圈安装良好，符合厂家要求，分合闸限位紧固是否牢固，尺寸符合厂家要求。 （4）传动部位丝杠无磨损锈蚀，涂抹润滑油。 （5）电机参数符合要求，无烧损，齿轮啮合正常，无断齿。 （6）电机轴承、整流子无磨损，定子与转子间的间隙均匀，无摩擦，磨损深度不超过规定值。 （7）电机绝缘电阻、直流电阻符合相关技术标准要求。 （8）机构箱密封良好。 （9）检查并记录隔离开关三相分合闸不同期值等机械尺寸，应符合产品技术规定。 （10）验证五防等电气闭锁功能正常	（1）断开相关的各类电源并确认无电压。 （2）机构释放能量。 （3）拆除机构各连接、紧固件，确认连接部位松动无卡阻	

3. 签名确认

工作人员确认签名	

4. 执行评价

工作负责人签名：

附录 C-5 组合电器例行维护标准作业卡

编制人：_____   审核人：_____

1．作业信息

设备双重编号		工作时间	年 月 日 至 年 月 日	作业卡编号	变电站名称＋工作类别＋年月＋序号

2．工序要求

序号	关键工序	标准及要求	风险辨识与预控措施	执行完打√或记录数据
1	外绝缘检查	外绝缘应清洁，无破损，法兰无裂纹，排水孔畅通，胶合面防水胶完好		
2	均压环检查	均压环无锈蚀、变形，安装牢固、平正，排水孔无堵塞		
3	SF₆密度继电器检查及校验，SF₆气体微水试验	各气室密度继电器动作值符合产品技术规定		SF_6气体微水： A （ ） ppm B （ ） ppm C （ ） ppm
4	传动部位（含相间连杆等）检查	轴、销、锁扣和机械传动部件无变形或损坏	（1）断开控制电源、电机电源，将机构弹簧释能。 （2）作业前确认机构能量已释放，防止机械伤人	
5	操动机构检查	操动机构外观完好，无锈蚀、箱体内无凝露、渗水。按产品技术规定要求对操动机构机械轴承等活动部件进行润滑	（1）断开控制电源、电机电源，将机构弹簧释能。 （2）作业前确认机构能量已释放，防止机械伤人	
6	分、合闸线圈电阻检测	分、合闸线圈电阻检测应符合产品技术规定，无明确要求时，以初值差应不超过 5%作为判据	（1）断开控制电源、电机电源，将机构弹簧释能。 （2）作业前确认机构能量已释放，防止机械伤人	合闸线圈电阻： A （ ） Ω B （ ） Ω C （ ） Ω 分闸线圈 1 电阻： A （ ） Ω B （ ） Ω C （ ） Ω 分闸线圈 2 电阻： A （ ） Ω B （ ） Ω C （ ） Ω

序号	关键工序	标准及要求	风险辨识与预控措施	执行完打√或记录数据
7	储能电动机检查	储能电动机工作电流及储能时间检测,检测结果应符合产品技术规定。储能电动机应能在85%～110%的额定电压下可靠工作	作业前确认机构能量已释放,防止机械伤人	
8	辅助回路和控制回路检查	辅助回路和控制回路电缆、接地线外观完好,绝缘电阻合格	作业前确认二次回路电源已断开,防止低压触电	辅助回路和控制回路绝缘电阻: A ( ) MΩ B ( ) MΩ C ( ) MΩ
9	缓冲器检查	缓冲器外观完好,无渗漏		
10	二次元件检查	检查二次元件动作正确、顺畅无卡涩,防跳和非全相功能正常,联锁和闭锁功能正常	作业前确认二次回路电源已断开,防止低压触电	
11	低电压试验	并联合闸脱扣器在合闸装置额定电源电压的 85%～110%范围内,应可靠动作;并联分闸脱扣器在分闸装置额定电源电压的65%～110%(直流)或85%～110%(交流)范围内,应可靠动作;当电源电压低于额定电压的30%时,脱扣器不应脱扣,并做记录	(1)作业前相互呼唱,防止机械伤人。 (2)试验前后断开电源,防止低压触电	合闸最低动作电压: A ( ) V B ( ) V C ( ) V 分闸1最低动作电压: A ( ) V B ( ) V C ( ) V 分闸2最低动作电压: A ( ) V B ( ) V C ( ) V
12	对于液(气)压操动机构检查及试验	对于液(气)压操动机构,还应进行下列各项检查,结果均应符合产品技术规定要求: (1)机构压力表、机构操作压力(气压、液压)整定值和机械安全阀校验。 (2)分、合闸及重合闸操作时的压力(气压、液压)下降值校验。 (3)在分闸和合闸位置分别进行液(气)压操动机构的保压试验。 (4)液压机构及气动机构,进行防失压慢分试验和非全相试验	(1)作业前相互呼唱,防止机械伤人。 (2)试验前后断开电源,防止低压触电	
13	断路器特性试验	应进行机械特性测试,各项试验数据符合产品技术规定。对于运行10年以上的弹簧机构,应通过测试特性曲线来检查其弹簧拉力	(1)作业前相互呼唱,防止机械伤人。 (2)试验前后断开电源,防止低压触电	分闸1时间: A ( ) ms B ( ) ms C ( ) ms 分闸2时间: A ( ) ms B ( ) ms C ( ) ms

序号	关键工序	标准及要求	风险辨识与预控措施	执行完打 √ 或记录数据
13	断路器特性试验	应进行机械特性测试，各项试验数据符合产品技术规定。对于运行 10 年以上的弹簧机构，应通过测试特性曲线来检查其弹簧拉力	(1) 作业前相互呼唱，防止机械伤人。 (2) 试验前后断开电源，防止低压触电	合闸时间： A （　　）ms B （　　）ms C （　　）ms 分闸 1 不同期： A （　　）ms B （　　）ms C （　　）ms 分闸 2 不同期： A （　　）ms B （　　）ms C （　　）ms 合闸不同期： A （　　）ms B （　　）ms C （　　）ms 分闸 1 速度： （　　）m/s 分闸 2 速度： （　　）m/s 合闸速度： （　　）m/s 回路电阻： A （　　）μΩ B （　　）μΩ C （　　）μΩ
14	电流互感器检查	二次端子盒密封检查及灰尘清扫		
15	电压互感器检修（如有）	二次端子盒密封检查及灰尘清扫		
16	避雷器检修（如有）	避雷器放电计数器动作可靠、状况良好		
17	汇控柜及机构箱检查	(1) 空气开关、继电器、接触器等二次元件应标识完整、接点接触良好、触点动作可靠、无烧损或锈蚀。 (2) 二次接线端子应牢固，端子螺丝无锈蚀，垫圈无缺失。 (3) 汇控柜及机构箱应密封条无破损，有弹性，关门无缝隙、封堵到位、密封良好、油漆无脱落、柜内温湿度控制装置功能可靠。 (4) 检查温控器、加热驱潮装置应完好。 (5) 检查通风口防尘、通风应良好。	(1) 拆下的控制回路及电源线头所作标记正确、清晰、牢固，防潮措施可靠。	电阻值：＿＿MΩ

序号	关键工序	标准及要求	风险辨识与预控措施	执行完打 √ 或记录数据
17	汇控柜及机构箱检查	（6）二次回路连接正确，绝缘值符合相关技术标准，并做记录。在交接验收时，采用2500V绝缘电阻表检测且绝缘电阻大于10MΩ；在投运后，采用1000V绝缘电阻表检测且绝缘电阻大于2MΩ。 （7）指示正常清晰，操动切换把手与实际运行位置相符，控制、电源开关位置正常，联锁位置指示正常。 （8）二次元器件无损伤，表面清洁无污渍，漆面光滑完好平整、无气泡，各种接触器、继电器、微动开关、加热装置、显示器和辅助开关的动作应正确、可靠，接点应接触良好、无烧损或锈蚀。 （9）非全相保护、防跳时间继电器校验合格，定值正确。 （10）辅助开关安装牢固，辅助开关接点应转换灵活、切换可靠。与机构间的连接应松紧适当、转换灵活；连接锁紧螺帽应拧紧，并应采取防松措施	（2）工作前断开柜内各类交直流电源并确认无压	电阻值：____MΩ

3. 签名确认

工作人员确认签名	

4. 执行评价

工作负责人签名：

附录 C-6 组合电器专业巡视

编制人：_____   审核人：_____

1．作业信息

设备双重编号		工作时间	年 月 日 至 年 月 日	作业卡编号	变电站名称＋工作类别＋年月＋序号

2．工序要求

序号	关键工序	标准及要求	风险辨识与预控措施	执行完打 √ 或记录数据
1	组合电器运行环境巡视	（1）检查组合电器室门外 SF$_6$ 报警装置情况，运行正常，无死机、无告警。 （2）组合电器室强排通风系统运行正常。 （3）组合电器室内无异响、无异味	工作人员不得单独或随意进入组合电器室，因工作需要必须进入时应先排风 15min，监测工作区域空气中 SF$_6$ 气体含量不得超过 1000μL/L，含氧量大于 18%，方可进入，工作过程中应当保持通风装置运转。不准在设备防爆膜附件停留	
2	组合电器外观巡视	（1）外壳、支架等无锈蚀、松动、损坏，外壳漆膜无局部颜色加深或烧焦、起皮。 （2）外观清洁，标志清晰、完善。 （3）压力释放装置无异常，其释放出口无障碍物。 （4）接地端子无过热，接触完好。 （5）各类管道及阀门无损伤、锈蚀，阀门的开闭位置正确，管道的绝缘法兰与绝缘支架良好。 （6）盆式绝缘子外观良好，无龟裂、起皮，颜色标示正确。 （7）二次电缆护管无破损、锈蚀，内部无积水	工作中与带电部分保持足够的安全距离（220kV＞3m，110kV＞1.5m，35kV＞1m）	
3	断路器单元巡视	（1）SF$_6$ 气体密度值正常，无泄漏。 （2）无异常声响或气味，防松螺母无松动。 （3）分、合闸到位，指示正确。 （4）对于三相机械联动断路器检查相间连杆与拐臂所处位置无异常，连杆接头和连板无裂纹、锈蚀；对于分相操作断路器检查各相连杆与拐臂相对位置一致。 （5）拐臂箱无裂纹。 （6）机构内金属部分及二次元器件无腐蚀。	工作中与带电部分保持足够的安全距离（220kV＞3m，110kV＞1.5m，35kV＞1m）	

序号	关键工序	标准及要求	风险辨识与预控措施	执行完打√或记录数据
3	断路器单元巡视	（7）机构箱密封良好，无进水受潮、无凝露，加热驱潮装置功能正常。 （8）对于液压、气动机构，分析后台打压频度及打压时长记录，无异常。 （9）对于液压机构，机构内管道、阀门无渗漏油，液压压力指示正常，各功能微动开关触点与行程杆间隙调整无逻辑错误，液压油位、油色正常。 （10）对于气动机构，气压力指示正常，空压机油无乳化。 （11）对于弹簧机构，分、合闸脱扣器和动铁芯无锈蚀，机芯固定螺栓无松动，齿轮无破损，咬合深度不少于1/3，挡圈无脱落、轴销无开裂、变形、锈蚀。 （12）加热装置功能正常，按要求投入。 （13）分合闸缓冲器完好，无渗漏油等情况发生。 （14）检查储能电机无异常	工作中与带电部分保持足够的安全距离（220kV＞3m，110kV＞1.5m，35kV＞1m）	
4	隔离开关单元巡视	（1）SF$_6$气体密度值正常，无泄漏。 （2）无异常声响或气味。 （3）分、合闸到位，指示正确。 （4）传动连杆无变形、锈蚀，连接螺栓紧固。 （5）卡、销、螺栓等附件齐全，无锈蚀、变形、缺损。 （6）机构箱密封良好。 （7）机械限位螺钉无变位，无松动，符合厂家标准要求	工作中与带电部分保持足够的安全距离（220kV＞3m，110kV＞1.5m，35kV＞1m）	
5	接地开关单元巡视	（1）SF$_6$气体密度值正常，无泄漏。 （2）无异常声响或气味。 （3）分、合闸到位，指示正确。 （4）传动连杆无变形、锈蚀，连接螺栓紧固。 （5）卡、销、螺栓等附件齐全，无锈蚀、变形、缺损。 （6）机构箱密封情况良好。 （7）接地连接良好。 （8）机械限位螺钉无变位，无松动，符合厂家标准要求。 （9）快速接地开关缓冲器无漏油	工作中与带电部分保持足够的安全距离（220kV＞3m，110kV＞1.5m，35kV＞1m）	

序号	关键工序	标准及要求	风险辨识与预控措施	执行完打√或记录数据
6	电流互感器单元巡视	（1）SF$_6$气体密度值正常，无泄漏。 （2）无异常声响或气味。 （3）二次电缆接头盒密封良好	工作中与带电部分保持足够的安全距离（220kV＞3m，110kV＞1.5m，35kV＞1m）	
7	电压互感器单元巡视	（1）SF$_6$气体密度值正常，无泄漏。 （2）无异常声响或气味。 （3）二次电缆接头盒密封良好	工作中与带电部分保持足够的安全距离（220kV＞3m，110kV＞1.5m，35kV＞1m）	
8	避雷器单元巡视	（1）SF$_6$气体密度值正常，无泄漏。 （2）无异常声响或气味。 （3）放电计数器（在线监测装置）无锈蚀、破损，密封良好，内部无积水，固定螺栓（计数器接地端）紧固，无松动、锈蚀。 （4）泄漏电流不超过规定值的10%，三相泄漏电流无明显差异。 （5）计数器（在线监测装置）二次电缆封堵可靠，无破损，电缆保护管固定可靠、无锈蚀、开裂。 （6）避雷器与放电计数器（在线监测装置）连接线连接良好，截面积满足要求	工作中与带电部分保持足够的安全距离（220kV＞3m，110kV＞1.5m，35kV＞1m）	
9	母线单元巡视	（1）SF$_6$气体密度值正常，无泄漏。 （2）无异常声响或气味。 （3）波纹管外观无损伤、变形等异常情况。 （4）波纹管螺柱紧固符合厂家技术要求。 （5）波纹管波纹尺寸符合厂家技术要求。 （6）波纹管伸缩长度裕量符合厂家技术要求。 （7）波纹管焊接处完好、无锈蚀。固定支撑检查无变形和裂纹，滑动支撑位移在合格范围内	工作中与带电部分保持足够的安全距离（220kV＞3m，110kV＞1.5m，35kV＞1m）	
10	进出线套管、电缆终端单元巡视	（1）SF$_6$气体密度值正常，无泄漏。 （2）无异常声响或气味。 （3）高压引线连接正常，设备线夹无裂纹、无过热。 （4）外绝缘无异常放电、无闪络痕迹。 （5）外绝缘无破损或裂纹，无异物附着，辅助伞裙无脱胶、破损。 （6）均压环无变形、倾斜、破损、锈蚀。 （7）充油部分无渗漏油。 （8）电缆终端与组合电器连接牢固，螺栓无松动。 （9）电缆终端屏蔽线连接良好	工作中与带电部分保持足够的安全距离（220kV＞3m，110kV＞1.5m，35kV＞1m）	

序号	关键工序	标准及要求	风险辨识与预控措施	执行完打√或记录数据
11	汇控柜巡视	（1）汇控柜外壳接地良好，柜内封堵良好。 （2）汇控柜密封良好，无进水受潮、无凝露，加热驱潮装置功能正常。 （3）汇控柜内干净整洁，无变形和锈蚀。 （4）钢化玻璃无裂纹、损伤。 （5）柜内二次元件安装牢固，元件无锈蚀，无烧伤过热痕迹。 （6）柜内二次线缆排列整齐美观，接线牢固无松动，备用线芯端部进行绝缘包封。 （7）智能终端装置运行正常，装置的闭锁告警功能和自诊断功能正常。 （8）空调运行正常，温度满足智能装置运行要求。 （9）断路器、隔离开关及接地开关位置指示正确，无异常信号。 （10）带电显示器安装牢固，指示正确	工作中与带电部分保持足够的安全距离（220kV＞3m，110kV＞1.5m，35kV＞1m）	
12	集中供气系统巡视	（1）空气压缩机油位正常，油位应在油窗1/2左右，油质无乳化。 （2）压缩机风扇转动灵活，与储气罐及其压缩空气管道密封完好，传动皮带无开裂、松动等异常。 （3）高压储气罐压力指示正常。 （4）高压储气罐安全装置、阀门等清洁、完好。 （5）空压屏阀门开闭状态满足运行要求。 （6）气水分离器及自动排污装置外观完好，管道连接牢固，接线正确	工作中与带电部分保持足够的安全距离（220kV＞3m，110kV＞1.5m，35kV＞1m）	

3．签名确认

工作人员确认签名	

4．执行评价

工作负责人签名：

附录 D-1 单柱垂直伸缩式隔离开关本体检修标准作业卡

编制人：_____   审核人：_____

1．作业信息

设备双重编号		工作时间	年　月　日 至 年　月　日	作业卡编号	变电站名称＋工作类别＋年月＋序号

2．工序要求

序号	关键工序	标准及要求	风险辨识与预控措施	执行完打√或记录数据
1	触头及导电臂检修	（1）静触头杆（座）表面应平整、无严重烧损、镀层无脱落。 （2）抱轴线夹、引线线夹接触面应涂以薄层电力复合脂，连接螺栓紧固。 （3）钢芯铝绞线表面无损伤、断股、散股，切割端部应涂保护清漆防锈。 （4）动触头夹（动触头）无过热、无严重烧损、镀层无脱落。 （5）引弧角无严重烧伤或断裂情况。 （6）动触头夹座与上导电管接触面无腐蚀，连接紧固。 （7）动触头夹座上部的防雨罩性能完好，无开裂、缺损。 （8）导电臂无变形、损伤、锈蚀。 （9）夹紧弹簧及复位弹簧无锈蚀、断裂，外露尺寸符合技术要求。 （10）导电带及软连接无断片或断股，接触面无氧化，镀层无脱落，连接螺栓紧固。 （11）中间触头及触头导电盘完好无破损、过热变色，防雨罩完好无破损。 （12）中间接头连接叉、齿轮箱无开裂及变形。 （13）中间接头处轴、键完好，齿轮、齿条完好无锈蚀、缺齿，并涂适合本地气候条件的润滑脂。 （14）中间接头处弹性圆柱销、轴套、滚轮、弹簧无锈蚀、变形等，装配正确，动作灵活。 （15）触头表面应平整、清洁。 （16）平衡弹簧无锈蚀、断裂，测量其自由长度，符合技术要求。 （17）导向滚轮无磨损、变形。	（1）在分闸位置，应用固定夹板固定导电折臂。 （2）起吊时应采用适合吊物重量的专用吊带或尼龙吊绳。在变电站内使用起重器械时，应安装满足安规规定的接地装置；对在运变电站开展安装及拆除工作应注意与带电部位保持安全距离。 （3）起吊时，吊物应保持水平起吊，且绑揽风绳控制吊物摆动。并设专人指挥。指挥人员应站在全面观察到整个作业范围及吊车司机和司索人员的位置，对于任何工作人员发出紧急信号必须停止吊装作业。 （4）结合现场实际条件适时装设临时接地线。	

序号	关键工序	标准及要求	风险辨识与预控措施	执行完打√或记录数据
1	触头及导电臂检修	（18）触头座排水孔（如有）通畅。 （19）打开后的弹性圆柱销、挡圈、绝缘垫圈均应更换。 （20）连接螺栓紧固，力矩值符合产品技术要求，并做紧固标记	（5）高处作业应按规程使用安全带，安全带的挂钩应挂在牢固的构件上，并应采用高挂低用的方式，高处作业所用的工器具、材料应放在工具袋内或用绳索绑牢，上下传递物品使用传递绳，严禁上下抛掷，且地面配合人员应站在可能坠物的坠落半径以外	
2	导电基座检修	（1）基座完好，无锈蚀、变形。 （2）转动轴承座法兰表面平整，无变形、锈蚀、缺损。 （3）转动轴承转动灵活，无卡滞、异响。 （4）检查键槽及连接键是否完好。 （5）调节拉杆的双向接头螺纹完好，转动灵活，轴孔无磨损、变形。 （6）检查齿轮完好无破损、裂纹，并涂以适合当地气候的润滑脂。 （7）检修时拆下的弹性圆柱销、挡圈、绝缘垫圈等，应予以更换。 （8）导电带安装方向正确。 （9）接线座无变形、裂纹、腐蚀，镀层完好。 （10）连接螺栓紧固，力矩值符合产品技术要求，并做紧固标记	（1）结合现场实际条件适时装设临时接地线。 （2）按厂家规定正确吊装设备。选用合适的吊装设备和正确的吊点，设置揽风绳控制方向，并设专人指挥。指挥人员应站在全面观察到整个作业范围及吊车司机和司索人员的位置，对于任何工作人员发出紧急信号，必须停止吊装作业。 （3）在变电站内使用起重器械时，应安装满足《安规》规定的接地装置；对在运变电站开展安装及拆除工作应注意与带电部位保持安全距离。 （4）高处作业应按规程使用安全带，安全带的挂钩应挂在牢固的构件上，并应采用高挂低用的方式，高处作业所用的工器具、材料应放在工具袋内或用绳索绑牢，上下传递物品使用传递绳，严禁上下抛掷，且地面配合人员应站在可能坠物的坠落半径以外	
3	均压环检查	（1）均压环完好，无变形、无缺损。 （2）安装牢固、平正，排水孔通畅。 （3）焊接处无裂纹，螺栓连接紧固，力矩值符合产品技术要求，并做紧固标记	（1）起吊时应采用适合吊物重量的专用吊带或尼龙吊绳。在变电站内使用起重器械时，应安装满足安规规定的接地装置；对在运变电站开展安装及拆除工作应注意与带电部位保持安全距离。 （2）起吊时，吊物应保持水平起吊，且绑揽风绳控制吊物摆动，并设专人指挥。指挥人员应站在全面观察到整个作业范围及吊车司机和司索人员的位置，对于任何工作人员发出紧急信号必须停止吊装作业。 （3）均压环上严禁工作人员踩踏、站立。 （4）结合现场实际条件适时装设临时接地线。 （5）高处作业应按规程使用安全带，安全带的挂钩应挂在牢固的构件上，并应采用高挂低用的方式，高处作业所用的工器具、材料应放在工具袋内或用绳索绑牢，上下传递物品使用传递绳，严禁上下抛掷，且地面配合人员应站在可能坠物的坠落半径以外	

序号	关键工序	标准及要求	风险辨识与预控措施	执行完打√或记录数据
4	绝缘子检修	（1）绝缘子外观及绝缘子辅助伞裙清洁无破损（瓷绝缘子单个破损面积不得超过 40mm²，总破损面积不得超过 100mm²）、裂纹、放电痕迹。 （2）绝缘子法兰无锈蚀、裂纹。 （3）绝缘子胶装后露砂高度 10~20mm，且不应小于 10mm，胶装处应涂防水密封胶。 （4）防污闪涂层完好，无龟裂、起层、缺损，憎水性应符合相关技术要求。 （5）绝缘子爬电比距应满足所处地区的污秽等级，不满足污秽等级要求的需有防污闪措施。 （6）必要时进行瓷柱探伤	（1）起吊时应采用适合吊物重量的专用吊带或尼龙吊绳。在变电站内使用起重器械时，应安装满足《安规》规定的接地装置；对在运变电站开展安装及拆除工作应注意与带电部位保持安全距离。 （2）起吊时，吊物应保持垂直角度起吊，且绑揽风绳控制吊物摆动，并设专人指挥。指挥人员应站在全面观察到整个作业范围及吊车司机和司索人员的位置，对于任何工作人员发出紧急信号必须停止吊装作业。 （3）绝缘子拆装时应逐节进行吊装。 （4）结合现场实际条件适时装设临时接地线。 （5）高处作业应按规程使用安全带，安全带的挂钩应挂在牢固的构件上，并应采用高挂低用的方式，高处作业所用的工器具、材料应放在工具袋内或用绳索绑牢，上下传递物品使用传递绳，严禁上下抛掷，且地面配合人员应站在可能坠物的坠落半径以外	
5	传动及限位部件检修	（1）传动连杆及限位部件无锈蚀、变形，限位间隙符合技术要求。 （2）垂直安装的拉杆顶端应密封，未封口的应在拉杆下部打排水孔。 （3）传动连杆应采用装配式结构，不应在施工现场进行切焊装配。 （4）轴套、轴销、螺栓、弹簧等附件齐全，无变形、锈蚀、松动，转动灵活连接牢固。 （5）转动部分涂以适合当地气候的润滑脂。 （6）传动部件润滑良好，分合闸到位，无卡涩	（1）断开机构二次电源。且在检修时由检修人发令进行操作配合，防止传动伤人。 （2）手动和电动操作前必须呼唱并确认人员已离开传动部件和转动范围及动触头的运动方向。 （3）严禁踩踏传动连杆。 （4）结合现场实际条件适时装设临时接地线。 （5）高处作业应按规程使用安全带，安全带的挂钩应挂在牢固的构件上，并应采用高挂低用的方式，高处作业所用的工器具、材料应放在工具袋内或用绳索绑牢，上下传递物品使用传递绳，严禁上下抛掷，且地面配合人员应站在可能坠物的坠落半径以外	
6	底座检修	（1）底座无变形，接地可靠，焊接处无裂纹及严重锈蚀。 （2）底座连接螺栓紧固、无锈蚀，锈蚀严重应更换，力矩值符合产品技术要求，并做紧固标记。 （3）转动部件应转动灵活，无卡滞。 （4）转动轴承座法兰表面平整，无变形、锈蚀、缺损。	（1）电动机构二次电源确已断开，隔离措施符合现场实际条件。且在检修时由检修人发令进行操作配合，防止传动伤人。 （2）结合现场实际条件适时装设临时接地线。 （3）按厂家规定正确吊装设备。选用合适的吊装设备和正确的吊点，设置揽风绳控制方向，并设专人指挥。在变电站内使用起重器械时，应安装满足安规规定的接地装置。 （4）底座检修过程中，加强呼唱，防止底座旋转过程中伤人。 （5）高处作业应按规程使用安全带，	

序号	关键工序	标准及要求	风险辨识与预控措施	执行完打√或记录数据
6	底座检修	（5）底座调节螺杆应紧固无松动，且保证底座上端面水平	安全带的挂钩应挂在牢固的构件上，并应采用高挂低用的方式，高处作业所用的工器具、材料应放在工具袋内或用绳索绑牢，上下传递物品使用传递绳，严禁上下抛掷，且地面配合人员应站在可能坠物的坠落半径以外	
7	机械闭锁检修	（1）操动机构与本体分、合闸位置一致。 （2）闭锁板、闭锁盘、闭锁杆无变形、损坏、锈蚀。 （3）闭锁板、闭锁盘、闭锁杆的互锁配合间隙符合相关技术规范要求。 （4）限位螺栓符合产品技术要求。 （5）机械连锁正确、可靠。 （6）连接螺栓力矩值符合产品技术要求，并做紧固标记	（1）断开电机电源和控制电源，二次电源隔离措施符合现场实际条件。且在检修时由检修人发令进行操作配合，防止传动伤人。 （2）结合现场实际条件适时装设临时接地线。 （3）高处作业应按规程使用安全带，安全带的挂钩应挂在牢固的构件上，并应采用高挂低用的方式，高处作业所用的工器具、材料应放在工具袋内或用绳索绑牢，上下传递物品使用传递绳，严禁上下抛掷，且地面配合人员应站在可能坠物的坠落半径以外	
8	调试及测试	（1）调整时应遵循"先手动后电动"的原则进行，电动操作时应将隔离开关置于半分半合位置。 （2）限位装置切换准确可靠，机构到达分、合位置时，应可靠地切断电机电源。 （3）操动机构的分、合闸指示与本体实际分、合闸位置相符。 （4）合、分闸过程中无异常卡滞、异响，主、弧触头动作次序正确。 （5）合、分闸位置及合闸过死点位置符合厂家技术要求。 （6）调试、测量隔离开关技术参数，符合相关技术要求。 （7）调节闭锁装置，应达到"隔离开关合闸后接地开关不能合闸，接地开关合闸后隔离开关不能合闸"的防误要求。 （8）与接地开关间闭锁板、闭锁盘、闭锁杆间的互锁配合间隙符合相关技术规范要求。 （9）电气及机械闭锁动作可靠。 （10）检查螺栓、限位螺栓紧固，力矩值符合产品技术要求，并做紧固标记。 （11）主回路接触电阻测试，符合产品技术要求。 （12）二次元件及控制回路的绝缘电阻及直流电阻测试。 （13）单柱垂直伸缩式隔离开关调试时应保证隔离开关主拐臂过死点	（1）结合现场实际条件适时装设临时接地线。 （2）施工现场的大型机具及电动机具金属外壳接地良好、可靠。 （3）工作人员严禁踩踏传动连杆。 （4）工作人员工作时，应及时断开电机电源和控制电源。 （5）调试人站立位置应躲开触头动作半径。 （6）调试过程由调试人发令，操作人配合，上下呼唱，包括电机电源和控制电源断开和投入。操作人员与调试人员要做好呼应，防止隔离开关分合过程中机械伤人。 （7）高处作业应按规程使用安全带，安全带的挂钩应挂在牢固的构件上，并应采用高挂低用的方式，高处作业所用的工器具、材料应放在工具袋内或用绳索绑牢，上下传递物品使用传递绳，严禁上下抛掷，且地面配合人员应站在可能坠物的坠落半径以外	主回路接触电阻： A（　　）μΩ B（　　）μΩ C（　　）μΩ 二次元件及控制回路的绝缘电阻： （　　）MΩ

序号	关键工序	标准及要求	风险辨识与预控措施	执行完打 √ 或记录数据
9	线夹及引线	（1）抱箍、线夹是否有裂纹、过热现象，压接型设备线夹，朝上 30°～90°安装时应配钻直径 6mm 的排水孔。 （2）不应使用对接式铜铝过渡线夹。 （3）引线无散股、扭曲、断股现象。 （4）设备与引线连接应可靠，各电气连接处力矩检查合格	（1）结合现场实际条件适时装设临时接地线。 （2）高处作业应按规程使用安全带，安全带的挂钩应挂在牢固的构件上，并应采用高挂低用的方式，高处作业所用的工器具、材料应放在工具袋内或用绳索绑牢，上下传递物品使用传递绳，严禁上下抛掷，且地面配合人员应站在可能坠物的坠落半径以外	

3．签名确认

工作人员确认签名	

4．执行评价

工作负责人签名：

附录 D-2　三柱（五柱）水平旋转式隔离开关检修标准作业卡

编制人：＿＿＿＿＿＿　　审核人：＿＿＿＿＿＿

1．作业信息

设备双重编号		工作时间	年　月　日 至 年　月　日	作业卡编号	变电站名称＋工作类别＋年月＋序号

2．工序要求

序号	关键工序	标准及要求	风险辨识与预控措施	执行完打√或记录数据
1	触头及导电臂检修	（1）导电臂拆解前应做好标记。 （2）接线座无变形、开裂、腐蚀，镀层完好。 （3）静触头转动灵活，表面应平整、清洁，镀层无脱落；触头压紧弹簧弹性良好，无锈蚀、断裂。 （4）动触头无过热、无烧损痕迹，镀层无脱落。 （5）采用翻转式结构的动触头保证触头能正确翻转 45°，且位置符合厂家技术要求。 （6）动触头座与导电臂的接触面清洁无腐蚀，连接螺栓紧固。 （7）导电臂无变形、损伤、锈蚀。 （8）触头表面应平整、清洁。 （9）连接螺栓紧固，力矩值符合产品技术要求，并做紧固标记。	（1）在分闸位置，应用固定夹板固定导电折臂。 （2）起吊时应采用适合吊物重量的专用吊带或尼龙吊绳。在变电站内使用起重器械时，应安装满足《安规》规定的接地装置；对在运变电站开展安装及拆除工作应注意与带电部位保持安全距离。 （3）起吊时，吊物应保持水平起吊，且绑揽风绳控制吊物摆动，并设专人指挥。指挥人员应站在全面观察到整个作业范围及吊车司机和司索人员的位置，对于任何工作人员发出紧急信号必须停止吊装作业。 （4）结合现场实际条件适时装设临时接地线。 （5）高处作业应按规程使用安全带，安全带的挂钩应挂在牢固的构件上，并应采用高挂低用的方式，高处作业所用的工器具、材料应放在工具袋内或用绳索绑牢，上下传递物品使用传递绳，严禁上下抛掷，且地面配合人员应站在可能坠物的坠落半径以外	
2	均压环检修	（1）均压环完好，无变形、无缺损。 （2）安装牢固、平正，排水孔通畅。	（1）起吊时应采用适合吊物重量的专用吊带或尼龙吊绳。在变电站内使用起重器械时，应安装满足《安规》规定的接地装置；对在运变电站开展安装及拆除工作应注意与带电部位保持安全距离。 （2）起吊时，吊物应保持水平起吊，且绑揽风绳控制吊物摆动，并设专人指挥。指挥人员应站在全面观察到整个作业范围及吊车司机和司索人员的位置，对于任何工作人员发出紧急信号必须停止吊装作业。 （3）均压环上严禁工作人员踩踏、站立。 （4）结合现场实际条件适时装设临时接地线。	

序号	关键工序	标准及要求	风险辨识与预控措施	执行完打√或记录数据
2	均压环检修	（3）焊接处无裂纹，螺栓连接紧固，力矩值符合产品技术要求，并做紧固标记	（5）高处作业应按规程使用安全带，安全带的挂钩应挂在牢固的构件上，并应采用高挂低用的方式，高处作业所用的工器具、材料应放在工具袋内或用绳索绑牢，上下传递物品使用传递绳，严禁上下抛掷，且地面配合人员应站在可能坠物的坠落半径以外	
3	绝缘子检修	（1）绝缘子外观及绝缘子辅助伞裙清洁无破损（瓷绝缘子单个破损面积不得超过 40mm²，总破损面积不得超过 100mm²）、裂纹、放电痕迹。 （2）绝缘子法兰无锈蚀、裂纹。 （3）绝缘子胶装后露砂高度 10～20mm，且不应小于 10mm，胶装处应涂防水密封胶。 （4）防污闪涂层完好，无龟裂、起层、缺损，憎水性应符合相关技术要求。 （5）绝缘子爬电比距应满足所处地区的污秽等级，不满足污秽等级要求的需有防污闪措施。 （6）必要时进行瓷柱探伤	（1）起吊时应采用适合吊物重量的专用吊带或尼龙吊绳。在变电站内使用起重器械时，应安装满足《安规》规定的接地装置；对在运变电站开展安装及拆除工作应注意与带电部位保持安全距离。 （2）起吊时，吊物应保持垂直角度起吊，且绑揽风绳控制吊物摆动，并设专人指挥。指挥人员应站在全面观察到整个作业范围及吊车司机和司索人员的位置，对于任何工作人员发出紧急信号必须停止吊装作业。 （3）绝缘子拆装时应逐节进行吊装。 （4）结合现场实际条件适时装设临时接地线。 （5）高处作业应按规程使用安全带，安全带的挂钩应挂在牢固的构件上，并应采用高挂低用的方式，高处作业所用的工器具、材料应放在工具袋内或用绳索绑牢，上下传递物品使用传递绳，严禁上下抛掷，且地面配合人员应站在可能坠物的坠落半径以外	
4	传动及限位部件检修	（1）传动连杆及限位部件无锈蚀、变形，限位间隙符合技术要求。 （2）垂直安装的拉杆顶端应密封，未封口的应在拉杆下部打排水孔。 （3）传动连杆应采用装配式结构，不应在施工现场进行切焊装配。 （4）轴套、轴销、螺栓、弹簧等附件齐全，无变形、锈蚀、松动，转动灵活连接牢固。 （5）转动部分涂以适合当地气候的润滑脂。 （6）传动部件润滑良好，分合闸到位，无卡涩	（1）断开机构二次电源。且在检修时由检修人发令进行操作配合，防止传动伤人。 （2）手动和电动操作前必须呼唱并确认人员已离开传动部件和转动范围及动触头的运动方向。 （3）严禁踩踏传动连杆。 （4）结合现场实际条件适时装设临时接地线。 （5）高处作业应按规程使用安全带，安全带的挂钩应挂在牢固的构件上，并应采用高挂低用的方式，高处作业所用的工器具、材料应放在工具袋内或用绳索绑牢，上下传递物品使用传递绳，严禁上下抛掷，且地面配合人员应站在可能坠物的坠落半径以外	
5	底座检修	（1）底座无变形，接地可靠，焊接处无裂纹及严重锈蚀。 （2）底座连接螺栓紧固、无锈蚀，锈蚀严重应更换，力矩值符合产品技术要求，并做紧固标记。	（1）电动机构二次电源确已断开，隔离措施符合现场实际条件。且在检修时由检修人发令进行操作配合，防止传动伤人。 （2）结合现场实际条件适时装设临时接地线。	

序号	关键工序	标准及要求	风险辨识与预控措施	执行完打 √ 或记录数据
5	底座检修	（3）转动部件应转动灵活，无卡滞。 （4）转动轴承座法兰表面平整，无变形、锈蚀、缺损。 （5）底座调节螺杆端面应紧固无松动，且保证底座上端面水平	（3）按厂家规定正确吊装设备。选用合适的吊装设备和正确的吊点，设置揽风绳控制方向，并设专人指挥。在变电站内使用起重器械时，应安装满足《安规》规定的接地装置。 （4）底座检修过程中，加强呼唱，防止底座旋转过程中伤人。 （5）高处作业应按规程使用安全带，安全带的挂钩应挂在牢固的构件上，并应采用高挂低用的方式，高处作业所用的工器具、材料应放在工具袋内或用绳索绑牢，上下传递物品使用传递绳，严禁上下抛掷，且地面配合人员应站在可能坠物的坠落半径以外	
6	机械闭锁检修	（1）操动机构与本体分、合闸位置一致。 （2）闭锁板、闭锁盘、闭锁杆无变形、损坏、锈蚀。 （3）闭锁板、闭锁盘、闭锁杆的互锁配合间隙符合相关技术规范要求。 （4）机械连锁正确、可靠。 （5）连接螺栓力矩值符合产品技术要求，并做紧固标记	（1）断开电机电源和控制电源，二次电源隔离措施符合现场实际条件。且在检修时由检修人发令进行操作配合，防止传动伤人。 （2）结合现场实际条件适时装设临时接地线。 （3）高处作业应按规程使用安全带，安全带的挂钩应挂在牢固的构件上，并应采用高挂低用的方式，高处作业所用的工器具、材料应放在工具袋内或用绳索绑牢，上下传递物品使用传递绳，严禁上下抛掷，且地面配合人员应站在可能坠物的坠落半径以外	
7	接地开关辅助灭弧装置检修	（1）接地开关辅助灭弧装置合、分闸指示正确。 （2）接地开关辅助灭弧装置接地连接正常，设备线夹无裂纹、无发热。 （3）接地开关辅助灭弧装置外绝缘无破损或裂纹，无异物附着	（1）结合现场实际条件适时装设临时接地线。 （2）高处作业应按规程使用安全带，安全带的挂钩应挂在牢固的构件上，并应采用高挂低用的方式，高处作业所用的工器具、材料应放在工具袋内或用绳索绑牢，上下传递物品使用传递绳，严禁上下抛掷，且地面配合人员应站在可能坠物的坠落半径以外	
8	调试及测试	（1）调整时应遵循"先手动后电动"的原则进行，电动操作时应将隔离开关置于半分半合位置。 （2）限位装置切换准确可靠，机构到达分、合位置时，应可靠地切断电机电源。 （3）操动机构的分、合闸指示与本体实际分、合闸位置相符。 （4）合、分闸过程中无异常卡滞、异响，主、弧触头动作次序正确。 （5）合、分闸位置及合闸过死点位置符合厂家技术要求。 （6）调试、测量隔离开关技术参数，符合相关技术要求。	（1）结合现场实际条件适时装设临时接地线。 （2）施工现场的大型机具及电动机具金属外壳接地良好、可靠。 （3）工作人员严禁踩踏传动连杆。 （4）工作人员工作时，应及时断开电机电源和控制电源。 （5）调试人站立位置应躲开触头动作半径。 （6）调试过程由调试人发令，操作配合，上下呼唱，包括电机电源和控制电源断开和投入。操作人员与调试人员要做好呼应，防止隔离开关分合过程中机械伤人。	主回路接触电阻： A（　　）μΩ B（　　）μΩ C（　　）μΩ 二次元件及控制回路的绝缘电阻： （　　）MΩ

序号	关键工序	标准及要求	风险辨识与预控措施	执行完打√或记录数据
8	调试及测试	（7）调节闭锁装置，应达到"隔离开关合闸后接地开关不能合闸，接地开关合闸后隔离开关不能合闸"的防误要求。 （8）与接地开关间闭锁板、闭锁盘、闭锁杆间的互锁配合间隙符合相关技术规范要求。 （9）电气及机械闭锁动作可靠。 （10）检查螺栓、限位螺栓紧固，力矩值符合产品技术要求，并做紧固标记。 （11）主回路接触电阻测试，符合产品技术要求。 （12）二次元件及控制回路的绝缘电阻及直流电阻测试	（7）高处作业应按规程使用安全带，安全带的挂钩应挂在牢固的构件上，并应采用高挂低用的方式，高处作业所用的工器具、材料应放在工具袋内或用绳索绑牢，上下传递物品使用传递绳，严禁上下抛掷，且地面配合人员应站在可能坠物的坠落半径以外	主回路接触电阻： A（　　）μΩ B（　　）μΩ C（　　）μΩ 二次元件及控制回路的绝缘电阻： （　　）MΩ
9	线夹及引线	（1）抱箍、线夹是否有裂纹、过热现象，压接型设备线夹，朝上30°～90°安装时应钻直径6mm的排水孔。 （2）不应使用对接式铜铝过渡线夹，引线无散股、扭曲、断股现象。 （3）设备与引线连接应可靠，各电气连接处力矩检查合格	（1）结合现场实际条件适时装设临时接地线。 （2）高处作业应按规程使用安全带，安全带的挂钩应挂在牢固的构件上，并应采用高挂低用的方式，高处作业所用的工器具、材料应放在工具袋内或用绳索绑牢，上下传递物品使用传递绳，严禁上下抛掷，且地面配合人员应站在可能坠物的坠落半径以外	

3．签名确认

工作人员确认签名	

4．执行评价

工作负责人签名：

附录 D-3　双柱水平开启式隔离开关检修标准作业卡

编制人：_____　审核人：_____

1．作业信息

设备双重编号		工作时间	年　月　日 至 年　月　日	作业卡编号	变电站名称＋工作类别＋年月＋序号

2．工序要求

序号	关键工序	标准及要求	风险辨识与预控措施	执行完打√或记录数据
1	触头及导电臂检修	（1）导电臂拆解前应做好标记。 （2）触头侧导电杆表面应平整、清洁，镀层无脱落。 （3）触指侧触头夹无烧损，镀层无脱落，压紧弹簧无锈蚀、断裂、弹性良好。 （4）触头表面应平整、清洁。 （5）导电臂（管）无变形、锈蚀，焊接面无裂纹。 （6）导电带绕向正确，无断片，接触面无氧化，镀层无脱落，连接紧固。 （7）接线座无变形、裂纹，镀层完好。 （8）连接螺栓紧固，力矩值符合产品技术要求，并做紧固标记	（1）拆装导电臂时应采取防护措施。 （2）结合现场实际条件适时装设临时接地线。 （3）起吊时应采用适合吊物重量的专用吊带或尼龙吊绳。在变电站内使用起重器械时，应安装满足《安规》规定的接地装置；对在运变电站开展安装及拆除工作应注意与带电部位保持安全距离。 （4）高处作业应按规程使用安全带，安全带的挂钩应挂在牢固的构件上，并应采用高挂低用的方式，高处作业所用的工器具、材料应放在工具袋内或用绳索绑牢，上下传递物品使用传递绳，严禁上下抛掷，且地面配合人员应站在可能坠物的坠落半径以外。 （5）使用脚手架时零部件、工器具等不准在脚手架板上存放。 （6）登高时严禁手持任何工器具，不准负重上下	
2	均压环检修	（1）均压环完好，无变形、无缺损。 （2）安装牢固、平正，排水孔通畅。	（1）起吊时应采用适合吊物重量的专用吊带或尼龙吊绳。在变电站内使用起重器械时，应安装满足《安规》规定的接地装置；对在运变电站开展安装及拆除工作应注意与带电部位保持安全距离。 （2）起吊时，吊物应保持水平起吊，且绑揽风绳控制吊物摆动，并设专人指挥。指挥人员应站在全面观察到整个作业范围及吊车司机和司索人员的位置，对于任何工作人员发出紧急信号必须停止吊装作业。 （3）均压环上严禁工作人员踩踏、站立。 （4）结合现场实际条件适时装设临时接地线。	

序号	关键工序	标准及要求	风险辨识与预控措施	执行完打√或记录数据
2	均压环检修	（3）焊接处无裂纹，螺栓连接紧固，力矩值符合产品技术要求，并做紧固标记	（5）高处作业应按规程使用安全带，安全带的挂钩应挂在牢固的构件上，并应采用高挂低用的方式，高处作业所用的工器具、材料应放在工具袋内或用绳索绑牢，上下传递物品使用传递绳，严禁上下抛掷，且地面配合人员应站在可能坠物的坠落半径以外	
3	绝缘子检修	（1）绝缘子外观及绝缘子辅助伞裙清洁无破损（瓷绝缘子单个破损面积不得超过 $40mm^2$，总破损面积不得超过 $100mm^2$）、裂纹、放电痕迹。 （2）绝缘子法兰无锈蚀、裂纹。 （3）绝缘子胶装后露砂高度 $10\sim20mm$，且不应小于 $10mm$，胶装处应涂防水密封胶。 （4）防污闪涂层完好，无龟裂、起层、缺损，憎水性应符合相关技术要求。 （5）绝缘子爬电比距应满足所处地区的污秽等级，不满足污秽等级要求的需有防污闪措施。 （6）必要时进行瓷柱探伤	（1）起吊时应采用适合吊物重量的专用吊带或尼龙吊绳。在变电站内使用起重器械时，应安装满足《安规》规定的接地装置；对在运变电站开展安装及拆除工作应注意与带电部位保持安全距离。 （2）起吊时，吊物应保持垂直角度起吊，且绑揽风绳控制吊物摆动，并设专人指挥。指挥人员应站在全面观察到整个作业范围及吊车司机和司索人员的位置，对于任何工作人员发出紧急信号必须停止吊装作业。 （3）绝缘子拆装时应逐节进行吊装。 （4）结合现场实际条件适时装设临时接地线。 （5）高处作业应按规程使用安全带，安全带的挂钩应挂在牢固的构件上，并应采用高挂低用的方式，高处作业所用的工器具、材料应放在工具袋内或用绳索绑牢，上下传递物品使用传递绳，严禁上下抛掷，且地面配合人员应站在可能坠物的坠落半径以外	
4	传动及限位部件检修	（1）传动连杆及限位部件无锈蚀、变形，限位间隙符合技术要求。 （2）垂直安装的拉杆顶端应密封，未封口的应在拉杆下部打排水孔。 （3）传动连杆应采用装配式结构，不应在施工现场进行切焊装配。 （4）轴套、轴销、螺栓、弹簧等附件齐全，无变形、锈蚀、松动，转动灵活连接牢固。 （5）转动部分涂以适合当地气候的润滑脂。 （6）传动部件润滑良好，分合闸到位，无卡涩	（1）断开机构二次电源，且在检修时由检修人发令进行操作配合，防止传动伤人。 （2）手动和电动操作前必须呼唱并确认人员已离开传动部件和转动范围及动触头的运动方向。 （3）工作人员严禁踩踏传动连杆。 （4）结合现场实际条件适时装设临时接地线。 （5）高处作业应按规程使用安全带，安全带的挂钩应挂在牢固的构件上，并应采用高挂低用的方式，高处作业所用的工器具、材料应放在工具袋内或用绳索绑牢，上下传递物品使用传递绳，严禁上下抛掷，且地面配合人员应站在可能坠物的坠落半径以外	
5	底座检修	（1）底座无锈蚀、变形，接地可靠。 （2）转动轴承座法兰表面平整，无变形、锈蚀、缺损。 （3）转动轴承座转动灵活，无卡滞、异响，且密封良好。	（1）电动机构二次电源确已断开，隔离措施符合现场实际条件。且在检修时由检修人发令进行操作配合，防止传动伤人。 （2）结合现场实际条件适时装设临时接地线。	

序号	关键工序	标准及要求	风险辨识与预控措施	执行完打√或记录数据
5	底座检修	（4）连接螺栓紧固，力矩值符合产品技术要求，并做紧固标记。 （5）伞齿轮完好无破损，并涂以适合当地气候的润滑脂	（3）按厂家规定正确吊装设备。选用合适的吊装设备和正确的吊点，设置揽风绳控制方向，并设专人指挥。指挥人员应站在全面观察到整个作业范围及吊车司机和司索人员的位置，对于任何工作人员发出紧急信号必须停止吊装作业。 （4）在变电站内使用起重器械时，应安装满足《安规》规定的接地装置；对在运变电站开展安装及拆除工作应注意与带电部位保持安全距离。 （5）底座检修过程中，加强呼唱，防止底座旋转过程中伤人。 （6）高处作业应按规程使用安全带，安全带的挂钩应挂在牢固的构件上，并应采用高挂低用的方式，高处作业所用的工器具、材料应放在工具袋内或用绳索绑牢，上下传递物品使用传递绳，严禁上下抛掷，且地面配合人员应站在可能坠物的坠落半径以外	
6	机械闭锁检修	（1）操动机构与本体分、合闸位置一致。 （2）闭锁板、闭锁盘、闭锁杆无变形、损坏、锈蚀。 （3）闭锁板、闭锁盘、闭锁杆的互锁配合间隙符合相关技术规范要求。 （4）机械连锁正确、可靠。 （5）连接螺栓力矩值符合产品技术要求，并做紧固标记	（1）断开电机电源和控制电源，二次电源隔离措施符合现场实际条件，且在检修时由检修人发令进行操作配合，防止传动伤人。 （2）结合现场实际条件适时装设临时接地线。 （3）高处作业应按规程使用安全带，安全带的挂钩应挂在牢固的构件上，并应采用高挂低用的方式，高处作业所用的工器具、材料应放在工具袋内或用绳索绑牢，上下传递物品使用传递绳，严禁上下抛掷，且地面配合人员应站在可能坠物的坠落半径以外	
7	调试及测试	（1）调整时应遵循"先手动后电动"的原则进行，电动操作时应将隔离开关置于半分半合位置。 （2）限位装置切换准确可靠，机构到达分、合位时，应可靠地切断电机电源。 （3）操动机构的分、合闸指示与本体实际分、合闸位置相符。 （4）合、分闸过程中无异常卡滞、异响，主、弧触头动作次序正确。 （5）合、分闸位置及合闸过死点位置符合厂家技术要求。 （6）调试、测量隔离开关技术参数，符合相关技术要求。 （7）调节闭锁装置，应达到"隔离开关合闸后接地开关不能合闸，接地开关合闸后隔离开关不能合闸"的防误要求。	（1）结合现场实际条件适时装设临时接地线。 （2）施工现场的大型机具及电动机具金属外壳接地良好、可靠。 （3）工作人员严禁踩踏传动连杆。 （4）工作人员工作时，应及时断开电机电源和控制电源。 （5）调试人站立位置应躲开触头动作半径。 （6）调试过程由调试人发令，操作人配合，上下呼唱，包括电机电源和控制电源断开和投入。操作人员与调试人员要做好呼应，防止隔离开关分合过程中机械伤人。	主回路接触电阻： A（　　）μΩ B（　　）μΩ C（　　）μΩ 二次元件及控制回路的绝缘电阻： （　　）MΩ

序号	关键工序	标准及要求	风险辨识与预控措施	执行完打√或记录数据
7	调试及测试	（8）与接地开关间闭锁板、闭锁盘、闭锁杆间的互锁配合间隙符合相关技术规范要求。 （9）电气及机械闭锁动作可靠。 （10）检查螺栓、限位螺栓紧固，力矩值符合产品技术要求，并做紧固标记。 （11）主回路接触电阻测试，符合产品技术要求。 （12）二次元件及控制回路的绝缘电阻及直流电阻测试	（7）高处作业应按规程使用安全带，安全带的挂钩应挂在牢固的构件上，并应采用高挂低用的方式，高处作业所用的工器具、材料应放在工具袋内或用绳索绑牢，上下传递物品使用传递绳，严禁上下抛掷，且地面配合人员应站在可能坠物的坠落半径以外	主回路接触电阻： A（　　　）μΩ B（　　　）μΩ C（　　　）μΩ 二次元件及控制回路的绝缘电阻： （　　　）MΩ
8	线夹及引线	（1）抱箍、线夹是否有裂纹、过热现象，压接型设备线夹，朝上 30°～90° 安装时应钻直径6mm 的排水孔。 （2）不应使用对接式铜铝过渡线夹。引线无散股、扭曲、断股现象。 （3）设备与引线连接应可靠，各电气连接处力矩检查合格	（1）结合现场实际条件适时装设临时接地线。 （2）高处作业应按规程使用安全带，安全带的挂钩应挂在牢固的构件上，并应采用高挂低用的方式，高处作业所用的工器具、材料应放在工具袋内或用绳索绑牢，上下传递物品使用传递绳，严禁上下抛掷，且地面配合人员应站在可能坠物的坠落半径以外	

3. 签名确认

工作人员确认签名	

4. 执行评价

工作负责人签名：

附录 D-4 双柱水平伸缩式隔离开关检修标准作业卡

编制人：_____ 审核人：_____

1. 作业信息

设备双重编号		工作时间	年 月 日 至 年 月 日	作业卡编号	变电站名称＋工作类 别＋年月＋序号

2. 工序要求

序号	关键 工序	标准及要求	风险辨识与预控措施	执行完打√ 或记录数据
1	触头及 导电臂 检修	（1）导电臂拆解前应做好标记。 （2）静触头杆（座）表面应平整、无严重烧损、镀层无脱落。 （3）抱轴线夹、引线线夹接触面应涂以薄层电力复合脂，连接螺栓紧固。 （4）动触头夹（动触头）无过热、无严重烧损、镀层无脱落。 （5）引弧角无严重烧伤或断裂情况。 （6）动触头夹座与上导电管接触面无腐蚀，连接紧固。 （7）动触头夹座上部的防雨罩性能完好，无开裂、缺损。 （8）导电臂无变形、损伤、锈蚀。 （9）夹紧弹簧及复位弹簧弹性良好，无锈蚀、断裂，外露尺寸符合技术要求。 （10）导电带及软连接无断片或断股，接触面无氧化，镀层无脱落，连接螺栓紧固，旋转方向正确。 （11）中间触头及触头导电盘完好无破损、过热变色，防雨罩完好无破损。 （12）中间接头连接叉、齿轮箱无开裂及变形。 （13）中间接头处轴、键完好，齿轮、齿条完好无锈蚀、缺齿，并涂适合本地气候条件的润滑脂。 （14）中间接头处弹性圆柱销、轴套、滚轮、弹簧无锈蚀、变形等，装配正确，动作灵活。 （15）触头表面应平整、清洁。 （16）导向滚轮无磨损、变形。 （17）打开后的弹性圆柱销、挡圈、绝缘垫圈均应更换。 （18）连接螺栓紧固，力矩值符合产品技术要求，并做紧固标记	（1）在分闸位置，应用固定夹板固定导电折臂。 （2）起吊时应采用适合吊物重量的专用吊带或尼龙吊绳。在变电站内使用起重器械时，应安装满足《安规》规定的接地装置；对在运变电站开展安装及拆除工作应注意与带电部位保持安全距离。 （3）起吊时，吊物应保持水平起吊，且绑揽风绳控制吊物摆动，并设专人指挥。指挥人员应站在全面观察到整个作业范围及吊车司机和司索人员的位置，对于任何工作人员发出紧急信号必须停止吊装作业。 （4）结合现场实际条件适时装设临时接地线。 （5）高处作业应按规程使用安全带，安全带的挂钩应挂在牢固的构件上，并应采用高挂低用的方式，高处作业所用的工器具、材料应放在工具袋内或用绳索绑牢，上下传递物品使用传递绳，严禁上下抛掷，且地面配合人员应站在可能坠物的坠落半径以外	

265

序号	关键工序	标准及要求	风险辨识与预控措施	执行完打√或记录数据
2	均压环检修	（1）均压环完好，无变形、无缺损。 （2）安装牢固、平正，排水孔通畅。 （3）焊接处无裂纹，螺栓连接紧固，力矩值符合产品技术要求，并做紧固标记	（1）起吊时应采用适合吊物重量的专用吊带或尼龙吊绳。在变电站内使用起重器械时，应安装满足《安规》规定的接地装置；对在运变电站开展安装及拆除工作应注意与带电部位保持安全距离。 （2）起吊时，吊物应保持水平起吊，且绑揽风绳控制吊物摆动，并设专人指挥。指挥人员应站在全面观察到整个作业范围及吊车司机和司索人员的位置，对于任何工作人员发出紧急信号必须停止吊装作业。 （3）均压环上严禁工作人员踩踏、站立。 （4）结合现场实际条件适时装设临时接地线。 （5）高处作业应按规程使用安全带，安全带的挂钩应挂在牢固的构件上，并应采用高挂低用的方式，高处作业所用的工器具、材料应放在工具袋内或用绳索绑牢，上下传递物品使用传递绳，严禁上下抛掷，且地面配合人员应站在可能坠物的坠落半径以外	
3	绝缘子检修	（1）绝缘子外观及绝缘子辅助伞裙清洁无破损（瓷绝缘子单个破损面积不得超过40mm²，总破损面积不得超过100mm²）、裂纹、放电痕迹。 （2）绝缘子法兰无锈蚀、裂纹。 （3）绝缘子胶装后露砂高度10～20mm，且不应小于10mm，胶装处应涂防水密封胶。 （4）防污闪涂层完好，无龟裂、起层、缺损，憎水性应符合相关技术要求。 （5）绝缘子爬电比距应满足所处地区的污秽等级，不满足污秽等级要求的需有防污闪措施。 （6）必要时进行瓷柱探伤	（1）起吊时应采用适合吊物重量的专用吊带或尼龙吊绳。在变电站内使用起重器械时，应安装满足《安规》规定的接地装置；对在运变电站开展安装及拆除工作应注意与带电部位保持安全距离。 （2）起吊时，吊物应保持垂直角度起吊，且绑揽风绳控制吊物摆动，并设专人指挥。指挥人员应站在全面观察到整个作业范围及吊车司机和司索人员的位置，对于任何工作人员发出紧急信号必须停止吊装作业。 （3）绝缘子拆装时应逐节进行吊装。 （4）结合现场实际条件适时装设临时接地线。 （5）高处作业应按规程使用安全带，安全带的挂钩应挂在牢固的构件上，并应采用高挂低用的方式，高处作业所用的工器具、材料应放在工具袋内或用绳索绑牢，上下传递物品使用传递绳，严禁上下抛掷，且地面配合人员应站在可能坠物的坠落半径以外	
4	传动及限位部件检修	（1）传动连杆及限位部件无锈蚀、变形，限位间隙符合技术要求。 （2）垂直安装的拉杆顶端应密封，未封口的应在拉杆下部打排水孔。 （3）传动连杆应采用装配式结构，不应在施工现场进行切焊装配。	（1）断开机构二次电源。且在检修时由检修人发令进行操作配合，防止传动伤人。 （2）手动和电动操作前必须呼唱并确认人员已离开传动部件和转动范围及动触头的运动方向。 （3）工作人员严禁踩踏传动连杆。	

序号	关键工序	标准及要求	风险辨识与预控措施	执行完打√或记录数据
4	传动及限位部件检修	（4）轴套、轴销、螺栓、弹簧等附件齐全，无变形、锈蚀、松动，转动灵活连接牢固。 （5）转动部分涂以适合当地气候的润滑脂。 （6）传动部件润滑良好，分合闸到位，无卡涩	（4）结合现场实际条件适时装设临时接地线	
5	底座检修	（1）底座无变形，接地可靠，焊接处无裂纹及严重锈蚀。 （2）底座连接螺栓紧固、无锈蚀，锈蚀严重应更换，力矩值符合产品技术要求，并做紧固标记。 （3）转动部件应转动灵活，无卡滞。 （4）转动轴承座法兰表面平整，无变形、锈蚀、缺损。 （5）底座调节螺杆应紧固无松动，且保证底座上端面水平	（1）电动机构二次电源确已断开，隔离措施符合现场实际条件。且在检修时由检修人发令进行操作配合，防止传动伤人。 （2）结合现场实际条件适时装设临时接地线。 （3）按厂家规定正确吊装设备。选用合适的吊装设备和正确的吊点，设置揽风绳控制方向，并设专人指挥。指挥人员应站在全面观察到整个作业范围及吊车司机和司索人员的位置，对于任何工作人员发出紧急信号必须停止吊装作业。 （4）在变电站内使用起重机械时，应安装满足《安规》规定的接地装置；对在运变电站开展安装及拆除工作应注意与带电部位保持安全距离。 （5）底座检修过程中，加强呼唱，防止底座旋转过程中伤人。 （6）高处作业应按规程使用安全带，安全带的挂钩应挂在牢固的构件上，并应采用高挂低用的方式，高处作业所用的工器具、材料应放在工具袋内或用绳索绑牢，上下传递物品使用传递绳，严禁上下抛掷，且地面配合人员应站在可能坠物的坠落半径以外	
6	机械闭锁检修	（1）操动机构与本体分、合闸位置一致。 （2）闭锁板、闭锁盘、闭锁杆无变形、损坏、锈蚀。 （3）闭锁板、闭锁盘、闭锁杆的互锁配合间隙符合相关技术规范要求。 （4）限位螺栓符合产品技术要求。 （5）机械连锁正确、可靠。 （6）连接螺栓力矩值符合产品技术要求，并做紧固标记	（1）断开电机电源和控制电源，二次电源隔离措施符合现场实际条件。且在检修时由检修人发令进行操作配合，防止传动伤人。 （2）结合现场实际条件适时装设临时接地线。 （3）高处作业应按规程使用安全带，安全带的挂钩应挂在牢固的构件上，并应采用高挂低用的方式，高处作业所用的工器具、材料应放在工具袋内或用绳索绑牢，上下传递物品使用传递绳，严禁上下抛掷，且地面配合人员应站在可能坠物的坠落半径以外	

序号	关键工序	标准及要求	风险辨识与预控措施	执行完打√或记录数据
7	调试及测试	（1）调整时应遵循"先手动后电动"的原则进行，电动操作时应将隔离开关置于半分半合位置。 （2）限位装置切换准确可靠，机构到达分、合位置时，应可靠地切断电机电源。 （3）操动机构的分、合闸指示与本体实际分、合闸位置相符。 （4）合、分闸过程中无异常卡滞、异响，主、弧触头动作次序正确。 （5）合、分闸位置及合闸过死点位置符合厂家技术要求。 （6）调试、测量隔离开关技术参数，符合相关技术要求。 （7）调节闭锁装置，应达到"隔离开关合闸后接地开关不能合闸，接地开关合闸后隔离开关不能合闸"的防误要求。 （8）与接地开关间闭锁板、闭锁盘、闭锁杆间的互锁配合间隙符合相关技术规范要求。 （9）电气及机械闭锁动作可靠。 （10）检查螺栓、限位螺栓紧固，力矩值符合产品技术要求，并做紧固标记。 （11）主回路接触电阻测试，符合产品技术要求。 （12）二次元件及控制回路的绝缘电阻及直流电阻测试	（1）结合现场实际条件适时装设临时接地线。 （2）施工现场的大型机具及电动机具金属外壳接地良好、可靠。 （3）工作人员严禁踩踏传动连杆。 （4）工作人员工作时，应及时断开电机电源和控制电源。 （5）调试人站立位置应躲开触头动作半径。 （6）调试过程由调试人发令，操作人配合，上下呼唱，包括电机电源和控制电源断开和投入。操作人员与调试人员要做好呼应，防止隔离开关分合过程中机械伤人。 （7）高处作业应按规程使用安全带，安全带的挂钩应挂在牢固的构件上，并应采用高挂低用的方式，高处作业所用的工器具、材料应放在工具袋内或用绳索绑牢，上下传递物品使用传递绳，严禁上下抛掷，且地面配合人员应站在可能坠物的坠落半径以外	主回路接触电阻： A（ ）μΩ B（ ）μΩ C（ ）μΩ 二次元件及控制回路的绝缘电阻： （ ）MΩ
8	线夹及引线	（1）抱箍、线夹是否有裂纹、过热现象，压接型设备线夹，朝上30°～90°安装时应钻直径6mm的排水孔。 （2）不应使用对接式铜铝过渡线夹，引线无散股、扭曲、断股现象。 （3）设备与引线连接应可靠，各电气连接处力矩检查合格	（1）结合现场实际条件适时装设临时接地线。 （2）高处作业应按规程使用安全带，安全带的挂钩应挂在牢固的构件上，并应采用高挂低用的方式，高处作业所用的工器具、材料应放在工具袋内或用绳索绑牢，上下传递物品使用传递绳，严禁上下抛掷，且地面配合人员应站在可能坠物的坠落半径以外	

3．签名确认

工作人员确认签名	

4．执行评价

工作负责人签名：

附录 D-5　隔离开关操动机构检修标准作业卡

编制人：＿＿＿＿＿＿＿＿　　审核人：＿＿＿＿＿＿＿＿

1．作业信息

设备双重编号		工作时间	年　月　日 至 年　月　日	作业卡编号	变电站名称＋工作类别＋年月＋序号

2．工序要求

序号	关键工序	标准及要求	风险辨识与预控措施	执行完打 √ 或记录数据
1	电动机检修	（1）安装接线前应核对相序。 （2）检查轴承、定子与转子间的间隙应均匀，无摩擦、异响。 （3）电机固定牢固，联轴器、底角、垫片等部位应做好标记，原拆原装。 （4）检查电机绝缘电阻、直流电阻符合相关技术标准要求	（1）电机电源和控制电源确已断开，二次电源隔离措施符合现场实际条件。 （2）拆除操动机构外接二次电缆接线后，裸露线头应进行绝缘包扎	电机绝缘电阻： （　　）MΩ 电机直流电阻： （　　）Ω
2	减速器检修	（1）减速器齿轮轴、齿轮完好无锈蚀。 （2）减速器齿轮轴、齿轮配合间隙符合厂家规定，并加适量符合当地环境条件的润滑脂	（1）工作前断开电机电源并确认无电压。 （2）减速器应与其他转动部件完全脱离	
3	二次部件检修	（1）测量分、合闸控制回路、辅助回路绝缘电阻符合相关技术标准要求。 （2）接线端子排无锈蚀、缺损，固定牢固。 （3）辅助开关、接触器等二次元件，转换正常、接触良好。可操作的二次元器件应有中文标志并齐全正确。 （4）二次接线正确，无松动、接触良好，排列整齐美观。二次电缆走向标牌应完整 （5）加热、照明装置启动正常。 （6）电动机行程开关动作正确可靠。 （7）机构箱内无异物，无遗留工具和备件	（1）电机电源和控制电源确已断开，二次电源隔离措施符合现场实际条件。 （2）拆除操动机构外接二次电缆接线后，裸露线头应进行绝缘包扎	分、合闸控制回路绝缘电阻： 合闸（　　）MΩ 分闸（　　）MΩ 辅助回路绝缘电阻： （　　）MΩ
4	手动机构检修	（1）机构传动齿轮配合间隙符合技术要求，转动灵活、无卡涩、锈蚀。 （2）机构传动齿轮应涂符合当地环境条件的润滑脂。	（1）工作前断开辅助开关二次电源。	

続表

序号	关键工序	标准及要求	风险辨识与预控措施	执行完打√或记录数据
4	手动机构检修	（3）接线端子排无锈蚀、缺损，固定牢固。 （4）辅助开关转换可靠、接触良好。 （5）二次接线正确，无松动、接触良好，排列整齐美观。二次电缆走向标牌应完整。 （6）机构箱内无异物，无遗留工具和备件	（2）检修人员避开传动系统	
5	电动机构整体更换	（1）安装牢固，同一轴线上的操动机构安装位置应一致；机构输出轴与本体主拐臂在同一中心线上。 （2）机构动作应平稳，无卡阻、异响等情况。 （3）机构输出轴与垂直连杆间连接可靠，无移位、定位销锁紧。 （4）电动机构的转向正确，机构的分、合闸指示与本体实际分、合闸位置相符。 （5）限位装置切换准确可靠，机构到达分、合位置时，应可靠地切断电机电源。 （6）辅助开关应安装牢固，动作灵活，接触良好。 （7）二次接线正确、紧固、美观，备用线芯应有绝缘护套。 （8）电气闭锁动作可靠，外接设备闭锁回路完整，接线正确动作可靠。 （9）电机动作时间符合产品技术要求。 （10）机构箱内封堵严密，外壳接地可靠。 （11）机构组装完毕，检查连接螺栓紧固，力矩值符合产品技术要求，并做紧固标记	（1）检查电动机构的电机电源和控制电源已断开，二次电源隔离措施符合现场实际条件。 （2）施工现场的电动机具金属外壳接地良好、可靠。 （3）拆除操动机构外接二次电缆接线后，裸露线头应进行绝缘包扎。 （4）在机构箱安装时应扶稳，避免砸脚事故发生。 （5）对于较重的机构箱，宜用三脚架配合手动葫芦进行吊装，拧紧操动机构与支架的连接螺栓后，方可松吊绳。 （6）机构调试时严禁碰触转动、旋转部件	
6	手动机构整体更换	（1）安装牢固，同一轴线上的操动机构安装位置应一致；机构输出轴与本体主拐臂在同一中心线上。 （2）机构动作应平稳，无卡阻、异响等情况。 （3）机构输出轴与垂直连杆间连接可靠，无移位、定位销锁紧。 （4）辅助开关应安装牢固，动作灵活，接触良好。 （5）二次接线正确、紧固、美观，备用线芯应有绝缘护套。 （6）电气闭锁动作可靠，外接	（1）检查机构二次电源隔离措施符合现场实际条件。 （2）操动机构二次电缆裸露线头应进行绝缘包扎	

271

序号	关键工序	标准及要求	风险辨识与预控措施	执行完打√或记录数据
6	手动机构整体更换	设备闭锁回路完整,接线正确动作可靠。 (7)机构箱内封堵严密,外壳接地可靠。 (8)机构组装完毕,检查连接螺栓紧固,力矩值符合产品技术要求,并做紧固标记	(1)检查机构二次电源隔离措施符合现场实际条件。 (2)操动机构二次电缆裸露线头应进行绝缘包扎	

3.签名确认

工作人员确认签名	

4.执行评价

工作负责人签名:

附录 D-6 接地开关检修标准作业卡

编制人：_____ 审核人：_____

1. 作业信息

设备双重编号		工作时间	年 月 日 至 年 月 日	作业卡编号	变电站名称＋工作类别＋年月＋序号

2. 工序要求

序号	关键工序	标准及要求	风险辨识与预控措施	执行完打√或记录数据
1	触头及导电臂检修	（1）导电臂拆解前应做好标记。 （2）静触头表面应平整、清洁，镀层无脱落；触头压紧弹簧弹性良好，无锈蚀、断裂。 （3）动触头无烧损痕迹，镀层无脱落。 （4）动触头座与导电臂的接触面清洁无腐蚀，导电臂无变形、损伤，连接紧固。 （5）触头表面应平整、清洁。 （6）软连接无断股、焊接处无开裂、接触面无氧化、镀层无脱落，连接紧固。 （7）所有紧固螺栓，力矩值符合产品技术要求，并做紧固标记。	（1）起吊时应采用适合吊物重量的专用吊带或尼龙吊绳。在变电站内使用起重器械时，应安装满足《安规》规定的接地装置；对在运变电站开展安装及拆除工作应注意与带电部位保持安全距离。 （2）起吊时，吊物应保持水平起吊，且绑揽风绳控制吊物摆动，并设专人指挥。指挥人员应站在全面观察到整个作业范围及吊车司机和司索人员的位置，对于任何工作人员发出紧急信号必须停止吊装作业。 （3）结合现场实际条件适时装设临时接地线。 （4）高处作业应按规程使用安全带，安全带的挂钩应挂在牢固的构件上，并应采用高挂低用的方式，高处作业所用的工器具、材料应放在工具袋内或用绳索绑牢，上下传递物品使用传递绳，严禁上下抛掷，且地面配合人员应站在可能坠物的坠落半径以外	
2	均压环检修	（1）均压环完好，无变形、无缺损。 （2）安装牢固、平正，排水孔通畅。	（1）起吊时应采用适合吊物重量的专用吊带或尼龙吊绳。在变电站内使用起重器械时，应安装满足《安规》规定的接地装置；对在运变电站开展安装及拆除工作应注意与带电部位保持安全距离。 （2）起吊时，吊物应保持水平起吊，且绑揽风绳控制吊物摆动，并设专人指挥。指挥人员应站在全面观察到整个作业范围及吊车司机和司索人员的位置，对于任何工作人员发出紧急信号、必须停止吊装作业。 （3）均压环上严禁工作人员踩踏、站立。 （4）结合现场实际条件适时装设临时接地线。	

序号	关键工序	标准及要求	风险辨识与预控措施	执行完打√或记录数据
2	均压环检修	（3）焊接处无裂纹，螺栓连接紧固，力矩值符合产品技术要求，并做紧固标记	（5）高处作业应按规程使用安全带，安全带的挂钩应挂在牢固的构件上，并应采用高挂低用的方式，高处作业所用的工器具、材料应放在工具袋内或用绳索绑牢，上下传递物品使用传递绳，严禁上下抛掷，且地面配合人员应站在可能坠物的坠落半径以外	
3	传动及限位部件检修	（1）传动连杆及限位部件无锈蚀、变形，限位间隙符合技术要求。（2）垂直安装的拉杆顶端应密封，未封口的应在拉杆下部打排水孔。（3）传动连杆应采用装配式结构，不应在施工现场进行切焊装配。（4）轴套、轴销、螺栓、弹簧等附件齐全，无变形、锈蚀、松动，转动灵活连接牢固。（5）转动部分涂以适合当地气候的润滑脂	（1）断开机构二次电源。且在检修时由检修人发令进行操作配合，防止传动伤人。（2）手动和电动操作前必须呼唱并确认人员已离开传动部件和转动范围及动触头的运动方向。（3）工作人员严禁踩踏传动连杆。（4）结合现场实际条件适时装设临时接地线。（5）高处作业应按规程使用安全带，安全带的挂钩应挂在牢固的构件上，并应采用高挂低用的方式，高处作业所用的工器具、材料应放在工具袋内或用绳索绑牢，上下传递物品使用传递绳，严禁上下抛掷，且地面配合人员应站在可能坠物的坠落半径以外	
4	机械闭锁检修	（1）操动机构与本体分、合闸位置一致。（2）闭锁板、闭锁盘、闭锁杆无变形、损坏、锈蚀。（3）闭锁板、闭锁盘、闭锁杆的互锁配合间隙符合相关技术规范要求。（4）限位螺栓符合产品技术要求。（5）机械连锁正确、可靠。（6）连接螺栓力矩值符合产品技术要求，并做紧固标记	（1）断开电机电源和控制电源，二次电源隔离措施符合现场实际条件。且在检修时由检修人发令进行操作配合，防止传动伤人。（2）结合现场实际条件适时装设临时接地线。（3）高处作业应按规程使用安全带，安全带的挂钩应挂在牢固的构件上，并应采用高挂低用的方式，高处作业所用的工器具、材料应放在工具袋内或用绳索绑牢，上下传递物品使用传递绳，严禁上下抛掷，且地面配合人员应站在可能坠物的坠落半径以外	
5	调试及测试	（1）调整时应遵循"先手动后电动"的原则进行，电动操作时应将接地开关置于半分半合位置。（2）限位装置切换准确可靠，机构到达分、合位时，应可靠地切断电机电源。（3）操动机构的分、合闸指示与本体实际分、合闸位置相符。（4）合、分闸过程无异响、卡涩、位置符合厂家技术要求。（5）调试、测量隔离开关技术参数，符合相关技术要求。	（1）结合现场实际条件适时装设临时接地线。（2）施工现场的大型机具及电动机具金属外壳接地良好、可靠。（3）工作人员严禁踩踏传动连杆。（4）工作人员工作时，应及时断开电机电源和控制电源。（5）调试人站立位置应躲开触头动作半径。（6）调试过程由调试人发令，操作人配合，上下呼唱，包括电机电源和控制电源断开和投入。操作人员与调试人员要做好呼应，防止隔离开关分合过程中机械伤人。	主回路接触电阻：A（　　）μΩ B（　　）μΩ C（　　）μΩ 二次元件及控制回路的绝缘电阻（　　）MΩ

序号	关键工序	标准及要求	风险辨识与预控措施	执行完打 √ 或记录数据
5	调试及测试	（6）调节闭锁装置，应达到"隔离开关合闸后接地开关不能合闸，接地开关合闸后隔离开关不能合闸"的防误要求。 （7）与隔离开关间闭锁板、闭锁盘、闭锁杆间的互锁配合间隙符合相关技术规范要求。 （8）电气及机械闭锁动作可靠。 （9）检查螺栓、限位螺栓紧固，力矩值符合产品技术要求，并做紧固标记。 （10）主回路接触电阻测试，符合产品技术要求 （11）二次元件及控制回路的绝缘电阻测试符合技术要求。	（7）高处作业应按规程使用安全带，安全带的挂钩应挂在牢固的构件上，并应采用高挂低用的方式，高处作业所用的工器具、材料应放在工具袋内或用绳索绑牢，上下传递物品使用传递绳，严禁上下抛掷，且地面配合人员应站在可能坠物的坠落半径以外	主回路接触电阻： A（　　　）μΩ B（　　　）μΩ C（　　　）μΩ 二次元件及控制回路的绝缘电阻： （　　　）MΩ

3．签名确认

工作人员确认签名	

4．执行评价

工作负责人签名：

附录 D-7 隔离开关例行维护标准作业卡

编制人：_____ 审核人：_____

1. 作业信息

设备双重编号		工作时间	年 月 日 至 年 月 日	作业卡编号	变电站名称＋工作类别＋年月＋序号

2. 工序要求

序号	关键工序	标准及要求	风险辨识与预控措施	执行完打√或记录数据
1	分合闸检查	（1）隔离开关在合、分闸过程中无异响、无卡阻。 （2）触头表面平整接触良好，镀层完好，合、分闸位置正确，合闸后过死点位置正确，符合相关技术规范要求	操作检查时，操作人员与调试人员要做好呼应，防止隔离开关分合过程中机械伤人	
2	技术参数检查	检测隔离开关技术参数，符合相关技术要求		
3	导电部分检查	（1）导电臂及导电带无变形，导电带无断片、断股，镀层完好，连接螺栓紧固、轴销齐全。 （2）接线端子或导电基座无过热、变形、裂纹，连接螺栓紧固。 （3）动、静触头及导电连接部位应清理干净，并按厂家规定进行涂覆。 （4）触头压（拉）紧弹簧弹性良好，无锈蚀、断裂，引弧角无严重烧伤或断裂情况	（1）结合现场实际条件适时装设个人保安线。 （2）高处作业应按规程使用安全带，安全带的挂钩应挂在牢固的构件上，并应采用高挂低用的方式，高处作业所用的工器具、材料应放在工具袋内或用绳索绑牢，上下传递物品使用传递绳，严禁上下抛掷，且地面配合人员应站在可能坠物的坠落半径以外	
4	均压环检查	均压环无变形、歪斜、锈蚀，连接螺栓紧固	高处作业应按规程使用安全带，安全带的挂钩应挂在牢固的构件上，并应采用高挂低用的方式，高处作业所用的工器具、材料应放在工具袋内或用绳索绑牢，上下传递物品使用传递绳，严禁上下抛掷，且地面配合人员应站在可能坠物的坠落半径以外	
5	绝缘子检查	（1）绝缘子无破损、放电痕迹，法兰螺栓无松动，粘合处防水胶无破损、裂纹。 （2）复合绝缘子应进行憎水性测试。 （3）应结合例行试验对瓷质套管法兰浇装部位防水层完好情况进行检查，必要时应重新复涂防水胶	高处作业应按规程使用安全带，安全带的挂钩应挂在牢固的构件上，并应采用高挂低用的方式，高处作业所用的工器具、材料应放在工具袋内或用绳索绑牢，上下传递物品使用传递绳，严禁上下抛掷，且地面配合人员应站在可能坠物的坠落半径以外	

序号	关键工序	标准及要求	风险辨识与预控措施	执行完打√或记录数据
6	传动部件检查	（1）传动部件无变形、开裂、锈蚀及严重磨损，连接无松动。 （2）单柱垂直伸缩式隔离开关调试时应保证隔离开关主拐臂过死点	高处作业应按规程使用安全带，安全带的挂钩应挂在牢固的构件上，并应采用高挂低用的方式，高处作业所用的工器具、材料应放在工具袋内或用绳索绑牢，上下传递物品使用传递绳，严禁上下抛掷，且地面配合人员应站在可能坠物的坠落半径以外	
7	转动部分检查及维护	（1）转动部分涂以适合本地气候条件的润滑脂。 （2）轴销、弹簧、螺栓等附件齐全，无锈蚀、缺损	高处作业应按规程使用安全带，安全带的挂钩应挂在牢固的构件上，并应采用高挂低用的方式，高处作业所用的工器具、材料应放在工具袋内或用绳索绑牢，上下传递物品使用传递绳，严禁上下抛掷，且地面配合人员应站在可能坠物的坠落半径以外	
8	垂直拉杆检查	垂直拉杆顶部应封口，未封口的应在垂直拉杆下部合适位置打排水孔		
9	闭锁检查	（1）机械闭锁盘、闭锁板、闭锁销无锈蚀、变形，闭锁间隙符合相关技术规范。 （2）电气及机械闭锁动作可靠。 （3）隔离开关与其所配的接地开关间配有可靠的机械闭锁，机械闭锁应有足够的强度。		
10	底座支撑及固定部件检查	（1）底座支撑及固定部件无变形、锈蚀，焊接处无裂纹。 （2）底座轴承转动灵活无卡滞、异响，连接螺栓紧固		
11	设备线夹及引线检查	（1）设备线夹无裂纹、无发热。 （2）引线无烧伤、断股、散股。 （3）不应使用对接式铜铝过渡线夹。 （4）设备与引线连接应可靠，各电气连接处力矩检查合格	高处作业应按规程使用安全带，安全带的挂钩应挂在牢固的构件上，并应采用高挂低用的方式，高处作业所用的工器具、材料应放在工具袋内或用绳索绑牢，上下传递物品使用传递绳，严禁上下抛掷，且地面配合人员应站在可能坠物的坠落半径以外	
12	接地引下线检查	（1）接地引下线无锈蚀，焊接处无开裂，连接螺栓紧固。 （2）接地引下线完好，接地可靠，接地螺栓直径不应小于12mm，接地引下线截面应满足安装地点短路电流的要求		
13	操动机构箱检查	（1）操动机构箱体无变形、箱内无凝露、积水，驱潮装置工作正常，封堵良好。 （2）操作电动机"电动/手动"切换把手外观无异常，操作功能正常。 （3）"远方/就地"切换把手、"合闸/分闸"控制把手外观无异常，操作功能正常。	检查电机电源和控制电源时，应采取可靠的防护措施，防止低压电伤人	

序号	关键工序	标准及要求	风险辨识与预控措施	执行完打 √ 或记录数据
13	操动机构箱检查	（4）电动机行程开关动作正确可靠。 （5）设备电动、手动操作正常，手动操作闭锁电动操作正确。 （6）操动机构各转动部件灵活、无卡涩现象。 （7）辅助开关转动灵活，接点到位，功能正常，辅助开关接线正确，齿轮箱机械限位准确可靠	检查电机电源和控制电源时，应采取可靠的防护措施，防止低压电伤人	
14	二次回路检查	（1）二次回路接线牢靠、接触良好，端子排无锈蚀。 （2）二次回路及元器件绝缘电阻符合相关技术标准要求。 （3）二次元器件无锈蚀、卡涩，辅助开关与传动杆连接可靠。 （4）同一间隔内的多台隔离开关的电机电源，在端子箱内必须分别设置独立的开断设备。 （5）辅助和控制回路绝缘电阻大于 10MΩ	检查电机电源和控制电源确已断开，二次电源隔离措施符合现场实际条件	控制回路绝缘电阻： （　　）MΩ 辅助回路绝缘电阻： （　　）MΩ
15	分、合闸指示检查	操动机构的分、合闸指示与本体实际分、合闸位置相符		
16	回路电阻测试	导电部位应进行回路电阻测试，数据应符合产品技术规定	试验前后断开电源，防止低压触电	主回路接触电阻： A（　　）μΩ B（　　）μΩ C（　　）μΩ

3．签名确认

工作人员确认签名	

4．执行评价

工作负责人签名：

附录 D-8 隔离开关专业巡视标准作业卡

编制人： _____　　审核人： _____

1. 作业信息

设备双重编号		工作时间	年　月　日 至 年　月　日	作业卡编号	变电站名称＋工作类别＋年月＋序号

2. 工序要求

序号	关键工序	标准及要求	风险辨识与预控措施	执行完打√或记录数据
1	本体巡视	（1）隔离开关外观清洁无异物，五防装置完好无缺失。 （2）触头接触良好无过热、无变形，合、分闸位置正确，符合相关技术规范要求。 （3）引弧触头完好，无缺损、移位。 （4）导电臂及导电带无变形、开裂，无断片、断股，连接螺栓紧固。 （5）接线端子或导电基座无过热、变形、连接螺栓紧固。 （6）均压环无变形、倾斜、锈蚀，连接螺栓紧固。 （7）绝缘子外观及辅助伞裙无破损、开裂，无严重变形，外绝缘放电不超过第二伞裙，中部伞裙无放电现象。 （8）本体无异响及放电、闪络等异常现象。 （9）法兰连接螺栓紧固，胶装部位防水胶无破损、裂纹。 （10）防污闪涂料涂层完好，无龟裂、起层、缺损。 （11）传动部件无变形、锈蚀、开裂，连接螺栓紧固。 （12）连接卡、销、螺栓等附件齐全，无锈蚀、缺损，开口销打开角度符合技术要求。 （13）拐臂过死点位置正确，限位装置符合相关技术规范要求。 （14）机械闭锁盘、闭锁板、闭锁销无锈蚀、变形，闭锁间隙符合产品技术要求。 （15）底座部件无歪斜、无锈蚀，连接螺栓紧固。 （16）检查铜质软连接应无散股、断股，外观无异常。 （17）隔离开关支柱绝缘子浇注法兰无锈蚀、裂纹等异常现象	工作中与带电部分保持足够的安全距离	

序号	关键工序	标准及要求	风险辨识与预控措施	执行完打 √ 或记录数据
2	操动机构巡视	（1）箱体无变形、锈蚀，封堵良好。 （2）箱体固定可靠、接地良好。 （3）箱内二次元器件外观完好。 （4）箱内加热驱潮装置功能正常	工作中与带电部分保持足够的安全距离	
3	引线巡视	（1）引线弧垂满足运行要求。 （2）引线无散股、断股。 （3）引线两端线夹无变形、松动、裂纹、变色。 （4）引线连接螺栓无锈蚀、松动、缺失		
4	基础构架巡视	（1）基础无破损、无沉降、无倾斜。 （2）构架无锈蚀、无变形、焊接部位无开裂、连接螺栓无松动。 （3）接地无锈蚀，连接紧固，标志清晰		

3．签名确认

工作人员确认签名	

4．执行评价

工作负责人签名：

附录 E-1 手车式开关柜例行检查标准作业卡

编制人：_____ 审核人：_____

1. 作业信息

设备双重编号		工作时间	年　月　日 至 年　月　日	作业卡编号	变电站名称＋工作类别＋年月＋序号

2. 工序要求

序号	关键工序	标准及要求	风险辨识与预控措施	执行完打 √ 或记录数据
1	开关柜柜体检查	（1）柜体表面清洁，漆面无变色、起皮、锈蚀。 （2）观察窗玻璃无裂纹、破碎，新安装的观察窗应使用机械强度与外壳相当的内有接地屏蔽网的钢化玻璃遮板。 （3）柜门门把手关启良好，柜体密封良好，螺栓、销钉无松动，脱落。 （4）接地线的连接螺栓无松动、接地线固定良好。 （5）开关柜泄压通道符合要求	工作时与相邻带电开关柜及功能隔室保持足够的安全距离或采取可靠的隔离措施	
2	手车式开关柜隔离开关检查	（1）手车各部分外观清洁、无异物。 （2）与柜门及断路器联锁程序正确，推进退出灵活，隔离挡板动作正常。 （3）绝缘件表面清洁，无变色、开裂。 （4）梅花触头无氧化、松动、烧伤，涂有薄层中性凡士林。 （5）母线停电时，检查触头盒无裂纹，固定螺栓满足力矩要求	（1）断开与隔离开关相关的各类电源并确认无电压。 （2）现场再次核查停电方式和开关柜结构，对母线与主变压器、线路未同时停电，拉手线路或低压侧分布式电源接入等存在返送电可能的线路，应立体辨识带电部位和危险点，采取针对性安全措施加以发防范	
3	接地开关检查	（1）接地开关表面清洁，无污物，涂有薄层中性凡士林。 （2）手动拉合接地开关，分合闸可靠动作。 （3）接地开关的连接销钉齐全、传动部分转动灵活。 （4）接地开关与带电显示装置的联锁功能正常。 （5）接地开关和开关柜后门连锁功能正常	（1）断开与接地开关相关的各类电源并确认无电压。 （2）操作接地开关时，接地开关上严禁有人工作	

序号	关键工序	标准及要求	风险辨识与预控措施	执行完打 √ 或记录数据
4	电流互感器检查	（1）外观清洁，无破损。 （2）分支线螺栓紧固，接线板无过热、变形。 （3）电流互感器二次接线正确，清洁、紧固，编号清晰。 （4）外壳接地线固定良好，与带电部分保持足够安全距离。 （5）穿芯式电流互感器等电位线采用软铜线，位于屏蔽罩内，无脱落	（1）断开与电流互感器相关的各类电源并确认无电压。 （2）拆下的电源线头所作标记正确、清晰、牢固，防潮措施可靠	
5	电压互感器检查	（1）外观清洁，无破损。 （2）接线连接紧固。 （3）电压互感器二次接线正确，清洁、紧固，编号清晰。 （4）接地线固定良好，与带电部分保持足够安全距离。 （5）电压互感器熔断器正常。 （6）电压互感器的中性点接线完好可靠，经消谐器接地时，消谐器完好正常	（1）断开与电压互感器相关的各类电源并确认无电压。 （2）拆下的电源线头所作标记正确、清晰、牢固，防潮措施可靠	
6	避雷器检查	（1）外观清洁，无破损。 （2）接线连接紧固。 （3）接地线固定良好，与带电部分保持足够安全距离。 （4）放电计数器泄漏电流指示正确	（1）断开与避雷器相关的各类电源并确认无电压。 （2）核实避雷器实际接线与一次系统图一致，对于与母线直接连接的避雷器，应将母线停电	
7	高压带电显示装置检查	（1）二次接线整洁，接线紧固，编号完整清晰。 （2）高压带电显示装置外观清洁、无破损。 （3）高压带电显示装置固定牢固，紧固螺栓无松动。带电显示装置自检合格	（1）断开与电缆室相关的各类电源并确认无电压。 （2）工作时与相邻带电开关柜及功能隔室保持足够的安全距离或采取可靠的隔离措施	
8	手车式开关柜联锁性能检查	（1）高压开关柜内的接地开关在合位时，小车断路器无法推入工作位置，小车在工作位置合闸后，小车断路器无法拉出。 （2）小车在试验位置合闸后，小车断路器无法推入工作位置，小车在工作位置合闸后，小车断路器无法拉至试验位置。 （3）断路器手车拉出后，手车室隔离挡板自动关上，隔离高压带电部分。接地开关合闸后方可打开电缆室柜门，电缆室柜门关闭后，接地开关才可以分闸。 （4）在工作位置时接地开关无法合闸。 （5）带电显示装置显示馈线侧带电时，馈线侧接地开关不能合闸。	（1）断开与开关柜相关的各类电源并确认无电压。 （2）工作期间，禁止随意解除闭锁装置	

序号	关键工序	标准及要求	风险辨识与预控措施	执行完打√或记录数据
8	手车式开关柜联锁性能检查	（6）小车处于试验或检修位置时，才能插上和拔下二次插头。 （7）主变压器进线柜/母联开关柜的手车在工作位置时，主变压器隔离柜/母联隔离柜的手车不能摇出试验位置，电气闭锁可靠。 （8）主变压器隔离柜/母联隔离柜的手车在试验位置时，主变压器进线柜/母联开关柜的手车不能摇进工作位置，电气闭锁可靠。 （9）小车在试验位置摇向工作位置，工作位置摇向试验位置时，断路器不能合闸	（1）断开与开关柜相关的各类电源并确认无电压。 （2）工作期间，禁止随意解除闭锁装置	
9	断路器机械特性测试	（1）测试前根据被试断路器控制电源的类型和额定电压，选择合适的触发方式并调节好控制电源电压。 （2）测速时，根据被试断路器的制造厂不同，断路器型号不同，需要进行相应的"行程设置"。 （3）分、合闸速度测量时应取产品技术条件所规定区段的平均速度，通常可分为刚分速度、刚合速度及最大分闸速度、最大合闸速度，真空断路器一般推荐取刚分后和刚合前6mm内的平均速度分别作为刚分和刚合速度。 （4）使用"内触发"方式测试前必须断开被试断路器控制电源。 （5）使用仪器对断路器进行储能时必须提前断开断路器储能电源。 （6）根据断路器现场实际情况选择合适的测速传感器。 （7）并联合闸脱扣器在合闸装置额定电源电压的85%～110%范围内，应可靠动作。并联分闸脱扣器在分闸装置额定电源电压的65%～110%（直流）或85%～110%（交流）范围内，	（1）应严格执行《国家电网公司电力安全工作规程　变电部分》的相关要求。 （2）测试工作不得少于2人。测试负责人应由有经验的人员担任，测试负责人在测试期间应始终使监护职责，不得擅离岗位或兼职其他工作。开始测试前，测试负责人应向全体测试人员详细布置测试中的安全注意事项，交待邻近间隔的带电部位，以及其他安全注意事项。 （3）应确保操作人员及测试仪器与电力设备的高压部分保持足够的安全距离。 （4）测试前，应将设备外壳可靠接地后，方可进行其他接线。 （5）测试装置的电源开关，应使用明显断开的双极刀闸。为了防止误合刀闸，可在刀刃上加绝缘罩。测试装置的低压回路中应有2个串联电源开关，并加装过载自动跳闸装置。 （6）测试前必须认真检查测试接线，尤其是接入断路器的分、合闸控制电源，应正确无误。 （7）测试前，应通知有关人员离开被试设备，并取得测试负责人许可，方可开机测试。测试过程中应有人监护并呼唱，断路器处禁止其他工作。 （8）安装、拆除传感器前应确认断路器分、合闸能量完全释放，控制电源及电机电源完全断开。 （9）传感器安装时应选择合适的位置，防止由于传感器安装不当，造成断路器动作时损坏仪器及断路器。 （10）当使用仪器内触发储能方式时，应检查断路器储能电源已可靠断开。 （11）变更接线或测试结束时，应首先断开测试电源。	（1）测试辅助回路绝缘电阻值。（1000V绝缘电阻表），不低于2MΩ，测试数值：（　　）MΩ。 （2）测试控制回路绝缘电阻值。（1000V绝缘电阻表），不低于2MΩ，测试数值：（　　）MΩ。 （3）测试分闸时间，测试数值：（　　）ms。 （4）测试合闸时间，测试数值：（　　）ms。 （5）测试分闸不同期时间（≤3ms），测试数值：（　　）ms。 （6）测试合闸不同期时间（≤5ms），测试数值：（　　）ms。 （7）测试合闸弹跳时间（10kV弹跳时间≤2ms），测试数值：（　　）ms。 （8）分闸线圈绝缘正常：1000V电压下测量绝缘电阻应≥10MΩ，测试数值：（　　）MΩ。 （9）测试分闸反弹幅值（不应超过额定开距的20%）。 （10）合闸线圈绝缘正常：1000V电压下测量绝缘电阻应≥10MΩ，测试数值：（　　）MΩ。 （11）合闸脱扣是否达标： □是　　□否 额定电压：____V

序号	关键工序	标准及要求	风险辨识与预控措施	执行完打√或记录数据
9	断路器机械特性测试	应可靠动作。当电源电压低于额定电压的30%时，脱扣器不应脱扣。在使用电磁机构时，合闸电磁铁线圈通流时的端电压为操作电压额定值的80%（关合峰值电流等于或大于50kA时为85%）时应可靠动作	（12）测试现场出现明显异常情况时（如异音、电压波动、系统接地等），应立即停止测试	分闸脱扣是否达标 □是　　□否 额定电压：____V 低电压脱扣是否达标 □是　　□否 最低动作电压：____V 额定电压：____V
10	手车式断路器检查	（1）手车各部分外观清洁、无异物。 （2）与接地开关、柜门联锁逻辑正确，推进退出灵活，隔离挡板动作正确。 （3）绝缘件表面清洁，无变色、开裂。 （4）梅花触头表面无氧化、松动、烧伤，涂有薄层中性凡士林。 （5）断路器机构分、合闸机械位置，储能弹簧已储能位置及动作。 （6）计数器显示正常。 （7）母线停电时，应检查触头盒无裂纹，固定螺栓满足力矩要求	（1）断开与断路器相关的各类电源并确认无电压。 （2）工作前，操动机构应充分释放所储能量	
11	断路器弹簧机构检查	（1）检查机构各紧固螺丝有无松动，机构底部有无异物，机械传动部件无变形、损坏，脱出，转动部分涂抹适合当地气候的润滑脂。 （2）胶垫缓冲器橡胶无破碎、粘化，油缓冲器动作正常，无渗漏油。 （3）查看计数器为不可复归型、记录断路器的动作次数。 （4）辅助回路和控制电缆、接地线外观完好，绝缘电阻符合要求。 （5）储能电动机工作电流及储能时间检测，检测结果符合设备技术文件要求。储能电动机在85%～110%的额定电压下能可靠工作。 （6）分合闸线圈电阻检测，检测结果符合设备技术文件要求，没明确要求时，以线圈电阻初值差不超过5%作为依据	（1）断开与断路器相关的各类电源并确认无电压。 （2）工作前，操动机构应充分释放所储能量	
12	驱潮、加热装置检查	驱潮、加热装置接线无松动，端子编号齐全，工作正常。若加热驱潮装置采用自动温湿度控制器投切，自动温湿度控制器应工作正常	检查时应使用非接触式测温仪，防止被驱潮、加热装置烫伤	

3. 签名确认

工作人员确认签名	

4. 执行评价

工作负责人签名:

附录 E-2 固定式开关柜例行检查标准作业卡

编制人：＿＿＿＿＿＿＿＿＿ 审核人：＿＿＿＿＿＿＿＿＿

1．作业信息

设备双重编号		工作时间	年　月　日 至 年　月　日	作业卡编号	变电站名称＋工作类别＋年月＋序号

2．工序要求

序号	关键工序	标准及要求	风险辨识与预控措施	执行完打√或记录数据
1	开关柜柜体检查	（1）柜体表面清洁，漆面无变色、起皮、锈蚀。 （2）观察窗玻璃无裂纹、破碎，新安装的观察窗应使用机械强度与外壳相当的内有接地屏蔽网的钢化玻璃遮板。 （3）柜门门把手关启良好，柜体密封良好，螺栓、销钉无松动、脱落。 （4）接地线的连接螺栓无松动、接地线固定良好。 （5）开关柜泄压通道符合要求	工作时与相邻带电开关柜及功能隔室保持足够的安全距离或采取可靠的隔离措施	
2	固定式开关柜隔离开关检查	（1）各转动部位转动灵活，开口销无脱落。 （2）绝缘表面清洁，无破损，无放电痕迹。 （3）动、静触头接触表面无氧化、无烧损，涂有薄层中性凡士林。 （4）三相合闸同期、开距符合规定要求。 （5）操动机构机械闭锁完好可靠。 （6）测量隔离开关回路电阻值，电阻值符规定要求。 （7）微动开关应切换正常，与后台位置指示	（1）断开与隔离开关相关的各类电源并确认无电压。 （2）现场再次核查停电方式和开关柜结构，对母线与主变压器、线路未同时停电，拉手线路或低压侧分布式电源接入等存在返送电可能的线路，应立体辨识带电部位和危险点，采取针对性安全措施加以防范	
3	接地开关检查	（1）接地开关表面清洁，无污物，涂有薄层中性凡士林。 （2）手动拉合接地开关，分合闸可靠动作。 （3）接地开关的连接销钉齐全、传动部分转动灵活。 （4）接地开关与带电显示装置的联锁功能正常。 （5）接地开关和开关柜后门连锁功能正常	（1）断开与接地开关相关的各类电源并确认无电压。 （2）操作接地开关时，接地开关上严禁有人工作	

286

序号	关键工序	标准及要求	风险辨识与预控措施	执行完打√或记录数据
4	电流互感器检查	（1）外观清洁，无破损。 （2）分支线螺栓紧固，接线板无过热、变形。 （3）电流互感器二次接线正确，清洁、紧固，编号清晰。 （4）外壳接地线固定良好，与带电部分保持足够安全距离。 （5）穿芯式电流互感器等电位线采用软铜线，位于屏蔽罩内，无脱落	（1）断开与电流互感器相关的各类电源并确认无电压。 （2）拆下的电源线头所作标记正确、清晰、牢固，防潮措施可靠	
5	电压互感器检查	（1）外观清洁，无破损。 （2）接线连接紧固。 （3）电压互感器二次接线正确，清洁、紧固，编号清晰。 （4）接地线固定良好，与带电部分保持足够安全距离。 （5）电压互感器熔断器正常。 （6）电压互感器的中性点接线完好可靠，经消谐器接地时，消谐器完好正常	（1）断开与电压互感器相关的各类电源并确认无电压。 （2）拆下的电源线头所作标记正确、清晰、牢固，防潮措施可靠	
6	避雷器检查	（1）外观清洁，无破损。 （2）接线连接紧固。 （3）接地线固定良好，与带电部分保持足够安全距离。 （4）放电计数器泄漏电流指示正确	（1）断开与避雷器相关的各类电源并确认无电压。 （2）核实避雷器实际接线与一次系统图一致，对于与母线直接连接的避雷器，应将母线停电	
7	高压带电显示装置检查	（1）二次接线整洁，接线紧固，编号完整清晰。 （2）高压带电显示装置外观清洁、无破损。 （3）高压带电显示装置固定牢固，紧固螺栓无松动。带电显示装置自检合格	（1）断开与电缆室相关的各类电源并确认无电压。 （2）工作时与相邻带电开关柜及功能隔室保持足够的安全距离或采取可靠的隔离措施	
8	固定式开关柜联锁性能检查	（1）断路器合闸时，机械闭锁位置手柄无法打到分闸闭锁位置。 （2）隔离开关合闸时，接地开关无法操作。 （3）接地开关分闸时，前柜门无法打开。 （4）前柜门打开时，机械闭锁位置手柄无法打到分闸闭锁位置。 （5）接地开关合闸时，上下隔离开关无法操作	（1）断开与开关柜相关的各类电源并确认无电压。 （2）工作期间，禁止随意解除闭锁装置	

序号	关键工序	标准及要求	风险辨识与预控措施	执行完打√或记录数据
9	断路器机械特性测试	（1）测试前根据被试断路器控制电源的类型和额定电压，选择合适的触发方式并调节好控制电源电压。 （2）测速时，根据被试断路器的制造厂不同、断路器型号不同，需要进行相应的"行程设置"。 （3）分、合闸速度测量时应取产品技术条件所规定区段的平均速度，通常可分为刚分速度、刚合速度及最大分闸速度、最大合闸速度，真空断路器一般推荐取刚分后和刚合前6mm内的平均速度分别作为刚分和刚合速度。 （4）使用"内触发"方式测试前必须断开被试断路器控制电源。 （5）使用仪器对断路器进行储能时必须提前断开断路器储能电源。 （6）根据断路器现场实际情况选择合适的测速传感器。 （7）并联合闸脱扣器在合闸装置额定电源电压的85%～110%范围内，应可靠动作。 （8）并联分闸脱扣器在分闸装置额定电源电压的65%～110%（直流）或85%～110%（交流）范围内，应可靠动作。 （9）当电源电压低于额定电压的30%时，脱扣器不应脱扣。在使用电磁机构时，合闸电磁铁线圈通流时的端电压为操作电压额定值的80%（关合峰值电流等于或大于50kA时为85%）时应可靠动作	（1）应严格执行《国家电网公司电力安全工作规程（变电部分）》的相关要求。 （2）测试工作不得少于2人。测试负责人应由有经验的人员担任，测试负责人在测试期间应始终行使监护职责，不得擅离岗位或兼职其他工作。开始测试前，测试负责人应向全体测试人员详细布置测试中的安全注意事项，交待邻近间隔的带电部位，以及其他安全注意事项。 （3）应确保操作人员及测试仪器与电力设备的高压部分保持足够的安全距离。 （4）测试前，应将设备外壳可靠接地后，方可进行其他接线。 （5）测试装置的电源开关，应使用明显断开的双极刀闸。为了防止误合刀闸，可在刀闸上加绝缘罩。测试装置的低压回路中应有2个串联电源开关，并加装过载自动跳闸装置。 （6）测试前必须认真检查测试接线，尤其是接入断路器的分、合闸控制电源，应正确无误。 （7）测试前，应通知有关人员离开被试设备，并取得测试负责人许可，方可开机测试。 （8）测试过程中应有人监护并呼唱，断路器处禁止其他工作。 （9）安装、拆除传感器前应确认断路器分、合闸能量完全释放，控制电源及电机电源完全断开。 （10）传感器安装时应选择合适的位置，防止由于传感器安装不当，造成断路器动作时损坏仪器及断路器。 （11）当使用仪器内触发储能方式时，应检查断路器储能电源已可靠断开。 （12）变更接线或测试结束时，应首先断开测试电源。 （13）测试现场出现明显异常情况时（如异音、电压波动、系统接地等），应立即停止测试	（1）测试辅助回路绝缘电阻值。（1000V 绝缘电阻表），不低于2MΩ，测试数值：（　　）MΩ。 （2）测试控制回路绝缘电阻值。（1000V 绝缘电阻表），不低于2MΩ，测试数值：（　　）MΩ。 （3）测试分闸时间，测试数值：（　　）ms。 （4）测试合闸时间，测试数值：（　　）ms。 （5）测试分闸不同期时间（≤3ms），测试数值：（　　）。 （6）测试合闸不同期时间（≤5ms），测试数值：（　　）。 （7）测试合闸弹跳时间（10kV 弹跳时间≤2ms），测试数值：（　　）ms。 （8）分闸线圈绝缘正常：1000V 电压下测量绝缘电阻应≥10MΩ，测试数值：（　　）MΩ。 （9）测试分闸反弹幅值（不应超过额定开距的20%）。 （10）合闸线圈绝缘正常：1000V 电压下测量绝缘电阻应≥10MΩ，测试数值：（　　）MΩ。 （11）合闸脱扣是否达标： □是　　□否 额定电压：＿＿＿V 分闸脱扣是否达标： □是　　□否 额定电压：＿＿＿V 低电压脱扣是否达标： □是　　□否 最低动作电压：＿＿＿V 额定电压：＿＿＿V
10	固定式断路器检查	（1）断路器本体外观清洁，无破损。 （2）绝缘件表面无变色、开裂，将绝缘件表面擦拭干净。 （3）电气连接部位螺栓紧固，接线板无过热。 （4）断路器机构分、合闸机械位置，储能弹簧已储能位置及动作计数器显示正常。 （5）断路器与隔离开关联锁动作正常	（1）断开与断路器相关的各类电源并确认无电压。 （2）工作前，操动机构应充分释放所储能量	

序号	关键工序	标准及要求	风险辨识与预控措施	执行完打√或记录数据
11	断路器弹簧机构检查	（1）检查机构各紧固螺丝有无松动，机构底部有无异物，机械传动部件无变形、损坏，脱出，转动部分涂抹适合当地气候的润滑脂。 （2）胶垫缓冲器橡胶无破碎、粘化，油缓冲器动作正常，无渗漏油。 （3）查看计数器为不可复归型，记录断路器的动作次数。 （4）辅助回路和控制电缆、接地线外观完好，绝缘电阻符合要求。 （5）储能电动机工作电流及储能时间检测，检测结果符合设备技术文件要求。储能电动机在85%～110%的额定电压下能可靠工作。 （6）分合闸线圈电阻检测，检测结果符合设备技术文件要求，没明确要求时，以线圈电阻初值差不超过5%作为依据	（1）断开与断路器相关的各类电源并确认无电压。 （2）工作前，操动机构应充分释放所储能量	
12	断路器电磁机构检查	（1）机械传动部件无变形、损坏，脱出，转动部分涂抹适合当地气候的润滑脂。 （2）胶垫缓冲器橡胶无破碎、粘化，油缓冲器动作正常，无渗漏油。 （3）限位螺栓、螺母无松动。 （4）查看计数器为不可复归型，记录断路器的动作次数。 （5）衔铁、掣子、扣板及弹簧动作可靠，扣合间隙符合厂家要求。 （6）辅助回路和控制电缆、接地线外观完好，绝缘电阻符合要求。 （7）合闸保险接触良好，合闸接触器动作正常。 （8）分闸线圈电阻检测，检测结果符合设备技术文件要求，无明确要求时，线圈电阻初值差不超过5%，绝缘值符合相关技术标准要求。 （9）当操作电压在合闸装置额定电源电压的85%～110%范围内，可靠动作（当电磁机构断路器关合电流峰值小于50kA时，直流操作电压范围为80%～110%额定电源电压）。 （10）并联分闸脱扣器在分闸装置额定电源电压的65%～110%（直流）或85%～110%（交流）范围内，可靠动作。 （11）当电源电压低于额定电压的30%时，脱扣器不动作。记录脱扣器启动电压值	（1）断开与断路器相关的各类电源并确认无电压。 （2）工作前，操动机构应充分释放所储能量	

序号	关键工序	标准及要求	风险辨识与预控措施	执行完打 √ 或记录数据
13	驱潮、加热装置检查	驱潮、加热装置接线无松动，端子编号齐全，工作正常。若加热驱潮装置采用自动温湿度控制器投切，自动温湿度控制器应工作正常	检查时应使用非接触式测温仪，防止被驱潮、加热装置烫伤	

3．签名确认

工作人员确认签名	

4．执行评价

工作负责人签名：

附录 E-3 手车式断路器整体维护标准作业卡

编制人： _____   审核人： _____

1. 作业信息

设备双重编号		工作时间	年 月 日 至 年 月 日	作业卡编号	变电站名称＋工作类别＋年月＋序号

2. 工序要求

序号	关键工序	标准及要求	风险辨识与预控措施	执行完打√或记录数据
1	手车式断路器检查	（1）手车各部分外观清洁、无异物。 （2）与接地开关、柜门联锁逻辑正确，推进退出灵活，隔离挡板动作正确。 （3）绝缘件表面清洁，无变色、开裂。 （4）梅花触头表面无氧化、松动，烧伤，涂有薄层中性凡士林。 （5）断路器机构分、合闸机械位置，储能弹簧已储能位置显示正常。 （6）计数器显示正常。 （7）母线停电时，应检查触头盒无裂纹，固定螺栓满足力矩要求	（1）断开与断路器相关的各类电源并确认无电压。 （2）工作前，操动机构应充分释放所储能量	
2	断路器弹簧机构检查	（1）检查机构各紧固螺丝有无松动，机构底部有无异物，机械传动部件无变形、损坏，脱出，转动部分涂抹适合当地气候的润滑脂。 （2）胶垫缓冲器橡胶无破碎、粘化，油缓冲器动作正常，无渗漏油。 （3）查看计数器为不可复归型，记录断路器的动作次数。 （4）辅助回路和控制电缆、接地线外观完好，绝缘电阻符合要求。 （5）储能电动机工作电流及储能时间检测，检测结果符合设备技术文件要求。储能电动机在85%～110%的额定电压下能可靠工作。 （6）分合闸线圈电阻检测，检测结果符合设备技术文件要求，没明确要求时，以线圈电阻初值差不超过5%作为依据	（1）断开与断路器相关的各类电源并确认无电压。 （2）工作前，操动机构应充分释放所储能量	

序号	关键工序	标准及要求	风险辨识与预控措施	执行完打√或记录数据
3	断路器机械特性测试	（1）测试前根据被试断路器控制电源的类型和额定电压，选择合适的触发方式并调节好控制电源电压。 （2）测速时，根据被试断路器的制造厂不同、断路器型号不同，需要进行相应的"行程设置"。 （3）分、合闸速度测量时应取产品技术条件所规定区段的平均速度，通常可分为刚分速度、刚合速度及最大分闸速度、最大合闸速度，真空断路器一般推荐取刚分后和刚合前6mm内的平均速度分别作为刚分和刚合速度。 （4）使用"内触发"方式测试前必须断开被试断路器控制电源。 （5）使用仪器对断路器进行储能时必须提前断开断路器储能电源。 （6）根据断路器现场实际情况选择合适的测速传感器。 （7）并联合闸脱扣器在合闸装置额定电源电压的85%～110%范围内，应可靠动作。 （8）并联分闸脱扣器在分闸装置额定电源电压的65%～110%（直流）或85%～110%（交流）范围内，应可靠动作。 （9）当电源电压低于额定电压的30%时，脱扣器不应脱扣。在使用电磁机构时，合闸电磁铁线圈通流时的端电压为操作电压额定值的80%（关合峰值电流等于或大于50kA时为85%）时应可靠动作	（1）应严格执行《国家电网公司电力安全工作规程（变电部分）》的相关要求。 （2）测试工作不得少于2人。测试负责人应由有经验的人员担任，测试负责人在测试期间应始终行使监护职责，不得擅离岗位或兼职其他工作。开始测试前，测试负责人应向全体测试人员详细布置测试中的安全注意事项，交待邻近间隔的带电部位，以及其他安全注意事项。 （3）应确保操作人员及测试仪器与电力设备的高压部分保持足够的安全距离。 （4）测试前，应将设备外壳可靠接地后，方可进行其他接线。 （5）测试装置的电源开关，应使用明显断开的双极刀闸。为了防止误合刀闸，可在刀刃上加绝缘罩。测试装置的低压回路中应有2个串联电源开关，并加装过载自动跳闸装置。 （6）测试前必须认真检查测试接线，尤其是接入断路器的分、合闸控制电源，应正确无误。 （7）测试前，应通知有关人员离开被试设备，并取得测试负责人许可，方可开机测试。 （8）测试过程中应有人监护并呼唱，断路器处禁止其他工作。 （9）安装、拆除传感器前应确认断路器分、合闸能量完全释放，控制电源及电机电源完全断开。 （10）传感器安装时应选择合适的位置，防止由于传感器安装不当，造成断路器动作时损坏仪器及断路器。 （11）当使用仪器内触发储能方式时，应检查断路器储能电源已可靠断开。 （12）变更接线或测试结束时，应首先断开测试电源。 （13）测试现场出现明显异常情况时（如异音、电压波动、系统接地等），应立即停止测试	（1）测试辅助回路绝缘电阻值。（1000V绝缘电阻表），不低于2MΩ，测试数值：（　　）MΩ。 （2）测试控制回路绝缘电阻值。（1000V绝缘电阻表），不低于2MΩ，测试数值：（　　）MΩ。 （3）测试分闸时间，测试数值：（　　）ms。 （4）测试合闸时间，测试数值：（　　）ms。 （5）测试分闸不同期时间（≤3ms），测试数值：（　　）ms。 （6）测试合闸不同期时间（≤5ms），测试数值：（　　）ms。 （7）测试合闸弹跳时间（10kV弹跳时间≤2ms），测试数值：（　　）ms。 （8）分闸线圈绝缘正常：1000V电压下测量绝缘电阻应≥10MΩ，测试数值：（　　）MΩ。 （9）测试分闸反弹幅值（不应超过额定开距的20%）。 （10）合闸线圈绝缘正常：1000V电压下测量绝缘电阻应≥10MΩ，测试数值：（　　）MΩ。 （11）合闸脱扣是否达标？ □是　　□否 额定电压：＿＿＿V 分闸脱扣是否达标： □是　　□否 额定电压：＿＿＿V 低电压脱扣是否达标： □是　　□否 最低动作电压：＿＿＿V 额定电压：＿＿＿V

3．签名确认

工作人员确认签名	

4．执行评价

工作负责人签名：

附录 E-4 固定式断路器整体维护标准作业卡

编制人：＿＿＿＿＿＿　　审核人：＿＿＿＿＿＿

1．作业信息

设备双重编号		工作时间	年　月　日 至 年　月　日	作业卡编号	变电站名称＋工作类别＋年月＋序号

2．工序要求

序号	关键工序	标准及要求	风险辨识与预控措施	执行完打√ 或记录数据
1	固定式断路器检查	（1）断路器本体外观清洁，无破损。 （2）绝缘件表面无变色、开裂，将绝缘件表面擦拭干净。 （3）电气连接部位螺栓紧固，接线板无过热。 （4）断路器机构分、合闸机械位置，储能弹簧已储能位置及动作计数器显示正常。 （5）断路器与隔离开关联锁动作正常	（1）断开与断路器相关的各类电源并确认无电压。 （2）工作前，操动机构应充分释放所储能量	
2	断路器弹簧机构检查	（1）检查机构各紧固螺丝有无松动，机构底部有无异物，机械传动部件无变形、损坏、脱出，转动部分涂抹适合当地气候的润滑脂。 （2）胶垫缓冲器橡胶无破碎、粘化，油缓冲器动作正常，无渗漏油。 （3）查看计数器为不可复归型，记录断路器的动作次数。 （4）辅助回路和控制电缆、接地线外观完好，绝缘电阻符合要求。 （5）储能电动机工作电流及储能时间检测，检测结果符合设备技术文件要求。储能电动机在85%～110%的额定电压下能可靠工作。 （6）分合闸线圈电阻检测，检测结果符合设备技术文件要求，没明确要求时，以线圈电阻初值差不超过5%作为依据	（1）断开与断路器相关的各类电源并确认无电压。 （2）工作前，操动机构应充分释放所储能量	

序号	关键工序	标准及要求	风险辨识与预控措施	执行完打√或记录数据
3	断路器电磁机构检查	（1）机械传动部件无变形、损坏，脱出，转动部分涂抹适合当地气候的润滑脂。 （2）胶垫缓冲器橡胶无破碎、粘化，油缓冲器动作正常，无渗漏油。 （3）限位螺栓、螺母无松动。 （4）查看计数器为不可复归型，记录断路器的动作次数。 （5）衔铁、掣子、扣板及弹簧动作可靠，扣合间隙符合厂家要求。 （6）辅助回路和控制电缆、接地线外观完好，绝缘电阻符合要求。 （7）合闸保险接触良好，合闸接触器动作正常。 （8）分闸线圈电阻检测，检测结果符合设备技术文件要求，无明确要求时，线圈电阻初值差不超过 5%，绝缘值符合相关技术标准要求。 （9）当操作电压在合闸装置额定电源电压的 85%～110%范围内，可靠动作（当电磁机构断路器关合电流峰值小于 50kA 时，直流操作电压范围为 80%～110%额定电源电压）。 （10）并联分闸脱扣器在分闸装置额定电源电压的 65%～110%（直流）或 85%～110%（交流）范围内，可靠动作。 （11）当电源电压低于额定电压的 30%时，脱扣器不动作。记录脱扣器启动电压值	（1）断开与断路器相关的各类电源并确认无电压。 （2）工作前，操动机构应充分释放所储能量	
4	断路器机械特性测试	（1）测试前根据被试断路器控制电源的类型和额定电压，选择合适的触发方式并调节好控制电源电压。 （2）测速时，根据被试断路器的制造厂不同、断路器型号不同，需要进行相应的"行程设置"。 （3）分、合闸速度测量时应取产品技术条件所规定区段的平均速度，通常可分为刚分速度、刚合速度及最大分闸速度、最大合闸速度，真空断路器一般推荐取刚分后和刚合前 6mm 内的平均速度分别作为刚分和刚合速度。 （4）使用"内触发"方式测试前必须断开被试断路器控制电源。	（1）应严格执行《国家电网公司电力安全工作规程（变电部分）》的相关要求。 （2）测试工作不得少于 2 人。测试负责人应由有经验的人员担任，测试负责人在测试期间应始终行使监护职责，不得擅离岗位或兼职其他工作。开始测试前，测试负责人应向全体测试人员详细布置测试中的安全注意事项，交待邻近间隔的带电部位，以及其他安全注意事项。 （3）应确保操作人员及测试仪器与电力设备的高压部分保持足够的安全距离。 （4）测试前，应将设备外壳可靠接地后，方可进行其他接线。	（1）测试辅助回路绝缘电阻值。（1000V 绝缘电阻表），不低于 2MΩ，测试数值：（　　）MΩ。 （2）测试控制回路绝缘电阻值。（1000V 绝缘电阻表），不低于 2MΩ，测试数值：（　　）MΩ。 （3）测试分闸时间，测试数值：（　　）ms。 （4）测试合闸时间，测试数值：（　　）ms。 （5）测试分闸不同期时间（≤3ms），测试数值：（　　）ms。 （6）测试合闸不同期时间（≤5ms），测试数值：（　　）ms。

序号	关键工序	标准及要求	风险辨识与预控措施	执行完打 √ 或记录数据
4	断路器机械特性测试	（5）使用仪器对断路器进行储能时必须提前断开断路器储能电源。 （6）根据断路器现场实际情况选择合适的测速传感器。 （7）并联合闸脱扣器在合闸装置额定电源电压的 85%～110% 范围内，应可靠动作。 （8）并联分闸脱扣器在分闸装置额定电源电压的 65%·-110%（直流）或 85%～110%（交流）范围内，应可靠动作。 （9）当电源电压低于额定电压的 30% 时，脱扣器不应脱扣。在使用电磁机构时，合闸电磁铁线圈通流时的端电压为操作电压额定值的 80%（关合峰值电流等于或大于 50kA 时为 85%）时应可靠动作	（5）测试装置的电源开关，应使用明显断开的双极刀闸。为了防止误合刀闸，可在刀刃上加绝缘罩。测试装置的低压回路中应有 2 个串联电源开关，并加装过载自动跳闸装置。 （6）测试前必须认真检查测试接线，尤其是接入断路器的分、合闸控制电源，应正确无误。 （7）测试前，应通知有关人员离开被试设备，并取得测试负责人许可，方可开机测试。 （8）测试过程中应有人监护并呼唱，断路器处禁止其他工作。 （9）安装、拆除传感器前应确认断路器分、合闸能量完全释放，控制电源及电机电源完全断开。 （10）传感器安装时应选择合适的位置，防止由于传感器安装不当，造成断路器动作时损坏仪器及断路器。 （11）当使用仪器内触发储能方式时，应检查断路器储能电源已可靠断开。 （12）变更接线或测试结束时，应首先断开测试电源。 （13）测试现场出现明显异常情况时（如异音、电压波动、系统接地等），应立即停止测试	（7）测试合闸弹跳时间（10kV 弹跳时间≤2ms），测试数值：（　）ms。 （8）分闸线圈绝缘正常：1000V 电压下测量绝缘电阻应≥10MΩ，测试数值：（　）MΩ。 （9）测试分闸反弹幅值（不应超过额定开距的 20%）。 （10）合闸线圈绝缘正常：1000V 电压下测量绝缘电阻应≥10MΩ，测试数值：（　）MΩ。 （11）合闸脱扣是否达标： □是　　□否 额定电压：＿＿V 分闸脱扣是否达标： □是　　□否 额定电压：＿＿V 低电压脱扣是否达标： □是　　□否 最低动作电压：＿＿V 额定电压：＿＿V

3．签名确认

工作人员确认签名	

4．执行评价

工作负责人签名：

附录 E-5 作业手车式开关柜专业巡视标准卡

编制人：_____   审核人：_____

1．作业信息

设备双重编号		工作时间	年　月　日 至 年　月　日	作业卡编号	变电站名称＋工作类别＋年月＋序号

2．工序要求

序号	关键工序	标准及要求	风险辨识与预控措施	执行完打 √ 或记录数据
1	开关柜巡视	（1）漆面无变色、鼓包、脱落。 （2）外部螺丝、销钉无松动、脱落。 （3）观察窗玻璃无裂纹、破碎。 （4）柜门无变形，柜体密封良好，无明显过热。 （5）泄压通道无异常。 （6）开关柜无异响、异味。 （7）各功能隔室照明正常。 （8）开关柜间母联桥箱、进线桥箱应无沉降变形。 （9）铭牌完整清晰。 （10）接地开关能可靠闭锁电缆室柜门	应严格执行《国家电网公司电力安全工作规程（变电部分）》的相关要求，检修人员填写变电站第二种工作票，运维人员使用维护作业卡	
2	断路器室巡视	（1）断路器无异响、异味、放电痕迹。 （2）断路器分、合闸、储能指示正确	应严格执行《国家电网公司电力安全工作规程（变电部分）》的相关要求，检修人员填写变电站第二种工作票，运维人员使用维护作业卡	
3	仪表室巡视	（1）带电显示装置显示正常，自检功能正常。 （2）断路器分合闸、手车位置及储能指示显示正常，与实际状态相符。 （3）接地开关位置指示显示正常，与实际运行位置相符。 （4）驱潮、加热装置接线无松动，端子编号齐全，工作正常。若加热驱潮装置采用自动温湿度控制器投切，自动温湿度控制器应工作正常。 （5）额定电流 2500A 及以上金属封闭高压开关柜的风机自动/手动投切功能应工作正常。 （6）二次线及端子排无锈蚀松动，柜内无异物	应严格执行《国家电网公司电力安全工作规程（变电部分）》的相关要求，检修人员填写变电站第二种工作票，运维人员使用维护作业卡	

3．签名确认

工作人员确认签名	

4．执行评价

工作负责人签名：

附录 E-6 固定式开关柜专业巡视标准作业卡

编制人：＿＿＿＿＿＿＿＿＿   审核人：＿＿＿＿＿＿＿＿＿

1．作业信息

设备双重编号		工作时间	年 月 日 至 年 月 日	作业卡编号	变电站名称＋工作类别＋年月＋序号

2．工序要求

序号	关键工序	标准及要求	风险辨识与预控措施	执行完打√或记录数据
1	开关柜巡视	（1）漆面无变色、鼓包、脱落。 （2）外部螺丝、销钉无松动、脱落。 （3）观察窗玻璃无裂纹、破碎。 （4）柜门无变形，柜体密封良好，无明显过热。 （5）泄压通道无异常。 （6）开关柜无异响、异味。 （7）各功能隔室照明正常。 （8）避雷器放电计数器泄漏电流指示正确。 （9）开关柜间母联桥箱、进线桥箱应无沉降变形	应严格执行《国家电网公司电力安全工作规程（变电部分）》的相关要求，检修人员填写变电站第二种工作票，运维人员使用维护作业卡	
2	断路器室巡视	（1）断路器无异响、异味、放电痕迹。 （2）断路器分、合闸、储能指示正确	应严格执行《国家电网公司电力安全工作规程（变电部分）》的相关要求，检修人员填写变电站第二种工作票，运维人员使用维护作业卡	
3	母线室巡视	（1）母线支柱绝缘子及穿柜套管表面清洁，无损伤、爬电痕迹。 （2）母线相序及运行编号标示清晰可识别。 （3）母线连接螺栓无松动、脱落、过热。 （4）隔离开关绝缘子表面清洁，无损伤、爬电痕迹。 （5）隔离开关触头清洁，无烧伤痕迹；动静触头接触良好，插入深度符合厂家要求；接地开关位置正确。 （6）母线绝缘护套完整，包封严密	应严格执行《国家电网公司电力安全工作规程 变电部分》的相关要求，检修人员填写变电站第二种工作票，运维人员使用维护作业卡	

序号	关键工序	标准及要求	风险辨识与预控措施	执行完打 √ 或记录数据
4	仪表室巡视	（1）带电显示装置显示正常，自检功能正常。 （2）断路器分合闸、储能指示显示正常，与断路器分合闸状态相符。 （3）驱潮、加热装置接线无松动，端子编号齐全，工作正常。若加热驱潮装置采用自动温湿度控制器投切，自动温湿度控制器应工作正常。 （4）二次线及端子排应无锈蚀松动，柜内无异物	应严格执行《国家电网公司电力安全工作规程　变电部分》的相关要求，检修人员填写变电站第二种工作票，运维人员使用维护作业卡	

3. 签名确认

工作人员确认签名	

4. 执行评价

工作负责人签名：

附录 F-1 油浸式电流互感器例行检修标准作业卡

编制人： _____   审核人： _____

1. 作业信息

设备双重编号		工作时间	年 月 日 至 年 月 日	作业卡编号	变电站名称＋工作类别＋年月＋序号

2. 工序要求

序号	关键工序	标准及要求	风险辨识与预控措施	执行完打√或记录数据
1	接线端子检查	（1）一、二次接线端子应连接牢固，接触良好，标志清晰，无过热痕迹。 （2）端子密封完好，无渗漏，清洁无氧化	（1）电流互感器二次侧严禁开路。 （2）应认真检查电流互感器的状态，应注意对继电保护和安全自动装置的影响，防止误动。 （3）断开与互感器相关的各类电源并确认无压。拆下的控制回路及电源线头所作标记正确、清晰、牢固，防潮措施可靠。 （4）接取低压电源时，防止触电伤人。对于因平行或邻近带电设备导致检修设备可能产生感应电压时，应加装防止感应电的安全措施。 （5）高处作业应正确使用安全带，作业人员在转移作业位置时不准失去安全保护。 （6）一次设备试验工作不得少于2人；试验作业前，必须规范设置安全隔离区域，向外悬挂"止步，高压危险！"警示牌。设专人监护，严禁非作业人员进入。设备试验时，应将所要试验的设备与其他相邻设备做好物理隔离措施。 （7）调试过程试验电源应从试验电源屏或检修电源箱取得，严禁使用绝缘破损的电源线，用电设备与电源点距离超过3m的，必须使用带漏电保护器的移动式电源盘，试验设备和被试设备应可靠接地，设备通电过程中，试验人员不得中途离开。工作结束后应及时将试验电源断开。 （8）装、拆试验接线应在接地保护范围内，穿绝缘鞋。在绝缘垫上加压操作，与加压设备保持足够的安全距离。 （9）更换试验接线前，应对测试设备充分放电	
2	设备外观及金属部件检查	（1）设备外观完好无损。外绝缘表面清洁、无裂纹及放电现象。 （2）金属部位无锈蚀，底座、构架牢固，无倾斜变形。 （3）架构、遮栏、器身外涂漆层清洁、无爆皮掉漆。 （4）无异常振动、异常声音及异味		
3	接地检查	（1）二次回路应在端子排处一点接地。 （2）接地点连接可靠		
4	油位检查	（1）油浸式电流互感器各部位应无渗漏油现象。 （2）结合环境温度判定油浸式电流互感器油位正常。 （3）油浸式电流互感器油位正常。膨胀器外罩最高（Max）、最低（Min）油位线及20℃的标准油位线标注清晰		
5	末屏检查	（1）末屏检查接触导通良好，末屏引出小套管接地良好，并有防转动措施。 （2）末屏小套管应清洁，无积污，无破损渗漏，无放电烧伤痕迹		
6	金属膨胀器检查	油浸式电流互感器金属膨胀器指示正常，无渗漏		

3．签名确认

工作人员确认签名	

4．执行评价

工作负责人签名：

附录 F-2 干式电流互感器例行检修标准作业卡

编制人：＿＿＿＿＿＿＿＿＿　　审核人：＿＿＿＿＿＿＿＿＿

1．作业信息

设备双重编号		工作时间	年　月　日 至 年　月　日	作业卡编号	变电站名称＋工作类别＋年月＋序号

2．工序要求

序号	关键工序	标准及要求	风险辨识与预控措施	执行完打√或记录数据
1	接线端子检查	一、二次接线端子应连接牢固，接触良好，标志清晰，无过热痕迹	（1）电流互感器二次侧严禁开路。 （2）应认真检查电流互感器的状态，应注意对继电保护和安全自动装置的影响，防止误动。 （3）断开与互感器相关的各类电源并确认无压。拆下的控制回路及电源线头所作标记正确、清晰、牢固，防潮措施可靠。 （4）接取低压电源时，防止触电伤人。对于因平行或邻近带电设备导致检修设备可能产生感应电压时，应加装防止感应电的安全措施。	
2	设备外观及金属部件检查	（1）设备外观完好无损。外绝缘表面清洁、无裂纹及放电现象。 （2）金属部位无锈蚀，底座、构架牢固，无倾斜变形。 （3）架构、遮栏、器身外涂漆层清洁、无爆皮掉漆。 （4）无异常振动、异常声音及异味。 （5）干式电流互感器各部位应无漏胶裂纹现象	（5）高处作业应正确使用安全带，作业人员在转移作业位置时不准失去安全保护。 （6）一次设备试验工作不得少于 2 人；试验作业前，必须规范设置安全隔离区域，向外悬挂"止步，高压危险！"的警示牌。设专人监护，严禁非作业人员进入。设备试验时，应将所要试验的设备与其他相邻设备做好物理隔离措施。 （7）调试过程试验电源应从试验电源屏或检修电源箱取得，严禁使用绝缘破损的电源线，用电设备与电源点距离超过 3m 的，必须使用带漏电保护器的移动式电源盘，试验设备和被试设备应可靠接地，设备通电过程中，试验人员不得中途离开。工作结束后应及时将试验电源断开。	
3	接地检查	（1）二次回路应在端子排处一点接地。 （2）接地点连接可靠	（8）装、拆试验接线应在接地保护范围内，穿绝缘鞋。在绝缘垫上加压操作，与加压设备保持足够的安全距离。 （9）更换试验接线前，应对测试设备充分放电	

3. 签名确认

工作人员确认签名	

4. 执行评价

工作负责人签名：

附录 F-3 SF₆ 电流互感器例行检修标准作业卡

编制人：＿＿＿＿＿＿＿＿＿   审核人：＿＿＿＿＿＿＿＿＿

1．作业信息

设备双重编号		工作时间	年　月　日至年　月　日	作业卡编号	变电站名称＋工作类别＋年月＋序号

2．工序要求

序号	关键工序	标准及要求	风险辨识与预控措施	执行完打√或记录数据
1	接线端子检查	一、二次接线端子应连接牢固，接触良好，标志清晰，无过热痕迹	（1）电流互感器二次侧严禁开路。（2）应认真检查电流互感器的状态，应注意对继电保护和安全自动装置的影响，防止误动。	
2	设备外观及金属部件检查	（1）设备外观完好无损。外绝缘表面清洁、无裂纹及放电现象。（2）金属部位无锈蚀，底座、构架牢固，无倾斜变形。（3）架构、遮栏、器身外涂漆层清洁、无爆皮掉漆。（4）无异常振动、异常声音及异味。（5）气体绝缘电流互感器防爆膜完好	（3）断开与互感器相关的各类电源并确认无压。拆下的控制回路及电源线头所作标记正确、清晰、牢固，防潮措施可靠。（4）接取低压电源时，防止触电伤人。对于因平行或邻近带电设备导致检修设备可能产生感应电压时，应加装防止感应电的安全措施。（5）高处作业应正确使用安全带，作业人员在转移作业位置时不准失去安全保护。（6）一次设备试验工作不得少于 2 人；试验作业前，必须规范设置安全隔离区域，向外悬挂"止步，高压危险！"的警示牌。设专人监护，严禁非作业人员进入。设备试验时，应将所要试验的设备与其他相邻设备做好物理隔离措施。（7）调试过程试验电源应从试验电源屏或检修电源箱取得，严禁使用绝缘破损的电源线，用电设备与电源点距离超过 3m 的，必须使用带漏电保护器的移动式电源盘，试验设备和被试设备应可靠接地，设备通电过程中，试验人员不得中途离开。工作结束后应及时将试验电源断开。（8）装、拆试验接线应在接地保护范围内，穿绝缘鞋。在绝缘垫上加压操作，与加压设备保持足够的安全距离。（9）更换试验接线前，应对测试设备充分放电	
3	接地检查	（1）二次回路应在端子排处一点接地。（2）接地点连接可靠		
4	压力检查	（1）气体绝缘电流互感器各部位应无漏气现象。（2）气体绝缘电流互感器压力表的压力值正常		
5	密度继电器检查	气体绝缘电流互感器校验 SF₆ 密度继电器的整定值，校验核对信号回路符合设计及运行要求		

3．签名确认

工作人员确认签名	

4．执行评价

工作负责人签名：

附录 F-4 油浸式电流互感器专业巡视标准作业卡

编制人：_____   审核人：_____

1．作业信息

设备双重编号		工作时间	年　月　日 至 年　月　日	作业卡编号	变电站名称＋工作类别＋年月＋序号

2．工序要求

序号	关键工序	标准及要求	风险辨识与预控措施	执行完打√或记录数据
1	油浸式电流互感器专业巡视	（1）设备外观完好、无渗漏；外绝缘表面清洁、无裂纹及放电现象。 （2）金属部位无锈蚀，底座、构架牢固，无倾斜变形，设备外涂漆层清洁、无大面积掉漆。 （3）一、二次、末屏引线接触良好，接头无过热，各连接引线无发热、变色，本体温度无异常，一次导电杆及端子无变形、无裂痕。 （4）油位正常。 （5）本体二次接线盒密封良好，无锈蚀。无异常声响、异常振动和异常气味。 （6）接地点连接可靠。 （7）一次接线板支撑绝缘子无异常。 （8）一次接线板过电压保护器表面清洁、无裂纹	应注意与带电设备保持足够的安全距离	

3．签名确认

工作人员确认签名	

4．执行评价

工作负责人签名：

附录 F-5 干式电流互感器专业巡视标准作业卡

编制人：_____ 审核人：_____

1. 作业信息

设备双重编号		工作时间	年 月 日 至 年 月 日	作业卡编号	变电站名称＋工作类别＋年月＋序号

2. 工序要求

序号	关键工序	标准及要求	风险辨识与预控措施	执行完打√或记录数据
1	干式电流互感器专业巡视	（1）设备外观完好；外绝缘表面清洁、无裂纹、漏胶及放电现象。 （2）金属部位无锈蚀，底座、构架牢固，无倾斜变形。 （3）设备外涂漆层清洁、无大面积掉漆。 （4）一、二次引线接触良好，接头无过热，各连接引线无过热迹象，本体温度无异常。 （5）本体二次接线盒密封良好，无锈蚀。 （6）无异常声响、异常振动和异常气味。 （7）接地点连接可靠	应注意与带电设备保持足够的安全距离	

3. 签名确认

工作人员确认签名	

4. 执行评价

工作负责人签名：

附录 F-6 SF₆ 电流互感器专业巡视标准作业卡

编制人：_____ 审核人：_____

1. 作业信息

设备双重编号		工作时间	年 月 日 至 年 月 日	作业卡编号	变电站名称＋工作类 别＋年月＋序号

2. 工序要求

序号	关键 工序	标准及要求	风险辨识与预控措施	执行完打√ 或记录数据
1	SF₆电 流互感 器专业 巡视	（1）设备外观完好；外绝缘表面清洁、无裂纹及放电现象。 （2）金属部位无锈蚀，底座、构架牢固，无倾斜变形。 （3）设备外涂漆层清洁、无大面积掉漆。 （4）一、二次引线接触良好，接头无过热，各连接引线无发热迹象，本体温度无异常。 （5）检查密度继电器（压力表）指示在正常规定范围，无漏气现象。 （6）本体二次接线盒密封良好，无锈蚀。 （7）无异常声响、异常振动和异常气味。 （8）接地点连接可靠	应注意与带电设备保持足够的安全距离	

3. 签名确认

工作人员确认签名	

4. 执行评价

工作负责人签名：

附录 G-1 油浸式电压互感器例行检修标准作业卡

编制人：＿＿＿＿＿＿＿＿ 审核人：＿＿＿＿＿＿＿＿

1．作业信息

设备双重编号		工作时间	年　月　日 至 年　月　日	作业卡编号	变电站名称＋工作类别＋年月＋序号

2．工序要求

序号	关键工序	标准及要求	风险辨识与预控措施	执行完打 √ 或记录数据
1	接线端子检查	（1）一、二次接线端子应连接牢固，接触良好，标志清晰，无过热痕迹。 （2）二次端子密封完好，无渗漏，清洁无氧化	（1）工作前必须认真检查停用电压互感器的状态，应注意对继电保护和安全自动装置的影响，将二次回路主熔断器或二次空气开关断开，防止电压反送。 （2）在现场进行电压互感器的检修工作，应注意与带电设备保持足够的安全距离，同时做好检修现场各项安全措施。 （3）断开与互感器相关的各类电源并确认无压。 （4）接取低压电源时，防止触电伤人。对于因平行或邻近带电设备导致检修设备可能产生感应电压时，应加装防止感应电的安全措施。 （5）拆下的二次回路线头所作标记正确、清晰、牢固，防潮措施可靠。 （6）高处作业应正确使用安全带，作业人员在转移作业位置时不准失去安全保护。 （7）一次设备试验工作不得少于 2 人；试验作业前，必须规范设置安全隔离区域，向外悬挂"止步，高压危险！"的警示牌。设专人监护，严禁非作业人员进入。设备试验时，应将所要试验的设备与其他相邻设备做好物理隔离措施。 （8）调试过程试验电源应从试验电源屏或检修电源箱取得，严禁使用绝缘破损的电源线，用电设备与电源点距离超过 3m 的，必须使用带漏电保护器的移动式电源盘，试验设备和被试设备应可靠接地，设备通电过程中，试验人员不得中途离开。工作结束后应及时将试验电源断开。	
2	设备外观及金属部件检查	（1）设备外观完好无损。外绝缘表面清洁、无裂纹及放电现象。 （2）金属部位无锈蚀，底座、构架牢固，无倾斜变形。 （3）架构、遮栏、器身外涂漆层清洁、无爆皮掉漆。 （4）无异常振动、异常声音及异味		
3	接地检查	接地点连接可靠		
4	油位检查	油浸式互感器无渗漏油现象，油位正常		
5	金属膨胀器检查	金属膨胀器波纹片无渗漏、开裂或永久变形，膨胀位置指示正常，顶盖外罩连接螺钉齐全无锈蚀		
6	二次及辅助回路检查	（1）检查二次接线排列应整齐美观，接线牢靠、接触良好不松动。 （2）二次熔断器或二次空气开关正常。 （3）加热器回路工作正常，能自动投切		
7	末屏检查	末屏检查接触导通良好，末屏引出小套管接地良好，并有防转动措施		

序号	关键工序	标准及要求	风险辨识与预控措施	执行完打√或记录数据
8	紧固检查	所有紧固件应用力矩扳手或液压设备进行定量紧固控制	（9）装、拆试验接线应在接地保护范围内，穿绝缘鞋。在绝缘垫上加压操作，与加压设备保持足够的安全距离。 （10）更换试验接线前，应对测试设备充分放电	
9	绝缘电阻测试	互感器及附件绝缘电阻满足要求。用2500V绝缘电阻表测量互感器的绝缘电阻。辅助回路和控制回路电缆、接地线外观完好，用1000V绝缘电阻表测量电缆的绝缘电阻		

3. 签名确认

工作人员确认签名	

4. 执行评价

工作负责人签名：

附录 G-2 干式电压互感器例行检修标准作业卡

编制人：_____   审核人：_____

1．作业信息

设备双重编号		工作时间	年 月 日 至 年 月 日	作业卡编号	变电站名称＋工作类别＋年月＋序号

2．工序要求

序号	关键工序	标准及要求	风险辨识与预控措施	执行完打√或记录数据
1	接线端子检查	一、二次接线端子应连接牢固，接触良好，标志清晰，无过热痕迹	（1）工作前必须认真检查停用电压互感器的状态，应注意对继电保护和安全自动装置的影响，将二次回路主熔断器或二次空气开关断开，防止电压反送。	
2	设备外观及金属部件检查	（1）设备外观完好无损。外绝缘表面清洁、无裂纹及放电现象。 （2）金属部位无锈蚀，底座、构架牢固，无倾斜变形。 （3）固体绝缘互感器外绝缘完好，无破损漏胶或裂纹及异常放电现象	（2）在现场进行电压互感器的检修工作，应注意与带电设备保持足够的安全距离，同时做好检修现场各项安全措施。 （3）断开与互感器相关的各类电源并确认无压。 （4）接取低压电源时，防止触电伤人。对于因平行或邻近带电设备导致检修设备可能产生感应电压时，应加装防止感应电的安全措施。	
3	接地检查	接地点连接可靠	（5）拆下的二次回路线头所作标记正确、清晰、牢固，防潮措施可靠。	
4	二次及辅助回路检查	（1）检查二次接线排列应整齐美观，接线牢靠、接触良好不松动。 （2）二次熔断器或二次空气开关正常。 （3）加热器回路工作正常，能自动投切	（6）高处作业应正确使用安全带，作业人员在转移作业位置时不准失去安全保护。 （7）一次设备试验工作不得少于2人；试验作业前，必须规范设置安全隔离区域，向外悬挂"止步，高压危险！"的警示牌。设专人监护，严禁非作业人员进入。设备试验时，应将所要试验的设备与其他相邻设备做好物理隔离措施。	
5	紧固检查	所有紧固件应用力矩扳手或液压设备进行定量紧固控制	（8）调试过程试验电源应从试验电源屏或检修电源箱取得，严禁使用绝缘破损的电源线，用电设备与电源点距离超过3m的，必须使用带漏电保护器的移动式电源盘，试验设备和被试设备应可靠接地，设备通电过程中，试验人员不得中途离开。工作结束后应及时将试验电源断开。	
6	绝缘电阻测试	互感器及附件绝缘电阻满足要求。用2500V绝缘电阻表测量互感器的绝缘电阻。辅助回路和控制回路电缆、接地线外观完好，用1000V绝缘电阻表测量电缆的绝缘电阻	（9）装、拆试验接线应在接地保护范围内，穿绝缘鞋。在绝缘垫上加压操作，与加压设备保持足够的安全距离。 （10）更换试验接线前，应对测试设备充分放电	

3．签名确认

工作人员确认签名	

4．执行评价

工作负责人签名：

附录 G-3　SF₆电压互感器例行检修标准作业卡

编制人：_____　　审核人：_____

1．作业信息

设备双重编号		工作时间	年　月　日 至 年　月　日	作业卡编号	变电站名称＋工作类别＋年月＋序号

2．工序要求

序号	关键工序	标准及要求	风险辨识与预控措施	执行完打√或记录数据
1	接线端子检查	一、二次接线端子应连接牢固，接触良好，标志清晰，无过热痕迹	（1）工作前必须认真检查停用电压互感器的状态，应注意对继电保护和安全自动装置的影响，将二次回路主熔断器或二次空气开关断开，防止电压反送。	
2	设备外观及金属部件检查	（1）设备外观完好无损。外绝缘表面清洁、无裂纹及放电现象。 （2）金属部位无锈蚀，底座、构架牢固，无倾斜变形。 （3）架构、遮栏、器身外涂漆层清洁、无爆皮掉漆。 （4）无异常振动、异常声音及异味	（2）在现场进行电压互感器的检修工作，应注意与带电设备保持足够的安全距离，同时做好检修现场各项安全措施。 （3）高处作业应正确使用安全带，作业人员在转移作业位置时不准失去安全保护。 （4）断开与互感器相关的各类电源并确认无压。 （5）接取低压电源时，防止触电伤人。对于因平行或邻近带电设备导致检修设备可能产生感应电压时，应加装防止感应电的安全措施。 （6）拆下的二次回路线头所作标记正确、清晰、牢固，防潮措施可靠。 （7）一次设备试验工作不得少于2人；试验作业前，必须规范设置安全隔离区域，向外悬挂"止步，高压危险！"的警示牌。设专人监护，严禁非作业人员进入。设备试验时，将所要试验的设备与其他相邻设备做好物理隔离措施。 （8）调试过程试验电源应从试验电源屏或检修电源箱取得，严禁使用绝缘破损的电源线，用电设备与电源点距离超过3m的，必须使用带漏电保护器的移动式电源盘，试验设备和被试设备应可靠接地，设备通电过程中，试验人员不得中途离开。工作结束后应及时将试验电源断开。 （9）装、拆试验接线应在接地保护范围内，穿绝缘鞋。在绝缘垫上加压操作，与加压设备保持足够的安全距离。 （10）更换试验接线前，应对测试设备充分放电	
3	接地检查	接地点连接可靠		
4	密封检查	SF₆电压互感器密封良好，SF₆气体压力值指示正常		
5	二次及辅助回路检查	（1）检查二次接线排列应整齐美观，接线牢靠、接触良好不松动。 （2）二次熔断器或二次空气开关正常。 （3）加热器回路工作正常，能自动投切		
6	紧固检查	所有紧固件应用力矩扳手或液压设备进行定量紧固控制		
7	绝缘电阻测试	互感器及附件绝缘电阻满足要求。用2500V绝缘电阻表测量互感器的绝缘电阻。辅助回路和控制回路电缆、接地线外观完好，用1000V绝缘电阻表测量电缆的绝缘电阻		

3. 签名确认

工作人员确认签名	

4. 执行评价

工作负责人签名:

附录 G-4 油浸式电压互感器专业巡视标准作业卡

编制人：_____   审核人：_____

1. 作业信息

设备双重编号		工作时间	年　月　日 至 年　月　日	作业卡编号	变电站名称＋工作类别＋年月＋序号

2. 工序要求

序号	关键工序	标准及要求	风险辨识与预控措施	执行完打√或记录数据
1	油浸式电压互感器专业巡视	（1）设备外观完好、无渗漏；外绝缘表面清洁、无裂纹及放电现象。 （2）金属部位无锈蚀，底座、构架牢固，无倾斜变形。 （3）一、二次引线连接正常，各连接接头无过热迹象，本体温度无异常。 （4）本体油位正常。 （5）端子箱密封良好，二次回路主熔断器或自动开关完好。 （6）电容式电压互感器二次电压（包括开口三角形电压）无异常波动。 （7）无异常声响、振动和气味。 （8）接地点连接可靠。 （9）上、下节电容单元连接线完好，无松动。 （10）外装式一次消谐装置外观良好，安装牢固	应注意与带电设备保持足够的安全距离	

3. 签名确认

工作人员确认签名	

4. 执行评价

_____

工作负责人签名：

附录 G-5 干式电压互感器专业巡视标准作业卡

编制人：_____ 审核人：_____

1．作业信息

设备双重编号		工作时间	年　月　日 至 年　月　日	作业卡编号	变电站名称＋工作类别＋年月＋序号

2．工序要求

序号	关键工序	标准及要求	风险辨识与预控措施	执行完打√或记录数据
1	干式电压互感器专业巡视	（1）设备外观完好，外绝缘表面清洁、无裂纹及放电现象。 （2）金属部位无锈蚀，底座、构架牢固，无倾斜变形。 （3）一、二次引线连接正常，各连接接头无过热迹象，本体温度无异常。 （4）二次回路主熔断器或自动开关完好。 （5）无异常声响、振动和气味。 （6）接地点连接可靠。 （7）一次消谐装置外观完好，连接紧固，接地完好。 （8）电子式电压互感器电压采集单元接触良好，二次输出电压正常。 （9）外装式一次消谐装置外观良好，安装牢固	应注意与带电设备保持足够的安全距离	

3．签名确认

工作人员确认签名	

4．执行评价

工作负责人签名：

附录 G-6 SF₆电压互感器专业巡视标准作业卡

编制人：_____   审核人：_____

1. 作业信息

设备双重编号		工作时间	年　月　日 至 年　月　日	作业卡编号	变电站名称＋工作类别＋年月＋序号

2. 工序要求

序号	关键工序	标准及要求	风险辨识与预控措施	执行完打√ 或记录数据
1	SF₆电压互感器专业巡视	（1）设备外观完好，外绝缘表面清洁、无裂纹及放电现象。 （2）金属部位无锈蚀，底座、构架牢固，无倾斜变形。 （3）一、二次引线连接正常，各连接接头无过热迹象，本体温度无异常。 （4）密度继电器（压力表）指示在正常区域，无漏气现象。 （5）二次回路主熔断器或自动开关应完好。 （6）二次电压（包括开口三角形电压）无异常波动。 （7）无异常声响、振动和气味。 （8）接地点连接可靠。 （9）外装式一次消谐装置外观良好，安装牢固	应注意与带电设备保持足够的安全距离	

3. 签名确认

工作人员确认签名	

4. 执行评价

工作负责人签名：

附录 H-1　金属氧化物避雷器例行检修标准作业卡

编制人：_____　　审核人：_____

1. 作业信息

设备双重编号		工作时间	年　月　日 至 年　月　日	作业卡编号	变电站名称＋工作类别＋年月＋序号

2. 工序要求

序号	关键工序	标准及要求	风险辨识与预控措施	执行完打√或记录数据
1	基座检查	（1）基座及法兰无裂纹、锈蚀。 （2）绝缘基座绝缘电阻应符合标准要求，绝缘底座法兰粘合处应涂覆防水胶，底座应与支柱孔位对位，并固定紧固。 （3）螺栓应对称均匀紧固，力矩符合产品技术规定	（1）高空作业禁止将安全带系在避雷器及均压环上，在移动作业位置时不准失去安全保护。 （2）雷雨天气禁止进行避雷器检修	
2	绝缘外套检查	（1）绝缘外套无变形、破损、放电、烧伤痕迹。 （2）复合外套和瓷绝缘外套的防污闪涂层憎水性应符合标准。 （3）复合外套和瓷绝缘外套法兰黏合处无破损、积水，防水性能良好	（1）高空作业禁止将安全带系在避雷器及均压环上，在移动作业位置时不准失去安全保护。 （2）雷雨天气禁止进行避雷器检修	
3	连接部件检查	（1）避雷器连接螺栓无松动、锈蚀、缺失。 （2）支架各焊接部位无开裂、锈蚀。 （3）避雷器接线板、设备线夹、导线外观无异常，螺栓应与螺孔匹配	（1）高空作业禁止将安全带系在避雷器及均压环上，在移动作业位置时不准失去安全保护。 （2）雷雨天气禁止进行避雷器检修	
4	金属部件检查	（1）金属部件无锈蚀、开裂、损伤、变形。 （2）密封金属结构件无变色和融孔	（1）高空作业禁止将安全带系在避雷器及均压环上，在移动作业位置时不准失去安全保护。 （2）雷雨天气禁止进行避雷器检修	
5	引流线检查	（1）避雷器引流线无烧伤、断股、散股。 （2）引流线拉紧绝缘子紧固可靠、受力均匀，轴销、档卡完整可靠。 （3）各搭接面应清除氧化层，并对搭接面打磨处理，保证其平整度，无毛刺、无明显凹凸。 （4）搭接面应按照导电脂涂抹工艺要求涂抹导电脂。 （5）搭接面紧固螺栓应按照螺栓规格或厂家技术要求打力矩	（1）高空作业禁止将安全带系在避雷器及均压环上，在移动作业位置时不准失去安全保护。 （2）雷雨天气禁止进行避雷器检修	

序号	关键工序	标准及要求	风险辨识与预控措施	执行完打 √ 或记录数据
6	监测装置检查	监测装置无破损，固定可靠、密封良好	（1）高空作业禁止将安全带系在避雷器及均压环上，在移动作业位置时不准失去安全保护。 （2）雷雨天气禁止进行避雷器检修	
7	均压环检查	（1）均压环装配牢固，无倾斜、变形、锈蚀。 （2）均压环排水孔通畅。对地、对中间法兰的空气间隙距离应符合技术标准	（1）高空作业禁止将安全带系在避雷器及均压环上，在移动作业位置时不准失去安全保护。 （2）雷雨天气禁止进行避雷器检修	
8	法兰排水孔检查	避雷器法兰排水孔通畅、无堵塞，法兰粘合牢靠、无开裂	（1）高空作业禁止将安全带系在避雷器及均压环上，在移动作业位置时不准失去安全保护。 （2）雷雨大气禁止进行避雷器检修	
9	释压板检查	避雷器释压板及喷嘴无变形、损伤、堵塞现象	（1）高空作业禁止将安全带系在避雷器及均压环上，在移动作业位置时不准失去安全保护。 （2）雷雨天气禁止进行避雷器检修	
10	接地装置检查	避雷器接地装置应连接可靠、焊接部位无开裂、锈蚀	（1）高空作业禁止将安全带系在避雷器及均压环上，在移动作业位置时不准失去安全保护。 （2）雷雨天气禁止进行避雷器检修	
11	充气避雷器压力检查	充气并带压力表的避雷器的气体压力值应符合要求	（1）高空作业禁止将安全带系在避雷器及均压环上，在移动作业位置时不准失去安全保护。 （2）雷雨天气禁止进行避雷器检修	

3. 签名确认

工作人员确认签名	

4. 执行评价

工作负责人签名：

附录 H-2 金属氧化物避雷器部件检修标准作业卡

编制人：＿＿＿＿＿＿＿　　审核人：＿＿＿＿＿＿＿

1．作业信息

设备双重编号		工作时间	年　月　日 至 年　月　日	作业卡编号	变电站名称＋工作类别＋年月＋序号

2．工序要求

序号	关键工序	标准及要求	风险辨识与预控措施	执行完打√或记录数据
1	连接部位检修	（1）连接螺栓无松动、缺失，定位标记无变化。 （2）避雷器各节连接螺栓应与螺孔尺寸相配套，否则应进行更换。 （3）螺栓外露丝扣及装配方向应符合规范要求。 （4）严重锈蚀或丝扣损伤的螺栓、螺帽应进行更换。 （5）螺栓、螺母、弹簧垫圈宜采用热镀锌工艺产品。 （6）避雷器各连接面无可见缝隙，并涂覆防水胶。 （7）避雷器垂直度应符合制造厂的规定，调整时可在法兰间加金属片校正，并保证其导电性能。 （8）更换或重新紧固后的螺栓应标识。 （9）螺栓材质及紧固力矩符合技术标准	（1）高空作业禁止将安全带系在避雷器及均压环上，在移动作业位置时不准失去安全保护。 （2）更换或调整连接部位时，应检查连接部位是否存在裂纹和破损，否则应将连接部位可靠固定后再进行检修。 （3）雷雨天气禁止进行避雷器检修	
2	外绝缘部分检修	（1）设备外绝缘和耐污等级应满足安装地区配置要求。 （2）瓷外套表面单个破损面积不允许超过40mm²。 （3）瓷外套与法兰处粘合应牢固、无破损，粘合处露砂高度不小于10mm，并均匀涂覆防水密封胶。 （4）瓷外套法兰粘合处防水密封胶有起层、变色时，应将防水密封胶彻底清理，清理后重新涂覆合格的防水密封胶。 （5）瓷外套伞裙边沿部位出现裂纹应采取措施，并定期进行监督，伞棱及瓷柱部位出现裂纹应更换。	（1）高空作业禁止将安全带系在避雷器及均压环上，在移动作业位置时不准失去安全保护。	

序号	关键工序	标准及要求	风险辨识与预控措施	执行完打√或记录数据
2	外绝缘部分检修	（6）运行 10 年以上的瓷套，应对法兰粘合处防水层重点进行检查。 （7）严重锈蚀的法兰应对其表面进行防腐处理。 （8）选择合适的工具和清扫方法对伞裙的上、下表面分别进行清理，尤其是伞棱部位应重点清扫。 （9）禁止在雨天、雾天、风沙的恶劣天气及环境温度低于3℃、空气相对湿度大于 85%的户外环境下进行防污闪涂敷工作。 （10）瓷质绝缘子表面防污闪涂层有翘皮、起层、龟裂时，应将异常部位清除干净，然后复涂。 （11）瓷质绝缘子表面涂层进行复涂时，应对原有涂层表面的尘垢进行清理，对附着力良好但已失效的原有防污闪涂层，无需清除，可在其上直接复涂。 （12）严格按照防污闪涂料说明书进行涂覆工作，涂覆表面无瓷外套釉色、涂层厚度均匀、颜色一致，表面无挂珠、无流淌痕迹。 （13）复合外套表面不应出现严重变形、开裂、变色。 （14）复合外套单个缺陷面积不超过5mm²，深度不大于1mm，总缺陷面积不应超过复合外套面积的 0.2%。 （15）复合外套表面凸起高度不超过 0.8mm，粘接合缝处凸起高度不超过 1.2mm。 （16）避雷器禁止加装辅助伞裙	（2）瓷外套表面防污闪涂层未风干前禁止触摸、践踏及送电。 （3）雷雨天气禁止进行避雷器检修	
3	监测装置检修	（1）备品测试合格，技术参数符合标准，监测装置泄漏电流量程选择适当，且三相一致，计数器应恢复至零位（双指针式）。 （2）监测装置密封良好、观察窗内无凝露、进水现象，外观无锈蚀、破损。 （3）监测装置固定可靠、无锈蚀、开裂。 （4）监测装置与避雷器如果采用绝缘导线连接，其表面应无破损、烧伤，两端连接螺栓无松动、锈蚀。	（1）雷雨天气禁止更换监测装置。 （2）高空作业禁止将安全带系在避雷器及均压环上，在移动作业位置时不准失去安全保护。 （3）更换监测装置前，应将避雷器至监测装置引线可靠旁路接地。	

序号	关键工序	标准及要求	风险辨识与预控措施	执行完打√或记录数据
3	监测装置检修	（5）监测装置安装位置一致，高度适中，指示、刻度清晰，便于观察以及测量泄漏电流值，计数值应调至同一值。 （6）监测装置接线柱引出小套管清洁、无破损，接线紧固。 （7）监测装置应安装牢固、接地可靠，紧固件不应作为导流通道。 （8）监测装置应安装在可带电更换的位置	（4）断开监测装置二次电源，并采取隔离措施。 （5）雷雨天气禁止进行避雷器检修。 （6）在梯子上工作时，梯子应有人扶持和监护	
4	绝缘底座检修	（1）绝缘底座无破损、锈蚀，无明显积污。 （2）根据瓷外套表面积污特点，选择合适的清扫工具和清扫方法对绝缘底座进行清理，尤其是伞棱部位应重点清扫。 （3）绝缘底座采用穿芯套管，应对穿芯套管进行检查和清理，有破损的应进行更换。 （4）绝缘底座法兰粘合处应涂覆防水胶，底座应与支柱孔位对位，并固定紧固。绝缘底座法兰粘合处防水密封胶有起层、变色时，应将防水密封胶彻底清理，并重新涂覆防水密封胶。 （5）绝缘底座绝缘电阻不符合标准时，可根据情况进行解体检测，并根据检测结果更换相关部件	（1）高空作业禁止将安全带系在避雷器及均压环上。 （2）雷雨天气禁止进行避雷器检修	
5	均压环检修	（1）均压环应牢固、水平，无倾斜、变形、锈蚀。 （2）均压环变形表面无毛刺、平整光滑，表面凸起应小于1mm。 （3）均压环焊接部位应均匀一致，无裂纹、弧坑、烧穿及焊缝间断，并进行防腐处理。 （4）均压环对地、对中间法兰的空气间隙距离应符合产品技术标准。 （5）均压环支撑架及紧固件锈蚀严重的应更换为热镀锌件。 （6）均压环排水孔通畅。 （7）螺栓材质及紧固力矩应符合技术标准	（1）高空作业禁止将安全带系在避雷器及均压环上，在移动作业位置时不准失去安全保护。 （2）均压环在更换前应绑扎牢靠，并设置揽风绳避免均压环与瓷柱部件碰撞受损。 （3）雷雨天气禁止进行避雷器检修	

3．签名确认

工作人员确认签名	

4．执行评价

工作负责人签名：

附录 H-3　金属氧化物避雷器专业巡视标准作业卡

编制人：＿＿＿＿＿＿＿　　审核人：＿＿＿＿＿＿＿

1. 作业信息

设备双重编号		工作时间	年　月　日 至 年　月　日	作业卡编号	变电站名称＋工作类别＋年月＋序号

2. 工序要求

序号	关键工序	标准及要求	风险辨识与预控措施	执行完打√或记录数据
1	本体巡视	（1）接线板连接可靠，无变形、变色、裂纹现象。 （2）复合外套及瓷外套表面无裂纹、破损、变形，明显积污。 （3）复合外套及瓷外套表面无放电、烧伤痕迹。 （4）瓷外套防污闪涂层无龟裂、起层、破损、脱落。 （5）复合外套及瓷外套法兰无锈蚀、裂纹。 （6）复合外套及瓷外套法兰粘合处无破损、裂纹、积水。 （7）避雷器排水孔通畅、安装位置正确。 （8）避雷器压力释放通道处无异物，防护盖无脱落、翘起，安装位置正确。 （9）避雷器防爆片应完好。 （10）避雷器整体连接牢固、无倾斜，连接螺栓齐全、无锈蚀、松动。 （11）避雷器内部无异响。 （12）带并联间隙的金属氧化物避雷器，外露电极表面应无明显烧损、缺失。 （13）避雷器铭牌完整，无缺失，相色正确、清晰。 （14）低式布置的金属氧化物避雷器遮栏内无异物。 （15）避雷器未消除缺陷及隐患应满足运行要求。 （16）避雷器反措项目执行情况。 （17）避雷器无家族性缺陷	应注意与带电设备保持足够的安全距离	
2	绝缘底座巡视	（1）绝缘底座排水孔应通畅，表面无异物、破损、积污。 （2）绝缘底座法兰无锈蚀、变色、积水	应注意与带电设备保持足够的安全距离	

序号	关键工序	标准及要求	风险辨识与预控措施	执行完打 √ 或记录数据
3	均压环巡视	均压环无变形、锈蚀、开裂、破损	应注意与带电设备保持足够的安全距离	
4	监测装置巡视	（1）监测装置固定可靠，外观无锈蚀、破损。 （2）监测装置密封良好，观察窗内无凝露、进水现象。 （3）监测装置绝缘小套管表面无异物、无破损、无明显积污。 （4）监测装置及支架连接可靠，无松动、变形、开裂、锈蚀。 （5）监测装置与避雷器如果采用绝缘导线连接，其表面应无破损、烧伤，两端连接螺栓无松动、锈蚀。 （6）监测装置与避雷器如果采用硬导体连接，其表面应无变形、松动、烧伤，两端连接螺栓无松动、锈蚀，固定硬导体的绝缘支柱无松动、破损，无明显积污。 （7）避雷器泄漏电流的增长不应超过正常值的20%，在同一次记录中，三相泄漏电流应基本一致。 （8）充气并带压力表的避雷器气体压力无异常。 （9）监测装置二次电缆封堵可靠，无破损、脱落，电缆标识牌齐全、正确、清晰。 （10）监测装置二次电缆保护管固定可靠、无锈蚀、开裂。 （11）监测装置二次接线应牢靠、接触良好、无松动、锈蚀现象。 （12）避雷器在线监测装置数据采集及显示正常	应注意与带电设备保持足够的安全距离	
5	引流线及接地装置巡视	（1）引流线拉紧绝缘子紧固可靠、受力均匀，轴销、档卡完整可靠。 （2）引流线无散股、断股、烧损，相间距离及弧垂符合技术标准。 （3）引流线连板（线夹）无裂纹、变色、烧损。 （4）引流线连接螺栓无松动、锈蚀、缺失。 （5）避雷器接地装置应连接可靠、无松动、烧伤，焊接部位无开裂、锈蚀	应注意与带电设备保持足够的安全距离	

序号	关键工序	标准及要求	风险辨识与预控措施	执行完打√或记录数据
6	基础及构架巡视	（1）基础无破损、沉降。 （2）构架无锈蚀、变形。 （3）构架焊接部位无开裂、连接螺栓无松动。 （4）构架接地无锈蚀、烧伤、连接可靠	应注意与带电设备保持足够的安全距离	

3. 签名确认

工作人员确认签名	

4. 执行评价

工作负责人签名：

附录 I-1 并联电容器组例行检修标准作业卡

编制人：_____ 审核人：_____

1．作业信息

设备双重编号		工作时间	年　月　日 至 年　月　日	作业卡编号	变电站名称＋工作类别＋年月＋序号

2．工序要求

序号	关键工序	标准及要求	风险辨识与预控措施	执行完打 √ 或记录数据
1	例行检查	（1）高压设备套管无裂纹、破损，无闪络放电痕迹。 （2）电容器无渗漏油、膨胀变形。 （3）各部件油漆完好，无锈蚀。 （4）各电气连接部位接触良好、无过热。 （5）充油集合式电容器吸湿器玻璃罩杯无破损、无进水，油封完好，吸湿器硅胶装至顶部1/6～1/5 处,油杯油位符合要求，受潮硅胶不超过 2/3 并标识 2/3 位置；硅胶不应自上而下变色，储油柜油位指示应正常，油位计内部无油垢，油位清晰可见。 （6）对已运行的非全密封放电线圈进行检查，发现受潮应及时更换。 （7）充油式互感器油位正常，无渗漏。 （8）对所有绝缘部件进行清扫。 （9）凡不与地绝缘的电容器外壳及构架均应可靠接地，无伤痕及锈蚀、接地引下线采用黄绿相间的色漆或色带标识；各接地点接触良好。 （10）电容器引线与端子间连接应使用专用线夹，电容器之间连线应采用软连接根据相色进行绝缘包封、并接线正确。 （11）电容器母线及分支线应标以相色、平整无弯曲；铭牌运行编号清晰可识别。 （12）电容器组安装处通风应良好。 （13）一次引线应无散股、扭曲、断股，电容器组软连接经多次拆卸后压缩变形的应及时更换	（1）工作前应将电容器各高压设备逐个多次充分放电。保证电容器组无残余电荷。 （2）更换试验接线前，应对测试设备充分放电。 （3）高处作业应正确使用安全带，作业人员在转移作业位置时不准失去安全保护	

3. 签名确认

工作人员确认签名	

4. 执行评价

工作负责人签名：

附录 I-2　并联电容器组部件更换标准作业卡

编制人：_____　　审核人：_____

1．作业信息

设备双重编号		工作时间	年　月　日 至 年　月　日	作业卡编号	变电站名称＋工作类别＋年月＋序号

2．工序要求

序号	关键工序	标准及要求	风险辨识与预控措施	执行完打√或记录数据
1	电容器整组更换	（1）应按照厂家规定程序进行拆装。 （2）清洁瓷套外观，无破损。 （3）吊装时应使用合适的吊带逐个拆装电容器内部元器件。 （4）空心电抗器周边墙体的金属结构件及地下接地体均不得呈金属闭合环路状态。 （5）紧固各电容器框架连接部件，使其螺栓无松动。 （6）对支架、基座等铁质部件进行除锈防腐处理。 （7）接地引下线采用黄绿相间的色漆或色带标识，应平直牢固，电容器组整体框架应双接地，且接地可靠。 （8）电容器铭牌、编号清晰可识别在通道侧。 （9）按要求处理电气接触面，并按厂家力矩要求紧固电容器连接线，使其接触良好，如有铜铝过渡应采用过渡板。 （10）支柱绝缘子铸铁法兰无裂纹，胶接处胶合良好，无开裂。 （11）电容器母排及分支线应标以相色并进行绝缘包封，使用专用线夹并接线正确，焊接部位涂防锈漆及面漆。 （12）电容器设备清洁完好，无任何遗留物。 （13）接线板表面无氧化、划痕、脏污，接触良好。 （14）电容器构架应保持其应有的水平及垂直位置，固定应可靠。 （15）凡不与地绝缘的每个电容器外壳及电容器的构架均应可靠接地，凡与地绝缘的电容器外壳均应接到固定的电位上。 （16）户外型电容器在使用铝母排与铜接线端子连接时应采用过渡措施	（1）工作前应将电容器内各高压设备逐个多次充分放电。 （2）按厂家规定正确吊装设备，必要时使用揽风绳控制方向，并设专人指挥。吊装过程应设专人指挥，指挥人员应站在全面观察到整个作业范围及吊车司机的位置，对于任何工作人员发出紧急信号必须停止吊装作业。起吊应缓慢进行，离地100mm左右进行试吊，吊件稳定后，指挥人员检查起吊系统的受力情况，无问题后方可继续起吊。 （3）对安全距离小的电容器检修时，应做好安全防护措施。 （4）作业人员在斗臂车或脚手架搭设的平台上作业时正确佩戴安全带。作业人员高处作业时正确使用安全带、绝缘梯。 （5）拆、装电容器一、二次电缆时应做好防护措施。 （6）安装作业使用电气焊时，应按规定使用动火工作票，作业现场配备灭火器，电焊机外壳应可靠接地，氧气、乙炔气瓶应竖直放置，并且气瓶间距不小于10m，气瓶与火源间距离不小于10m	

序号	关键工序	标准及要求	风险辨识与预控措施	执行完打√或记录数据
2	电容器单元更换	（1）按照厂家规定程序进行拆除、吊装。 （2）瓷套管表面应清洁，无裂纹、破损和闪络放电痕迹。 （3）芯棒应无弯曲和滑扣，铜螺丝螺母垫圈应齐全。 （4）无变形、无锈蚀、无裂缝、无渗油。 （5）铭牌、编号在通道侧，顺序符合设计要求。 （6）各导电接触面符合要求，安装紧固有防松措施。 （7）外壳接地端子可靠接地。凡不与地绝缘的每个电器的外壳及电容器构架均应接地，凡与地绝缘的电容器的外壳均应接到固定的电位上。 （8）引线与端子间连接应使用专用压线夹，电容器之间的连接线应采用软连接，软连接根据相色进行绝缘包封	（1）在开始作业前，对停运的电容器组设备进行充分放电，避免残留电荷伤人。 （2）作业人员在梯子上作业时正确佩戴安全带和安全帽，作业时使用工具袋，避免落物伤人。 （3）作业人员高处作业时正确使用安全带、绝缘梯。 （4）吊装过程应设专人指挥，指挥人员应站在全面观察到整个作业范围及吊车司机的位置，对于任何工作人员发出紧急信号必须停止吊装作业	
3	外熔断器更换	（1）规格应符合设备要求。 （2）熔丝无断裂、虚接，无明显锈蚀，熔丝与熔管无接触。 （3）更换后外熔断器的安装角度应符合产品安装说明书的要求。 （4）芯棒应无弯曲和滑扣，铜螺丝螺母垫圈应齐全	（1）工作前应将电容器各高压设备逐个多次充分放电，避免残留电荷伤人。 （2）作业人员在梯子上作业时正确佩戴安全带和安全帽，作业时使用工具袋，避免落物伤人。 （3）作业人员高处作业时正确使用安全带、绝缘梯	
4	放电线圈更换	（1）套管表面应清洁，无裂纹、破损。 （2）充油式放电线圈油位应正常，无渗漏。 （3）本体无破损、生锈。 （4）更换放电线圈时，应对二次接线做好标示，并正确恢复。 （5）外壳接地良好	（1）工作前应将电容器各高压设备逐个多次充分放电。避免残留电荷伤人。 （2）作业人员在梯子上作业时正确佩戴安全带和安全帽，作业时使用工具袋，避免落物伤人。 （3）作业人员高处作业时正确使用安全带、绝缘梯	
5	避雷器更换	（1）外绝缘表面应清洁，无裂纹、破损。 （2）避雷器接线端子螺栓应紧固。 （3）放电计数器应密封良好，并应按产品的说明书连接，不同相放电计数器应统一恢复到相同位置，尾数归零。 （4）接地装置应可靠接地	（1）工作前应将电容器各高压设备逐个多次充分放电。避免残留电荷伤人。 （2）作业人员在梯子上作业时正确佩戴安全带和安全帽，作业时使用工具袋，避免落物伤人。 （3）作业人员高处作业时正确使用安全带、绝缘梯	

3. 签名确认

工作人员确认签名	

4. 执行评价

工作负责人签名：

附录 I-3　并联电容器组专业巡视标准作业卡

编制人：_____　　审核人：_____

1．作业信息

设备双重编号		工作时间	年　月　日 至 年　月　日	作业卡编号	变电站名称＋工作类别＋年月＋序号

2．工序要求

序号	关键工序	标准及要求	风险辨识与预控措施	执行完打 √ 或记录数据
1	电容器单元巡视	（1）瓷套管表面清洁，无裂纹、无闪络放电和破损。 （2）电容器单元无渗漏油、无膨胀变形、无过热。 （3）电容器单元外壳油漆完好，无锈蚀	与带电设备保持足够的安全距离	
2	外熔断器本体巡视	（1）熔丝无熔断，排列整齐，与熔管无接触。 （2）搭接螺栓无松动、无明显发热、无锈蚀。 （3）安装角度、弹簧拉紧位置，应符合制造厂的产品说明	与带电设备保持足够的安全距离	
3	避雷器巡视	（1）避雷器垂直、牢固，外绝缘无破损、裂纹及放电痕迹。 （2）外观清洁，无变形破损，接线正确，接触良好。 （3）计数器或在线检测装置观察孔清晰，指示正常，内部无受潮、积水。 （4）接地装置接地部分完好	与带电设备保持足够的安全距离	
4	电抗器巡视	（1）支柱绝缘子完好，无放电痕迹。 （2）无松动、无过热、无异常声响。 （3）接地装置接地部分完好。 （4）干式电抗器表面无裂纹、无变形，外部绝缘漆完好。 （5）干式空心电抗器支撑条无明显下坠或上移情况。 （6）油浸式电抗器温度指示正常，油位正常、无渗漏。 （7）引线无松股、断股和弛度过紧及过松现象（或引排无变色、弯曲、变形现象）。 （8）室内电抗器通风设备完好，电抗器周边无杂物（绝不允许有磁性杂物）	与带电设备保持足够的安全距离	

序号	关键工序	标准及要求	风险辨识与预控措施	执行完打√或记录数据
5	放电线圈巡视	（1）表面清洁，无闪络放电和破损。 （2）油位正常，无渗漏	与带电设备保持足够的安全距离	
6	其他部件巡视	（1）各连接部件固定牢固，螺栓无松动。 （2）支架、基座等铁质部件无锈蚀。 （3）绝缘子完好，无放电痕迹。 （4）母线平整无弯曲，相序标示清晰可识别。 （5）构架应可靠接地且有接地标识。 （6）电容器之间的软连接导线无熔断或过热。 （7）充油式互感器油位正常，无渗漏	与带电设备保持足够的安全距离	
7	集合式电容器巡视	（1）吸湿器玻璃罩杯油封完好，受潮硅胶不超过2/3。 （2）储油柜油位指示应正常，油位清晰可见。 （3）油箱外观无锈蚀、无渗漏。 （4）充气式设备应检查气体压力指示正常。 （5）本体及各连接处应无过热。 （6）电容器温控表计无异常	与带电设备保持足够的安全距离	

3．签名确认

工作人员确认签名	

4．执行评价

工作负责人签名：

附录 J-1 干式电抗器部件检修标准作业卡

编制人：_____   审核人：_____

1. 作业信息

设备双重编号		工作时间	年　月　日 至 年　月　日	作业卡编号	变电站名称＋工作类别＋年月＋序号

2. 工序要求

序号	关键工序	标准及要求	风险辨识与预控措施	执行完打√或记录数据
1	防护罩检修	（1）表面应清洁、无锈蚀。 （2）外观完好无破损、内外无异物。 （3）安装牢固、无松动、无倾斜。 （4）防鸟罩材质应选用非磁性材料。 （5）防鸟罩安装应固定牢固，上方有散热通孔散热良好	（1）工作前应将间隔组内各高压设备充分放电。 （2）按厂家规定正确吊装设备，必要时使用揽风绳控制方向，并设专人指挥。 （3）高空作业人员使用的工具及安装用的零部件，应放在随身携带的工具袋内，严禁上下抛掷，拆除后的设备连接线用尼龙绳固定，防止设备连接线摆动造成周围设备损坏	
2	铁芯检修	（1）铁芯应平整、清洁，无脱漆、锈蚀，并有一点可靠接地。 （2）上下夹件紧固，穿心螺栓、钢拉带绝缘良好。 （3）紧固件应拧紧并锁死。 （4）绝缘垫块表面清洁，无松动、脱落	（1）工作前应将间隔组内各高压设备充分放电。 （2）按厂家规定正确吊装设备，必要时使用揽风绳控制方向，并设专人指挥	
3	线圈检修	（1）电抗器表面应无涂层脱落、无局部变色。 （2）电抗器表面应无树枝状爬电痕迹。 （3）包封与汇流排应连接可靠，无过热。 （4）内外表面无异物，无漏雨现象	（1）工作前应将间隔组内各高压设备充分放电。 （2）按厂家规定正确吊装设备，必要时使用揽风绳控制方向，并设专人指挥	

3. 签名确认

工作人员确认签名	

4. 执行评价

工作负责人签名：

附录 J-2　干式电抗器例行检修标准作业卡

编制人：＿＿＿＿＿＿＿　　审核人：＿＿＿＿＿＿＿

1．作业信息

设备双重编号		工作时间	年　月　日 至 年　月　日	作业卡编号	变电站名称＋工作类别＋年月＋序号

2．工序要求

序号	关键工序	标准及要求	风险辨识与预控措施	执行完打√或记录数据
1	例行检查	（1）设备线夹及引线应无裂纹、无散股、扭曲、断股、过热现象；不采用铜铝对接过渡线夹；各导电接触面接触良好，连接可靠。 （2）电抗器表面涂层应无破损、脱落或龟裂，无爬电痕迹。 （3）本体外壳油漆完好，无锈蚀、无变形，设备标志正确、完整。 （4）通风道无杂物。 （5）户外电抗器表面无浸润。 （6）电抗器包封与支架间紧固带无松动、断裂。 （7）电抗器包封间导风撑条无松动、脱落。 （8）干式空心电抗器支撑条无明显下坠或上移情况。 （9）电抗器防护罩或遮雨格栅应水平、无倾斜、无破损。防鸟罩安装应固定牢固，上方有散热通孔散热良好。 （10）绝缘子表面清洁、无异常。绝缘子铸铁法兰无裂纹，胶接处胶合良好。 （11）支座绝缘良好，支座应紧固且受力均匀。无涡流引起的过热现象。 （12）电抗器接地应良好、无断裂现象	工作前应将间隔内各高压设备充分放电	
2	例行试验	（1）一次设备试验工作不得少于2人；试验作业前，必须规范设置安全隔离区域，向外悬挂"止步，高压危险！"的警示牌。设专人监护，严禁非作业人员进入。设备试验时，应将所要试验的设备与其他相邻设备做好物	严格按照QGDW 1168—2013《输变电设备状态检修试验规程》、DL/T 596—2021《电力设备预防性试验规程》进行试验，不得缺项，试验数据满足规程要求	

序号	关键工序	标准及要求	风险辨识与预控措施	执行完打√或记录数据
2	例行试验	理隔离措施。 （2）装、拆试验接线应在接地保护范围内，戴绝缘手套，穿绝缘鞋。在绝缘垫上加压操作，与加压设备保持足够的安全距离。 （3）更换试验接线前，应对测试设备充分放电。 （4）高处作业应正确使用安全带，作业人员在转移作业位置时不准失去安全保护	严格按照 QGDW 1168—2013《输变电设备状态检修试验规程》、DL/T 596—2021《电力设备预防性试验规程》进行试验，不得缺项，试验数据满足规程要求	

3. 签名确认

工作人员确认签名	

4. 执行评价

工作负责人签名：

附录 J-3　干式电抗器专业巡视标准作业卡

编制人：＿＿＿＿＿＿　　　审核人：＿＿＿＿＿＿

1．作业信息

设备双重编号		工作时间	年　月　日 至 年　月　日	作业卡编号	变电站名称＋工作类别＋年月＋序号

2．工序要求

序号	关键工序	标准及要求	风险辨识与预控措施	执行完打√或记录数据
1	本体巡视	（1）本体表面应清洁，无锈蚀，电抗器紧固件无松动。 （2）电抗器表面涂层应无破损、脱落或龟裂。 （3）包封表面无爬电痕迹。 （4）运行中无异常噪声、振动情况。 （5）无局部异常过热。 （6）通风道无堵塞，器身清洁无尘土、异物，无流胶、裂纹。 （7）户外电抗器表面憎水性能良好，无浸润。 （8）电抗器包封与支架间紧固带无松动、断裂。 （9）电抗器包封间导风撑条无松动、脱落。 （10）干式空心电抗器支撑条无明显脱落或移位情况。 （11）干式电抗器基础无下沉、倾斜	应注意与带电设备保持足够的安全距离	
2	支柱绝缘子巡视	（1）外观清洁，无异物，无破损。 （2）绝缘子无放电痕迹	应注意与带电设备保持足够的安全距离	
3	防护罩巡视	外观清洁，无异物，无破损、无倾斜	应注意与带电设备保持足够的安全距离	
4	线夹及引线巡视	（1）抱箍、线夹应无裂纹、过热。 （2）引线无散股、扭曲、断股	应注意与带电设备保持足够的安全距离	
5	支架及接地巡视	（1）基础支架螺栓紧固无松动或明显锈蚀。 （2）基础支架无倾斜、无开裂。 （3）接地可靠，无松动及明显锈蚀、过热变色等，接地不应构成闭合环路并两点接地	应注意与带电设备保持足够的安全距离	

3．签名确认

工作人员确认签名	

4．执行评价

工作负责人签名：

附录 K 串联补偿装置例行检查标准作业卡

编制人：_____ 审核人：_____

1. 作业信息

设备双重编号		工作时间	年 月 日 至 年 月 日	作业卡编号	变电站名称＋工作类别＋年月＋序号

2. 工序要求

序号	关键工序	标准及要求	风险辨识与预控措施	执行完打√或记录数据
1	串补平台检查	（1）平台外观无锈蚀、变形，爬梯、围栏门锁、围栏等部件无异常。 （2）平台上各设备的孔洞、缝隙内无鸟窝等异物。 （3）金属部件无锈蚀、开裂、损伤、变形等异常现象。 （4）绝缘瓷套外观无损伤、破损、开裂，胶合面防水胶完好，必要时可以采用超声探伤仪检测斜拉绝缘子是否有闪络现象。 （5）均压环无开裂、变形等异常现象。 （6）载流导体连接牢固，无松股、断股等异常现象	（1）工作前必须将串补平台可靠接地并充分放电。 （2）工作人员进入平台后，应将围栏门关好并上锁。 （3）平台上使用梯子时，应固定牢固，并有专人扶持	
2	电容器检查	（1）电容器表面油漆无脱落、锈蚀，本体无鼓肚、渗漏油。 （2）瓷套外观清洁无破损，端子螺杆应无弯曲、无滑扣，垫片齐全。 （3）检查所有接线及各部位连接是否完好，连接是否牢固可靠。 （4）电容器支架固定牢固，无变形、生锈。 （5）电容器之间的连接线松紧程度适宜。 （6）电容器组与支架连接紧固。 （7）设备出厂铭牌齐全、清晰可识别；运行编号标志清晰可识别；相序标志清晰可识别。 （8）电容器之间的连接线应采用软连接	（1）工作前必须将串补平台可靠接地并充分放电，工作前应将电容器逐个多次充分放电。 （2）工作人员进入平台后，应将围栏门关好并上锁。 （3）拆、装电容器时，应做好防止电容器摔落安全措施。 （4）平台上使用梯子时，应固定牢固，并有专人扶持	

序号	关键工序	标准及要求	风险辨识与预控措施	执行完打√或记录数据
3	MOV检查	（1）MOV接线板表面无氧化、划痕、脏污，接触良好。 （2）瓷套外观清洁无破损。 （3）绝缘基座外观清洁无破损，固定螺栓无锈蚀。 （4）绝缘基座及接地应良好、牢靠，接地引下线的截面应满足热稳定要求；接地装置连通良好。 （5）安装垂直度应符合要求	（1）工作前必须将串补平台可靠接地并充分放电。 （2）工作人员进入平台后，应将围栏门关好并上锁。 （3）平台上使用梯子时，应固定牢固，并有专人扶持	
4	触发间隙检查	（1）主间隙的间隙外壳、支撑绝缘子、穿墙套管、各电极及均压电容等部件外观清洁无破损、漏油现象。 （2）触发型间隙外壳无变形、生锈、漏雨等现象。触发型间隙外观清洁无异常，间隙闪络距离符合厂家设计要求。 （3）石墨电极、铜电极表面光滑，无灼烧痕迹，无裂纹	（1）工作前必须将串补平台可靠接地并充分放电。 （2）工作人员进入平台后，应将围栏门关好并上锁。 （3）平台上使用梯子时，应固定牢固，并有专人扶持	
5	电流互感器检查	（1）电流互感器外观清洁，油位正常，无渗漏。 （2）电流互感器接地端、一、二次接线端子接触良好，无锈蚀，标志清晰。 （3）电流互感器外壳接地牢固	（1）工作前必须将串补平台可靠接地并充分放电。 （2）工作人员进入平台后，应将围栏门关好并上锁。 （3）平台上使用梯子时，应固定牢固，并有专人扶持	
6	阻尼装置检查	（1）阻尼电抗器绕组各层通风道应无异物或堵塞。 （2）阻尼电抗器铭牌标志完整；阻尼电抗器表面绝缘漆无龟裂、变色、脱落。 （3）阻尼电抗器上下汇流排无变形和裂纹。 （4）阻尼电抗器绕组无断裂、松焊。 （5）阻尼电抗器包封与支架间紧固带无松动、断裂。 （6）阻尼电阻器表面无损伤、变形、掉漆。 阻尼电阻器应按技术文件进行上下叠装。 （7）带MOV的阻尼装置应检查MOV瓷套外观无损伤、裂纹	（1）工作前必须将串补平台可靠接地并充分放电。 （2）工作人员进入平台后，应将围栏门关好并上锁。 （3）平台上使用梯子时，应固定牢固，并有专人扶持	
7	光纤柱检查	（1）光纤柱外观清洁，无碰撞、划伤痕迹，拉力适中。 （2）光纤柱各连接螺栓无松动锈蚀。 （3）光纤柱的等电位连接导体应可靠连接。 （4）光纤柱的光纤转接箱内应清洁，接头、端子无松动	（1）工作前必须将串补平台可靠接地并充分放电。 （2）工作人员进入平台后，应将围栏门关好并上锁。 （3）平台上使用梯子时，应固定牢固，并有专人扶持	

序号	关键工序	标准及要求	风险辨识与预控措施	执行完打√或记录数据
8	晶闸管阀检查（可控串补适用）	（1）晶闸管阀室通风窗口正常。 （2）检查晶闸管阀室无脱漆、生锈、漏雨等现象。 （3）检查晶闸管阀组的压紧弹簧正常。 （4）晶闸管阀安装架固定良好，各设备无移位。 （5）晶闸管阀室表面、穿墙套管清洁无污垢。 （6）晶闸管阀的水冷管路及其部件等无破裂、渗漏水现象	（1）工作前必须将串补平台可靠接地并充分放电。 （2）工作人员进入平台后，应将围栏门关好并上锁。 （3）平台上使用梯子时，应固定牢固，并有专人扶持	
9	阀控电抗器检查（可控串补适用）	（1）阀控电抗器绕组表面绝缘漆无龟裂、变色、脱落，各层通风道应无异物或堵塞。 （2）阀控电抗器绕组无断裂、松焊。上下汇流排无变形和裂纹	（1）工作前必须将串补平台可靠接地并充分放电。 （2）工作人员进入平台后，应将围栏门关好并上锁。 （3）平台上使用梯子时，应固定牢固，并有专人扶持	
10	冷却系统检查（可控串补适用）	（1）晶闸管阀的水冷管路及其部件等无破裂、渗水、漏水现象。 （2）阀冷却系统水位及各表计指示正常，各阀门开闭正确，无漏水现象。 （3）阀冷却系统循环水泵无异常声响，温度应正常。 （4）阀冷却系统户外散热器风机运转正常，通道无堵塞，无异物。 （5）阀冷却系统水泵及备用水泵投切正常。 （6）检查冷却系统的压力、流量、温度、电导率等的仪表的指示值应正常，无明显漏水现象。 （7）检查水位正常，水位过低时应补充冷却水。 （8）检查氮气压力是否正常	（1）工作前必须将串补平台可靠接地并充分放电。 （2）工作人员进入平台后，应将围栏门关好并上锁。 （3）平台上使用梯子时，应固定牢固，并有专人扶持	
11	绝缘子	（1）瓷件表面应无明显气泡、斑点、缺釉、破损等缺陷。 （2）伞裙无破损、无裂纹。 （3）金属法兰无锈蚀、无外伤或铸造砂眼。 （4）瓷件与金属法兰胶装部位应牢固密实，应涂以性能良好的防水胶。 （5）斜拉绝缘子胶装紧密、均匀，无脱胶、漏胶	（1）工作前必须将串补平台可靠接地并充分放电。 （2）工作人员进入平台后，应将围栏门关好并上锁。 （3）平台上使用梯子时，应固定牢固，并有专人扶持	

3. 签名确认

工作人员确认签名	

4. 执行评价

工作负责人签名：

附录 L-1 母线例行检修标准作业卡

编制人：_____   审核人：_____

1．作业信息

设备双重编号		工作时间	年　月　日 至 年　月　日	作业卡编号	变电站名称＋工作类别＋年月＋序号

2．工序要求

序号	关键工序	标准及要求	风险辨识与预控措施	执行完打√或记录数据
1	硬母线例行检查	（1）母线清洁无异物，相序颜色正确。 （2）母线接头应接触良好，无过热现象。 （3）螺栓连接接头的平垫圈和弹簧垫圈应齐全。 （4）母线伸缩节应无疲劳变形、氧化过热及断片。 （5）母线固定器抱箍无裂纹、过热、放电痕迹，紧固螺栓无松动、锈蚀。 （6）母线金具检查： 1）均压屏蔽金具无裂纹、扭曲变形。 2）交流母线的固定金具或其他支持金具不应成闭合铁磁回路，且表面应光洁、无毛刺。 3）母线安装直线与成列支柱绝缘子安装直线一致，母线不应受额外应力。 4）母线与金具接触面应连接紧密，连接螺栓应固定牢固，受力均匀，不应使接线端子受到额外应力	（1）在5级及以上的大风以及暴雨、雷电、冰雹、大雾、沙尘暴等恶劣天气下，应停止露天高处作业。 （2）工作人员进入作业现场必须戴安全帽，登高作业高度超过1.5m以上时应正确使用安全带；高度超过2m以上传递工器具、材料使用传递绳，不得抛掷。 （3）相邻带电架构、爬梯设置警示红布帘。	
2	软母线例行检查	（1）母线清洁无异物，相序颜色正确。 （2）钢芯铝铰线无断股和松股。 （3）母线与引下线接触良好，无氧化过热，螺接设备线夹螺栓紧固、无锈蚀，压接设备线夹无裂纹。 （4）设备线夹的曲率半径、悬垂线夹不小于被安装导线直径的8～10倍；螺栓型耐张线夹不小于被安装导线直径的8～12倍。		

344

序号	关键工序	标准及要求	风险辨识与预控措施	执行完打 √ 或记录数据
2	软母线例行检查	（5）母线金具检查： 1）均压屏蔽金具无裂纹、扭曲变形。 2）交流母线的固定金具或其他支持金具不应成闭合铁磁回路，且表面应光洁、无毛刺。 3）母线与金具接触面应连接紧密，连接螺栓应固定牢固，受力均匀，不应使接线端子受到额外应力。 4）压接型设备线夹安装角度朝上 30°～90° 时，应有直径 6mm 的排水孔	（4）在强电场下工作，严控与带电设备的安全距离，工作人员应加装临时接地线。 （5）停电在母线上检查工作时，要做好防坠落措施。 （6）使用梯子角度应适当（60°左右）并注意防滑，应有专人扶持监护或将梯子绑牢，应有卡具；合梯应有限开铰链	

3．签名确认

工作人员确认签名	

4．执行评价

工作负责人签名：

附录 L-2 母线绝缘子例行检修标准作业卡

编制人：＿＿＿＿＿＿　　　审核人：＿＿＿＿＿＿

1．作业信息

设备双重编号		工作时间	年　月　日 至 年　月　日	作业卡编号	变电站名称＋工作类别＋年月＋序号

2．工序要求

序号	关键工序	标准及要求	风险辨识与预控措施	执行完打√或记录数据
1	悬式绝缘子例行检查	（1）瓷质绝缘子防污闪涂料，增爬裙进行憎水性试验，憎水能力下降达不到防污要求的应复涂。 （2）玻璃绝缘子无裂纹、破碎、放电痕迹，表面应平整、光滑。 （3）复合绝缘子芯棒无变形，伞裙无气泡和缝隙、损伤或龟裂。 （4）锁紧销没有从碗头中脱出。 （5）均压装置材料无损坏、扭曲变形。 （6）绝缘测量、零值检测合格。	（1）在5级及以上的大风以及暴雨、雷电、冰雹、大雾、沙尘暴等恶劣天气下，应停止露天高处作业。 （2）高空作业人员应系绑腿式安全带，穿防滑鞋，垂直保护应使用自锁式安全带或速差自控式安全带。 （3）验电、挂接地线时必须带绝缘手套。 （4）工作中，工作人员严禁踩踏复合绝缘子上下导线。 （5）在强电场下工作，工作人员应加装临时接地线；相邻带电架构、爬梯设置警示标志。 （6）使用梯子角度应适当（60°左右）并注意防滑，应有专人扶持监护或将梯子绑牢，应有卡具；合梯应有限开铰链。	
2	支柱绝缘子例行检查	（1）瓷质绝缘子防污闪涂料，增爬裙进行憎水性试验，憎水能力下降达不到防污要求的应复涂。 （2）若有断裂、材质或机械强度方面的家族缺陷，对该家族瓷件进行一次超声探伤抽查；经历了5级以上地震后要对所有瓷件进行超声探伤。 （3）瓷质绝缘子水泥胶装剂表面涂有硅橡胶密封严密，无开裂。 （4）复合绝缘子芯棒无变形，伞裙无气泡和缝隙、损伤或龟裂。 （5）核实并记录支柱绝缘子厂家、型号，排查是否为存在家族性隐患产品		

3．签名确认

工作人员确认签名	

4．执行评价

工作负责人签名：

附录 L-3 母线及绝缘子专业巡视标准作业卡

编制人：_____ 审核人：_____

1．作业信息

设备双重编号		工作时间	年 月 日 至 年 月 日	作业卡编号	变电站名称＋工作类别＋年月＋序号

2．工序要求

序号	关键工序	标准及要求	风险辨识与预控措施	执行完打√或记录数据
1	硬母线巡视	（1）相序及运行编号标示清晰。 （2）导线或软连接无断股、散股及腐蚀，无异物悬挂。 （3）管型母线本体或焊接面无开裂、变形、脱焊。 （4）每节管母线固定金具应仅有一处，并宜位于全长或两母线伸缩节中点。 （5）导线、接头及线夹无过热。 （6）固体绝缘母线的绝缘无破损。 （7）封端球正常无脱落。 （8）管型母线固定伸缩节应无损坏，满足伸缩要求。 （9）管形母线最低处、终端球底部应有排水孔	工作中与带电部分保持足够的安全距离	
2	软母线巡视	（1）相序及运行编号标示清晰。 （2）导线无断股、散股及腐蚀，无异物悬挂。 （3）导线、接头及线夹无过热。 （4）分裂母线间隔棒无松动、脱落。 （5）铝包带端口无张口		
3	地电位全绝缘母线巡视	（1）相序及运行编号标示清晰。 （2）支架、托架、抱箍、固定金具无锈蚀，过热、放电痕迹。 （3）外绝缘无脱皮、过热及放电痕迹。 （4）屏蔽接地线接地牢固可靠		

序号	关键工序	标准及要求	风险辨识与预控措施	执行完打 √ 或记录数据
4	母线金具巡视	（1）无变形、锈蚀、裂纹、断股和折皱现象。 （2）伸缩金具无变形、散股及支撑螺杆脱落现象		
5	母线引流线巡视	（1）引流线无过热。 （2）线夹与设备连接平面无缝隙，螺栓出丝 2～3 螺扣。 （3）引线无断股或松股现象，无腐蚀现象，无异物悬挂。 （4）压接型设备线夹安装角度上 30°～90°时，应有直径 6mm 的排水孔，排水口通畅	工作中与带电部分保持足够的安全距离	
6	悬式绝缘子巡视	（1）绝缘子无异物附着，无位移或非正常倾斜。 （2）绝缘子瓷套或护套无裂痕，无破损，表面无严重积污。 （3）绝缘子碗头、球头无腐蚀，锁紧销及开口销无锈蚀、脱位或脱落。 （4）绝缘子无放电、闪络或电蚀痕迹。 （5）防污闪涂层完好，无破损、起皮、开裂		
7	支柱绝缘子巡视	（1）支柱绝缘子无倾斜，无破损，无异物。 （2）支柱绝缘子外表面及法兰封装处无裂纹，防水胶完好无脱落。 （3）支柱绝缘子表面无严重积污，无明显爬电或电蚀痕迹。 （4）防污闪涂层完好，无破损、起皮、开裂。 （5）增爬伞裙无塌陷变形，表面无击穿，粘接界面牢固		

3．签名确认

工作人员确认签名	

4．执行评价

工作负责人签名：

附录 M-1　穿墙套管整体检修标准作业卡

编制人：_____　　审核人：_____

1．作业信息

设备双重编号		工作时间	年　月　日 至 年　月　日	作业卡编号	变电站名称＋工作类别＋年月＋序号

2．工序要求

序号	关键工序	标准及要求	风险辨识与预控措施	执行完打√或记录数据
1	穿墙套管整体检查	（1）修复外绝缘破损，胶合面防水胶完好，必要时重新涂覆。 （2）修复均压环变形及裂纹等异常，安装牢固。 （3）检查金属安装板无开裂、变形等异常现象，接地可靠。 （4）引线、接线端子接触良好。 （5）检查末屏接线端子，确保接地可靠。 （6）对金属部件锈蚀部分进行防腐处理。 （7）复合绝缘外套（含防污闪涂料）憎水性检查结果应处于HC1～HC3级，必要时对瓷套管防污闪涂料进行复涂。 （8）必要时更换油塞密封件。 （9）充油穿墙套管油位正常，无渗漏，必要时按照厂家要求进行补油。 （10）110kV及以上主变压器低压侧10kV串联电抗器室进线穿墙套管干弧距离、相间最小安全净距均大于200mm，套管额定电压为20kV。不满足要求的应进行更换。 （11）10kV串联电抗器室进线穿墙套管接线桩头热缩盒子应该完好，无老化、脱落、变色、破裂等现象，存在上述问题的应对热缩盒进行更换。 （12）接线桩头应接触良好，无异常发热、无破损开裂，螺栓力矩值符合要求，出丝2～3个丝扣	（1）高处作业应做好防高空坠落、高空坠物措施。 （2）严禁攀爬穿墙套管或将安全带打在穿墙套管上。 （3）明确带电部位，与带电体保持足够的安全距离。 （4）安全工器具定期校验，在检验合格周期内。 （5）使用绝缘梯时应摆放平稳，设置专人扶持，并有防滑防倒措施	

3．签名确认

工作人员确认签名	

4．执行评价

工作负责人签名：

附录 M-2 穿墙套管专业巡视标准作业卡

编制人：_____   审核人：_____

1. 作业信息

设备双重编号		工作时间	年　月　日 至 年　月　日	作业卡编号	变电站名称＋工作类别＋年月＋序号

2. 工序要求

序号	关键工序	标准及要求	风险辨识与预控措施	执行完打√或记录数据
1	穿墙套管专业巡视	（1）观察外绝缘有无放电，放电不超过第二片伞裙，不出现中部伞裙放电。 （2）外绝缘无破损或裂纹，无异物附着，增爬裙无脱胶、破裂。 （3）电流互感器、套管法兰无锈蚀。 （4）均压环无变形、松动或脱落。 （5）高压引线连接正常，设备线夹无裂纹、无过热。 （6）金属安装板可靠接地，不形成闭合磁路，四周无雨水渗漏。 （7）末屏、法兰及不用的电压抽取端子可靠接地。 （8）油纸绝缘穿墙套管油位指示正常，无渗漏。 （9）套管四周应无危及其安全运行的异常情况	应注意与带电设备保持足够的安全距离	

3. 签名确认

工作人员确认签名	

4. 执行评价

工作负责人签名：

附录 N-1 油浸式消弧线圈成套装置例行检修标准作业卡

编制人：_____　　审核人：_____

1．作业信息

设备双重编号		工作时间	年　月　日 至 年　月　日	作业卡编号	变电站名称＋工作类别＋年月＋序号

2．工序要求

序号	关键工序	标准及要求	风险辨识与预控措施	执行完打√或记录数据
1	油浸式消弧线圈例行检查	（1）外观应完好，无锈蚀或掉漆。底座、构架应支撑牢固，无倾斜或变形。套管表面应清洁。环氧树脂表面及端部应光滑平整，无裂纹或损伤变形。有轻微渗漏油，不快于每滴5s。油位无异常，过高或过低。套管表面无破损、裂纹或污秽严重。整体或局部无出现异常高的温升。 （2）一、二次引线连接处应接触良好，接头处无过热、变色，热缩包扎无变形烧伤。烧伤深度超过1mm的应更换。损坏和丢失的热缩包扎应补齐。 （3）接地引下线应接触良好，无锈蚀、断股。接地端子应与设备底座可靠连接。无异响、异味。阀门必须根据实际需要，处在关闭和开启位置。指示开、闭位置的标志清晰、正确。 （4）分接开关传动机构应操作灵活，无卡涩或异响。各部件可靠动作，接触良好。传动部分应增涂适合当地气候条件的润滑脂。各部位应密封良好，无渗漏油。 （5）储油柜油位应正确。油位计内部无凝露。 （6）测温座应密封良好，温度指示正常，观察窗内无凝露。 （7）吸湿器应呼吸通畅，吸湿剂应无受潮变色或破碎，吸湿剂颗粒直径不小于3mm。更换吸湿剂距顶盖下方应留出1/5～1/6高度的空隙。油杯应清洁，油面在规定位置。受潮变色不超过2/3，并标识2/3位置。油杯油面在规定位置。	（1）检修前，应对调容与相控式装置内的电容器充分放电。 （2）使用带有绝缘包扎的工器具，防止低压触电。 （3）作业现场严禁明火，电焊、气焊等工作要远离检修区域，或采取其他有效的安全防火措施，并配备充足的消防器材。 （4）工作中严禁造成电流互感器二次侧开路、电压互感器二次侧短路。	

序号	关键工序	标准及要求	风险辨识与预控措施	执行完打 √ 或记录数据
1	油浸式消弧线圈例行检查	（8）气体继电器内无气体、压力释放阀无渗漏。气体继电器内无气体。户外布置气体继电器应配有防雨罩。 （9）分接开关档位指示应与消弧线圈控制屏、综自监控系统上的档位指示一致。 （10）对于调容式和相控式装置，电容器外观应完好，无渗油、鼓肚。 （11）中性点隔离开关应操作灵活，触头接触可靠。 （12）阻尼电阻和并联电阻应无过热、鼓包、烧伤。阻尼电阻和并联电阻阻值应与出厂值无明显偏差。允许误差≤±2%。 （13）箱式变压器内的加热驱潮及排风装置，应正常工作。 （14）二次接线拆线前应做好标记，拆后进行绝缘包扎	（5）分接开关传动机构及控制回路检修时，应先断开上级电源空气开关。 （6）二次回路工作，应使用带有绝缘包扎的工器具，防止交、直流接地或短路	

3．签名确认

工作人员确认签名	

4．执行评价

工作负责人签名：

附录 N-2 干式消弧线圈成套装置例行检修标准作业卡

编制人：＿＿＿＿＿＿＿＿   审核人：＿＿＿＿＿＿＿＿

1. 作业信息

设备双重编号		工作时间	年　月　日 至 年　月　日	作业卡编号	变电站名称＋工作类别＋年月＋序号

2. 工序要求

序号	关键工序	标准及要求	风险辨识与预控措施	执行完打√ 或记录数据
1	外观检查	外观应完好，无锈蚀。套管表面应清洁，无损伤或爬电、烧灼痕迹	（1）检修前，应对调容与相控式装置内的电容器充分放电。 （2）使用带有绝缘包扎的工器具，防止低压触电。 （3）作业现场严禁明火，电焊、气焊等工作要远离检修区域，或采取其他有效的安全防火措施，并配备充足的消防器材。 （4）工作中严禁造成电流互感器二次侧开路、电压互感器二次侧短路	
2	引线连接检查	一、二次引线连接处应接触良好，接头处无过热、烧伤。烧伤深度超过 1mm 的应更换。损坏和丢失的热缩包扎应补齐	（1）检修前，应对调容与相控式装置内的电容器充分放电。 （2）使用带有绝缘包扎的工器具，防止低压触电。 （3）作业现场严禁明火，电焊、气焊等工作要远离检修区域，或采取其他有效的安全防火措施，并配备充足的消防器材。 （4）工作中严禁造成电流互感器二次侧开路、电压互感器二次侧短路	
3	接地引下线检查	接地引下线应接触良好，无锈蚀、断股	（1）检修前，应对调容与相控式装置内的电容器充分放电。 （2）使用带有绝缘包扎的工器具，防止低压触电。 （3）作业现场严禁明火，电焊、气焊等工作要远离检修区域，或采取其他有效的安全防火措施，并配备充足的消防器材。 （4）工作中严禁造成电流互感器二次侧开路、电压互感器二次侧短路	
4	分接开关检查	（1）分接开关传动机构应操作灵活，无卡涩或异响，各部件可靠动作，接触良好。传动部分应增涂适合当地气候条件的润滑脂。 （2）分接开关档位指示应与消弧线圈控制屏、综自监控系统上的档位指示一致	（1）分接开关传动机构及控制回路检修时，应先断开上级电源空气开关。 （2）检查电动状态下不得手动调档，防止机构损坏或造成人身触电。档位调试过程中应远离传动机构	

序号	关键工序	标准及要求	风险辨识与预控措施	执行完打 √ 或记录数据
5	电容器检查（调容/相控适用）	对于调容式和相控式装置，电容器外观应完好，无渗油、鼓肚	（1）检修前，应对调容与相控式装置内的电容器充分放电。 （2）使用带有绝缘包扎的工器具，防止低压触电。 （3）作业现场严禁明火，电焊、气焊等工作要远离检修区域，或采取其他有效的安全防火措施，并配备充足的消防器材。 （4）工作中严禁造成电流互感器二次侧开路、电压互感器二次侧短路	
6	中性点隔离开关检查	中性点隔离开关应操作灵活，触头接触可靠	（1）检修前，应对调容与相控式装置内的电容器充分放电。 （2）使用带有绝缘包扎的工器具，防止低压触电。 （3）作业现场严禁明火，电焊、气焊等工作要远离检修区域，或采取其他有效的安全防火措施，并配备充足的消防器材。 （4）工作中严禁造成电流互感器二次侧开路、电压互感器二次侧短路	
7	电阻检查	（1）阻尼电阻和并联电阻应无过热、鼓包、烧伤。 （2）阻尼电阻和并联电阻阻值应与出厂值无明显偏差。允许误差≤±2%	（1）检修前，应对调容与相控式装置内的电容器充分放电。 （2）使用带有绝缘包扎的工器具，防止低压触电。 （3）作业现场严禁明火，电焊、气焊等工作要远离检修区域，或采取其他有效的安全防火措施，并配备充足的消防器材。 （4）工作中严禁造成电流互感器二次侧开路、电压互感器二次侧短路	
8	驱潮排风装置检查	箱式变压器内的加热驱潮及排风装置，应正常工作	（1）检修前，应对调容与相控式装置内的电容器充分放电。 （2）使用带有绝缘包扎的工器具，防止低压触电。 （3）作业现场严禁明火，电焊、气焊等工作要远离检修区域，或采取其他有效的安全防火措施，并配备充足的消防器材。 （4）工作中严禁造成电流互感器二次侧开路、电压互感器二次侧短路	
9	二次接线检查	二次接线拆线前应做好标记，拆后进行绝缘包扎	二次回路工作，应使用带有绝缘包扎的工器具，防止交、直流接地或短路	

3. 签名确认

工作人员确认签名	

4．执行评价

工作负责人签名：

附录 N-3 干式接地变压器检修标准作业卡

编制人：＿＿＿＿＿＿＿＿   审核人：＿＿＿＿＿＿＿＿

1．作业信息

设备双重编号		工作时间	年　月　日 至 年　月　日	作业卡编号	变电站名称＋工作类别＋年月＋序号

2．工序要求

序号	关键工序	标准及要求	风险辨识与预控措施	执行完打√或记录数据
1	搬运与开箱	（1）设备外观良好，无开裂、破损、磕碰、变形等异常情况。 （2）设备出厂铭牌齐全、参数正确。 （3）组部件、备件应齐全，规格应符合设计要求，包装及密封应完好，依照装箱清单清点发货物品，避免遗漏，规格、数量应符合技术协议和安装图纸要求。 （4）出厂技术资料应齐全、完好。 （5）拆箱时，严禁野蛮作业，避免损坏设备。 （6）搬运过程中严禁乱扔乱丢，轻拿轻放	（1）使用吊车卸车搬运时，吊车司机和起重人员必须持证上岗。吊车应摆放在空旷平整的地面；吊车支腿不应放置在电缆沟盖板、电缆井盖板等易断裂物体上且支腿距离电缆沟（电缆井）边缘≥1.5m。变电站内设备搬运应采取牢固的封车措施，车的行驶速度应小于15km/h。 （2）开箱作业人员相距不可太近，作业人员应相互协调，严禁野蛮作业，防止损坏设备，及时清理外包装，避免造成人身伤害。 （3）在设备区使用吊车吊卸重物时，作业前应检查所使用的器具是否合格，重物及吊车附件应与带电设备保持足够的安全距离，满足安规要求。 （4）吊装过程中，作业人员应听从吊装负责人的指挥，不得在吊件和吊车臂活动范围内的下方停留和通过，不得站在吊件上随吊臂移动	
2	整体更换	（1）接地变外观应完好，无锈蚀或掉漆。绝缘支撑件清洁，无裂纹、损伤。环氧树脂表面及端部应光滑平整，无裂纹或损伤变形。 （2）安装底座应水平，构架及夹件应固定牢固，无倾斜或变形。 （3）一、二次引线、母排应接触良好，单螺栓固定时需配备双螺母（防松螺母）。交、直流电缆应分开敷设。 （4）干式变压器低压侧零线与周围带电部位空气绝缘净距离应满足要求：10kV≥125mm，35kV≥300mm。 （5）铁芯应有且只有一点接地，接触良好。	（1）检修前，应对调容与相控式装置内的电容器充分放电。	

序号	关键工序	标准及要求	风险辨识与预控措施	执行完打√或记录数据
2	整体更换	（6）接地点应有明显的接地符号标志，明敷接地线的表面应涂以15～100mm宽度相等的绿色和黄色相间的条纹。接地线采用扁钢时，应经热镀锌防腐。使用多股软铜线的接地线，接头处应具备完好的防腐处理（热缩包扎）	（2）起重作业应设专人指挥，专人监护，注意与周围设备带电部位保持足够的安全距离	
3	绝缘支撑件检修	（1）绝缘支撑件外观应完好，无裂纹、损伤。各部件密封良好。用手按压硅橡胶套管伞裙表面，无龟裂。 （2）拆除一次引线接头时，引线线夹应无开裂、过热。烧伤深度超过1mm的应更换。 （3）绝缘支撑件固定螺栓应对角、循环紧固	检修前，应对调容与相控式装置内的电容器充分放电	

3. 签名确认

工作人员确认签名	

4. 执行评价

工作负责人签名：

附录 N-4 油浸式接地变压器检修标准作业卡

编制人：＿＿＿＿＿＿ 审核人：＿＿＿＿＿＿

1. 作业信息

设备双重编号		工作时间	年 月 日 至 年 月 日	作业卡编号	变电站名称＋工作类别＋年月＋序号

2. 工序要求

序号	关键工序	标准及要求	风险辨识与预控措施	执行完打√ 或记录数据
1	搬运与开箱	（1）设备外观良好，无开裂、破损、磕碰、变形等异常情况。 （2）设备出厂铭牌齐全、参数正确。 （3）组部件、备件应齐全，规格应符合设计要求，包装及密封应完好，依照装箱清单清点发货物品，避免遗漏，规格、数量符合技术协议和安装图纸要求。 （4）出厂技术资料应齐全、完好。 （5）拆箱时，严禁野蛮作业，避免损坏设备。 （6）搬运过程中严禁乱扔乱丢，轻拿轻放	（1）使用吊车卸车搬运时，吊车司机和起重人员必须持证上岗。吊车应摆放在空旷平整的地面；吊车支腿不应放置在电缆沟盖板、电缆井盖板等易断裂物体上且支腿距离电缆沟（电缆井）边缘≥1.5m。变电站内设备搬运应采取牢固的封车措施，车的行驶速度应小于15km/h。 （2）开箱作业人员相距不可太近，作业人员应相互协调，严禁野蛮作业，防止损坏设备，及时清理外包装，避免造成人身伤害。 （3）在设备区使用吊车吊卸重物时，作业前应检查所使用的器具是否合格，重物及吊车附件应与带电设备保持足够的安全距离，满足安规要求。 （4）吊装过程中，作业人员应听从吊装负责人的指挥，不得在吊件和吊车臂活动范围内的下方停留和通过，不得站在吊件上随吊臂移动	
2	整体更换	（1）接地变外观应完好，无锈蚀或掉漆。套管清洁，无裂纹、损伤。各部位密封件完好无缺失，无渗漏油。 （2）安装底座应水平，构架及夹件应固定牢固，无倾斜或变形。 （3）一、二次引线和母排应接触良好，单螺栓固定时需配备双螺母（防松螺母）。交、直流电缆应分开敷设。 （4）阀门、取油口、排气口开闭灵活。 （5）储油柜油位应正确。油位计内部无凝露。 （6）测温座应密封良好，温度指示正常，观察窗内无凝露。	（1）检修前，应对调容与相控式装置内的电容器充分放电。 （2）起重作业应设专人指挥，专人监护，注意与周围设备带电部位保持足够的安全距离。吊装过程中应设专人指挥，指挥人员应站在能全面观察到整个作业范围及吊车司机和司索人员的位置，对于任何工作人员发出紧急信号，必须停止吊装作业。吊车应停放在空旷平整的地面；吊车支腿不应放置在电缆沟盖板、电缆井盖板等易断裂物体上且支腿距离电缆沟（电缆井）边缘≥1.5m。 （3）吊装应按照厂家规定程序进行，选用合适的吊装设备和正确的吊点，设置揽风绳控制方向，并设专人指挥。指挥人员应站在能全面观察到整个作业范围及吊车司机和司索人员的位置，对于	

序号	关键工序	标准及要求	风险辨识与预控措施	执行完打√或记录数据
2	整体更换	（7）吸湿器应呼吸通畅，吸湿剂应无受潮变色或破碎，更换吸湿剂距顶盖下方应留出 1/5～1/6 高度的空隙。油杯应清洁，油面在规定位置。 （8）铁芯、夹件应有且只有一点接地，接触良好。 （9）接地点应有明显的接地符号标志，明敷接地线的表面应涂以 15～100mm 宽度相等的绿色和黄色相间的条纹。接地线采用扁钢时，应经热镀锌防腐。使用多股软铜线的接地线，接头处应具备完好的防腐处理（热缩包扎）	任何工作人员发出紧急信号，必须停止吊装作业。起吊应缓慢进行，离地 100mm 左右，应停止起吊，使吊件稳定后，指挥人员检查起吊系统的受力情况，确认无问题后，方可继续起吊。 （4）作业现场严禁明火，电焊、气焊等工作要远离检修区域，或采取其他有效的安全防火措施，并配备充足的消防器材。 （5）高处作业应按规程使用安全带，安全带的挂钩应挂在牢固的构件上，并应采用高挂低用的方式，高处作业所用的工器具、材料应放在工具袋内或用绳索绑牢，上下传递物品使用传递绳，严禁上下抛掷，且地面配合人员应站在可能坠物的坠落半径以外	
3	套管更换	（1）套管更换工作宜选在天气良好时进行，现场作业环境应满足要求，温度不宜低于 0℃，空气相对湿度≤80%，并具有防尘防雨措施。 （2）新套管外观应完好，无裂纹、损伤，各部件密封良好，油位正常。 （3）更换套管所有密封件，应采用尺寸符合要求的耐油密封垫圈。 （4）拆除旧套管前，应关闭储油柜与油箱之间的连接阀门。 （5）对于穿缆式套管，排油至油面低于套管安装法兰水平位置 200mm 以下；对于导杆式套管，可根据现场需要排油至手孔以下或排尽。 （6）起吊过程应使用专用吊具和选择正确的吊点，保证套管倾斜度和安装角度一致。 （7）旧套管吊出时，应待吊索轻微受力以后，方可松开安装法兰螺栓。新套管安装时相反。 （8）安装法兰螺栓应对角、循环紧固，法兰密封垫圈压缩 1/3 为宜（胶棒压缩 1/2），密封良好，无渗漏。 （9）对于穿缆式套管，应使用专用带环螺栓拧在引线头上进行牵引，穿入新套管时应控制速度。 （10）新套管更换导电杆，焊接过程应无虚焊、假焊，焊渣不得落入器身。 （11）新套管油位表计应朝向便于运维巡视观察的方向，油位应正常。 （12）更换后应静置，反复排气，确保接地变本体内无气体	（1）检修前，应对调容与相控式装置内的电容器充分放电。 （2）吊装时应专人指挥，专人监护，注意与周围设备带电部位保持足够的安全距离。套管的吊装宜使用专用吊具。采用吊车小勾（或链条葫芦）调整套管安装角度时，应防止小勾（或链条葫芦）与套管碰撞，伤及瓷裙。吊件吊离地面时，先用"微动"信号指挥，待吊件离开地面约 100mm 时停止起吊，检查无异常后，再指挥用正常速度起吊。在吊件降落就位时，再使用"微动"信号指挥。套管及吊臂活动范围下方严禁站人。在套管到达就位点且稳定后，作业人员方可进入作业区域。 （3）在套管法兰螺栓未完全紧固前，起重机械保持受力状态。高处摘除套管吊具或吊绳时，必须使用高空作业车。严禁攀爬套管或使用起重机械吊钩吊人。当套管试验采用专用支架竖立时，必须确保专用支架的结构强度，并与地面可靠固定。套管安装时使用定位销缓慢插入，防止瓷件碰撞法兰。套管吊装时，为防止手拉葫芦断裂，在吊点两端加一根软吊带作为保护。 （4）对于大型油浸式消弧线圈、接地变压器需在设备顶部更换套管，必须牢固系好安全带；顶部的油污应预先清理干净；高处作业人员应穿防滑鞋，应避免残油滴落到油箱顶部。 （5）作业现场严禁明火，电焊、气焊等工作要远离检修区域，或采取其他有效的安全防火措施，并配备充足的消防器材	

序号	关键工序	标准及要求	风险辨识与预控措施	执行完打√或记录数据
4	储油柜更换	（1）更换储油柜工作宜选在天气良好时进行，现场作业环境应满足要求，温度不宜低于0℃，并具有防尘防雨措施。 （2）新储油柜外观应完好，无裂纹、损伤，各部件密封良好。 （3）应用合格的变压器油清洗新储油柜。 （4）旧储油柜起吊前，应先排油，再拆除其与消弧线圈本体之间的所有连接。 （5）新储油柜应固定牢固，储油柜与接地变本体之间的接地线应恢复。 （6）注油前应拧开储油柜放气塞，再从储油柜注油口向内注油。或直接打开储油柜顶部排气口向内注油。调整油位至正确位置。 （7）注油过程应保持匀速，严禁从油浸式接地变底部向内注油。 （8）注油完毕，应关闭各阀门、取油口、排气口。检查各部位密封良好，无渗漏油。 （9）更换后应静置，反复排气，确保接地变内无气体	（1）检修前，应对调容与相控式装置内的电容器充分放电。 （2）吊装过程中应设专人指挥，指挥人员应站在能全面观察到整个作业范围及吊车司机和司索人员的位置，对于任何工作人员发出紧急信号，必须停止吊装作业。吊车应停放在空旷平整的地面；吊车支腿不应放置在电缆沟盖板、电缆井盖板等易断裂物体上且支腿距离电缆沟（电缆井）边缘≥1.5m。吊装应按照厂家规定程序进行，选用合适的吊装设备和正确的吊点，设置揽风绳控制方向，并设专人指挥。起吊应缓慢进行，离地100mm左右，应停止起吊，使吊件稳定后，指挥人员检查起吊系统的受力情况，确认无问题后，方可继续起吊。 （3）禁止与工作无关人员在起重工作区域内行走或停留，作业人员不可站在吊件和吊车臂活动范围内的下方，在吊件距就位点的正上方200～300mm稳定后，作业人员方可开始进入作业点。 （4）高处作业应按规程使用安全带，安全带的挂钩应挂在牢固的构件上，并应采用高挂低用的方式，高处作业所用的工器具、材料应放在工具袋内或用绳索绑牢，上下传递物品使用传递绳，严禁上下抛掷，且地面配合人员应站在可能坠物的坠落半径以外。吊装过程中应设专人指挥，指挥人员应站在能全面观察到整个作业范围及吊车司机和司索人员的位置，对于任何工作人员发出紧急信号，必须停止吊装作业。 （5）确认所有绳索从吊钩上卸下后再起钩，不允许吊车抖绳摘索，更不允许借助吊车臂的升降摘索。 （6）作业现场严禁明火，电焊、气焊等工作要远离检修区域，或采取其他有效的安全防火措施，并配备充足的消防器材	
5	储油柜补油	（1）补油工作宜选在天气良好时进行，现场作业环境应满足要求，温度不宜低于0℃，并具有防尘防雨措施。 （2）不同牌号、不同品牌的变压器油，必须进行混油试验方可使用。 （3）注油前应拧开储油柜放气塞，再从储油柜注油口向内注油，或直接打开储油柜顶部排气口向内注油。调整油位至正确位置。	（1）检修前，应对调容与相控式装置内的电容器充分放电。 （2）作业现场严禁明火，电焊、气焊等工作要远离检修区域，或采取其他有效的安全防火措施，并配备充足的消防器材。	

序号	关键工序	标准及要求	风险辨识与预控措施	执行完打√或记录数据
5	储油柜补油	（4）注油过程应保持匀速，严禁从油浸式接地变底部向内注油。 （5）注油完毕，应关闭各阀门、取油口、排气口。检查各部位密封良好，无渗漏油。 （6）补油后应静置并多次排气，确保接地变内无气体	（3）在补油过程中，变压器本体应可靠接地，防止产生静电	
6	吸湿器检修	（1）吸湿器外观应完好，玻璃罩无裂纹、损伤，密封件完好无缺失，运输过程中的密封垫块、保护罩应取出。 （2）吸湿剂应无受潮变色或破碎，更换吸湿剂距顶盖下方应留出 1/5～1/6 高度的空隙。吸湿器油封异常、呼吸不畅，吸湿剂潮解变色部分超过总量的 2/3 或自上而下变色。 （3）油杯应清洁，油面在规定位置。旋转安装式油杯不宜旋得过紧。 （4）检查吸湿器呼吸通畅，与储油柜间的连接管应密封良好	检修前，应对调容与相控式装置内的电容器充分放电	
7	气体继电器检修	（1）更换气体继电器工作宜选在天气良好时进行。 （2）新气体继电器身应完整，无锈蚀，密封良好。 （3）安装前，应用合格的变压器油清洗气体继电器。 （4）更换法兰密封件，应采用尺寸符合要求的耐油密封垫圈。 （5）绑扎浮球与挡板的固定绳应取下。 （6）气体继电器上箭头应指向储油柜。连管朝向储油柜方向应有 1%～1.5%的升高。 （7）户外安装的气体继电器应配有防雨罩。 （8）二次电缆孔洞应封堵，电缆保护管进线处应设置有滴水弯。 （9）二次接线拆线前应做好标记，拆后进行绝缘包扎。 （10）更换后应静置，反复排气，确保接地变内无气体	（1）检修前，应对调容与相控式装置内的电容器充分放电。 （2）使用带有绝缘包扎的工器具，防止低压触电。 （3）二次回路工作，应使用带有绝缘包扎的工器具，防止交、直流接地或短路。 （4）对于大型的消弧线圈、接地变的气体继电器、压力释放阀检修时宜用升降车或梯子辅助高处作业，高处作业人员正确使用安全带	

序号	关键工序	标准及要求	风险辨识与预控措施	执行完打 √ 或记录数据
8	压力释放阀检修	（1）更换压力释放阀工作宜选在天气良好时进行。 （2）检查新压力释放阀器身应完整，无锈蚀。 （3）压力释放阀固定螺栓应对角、循环紧固，密封良好无渗漏。 （4）更换法兰密封件，应采用尺寸符合要求的耐油密封垫圈。 （5）压力释放阀锁止装置应拆除。 （6）二次电缆孔洞应封堵，电缆保护管进线处应设置有滴水弯。 （7）二次接线拆线前应做好标记，拆后进行绝缘包扎。 （8）微动开关动作方向应正确，拨动微动开关，压力释放信号应可靠动作。 （9）更换后应静置，反复排气，确保接地变内无气体	（1）检修前，应对调容与相控式装置内的电容器充分放电。 （2）使用带有绝缘包扎的工器具，防止低压触电。 （3）二次回路工作，应使用带有绝缘包扎的工器具，防止交、直流接地或短路。 （4）对于大型的消弧线圈、接地变的气体继电器、压力释放阀检修时宜用升降车或梯子辅助高处作业，高处作业人员正确使用安全带	

3．签名确认

工作人员确认签名	

4．执行评价

工作负责人签名：

附录 N-5 消弧线圈专业巡视标准作业卡

编制人：＿＿＿＿＿＿＿＿＿   审核人：＿＿＿＿＿＿＿＿＿

1．作业信息

设备双重编号		工作时间	年 月 日 至 年 月 日	作业卡编号	变电站名称＋工作类别＋年月＋序号

2．工序要求

序号	关键工序	标准及要求	风险辨识与预控措施	执行完打 √ 或记录数据
1	干式消弧线圈本体巡视	（1）设备外观应完好，无锈蚀或掉漆。 （2）底座、构架应支撑牢固，无倾斜或变形。 （3）环氧树脂表面及端部应光滑平整，无裂纹或损伤变形。 （4）一、二次引线接触良好，接头处无过热、变色，热缩包扎无变形。 （5）接地引下线应完好，无锈蚀、断股，接地端子应与设备底座可靠连接。 （6）无异响、异味	应注意与带电设备保持足够的安全距离	
2	油浸式消弧线圈本体巡视	（1）设备外观应完好，无锈蚀或掉漆。 （2）底座、构架应支撑牢固，无倾斜或变形。 （3）套管表面清洁，无裂纹、损伤或爬电、烧灼痕迹。 （4）一、二次引线接触良好，接头处无过热、变色，热缩包扎无变形。 （5）各部位密封应良好，无渗漏油。 （6）储油柜油位应正确，油位计内部无凝露。 （7）吸湿器应呼吸通畅，吸湿剂罐装至顶部 1/6～1/5 处，受潮变色不超过 2/3，并标识 2/3 位置。油杯油面在规定位置。 （8）气体继电器内无气体。 （9）测温座应密封良好，温度指示正常，观察窗内无凝露。 （10）阀门必须根据实际需要，处在关闭和开启位置。指示开、闭位置的标志清晰、正确。	应注意与带电设备保持足够的安全距离	

序号	关键工序	标准及要求	风险辨识与预控措施	执行完打√或记录数据
2	油浸式消弧线圈本体巡视	（11）接地引下线应完好，无锈蚀、断股，接地端子应与设备底座可靠连接。 （12）无异响、异味	应注意与带电设备保持足够的安全距离	
3	干式接地变压器本体巡视	（1）设备外观应完好，无锈蚀或掉漆。 （2）底座、构架应支撑牢固，无倾斜或变形。 （3）环氧树脂表面及端部应光滑、平整，无裂纹或损伤变形。 （4）一、二次引线接触良好，接头处无过热、变色，热缩包扎无变形。 （5）接地引下线应完好，无锈蚀、断股，接地端子应与设备底座可靠连接。 （6）配有温度计和冷却风扇时，温度指示正常，观察窗内无凝露，冷却风扇可正常启动、停止。 （7）无异响、异味	应注意与带电设备保持足够的安全距离	
4	油浸式接地变压器本体巡视	（1）设备外观应完好，无锈蚀或掉漆。 （2）底座、构架应支撑牢固，无倾斜或变形。 （3）套管表面清洁，无裂纹、损伤或爬电、烧灼痕。 （4）一、二次引线接触良好，接头处无过热、变色，热缩包扎无变形。 （5）各部位密封应良好，无渗漏油。 （6）储油柜油位应正确，油位计内部无凝露。 （7）吸湿器应呼吸通畅，吸湿剂罐装至顶部 1/6～1/5 处，受潮变色不超过 2/3，并标识 2/3 位置。油杯油面在规定位置。 （8）气体继电器内无气体。 （9）测温座应密封良好，温度指示正常，观察窗内无凝露，冷却风扇可正常启动、停止。 （10）阀门必须根据实际需要，处在关闭和开启位置。指示开、闭位置的标志清晰、正确。 （11）接地引下线应完好，无锈蚀、断股，接地端子应与设备底座可靠连接。 （12）无异响、异味	应注意与带电设备保持足够的安全距离	

序号	关键工序	标准及要求	风险辨识与预控措施	执行完打√或记录数据
5	分接开关巡视	（1）设备外观应完好，无锈蚀或掉漆。 （2）底座、构架应支撑牢固，无倾斜或变形。 （3）无有载拒动、相序保护动作告警等异常信号。 （4）现场分接开关档位指示应与消弧线圈控制屏、综自监控系统上的档位指示一致。 （5）无异响、异味	应注意与带电设备保持足够的安全距离	
6	避雷器巡视	（1）外观应完好，无裂纹、损伤或爬电、烧灼痕迹。 （2）一次引线应接触良好，接头处无过热、变色。 （3）避雷器与地网之间应可靠连接。 （4）放电计数器、泄漏电流表等监测装置应密封良好，指示正常	应注意与带电设备保持足够的安全距离	
7	中性点隔离开关巡视	（1）导电部分的软连接可靠，无折损。 （2）操动机构安装牢固，固定构架无倾斜、变形	应注意与带电设备保持足够的安全距离	
8	电容器巡视	（1）设备外观应完好，无锈蚀或掉漆。 （2）底座、构架应支撑牢固，无倾斜或变形。 （3）一次引线接触良好，接头处无过热、变色，热缩包扎无变形。 （4）调容与相控式装置内的电容器外壳无鼓肚、膨胀变形、渗漏油，无异常过热。 （5）无异响、异味	应注意与带电设备保持足够的安全距离	
9	电压互感器巡视	（1）设备外观应完好，绝缘件表面清洁，无裂纹、损伤或爬电、烧灼痕迹，底座、构架应支撑牢固，无倾斜或变形。 （2）一、二次引线接触良好，接头处无过热、变色，热缩包扎无变形。 （3）无异响、异味	应注意与带电设备保持足够的安全距离	
10	电流互感器巡视	（1）设备外观应完好，绝缘件表面清洁，无裂纹、损伤或爬电、烧灼痕迹，底座、构架应支撑牢固，无倾斜或变形。 （2）一、二次引线接触良好，接头处无过热、变色，热缩包扎无变形。 （3）无异响、异味	应注意与带电设备保持足够的安全距离	

序号	关键工序	标准及要求	风险辨识与预控措施	执行完打 √ 或记录数据
11	阻尼电阻及其组件巡视	（1）设备外观应完好,无锈蚀或掉漆。 （2）底座、构架应支撑牢固,无倾斜或变形。 （3）一次引线接触良好,阻尼电阻无过热、鼓包、烧伤。 （4）阻尼电阻箱配置有散热风机时,风机应能正常启动。 （5）无异响、异味	应注意与带电设备保持足够的安全距离	
12	并联电阻及其组件巡视	（1）设备外观应完好,无锈蚀或掉漆。 （2）底座、构架应支撑牢固,无倾斜或变形。 （3）一次引线接触良好,并联电阻无过热、鼓包、烧伤。 （4）无异响、异味	应注意与带电设备保持足够的安全距离	

3. 签名确认

工作人员确认签名	

4. 执行评价

工作负责人签名:

附录 O-1　高频阻波器例行检修标准作业卡

编制人：＿＿＿＿＿＿　　审核人：＿＿＿＿＿＿

1．作业信息

设备双重编号		工作时间	年　月　日 至 年　月　日	作业卡编号	变电站名称＋工作 类别＋年月＋序号

2．工序要求

序号	关键 工序	标准及要求	风险辨识与预控措施	执行完打√ 或记录数据
1	悬式 绝缘子 检查	悬式绝缘子悬挂角度及引线弧垂应适当，满足防风偏距离要求，高频阻波器轴线应对地垂直。零值测试合格，220kV劣化数量小于3片，500kV根据绝缘子串片数劣化数量小于6~8片		
2	保护元 件检查	保护元件（避雷器）伞裙无破损、裂纹和爬电痕迹，固定牢固。避雷器试验数据合格		
3	调谐元 件检查	调谐元件外观无烧损痕迹，固定牢固	（1）在5级及以上的大风及雨、雪等恶劣天气下，应停止露天高处作业。 （2）作业时应采取防感应电伤人的措施。 （3）应做好防止高空坠落及坠物伤人的安全措施。 （4）高处作业应正确使用安全带，作业人员在转移作业位置时不准失去安全保护。 （5）高空作业人员使用的工具及安装用的零部件，应放在随身佩带的工具袋内，不可随便向下丢掷，工具等用布带系好	
4	阻波器 检查	高频阻波器器身内外无异物		
5	接线端 子检查	接线端子无毛刺、裂纹或损伤，接触面平整光洁，并涂抹薄层导电脂，螺栓紧固力矩符合要求		
6	器身框 架检查	器身框架表面无掉漆或裂纹		
7	支撑条 检查	支撑条无松动、位移、缺失，紧固带无松动、断裂		
8	设备线 夹检查	设备线夹无开裂发热，导线无断股、散股		
9	连接金 具检查	连接金具连接可靠，垫片、弹簧垫齐全，开口销按规定安装		
10	支柱 绝缘子 检查	支柱绝缘子表面清洁、无异常		

3. 签名确认

工作人员确认签名	

4. 执行评价

工作负责人签名：

附录 O-2 高频阻波器专业巡视标准作业卡

编制人： _____　　审核人： _____

1. 作业信息

设备双重编号		工作时间	年　月　日 至 年　月　日	作业卡编号	变电站名称＋工作类别＋年月＋序号

2. 工序要求

序号	关键工序	标准及要求	风险辨识与预控措施	执行完打√或记录数据
1	本体巡视	（1）高频阻波器器身内外无异物。 （2）器身完好，线圈无变形，支撑条无明显位移或缺失，紧固带无松动、断裂。 （3）线圈无爬电痕迹、无局部过热、无放电声响。 （4）螺栓无松动，框架无脱漆、无锈蚀。 （5）保护元件（避雷器）表面无破损和裂纹，调谐元件无明显发热点	与带电设备保持足够的安全距离	
2	附件巡视	（1）悬式绝缘子完整，无放电痕迹，无位移或非正常倾斜。 （2）支柱绝缘子无破损和裂纹，防污闪涂料无鼓包、起皮及破损，增爬裙无塌陷变形，粘接面牢固。 （3）连接金具无松脱、锈蚀，开口销无锈蚀、脱位或脱落。 （4）引线无断股、散股，弧垂适当。 （5）设备线夹无裂纹、无过热	与带电设备保持足够的安全距离	

3. 签名确认

工作人员确认签名	

4. 执行评价

工作负责人签名：

附录 P-1 耦合电容器例行检修标准作业卡

编制人：＿＿＿＿＿＿　　　　审核人：＿＿＿＿＿＿

1. 作业信息

设备双重编号		工作时间	年　月　日 至 年　月　日	作业卡编号	变电站名称＋工作类别＋年月＋序号

2. 工序要求

序号	关键工序	标准及要求	风险辨识与预控措施	执行完打√或记录数据
1	瓷套外观检查	瓷套外观清洁无破损，防污闪涂料无起皮、鼓包、脱落，增爬伞裙无脱胶、变形		
2	线夹及导线外观检查	设备线夹无裂纹过热痕迹，导线无断股、散股、扭曲，弧垂适当		
3	本体外观检查	本体密封完好、无渗漏	（1）在5级及以上的大风及雨、雪等恶劣天气下，应停止露天高处作业。 （2）作业时应做好防止高空坠落及坠物伤人的安全措施。 （3）使用合适且合格的绝缘梯，梯子必须架设在牢固基础上，与地面夹角60°～75°之间，顶部必须绑扎固定，无绑扎条件时必须有专人扶持，禁止两人及以上在同一梯子上工作。 （4）作业人员在斗臂车或脚手架搭设的平台上作业时正确佩戴安全带，脚手架做好防倾倒。 （5）结合滤波器接地开关应在合闸位置	
4	低压端子检查	耦合电容器低压端子小瓷套完好，接线牢固		
5	接线板检查	接线板表面无氧化、划痕、脏污，接触良好，各导电接触面应涂有导电脂		
6	接地线检查	接地线连接可靠，无锈蚀		
7	接线检查	结合滤波器与耦合电容器、接地刀闸、高频设备之间的接线应无松动、脱落		
8	接地开关检查	接地开关导电接触面无氧化，绝缘子无破损，接地应可靠		
9	滤波器检查	结合滤波器外壳密封良好，防护遮栏内无异物		

3. 签名确认

工作人员确认签名	

4. 执行评价

工作负责人签名:

附录 P-2 耦合电容器专业巡视标准作业卡

编制人：_____   审核人：_____

1．作业信息

设备双重编号		工作时间	年　月　日 至 年　月　日	作业卡编号	变电站名称＋工作类别＋年月＋序号

2．工序要求

序号	关键工序	标准及要求	风险辨识与预控措施	执行完打√或记录数据
1	耦合电容器巡视	（1）设备外观完好，外绝缘无破损或裂纹，无异物附着。 （2）外绝缘应无过热、放电痕迹，爬电不超过第二片伞裙，不出现中部伞裙放电。 （3）防污闪涂料无鼓包、起皮及破损，增爬裙无塌陷变形，粘接面牢固。 （4）本体密封良好，无渗漏油。 （5）均压环表面无锈蚀、变形，固定牢固，无倾斜。 （6）金属部位无锈蚀，底座、构架牢固，无倾斜变形。 （7）引线、接地线可靠连接，各引线无断股、散股、扭曲现象，设备线夹无裂纹、无过热。 （8）设备内部无异常声响	与带电设备保持足够的安全距离	
2	结合滤波器巡视	（1）接地开关绝缘子无开裂。 （2）结合滤波器进线小瓷套无裂纹。 （3）结合滤波器与耦合电容器、接地开关、高频设备之间的接线应无松动、脱落。 （4）结合滤波器与耦合电容器连接线外绝缘良好。 （5）结合滤波器内部应无异常响声。 （6）外壳密封应良好。 （7）低式布置的结合滤波器，防护遮栏内无异物。 （8）接地线连接可靠，无锈蚀	与带电设备保持足够的安全距离	

3．签名确认

工作人员确认签名	

4．执行评价

工作负责人签名：

附录 Q-1 高压熔断器例行检修标准作业卡

编制人：_____   审核人：_____

1．作业信息

设备双重编号		工作时间	年　月　日 至 年　月　日	作业卡编号	变电站名称＋工作类别＋年月＋序号

2．工序要求

序号	关键工序	标准及要求	风险辨识与预控措施	执行完打√或记录数据
1	高压熔断器例行检修	（1）清扫绝缘部件上污秽，检查表面无闪络、损伤痕迹，外露金属件无锈蚀。 （2）载熔件、熔断件表面应无损伤、裂纹。 （3）熔断器触头、引线端子等接连部位无烧伤。 （4）熔断件应无击穿，三相电阻值应基本一致，载熔件与熔断件压接良好。 （5）带指示装置的熔断器指示位置应正确。 （6）各连接处应无松动，连接线无破损，接触弹簧弹性良好。 （7）带钳口的熔断器，其熔断件应紧密插入钳口内，插拔应顺畅。 （8）底座架、支撑件螺栓紧固牢靠。 （9）绝缘子金属件与瓷件接合处密封良好、无锈蚀。 （10）跌落式熔断器熔断件轴线与铅垂线的夹角应为 15°～30°，其转动部位应灵活，并注机油润滑。 （11）喷射式熔断器载熔件内腔腐蚀状况应满足正常运行需要	（1）检修前确认检修设备已停电，安全措施已执行到位。 （2）高处作业应按规程使用安全带或绝缘梯，使用绝缘梯应做好防倾倒措施。 （3）工器具、备件材料等物品上、下传递应用绳索或工具袋，禁止抛掷	

3．签名确认

工作人员确认签名	

4．执行评价

工作负责人签名：

附录Q-2 高压熔断器专业巡视标准作业卡

编制人：_____   审核人：_____

1. 作业信息

设备双重编号		工作时间	年　月　日 至 年　月　日	作业卡编号	变电站名称＋工作类别＋年月＋序号

2. 工序要求

序号	关键工序	标准及要求	风险辨识与预控措施	执行完打√或记录数据
1	本体巡视	（1）外绝缘无放电痕迹，支持绝缘件表面无裂纹、损坏。 （2）底座、熔断件触头间无放电、过热、烧伤。 （3）熔断器位置指示装置应指示正常。 （4）喷射式熔断器、户外限流熔断器载熔件密封良好	应注意与带电设备保持足够的安全距离	
2	引流线及接地装置巡视	（1）引流线无散股、断股、烧损，相间距离及弧垂符合技术标准。 （2）引流线连板（线夹）无裂纹、变色、烧损。 （3）引流线连接螺栓无松动、锈蚀、缺失。 （4）接地装置应连接可靠、无松动、烧伤，焊接部位无开裂、锈蚀	应注意与带电设备保持足够的安全距离	
3	基础及构架巡视	（1）基础无破损、沉降。 （2）构架无锈蚀、变形。 （3）构架焊接部位无开裂、连接螺栓无松动。 （4）构架接地无锈蚀、烧伤、连接可靠	应注意与带电设备保持足够的安全距离	

3. 签名确认

工作人员确认签名	

4．执行评价

工作负责人签名：

附录R-1 接地引下线例行维护标准作业卡

编制人：_____ 审核人：_____

1．作业信息

设备双重编号		工作时间	年 月 日 至 年 月 日	作业卡编号	变电站名称＋工作类别＋年月＋序号

2．工序要求

序号	关键工序	标准及要求	风险辨识与预控措施	执行完打√ 或记录数据
1	接地引下线导通试验	（1）测试参考点选择。测试接地引下线导通首先选定一个与主地网连接良好的设备的接地引下线为参考点，再测试周围电气设备接地部分与参考点之间的直流电阻。如果开始即有很多设备测试结果不良，宜考虑更换参考点。 （2）测试的范围。 1）各个电压等级的场区之间； 2）各高压和低压设备，包括构架、分线箱、汇控箱、电源箱等； 3）主控及内部各接地干线，场区内和附近的通信及内部各接地干线； 4）独立避雷针及微波塔与主地网之间； 5）其他必要部分与主地网之间。 （3）测试中注意的问题。 1）测试中应注意减小接触电阻的影响； 2）当发现测试值在50mΩ以上时，应反复测试验证。 （4）试验步骤： 1）在变电站内选定一个与主地网连接合格的设备接地引下线为基准参考点； 2）对测量设备校零； 3）在被测接地引下线与试验接线的连接处，使用锉刀锉掉防锈的油漆，露出有光泽的金属； 4）用专用测试导线分别接好基准点和被测点（相邻设备接地引下线），接通仪器电源，测量接地引下线导通参数； 5）记录试验数据；	（1）不应在雷、雨、雪中或雨、雪后立即进行。	参考点： 测试点： 测量值：_____（mΩ） 参考点： 测试点： 测量值：_____（mΩ） 参考点： 测试点： 测量值：_____（mΩ） 参考点： 测试点： 测量值：_____（mΩ） 参考点： 测试点： 测量值：_____（mΩ） 参考点： 测试点： 测量值：_____（mΩ） 参考点： 测试点： 测量值：_____（mΩ） 参考点： 测试点： 测量值：_____（mΩ）

序号	关键工序	标准及要求	风险辨识与预控措施	执行完打√或记录数据
1	接地引下线导通试验	6）测试结束后，关掉电源并收好试验线。 （5）试验验收。 1）检查试验数据与试验记录是否完整、正确； 2）整理仪器接线并清理现场。 （6）试验数据分析和处理： 1）状况良好的设备测试值应在50mΩ以下； 2）50～200mΩ的设备状况尚可，宜在以后例行测试中重点关注其变化，重要的设备宜在适当时候检查处理； 3）200mΩ～1Ω的设备状况不佳，对重要的设备应尽快检查处理，其他设备宜在适当时候检查处理； 4）1Ω以上的设备与主地网未连接，应尽快检查处理； 5）独立避雷针的测试值应在500mΩ以上； 6）测试中相对值明显高于其他设备，而绝对值又不大的，按状况尚可对待	（2）现场区域满足试验安全距离要求	参考点： 测试点： 测量值：_____（mΩ） 参考点： 测试点： 测量值：_____（mΩ） 参考点： 测试点： 测量值：_____（mΩ） 参考点： 测试点： 测量值：_____（mΩ） 参考点： 测试点： 测量值：_____（mΩ） 参考点： 测试点： 测量值：_____（mΩ） 参考点： 测试点： 测量值：_____（mΩ） 参考点： 测试点： 测量值：_____（mΩ） 参考点： 测试点： 测量值：_____（mΩ） 参考点： 测试点： 测量值：_____（mΩ）
2	接地引下线装置检修	（1）变压器中性点应有两根与主地网不同干线连接的接地引下线，并且每根接地引下线应符合热稳定校核的要求。重要设备及设备架构等应有两根与主地网不同干线连接的接地引下线，并且每根接地引下线均应符合热稳定校核的要求。连接引线应便于定期进行检查测试。 （2）设备接地引下线导通电阻不应大于200mΩ，且与历次数据比较无明显变化。 （3）接地引下线弯曲时，应采用机械冷弯。应采取防止发生机械损伤和化学腐蚀的措施。	（1）雷雨天气时不得开展接地装置检修。 （2）检修需断开电气接地连接回路前，应做好临时跨接。 （3）恢复接地连接断开点前，应确保周围环境无爆炸、火灾隐患。 （4）施工现场应准备检测合格的灭火器等消防器材。 （5）取直卷式水平接地体时，应避免弹伤人员或弹至带电设备。 （6）采用普通焊接时应佩戴专用手套、护目镜。 （7）采用放热焊接时应防止高温烫伤。	

序号	关键工序	标准及要求	风险辨识与预控措施	执行完打 √ 或记录数据
2	接地引下线装置检修	（4）接地体（线）的连接应采用焊接，接地引下线与电气设备的连接可采用螺栓压接或焊接。采用铜或铜覆钢材的接地线应采用放热焊接连接。 （5）接地引下线应便于检查，接地引下线引进建筑物的入口处应设置标志。 （6）明敷的引下线表面应有15～100mm 宽度相等黄绿相间色漆或色带。 （7）干式电抗器的接地线不应构成闭合环路。 （8）电气装置每个接地部分应以单独的接地线与水平接地网相连接，严禁在一个接地线中串接多个接地部分。 （9）接地线是否折断，损伤或严重腐蚀。接地点土壤是否因外力影响而有松动。检查全部连接点的螺栓是否有松动，并应加以紧固。挖开接地引下线周围的地面，检查地下 0.5m 左右地线受腐蚀的程度，若腐蚀严重时应更换	（8）开挖接地体时应注意与带电设备保持足够的安全距离，应正确使用打孔及挖掘工具。 （9）开挖接地体时应避开埋设的电缆、光缆、水管、燃气管等设施	

3. 签名确认

工作人员确认签名	

4. 执行评价

工作负责人签名：

附录 R-2 接地引下线专业巡视标准作业卡

编制人：_____ 审核人：_____

1. 作业信息

设备双重编号		工作时间	年　月　日 至 年　月　日	作业卡编号	变电站名称＋工作类别＋年月＋序号

2. 工序要求

序号	关键工序	标准及要求	风险辨识与预控措施	执行完打√或记录数据
1	接地引下线巡视	（1）变电站设备接地引下线连接正常，连接处应为黄绿相间的色漆或色带，无松弛脱落、位移、断裂及严重腐蚀等情况。 （2）接地引下线普通焊接点的防腐处理完好。 （3）接地引下线无机械损伤。 （4）引向建筑物的入口处和检修临时接地点应设有"⏚"接地标识，刷白色底漆并标以黑色标识。 （5）明敷的接地引下线表面涂刷的绿色和黄色相间的条纹应整洁，完好；无剥落、脱漆。 （6）接地引下线跨越建筑物伸缩缝、沉降缝设置的补偿器应完好	工作中与带电设备保持足够的安全距离	

3. 签名确认

工作人员确认签名	

4. 执行评价

工作负责人签名：

附录 R-3 接地引下线开挖检查标准作业卡

编制人：_____   审核人：_____

1．作业信息

设备双重编号		工作时间	年 月 日 至 年 月 日	作业卡编号	变电站名称＋工作类别＋年月＋序号

2．工序要求

序号	关键工序	标准及要求	风险辨识与预控措施	执行完打√或记录数据
1	接地引下线开挖检查	（1）安装观测井的变电站，采用工具直接打开观测井盖，测量接地体腐蚀后尺寸、观察接地体的腐蚀情况、焊点的腐蚀情况，计算腐蚀后接地体是否满足热稳定要求。 （2）没有安装观测井的变电站，应选择有焊点的位置进行开挖。 （3）测量接地体尺寸时应祛除泥沙、锈斑等影响接地体实际尺寸的污物。 （4）开挖混凝土路面时，切割面应呈方形或圆形等规则形状，沟槽宽度一致。 （5）开挖花砖地面时，拆除的花砖面应呈方形等规则形状，沟槽宽度一致。 （6）开挖需要恢复的植被地面时，应连根带土挖掘植被，放置背阴处，提高植被的成活率。 （7）开挖碎石地面时，碎石应分层挖掘，分层放置。 （8）开挖取土时，各种土质应分别放置。 （9）回填清除碎石等其他垃圾的土壤，分层浇水夯实恢复。 （10）在中性或酸性土壤地区，接地装置应选用热镀锌钢；在强碱性地区或者其站址土壤和地下水条件会引起钢质材料严重腐蚀的中性土壤地区，应采用铜质、铜覆钢（铜层厚度不小于0.25mm）或者其他具有防腐性能的接地网；不得采用铝导体作为接地体或接地线；对于室内变电站及地下变电站应采用铜质材料的接地网。	（1）雷雨天气时不得开展接地装置检修。 （2）检修需断开电气接地连接回路前，应做好临时跨接。 （3）恢复接地连接断开点前，应确保周围环境无爆炸、火灾隐患。 （4）施工现场应准备检测合格的灭火器等消防器材。 （5）取直卷式水平接地体时，应避免弹伤人员或弹至带电设备。 （6）采用普通焊接时应佩戴专用手套、护目镜。	

序号	关键工序	标准及要求	风险辨识与预控措施	执行完打√或记录数据
1	接地引下线开挖检查	（11）应严格控制接地体深度，接地体顶面埋设深度应符合设计规定，当无规定时，不应小于0.8m。 （12）回填时应夯填，以防止接地体与土之间产生缝隙，在地下的接地体严禁涂刷防腐材料。 （13）接地引下线有机械损伤、断股或化学腐蚀现象。应更换截面积较大的镀锌或镀铜接地线，或在土壤中加入中和剂	（7）采用放热焊接时应防止高温烫伤。 （8）开挖接地体时应注意与带电设备保持足够的安全距离，应正确使用打孔及挖掘工具。 （9）开挖接地体时应避开埋设的电缆、光缆、水管、燃气管等设施	

3. 签名确认

工作人员确认签名	

4. 执行评价

工作负责人签名：

附录 S-1 端子箱（智能柜）及动力电源箱例行检修标准作业卡

编制人：_____ 审核人：_____

1．作业信息

设备双重编号		工作时间	年 月 日 至 年 月 日	作业卡编号	变电站名称＋工作类别＋年月＋序号

2．工序要求

序号	关键工序	标准及要求	风险辨识与预控措施	执行完打√或记录数据
1	端子箱（智能柜）及动力电源箱例行检修	（1）清扫外壳，除锈并进行防腐处理，内部清扫积灰，防火泥封堵良好，通风口通风良好。 （2）各部触点及端子应完好无缺损，连接螺栓应无松动或丢失。 （3）进、出线电缆排列整齐，无损伤，电缆吊牌齐全、清晰。 （4）箱门的密封衬垫完好有效，箱门把手、合页、锁具功能正常，不卡涩，箱体正门应具有限位功能。 （5）加热和驱潮装置功能完好，加热装置远离二次线50mm以上。空调装置工作正常。 （6）内部各类元器件功能良好，显示清晰，远传信号正常，标识清楚（进口器件应有中文说明）。 （7）端子箱内二次元件完整、齐全、接线正确，无异常放电声响，无变形及发热现象。 （8）对二次回路元器件进行绝缘电阻测试，在交接验收时，采用2500V绝缘电阻表且绝缘电阻大于10MΩ的指标；在投运后，采用1000V绝缘电阻表且绝缘电阻大于2MΩ的指标。 （9）交、直流电源应可靠隔离，交、直流严禁共缆、共束，避免接在同一段端子排上。 （10）二次接地线二次电缆屏蔽层与接地铜排连接可靠，严禁使用电缆内的空线替代屏蔽层接地。 （11）二次接地铜排应与电缆沟道内等电位接地网连接可靠。	（1）工作前先确认柜内各类交直流电源并确认无压。 （2）拆接二次电缆时，作业人员必须确定所拆电缆确实无电压，并在监护人员监护下进行作业。作业人员应使用带绝缘柄或经绝缘处理的工具，工作过程中注意加强监护，不得碰触带电导体。	

序号	关键工序	标准及要求	风险辨识与预控措施	执行完打√或记录数据
1	端子箱（智能柜）及动力电源箱例行检修	（12）二次接线平直，线帽整齐、完整，备用芯应进行单独绝缘包扎处理。 （13）动力电源箱漏电保护器动作正常，模拟短路或接地故障时，动作值满足小于 30mA，100ms	（3）检查加热板时防止烫伤。 （4）检修设备与运行设备二次回路有效隔离，防止误动	

3. 签名确认

工作人员确认签名	

4. 执行评价

工作负责人签名：

附录 S-2 端子箱（智能柜）及动力电源箱部件更换标准作业卡

编制人：＿＿＿＿＿＿ 审核人：＿＿＿＿＿＿

1．作业信息

设备双重编号		工作时间	年 月 日 至 年 月 日	作业卡编号	变电站名称＋工作类别＋年月＋序号

2．工序要求

序号	关键工序	标准及要求	风险辨识与预控措施	执行完打 √ 或记录数据
1	空气开关更换	（1）空气开关的选型符合负荷、级差等设计要求。 （2）直流空气开关接线时应同空气开关桩头标注的正负极性一致。 （3）线芯外露不大于 5mm。 （4）空气开关操作灵活，接点接触可靠。驱潮、照明回路空气开关应使用双极开关。 （5）检修电源箱主开关及各分路开关均应配置漏电保护器，漏电保护器"试验"正常。 （6）解拆二次线应做好相关标识和记录，裸露的线头应立即单独绝缘包扎。 （7）直流回路严禁使用交流空气开关，禁止使用交、直流两用空气开关。 （8）每个接线端子不得超过两根接线，不同截面芯线不得接在同一个接线端子上。 （9）带辅助触点的空气开关，位置指示信号正确。 （10）检修电源箱配置数量满足站内各区域检修作业用电要求。并考虑大功率负荷（如真空滤油机）用电需求	（1）断开相关电源，确认无电压后方可工作。 （2）防止交直流回路接地短路，严防误跳运行设备。 （3）拆接二次电缆时，作业人员必须确定所拆电缆确实无电压，并在监护人员监护下进行作业。作业人员应使用带绝缘柄或绝缘处理的工具，工作过程中注意加强监护，不得碰触带电导体	
2	插座更换	（1）插座配置满足设计、规范和负荷的要求。 （2）解拆二次线应做好相关标识和记录，裸露的线头应立即单独绝缘包扎。 （3）单相两孔插座，面对插座的右孔或上孔与相线连接，左孔或下孔与零线连接。 （4）单相三孔插座，面对插座的右孔与相（火）线连接，左孔与零线连接。	（1）断开相关电源，确认无电压后方可工作。 （2）防止交直流回路接地短路，严防误跳运行设备。	

序号	关键工序	标准及要求	风险辨识与预控措施	执行完打√或记录数据
2	插座更换	（5）单相三孔、三相四孔及三相五孔插座的接地（PE）或接零（N）在上孔。 （6）插座的接地端子不与零线端子连接。 （7）同一场所的三相插座，接线的相序一致。 （8）线芯外露不大于5mm。 （9）接地（PE）或接零（N）线在插座间不串联连接。 （10）通电后插座电压测量正常	（3）拆接二次电缆时，作业人员必须确定所拆电缆确实无电压，并在监护人员监护下进行作业。作业人员应使用带绝缘柄或经绝缘处理的工具，工作过程中注意加强监护，不得碰触带电导体	
3	驱潮加热装置更换	（1）驱潮加热装置及空调装置应设独立的电源开关。 （2）解拆二次线应做好相关标识和记录，裸露的线头应立即单独绝缘包扎。 （3）温湿度传感器安装于箱内中上部，发热元器件悬空安装于箱内下部，与箱内导线及元器件保持足够的距离，远离50mm以上。 （4）空气开关采用双极开关。 （5）温湿度控制器设置符合相关标准、规范或厂家说明书的要求。 （6）发热元器件应使用瓷管套着的裸导线或耐热导线，金属发热元器件应有防止烫伤的措施。 （7）冷凝型驱潮装置排水管无堵塞。 （8）各类远传信号、工作指示正常。 （9）温湿度控制器等二次元件应采用阻燃材料，取得3C认证项目检测报告。 （10）加热驱潮装置能按照设定温湿度自动投入。 （11）传感器应与设备设置在同一运行环境温度的位置	（1）断开相关电源，确认无电压后方可工作。 （2）防止交直流回路接地短路，严防误跳运行设备。 （3）检查发热板时防止烫伤。 （4）拆接二次电缆时，作业人员必须确定所拆电缆确实无电压，并在监护人员监护下进行作业。作业人员应使用带绝缘柄或经绝缘处理的工具，工作过程中注意加强监护，不得碰触带电导体	
4	照明装置更换	（1）照明回路空气开关、灯具配置满足设计要求。 （2）空气开关应采用双极开关。 （3）线芯外露不大于5mm。 （4）二次接线接触良好、排列整齐、螺丝紧固。 （5）依靠端子箱门行程控制的照明应保证端子箱门打开时可靠照明，箱门关闭时可靠断开。 （6）各类标识清晰	（1）断开相关电源，确认无电压后方可工作。 （2）防止交直流回路接地短路，严防误跳运行设备	

序号	关键工序	标准及要求	风险辨识与预控措施	执行完打√或记录数据
5	电缆更换	（1）电缆及二次线选型应符合设计要求。箱内二次电缆应采用阻燃电缆，截面积应符合产品设计要求。互感器回路：≥4mm²；控制回路：≥2.5mm²。 （2）电缆外观无破损，相间、对地绝缘合格。 （3）剥线时不得损伤线芯。 （4）动力电缆，控制电缆分开设置。 （5）电缆绑扎牢固，接线后不得使端子受力。 （6）电缆吊牌、二次接线号码头标示清晰正确。 （7）电缆孔洞封堵到位，密封良好。 （8）解拆二次线应做好相关标识和记录，裸露的线头应立即单独绝缘包扎。 （9）每个接线端子不得超过两根接线，不同截面芯线不得接在同一个接线端子上。 （10）二次接线接触良好、排列整齐、螺丝紧固。 （11）端子排正、负电源之间以及正电源与分、合闸回路之间，宜以空端子或绝缘隔板隔开。 （12）交、直流电源应可靠隔离，交、直流严禁共缆、共束。 （13）二次接地线及二次电缆屏蔽层与接地铜排连接可靠，严禁使用电缆内的空线替代屏蔽层接地。 （14）交流供电电源的中性线（零线）不应接入等电位接地网。 （15）二次电缆备用芯应进行绝缘包扎处理。 （16）低压交流电缆相序标识清楚。 （17）多股软铜线应做线鼻子，禁止采用钩挂缠绕方式接线	（1）断开相关电源，确认无电压后方可工作。 （2）防止交直流回路接地短路，严防误跳运行设备。 （3）对电缆使用绝缘电阻表后，应进行充分放电。 （4）检修设备与运行设备二次回路有效隔离，防止误动。 （5）拆接二次电缆时，作业人员必须确定所拆电缆确实无电压，并在监护人员监护下进行作业。作业人员应使用带绝缘柄或绝缘处理的工具，工作过程中注意加强监护，不得碰触带电导体	
6	继电器（接触器）更换	（1）继电器（接触器）选型符合设计、规范的要求。 （2）安装牢固，无松动。 （3）解拆二次线应做好相关标识和记录，裸露的线头应立即单独绝缘包扎。 （4）二次接线接触良好、排列整齐、螺丝紧固。 （5）继电器（接触器）安装后经整组实验功能正常	（1）断开相关电源，确认无电压后方可工作。 （2）防止交直流回路接地短路，严防误跳运行设备。	

序号	关键工序	标准及要求	风险辨识与预控措施	执行完打√或记录数据
7	端子及端子排更换	（1）端子及端子排的选型符合设计、规范的要求。 （2）端子排列整齐、螺丝紧固。 （3）防止电流互感器二次回路开路、电压互感器二次回路短路。 （4）电流互感器二次回路端子排应具备短接功能。 （5）解拆二次线应做好相关标识和记录，裸露的线头应立即单独绝缘包扎。 （6）每个接线端子不得超过两根接线，不同截面芯线不得接在同一个接线端子上。 （7）端子排不应交、直流混装，避免交、直流接线出现在同一段或串端子排上。 （8）每段端子排标识清晰、正确	拆接二次电缆时，作业人员必须确定所拆电缆确实无电压，并在监护人员监护下进行作业。作业人员应使用带绝缘柄或经绝缘处理的工具，工作过程中注意加强监护，不得碰触带电导体	

3．签名确认

工作人员确认签名	

4．执行评价

工作负责人签名：

附录 T-1　站用变（油浸式）检修标准作业卡

编制人：_____　　　审核人：_____

1. 作业信息

设备双重编号		工作时间	年　月　日 至 年　月　日	作业卡编号	变电站名称＋工作类别＋年月＋序号

2. 工序要求

序号	关键工序	标准及要求	风险辨识与预控措施	执行完打 √或记录数据
1	纯瓷套管检修	（1）导电杆和连接件紧固螺栓或螺母有防止松动的措施。 （2）重新组装时应更换新胶垫，位置放正，胶垫压缩均匀，密封良好。 （3）绝缘筒与导电杆中间应有固定圈，导电杆应处于瓷套的中心位置。 （4）更换放气塞密封圈时确保密封圈入槽。 （5）检修过程中采取措施防止异物掉入油箱。 （6）所有经过拆装的部位，其密封件应更换	（1）应注意与带电设备保持足够的安全距离，准备充足的施工电源及照明。 （2）吊装套管时，用缆绳绑扎好，并设专人指挥。 （3）拆接作业使用工具袋。 （4）高空作业应按规程使用安全带，安全带应挂在牢固的构件上，禁止低挂高用。 （5）严禁上下抛掷物品。 （6）紧固螺栓用死扳手或套筒扳手等专用工具，严禁板手打滑损坏设备，安装紧固套管，各侧均匀紧固。 （7）使用梯子角度应适当（60°左右）并注意防滑，应有专人扶持监护或将梯子绑牢，应使用卡具；合梯应有限开铰链	
2	电容型套管检修	（1）所有经过拆装的部位，其密封件应更换。 （2）导电杆和连接件紧固螺栓或螺母有防止松动的措施。 （3）重新组装时应更换新胶垫，位置放正，胶垫压缩均匀，密封良好。 （4）绝缘筒与导电杆中间应有固定圈，导电杆应处于瓷套的中心位置。 （5）更换放气塞密封圈时确保密封圈入槽。 （6）检修过程中采取措施防止异物掉入油箱。 （7）末屏接地良好，电容量试验合格。 （8）金属法兰与瓷件浇装部位黏合应牢固，防水胶完好，喷砂均匀，无明显电腐蚀		
3	储油柜检修	（1）应更换所有连接管道的法兰密封垫。 （2）起吊储油柜时注意吊装环境。	（1）应注意与带电设备保持安全距离，准备充足的施工电源及照明。 （2）吊装储油柜时，用揽空绳在专用吊点用吊绳绑好，并设专人指挥。	

序号	关键工序	标准及要求	风险辨识与预控措施	执行完打√或记录数据
3	储油柜检修	（3）放出储油柜内的存油，清扫储油柜，储油柜内部应清洁、无锈蚀和水分。 （4）排除集污盒内污油。 （5）若站用变有安全气道则应和储油柜间互相连通。 （6）集污盒、塞子整体密封良好无渗漏。 （7）保持连接法兰的平行和同心，密封垫压缩量为1/3（胶棒压缩1/2）。 （8）油位计指示正确。 （9）拆装前后应确认蝶阀位置正确	（3）储油柜要放置在事先准备好的枕木上，以防损坏储油柜。 （4）拆接作业使用工具袋，严禁上下抛掷物品。 （5）高空作业应按规程使用安全带，安全带应挂在牢固的构件上，禁止低挂高用。 （6）使用梯子角度应适当（60°左右）并注意防滑，应有专人扶持监护或将梯子绑牢，应使用卡具	
4	吸湿器检修	（1）吸湿剂宜采用变色硅胶，应经干燥。 （2）吸湿剂装入时应保留1/6～1/5高度的空隙。 （3）更换密封垫，密封垫压缩量为1/3（胶棒压缩1/2）。 （4）油杯注入干净变压器油，加油至正常油位线。 （5）新装吸湿器，应将内口密封垫拆除	（1）拆卸前检查吸湿器的呼吸情况。 （2）更换吸湿器前应将重瓦斯跳闸改为信号。 （3）工作中工作人员应与带电设备保持安全距离。 （4）高处作业应使用安全带，严禁低挂高用。 （5）使用梯子角度应适当（60°左右）并注意防滑，应有专人扶持监护或将梯子绑牢，应使用卡具。 （6）高处拆卸吸湿器应防止防滑脱落措施	
5	有载调压分接开关检修	（1）严禁踩踏有载开关防爆膜。 （2）变压器投入运行前必须多次排出有载分接开关油室等处的残存气体。 （3）机构档位指针停止在规定区域内与顶盖档位、远方档位一致。 （4）检查切换开关紧固件无松动现象，过渡电阻及触头无烧损。各触头编织软连接线无断股、起毛；触头无严重烧损。过渡电阻无断裂，直流电阻阻值与产品出厂铭牌数据相比，其偏差值不大于±10%。 （5）绝缘筒完好，绝缘筒内外壁应光滑、颜色一致，表面无起层、发泡裂纹或电弧烧灼的痕迹。 （6）有载开关检修后，应测量全程的直流电阻、变比及分接开关动作特性试验，合格后方可投运。 （7）有载分接开关检修人员应清理个人口袋内物品，拆除固定螺栓时做好防护，防止遗落至器身内部。 （8）密封垫圈入槽、位置正确，压缩均匀，法兰面啮合良好无渗漏油	（1）做好器身顶部作业的防坠落措施，高处作业人员应系安全带、穿防滑鞋，工具等用布带系好。必须通过变压器自带爬梯上下作业。 （2）检修前断开有载分接开关控制、操作电源。 （3）有载开关检修需要对有载芯子进行吊检，涉及起重作业；作业全过程应设专人指挥，指挥人员应站在能全面观察到整个作业范围及吊车司机和司索人员的位置，对于任何工作人员发出紧急信号，必须停止吊装作业。 （4）有载机构有储能元器件，拆卸前应按照制造厂要求进行能量释放。 （5）站用变顶部的油污及时清理干净，应避免残油滴落到油箱顶部	

序号	关键工序	标准及要求	风险辨识与预控措施	执行完打√或记录数据
6	无励磁分接开关检修	（1）逐级转动时检查定位螺栓应处在正确位置。 （2）极限位置的限位应准确有效。 （3）触头表面应光洁，无变色、镀层脱落及无损伤，弹簧无松动。触头接触力均匀、接触严密。 （4）绝缘件应完好，无受潮、破损、剥离开裂或变形、放电，表面清洁无油垢。 （5）操作杆绝缘良好，无弯曲变形，拆下后，应做好防潮、防尘措施。 （6）密封垫圈入槽、位置正确，压缩均匀，法兰面啮合良好无渗漏油。 （7）调试最好在注油前和套管安装前进行，应逐级手动操作，操作灵活无卡滞，观察和通过测量确认定位正确、指示正确、限位正确。 （8）无励磁分接开关在改变分接位置后，必须测量使用分接的直流电阻和变比	（1）应注意与带电设备保持安全距离，准备充足的施工电源及照明。 （2）做好器身顶部作业的防坠落措施，高处作业人员应系安全带、穿防滑鞋，工具等用布带系好。必须通过变压器自带爬梯上下作业。 （3）检修前断开无载分接开关控制、操作电源。 （4）起吊作业全过程应设专人指挥，指挥人员应站在能全面观察到整个作业范围及吊车司机和司索人员的位置，对于任何工作人员发出紧急信号，必须停止吊装作业。 （5）站用变顶部的油污及时清理干净，应避免残油滴落到油箱顶部	
7	指针式油位计更换或检查	（1）拆卸表计时应先将油面降至表计以下，再将接线盒内信号连接线脱开。 （2）连杆应伸缩灵活，无变形折裂，浮筒完好无变形和漏气。 （3）齿轮传动机构应转动灵活。转动主动磁铁，从动磁铁应同步转动正确。 （4）复装时摆动连杆，摆动45°时指针应从"0"位置到"10"位置或与表盘刻度相符，否则应调节限位块。 （5）当指针在"0"最低油位和"10"最高油位时，限位报警信号动作应正确，否则应调节凸轮或开关位置。 （6）二次电缆应完好，密封良好，二次电缆保护管不应有积水弯和高挂低用现象，如有应临时做好封堵并开排水孔	（1）应注意与带电设备保持安全距离，准备充足的施工电源及照明。 （2）拆接二次连接线做好标记进行绝缘包扎，防止直流接地。 （3）使用高空作业车时，车体应可靠接地，高空作业应按规程使用安全带，安全带应挂在牢固的构件上，禁止低挂高用。	
8	检查或更换压力式（信号）温度计	（1）查看传感器应无损伤、变形。 （2）温度计需经校验合格后安装。检查温度设置准确，连接二次电缆应完好。 （3）站用变箱盖上的测温座中预先注入适量变压器油，再将测温传感器安装在其中。		

序号	关键工序	标准及要求	风险辨识与预控措施	执行完打√或记录数据
8	检查或更换压力式(信号)温度计	(4)金属细管应按照弯曲半径大于50mm盘好妥善固定。 (5)二次电缆应完好,密封应良好,二次电缆保护管不应有积水弯和高挂低用现象,如有应临时做好封堵并开排水孔		
9	检查或更换电阻(远传)温度计	(1)铂电阻应完好无损伤。 (2)应由专业人员进行校验,全刻度±(1)0℃。 (3)应由专业人员进行调试,采用温度计附带的匹配元件。 (4)站用变箱盖上的测温座中预先注入适量变压器油,再将铂电阻测温包安装在其中,安装后做好防水措施。 (5)二次电缆应完好,密封应良好,二次电缆保护管不应有积水弯和高挂低用现象,如有应临时做好封堵并开排水孔	(4)严禁上下抛掷物品。 (5)使用梯子角度应适当(60°左右)并注意防滑,应有专人扶持监护或将梯子绑牢,应使用卡具	
10	检查或更换压力释放装置	(1)压力释放装置需经校验合格后安装。 (2)更换密封件,依次对角拧紧安装法兰螺栓		
11	端子箱检修	(1)清扫外壳,除锈并进行防腐处理,清扫内部积灰。 (2)各部触点及端子板应完好无缺损,连接螺栓应无松动或丢失。 (3)箱门的密封衬垫完好有效。 (4)连接二次电缆应无损伤、封堵完好。 (5)加热和驱潮装置功能完好(不含器身端子箱)。 (6)对二次回路元器件进行绝缘电阻测试,在交接验收时,采用2500V绝缘电阻表且绝缘电阻大于10MΩ的指标。在投运后,采用1000V绝缘电阻表且绝缘电阻大于2MΩ的指标	(1)工作前断开端子箱内各类交直流电源并确认无电压。 (2)应注意与带电设备保持安全距离。 (3)端子箱外壳应可靠接地。 (4)绝缘电阻测试应两人进行并使用规定合格绝缘电阻表进行测试	
12	器身	(1)检修工作应选在无尘土飞扬及其他污染的晴天时进行,不应在空气相对湿度超过75%的气候条件下进行。 (2)大修时器身暴露在空气中的时间(器身暴露时间是从站用变放油时起至开始抽真空或注油时为止)应不超过如下规定:	(1)起重工作应分工明确,专人指挥。 (2)起重前先拆除影响起重工作的各种连接件。 (3)应注意与带电设备保持足够的安全距离。	

序号	关键工序	标准及要求	风险辨识与预控措施	执行完打√或记录数据
12	器身	1）空气相对湿度≤65%为16h； 2）空气相对湿度≤75%为12h； 3）器身温度应不低于周围环境温度，否则应采取对器身加热措施； 4）如采用真空滤油机循环加热，使器身温度高于周围空气温度5℃以上	（4）作业现场禁止吸烟及明火；作业现场配备足够的灭火器材。 （5）电焊、气割作业人员应持证上岗并按要求佩戴防护用品；电焊、气割场地不准有易燃、易爆物品	
13	绕组	（1）绕组外部绝缘应清洁，无破损、无变形、无发热和树枝状放电痕迹，绑扎紧固完整。 （2）相间隔板应完整并固定牢固。 （3）整个绕组无倾斜、位移，导线辐向无明显弹出。 （4）油箱底部无油垢及其他杂物积存。 （5）外观整齐清洁，绝缘及导线无破损。 （6）垫块应无位移和松动情况	（1）起重工作应分工明确，专人指挥。 （2）起重前先拆除影响起重工作的各种连接件。 （3）应注意与带电设备保持足够的安全距离	
14	铁芯	（1）铁芯应平整、清洁，无片间短路或变色、放电烧伤痕迹；铁芯应无卷边、翘角、缺角等。 （2）铁芯与上下夹件、钢拉带、压板、底脚板间均应保持良好绝缘，应一点可靠接地。 （3）绝缘压板与铁芯间要有明显的均匀间隙，绝缘压板应保持完整、无破损、变形、开裂和裂纹。 （4）金属结构件应一点可靠接地。 （5）铁芯接地片插入深度应足够、且牢靠，其外露部分应包扎绝缘	（1）起重工作应分工明确，专人指挥。 （2）起重前先拆除影响起重工作的各种连接件。 （3）应注意与带电设备保持足够的安全距离	
15	引线	（1）引线绝缘包扎应完好，无变形、起皱、变脆、破损、断股、变色。 （2）引线绝缘的厚度及间距应符合有关要求。 （3）引线应无断股、损伤。 （4）接头表面应平整、光滑，无毛刺、过热性变色。 （5）引线长短应适宜，不应有扭曲和应力集中。 （6）绝缘支架应无破损、裂纹、弯曲变形及烧伤。	（1）起重工作应分工明确，专人指挥。 （2）起重前先拆除影响起重工作的各种连接件。 （3）应注意与带电设备保持足够的安全距离。	

序号	关键工序	标准及要求	风险辨识与预控措施	执行完打 √ 或记录数据
15	引线	（7）绝缘支架固定应可靠，无松动和串动。 （8）绝缘夹件固定引线处应加垫附加绝缘。 （9）引线与各部位之间的绝缘距离应符合要求。 （10）紧固螺栓采用 8.8 级热镀锌螺栓，搭接头复装时螺栓应先对角预紧，再按照螺栓规格或厂家技术要求打力矩	（4）作业人员在主变压器本体上作业时正确佩戴安全带，在转移作业位置时不准失去安全保护。 （5）确认接地线已挂设牢固，必要时用绑扎带等对接地线线夹进行加固	
16	排油	排油时，应将站用变进气阀和油罐的放气孔打开	（1）合理安排油罐、油桶、管路、滤油机、油泵等工器具放置位置并与带电设备保持足够的安全距离。 （2）注意在起吊油罐作业过程中要做好相关安全措施。 （3）残油集中回收，不得污染环境。 （4）加油速度不宜过快，以免大量跑油	
17	注油	（1）使用合格绝缘油对注油油泵（滤油机）及管道进行充分冲洗。 （2）注油从油箱底部进行，注油完毕后，气体须排净气体并按规定进行静置	（1）合理安排油罐、油桶、管路、滤油机、油泵等工器具放置位置并与带电设备保持足够的安全距离；滤油机、油泵外壳可靠接地。 （2）注意在起吊油罐作业过程中要做好相关安全措施	
18	补油	（1）使用新绝缘油对注油油泵（滤油机）及管道进行充分冲洗。然后在新油储油容器内对新绝缘油进行自循环，循环流量为 3 倍油量。循环后取油样进行绝缘油的击穿电压测定与含水量的测定，检测合格后才可进行补油工作。 （2）胶囊式储油柜补油：由注油管将油注满储油柜，直至排气孔出油。从储油柜排油管排油，至油位计指示正常油位为止。 （3）本体及有载开关补油不能混用补油装置。 （4）油位指示应符合"油温-油位曲线"	（1）残油集中回收，不得污染环境。 （2）加油速度不宜过快，以免大量跑油。 （3）合理安排油桶、管路、滤油机、油泵等工器具放置位置并与带电设备保持足够的安全距离。 滤油机、油泵外壳可靠接地	
19	渗漏油处理（密封面渗油，沙眼、焊缝渗油）	（1）密封胶垫放置位置准确，密封垫压缩量为 1/3（胶棒压缩 1/2）。 （2）焊点准确，焊接牢固，严禁将焊渣掉入变压器内部，取油样开展油色谱分析，应无异常。 （3）法兰对接面螺栓均匀紧固，力矩满足标准要求	（1）作业现场禁止吸烟及明火。 （2）电焊、气割场地不准有易燃、易爆物品。 （3）电焊、气割作业人员应持证上岗并按要求佩戴防护用品。 （4）作业现场配备足够的灭火器材	

3．签名确认

工作人员确认签名	

4．执行评价

工作负责人签名：

附录 T-2 站用变(干式)检修标准作业卡

编制人: _____   审核人: _____

1. 作业信息

设备双重编号		工作时间	年　月　日 至 年　月　日	作业卡编号	变电站名称＋工作类别＋年月＋序号

2. 工序要求

序号	关键工序	标准及要求	风险辨识与预控措施	执行完打√或记录数据
1	绝缘支撑件检修	(1)绝缘支撑件外观应完好,无裂纹、损伤。各部件良好,用手按压硅橡胶套管伞裙表面,无龟裂。 (2)拆除一次引线接头,引线线夹应无开裂、发热。烧伤深度超过1mm的应更换。 (3)绝缘支撑件固定螺栓应对角、循环紧固	检修前,应对调容与相控式装置(如有)内的电容器充分放电	
2	风机更换	(1)检查叶片无明显变形、扭曲。 (2)检查叶片内无异物,用手转动时无卡滞、无刮擦。 (3)试运转风机转动平稳,转向正确,无异声,三相电流基本平衡。 (4)检查电子温控器各项功能良好,传感器探头深度一致	(1)应首先断开电源,悬挂"禁止合闸,有人工作"标识牌。 (2)应注意与带电设备保持安全距离,准备充足的施工电源及照明。 (3)先打开接线盒将电源连接线脱开	

3. 签名确认

工作人员确认签名	

4. 执行评价

工作负责人签名:

附录 T-3 站用变（干式）专业巡视标准作业卡

编制人：_____　　　审核人：_____

1．作业信息

设备双重编号		工作时间	年　月　日 至 年　月　日	作业卡编号	变电站名称＋工作类别＋年月＋序号

2．工序要求

序号	关键工序	标准及要求	风险辨识与预控措施	执行完打√或记录数据
1	外观巡视	（1）设备外观完整无损，器身上无异物。 （2）绝缘支柱无破损、裂纹、爬电。 （3）无异常振动和声响。 （4）整体无异常发热部位，导体连接处无异常发热。 （5）相序正确。 （6）本体应有可靠接地，且接地牢固	与带电设备保持足够的安全距离	
2	温度指示器	温度指示器指示正确，偏差符合相关规定		
3	风冷控制及风扇	（1）风冷控制正常。 （2）风扇方向正确，运转正常（如有）		

3．签名确认

工作人员确认签名	

4．执行评价

工作负责人签名：

附录 T-4 站用变（油浸式）专业巡视标准作业卡

编制人：_____　　审核人：_____

1. 作业信息

设备双重编号		工作时间	年　月　日 至 年　月　日	作业卡编号	变电站名称＋工作类别＋年月＋序号

2. 工序要求

序号	关键工序	标准及要求	风险辨识与预控措施	执行完打 √ 或记录数据
1	套管巡视	（1）瓷套完好无脏污、破损，无放电。 （2）防污闪涂料、复合绝缘套管伞裙、增爬伞裙无龟裂老化脱落。 （3）各部密封处应无渗漏。 （4）套管及接头部位无异常发热		
2	站用变本体及储油柜巡视	（1）温度计、防雨罩完好，温度指示正常。 （2）油位指示正确。 （3）箱体（含散热片、储油柜、分接开关、压力释放阀等）无渗漏油、锈蚀。 （4）无异常振动声响。油箱及引线接头等部位无异常发热。 （5）检查站用变接地应完好	作业人员与带电设备保持足够的安全距离	
3	吸湿器巡视	（1）外观无破损，吸湿器应留有 1/6～1/5 高度的空隙，吸湿剂变色部分不超过 2/3。 （2）油杯的油位在油位线范围内，内油面或外油面应高于呼吸管口，油质透明无浑浊，呼吸正常		
4	端子箱巡视	（1）柜体接地应良好；密封、封堵良好，无进水、凝露。 （2）端子应无过热痕迹。 （3）加热器（如有）应检查是否正常工作		

3. 签名确认

工作人员确认签名	

4. 执行评价

工作负责人签名：

附录 U-1 交直流一体化电源检修标准作业卡

编制人: _____ 审核人: _____

1. 作业信息

设备双重编号		工作时间	年　月　日 至 年　月　日	作业卡编号	变电站名称＋工作类别＋年月＋序号

2. 工序要求

序号	关键工序	标准及要求	风险辨识与预控措施	执行完打 √或记录数据
1	端子检查	（1）交直流端子应分段布置。 （2）正、负电源之间以及经常带电的正电源与合闸或跳闸回路之间，应以空端子或绝缘隔板隔开。 （3）接线端子应与导线截面匹配，潮湿环境应采用防潮端子		
2	绝缘检查	（1）屏蔽电缆的屏蔽层应接地可靠。 （2）橡胶绝缘芯线外套绝缘管完好。线束应有外套塑料缠绕管保护。 （3）盘、柜上的小母线应采用直径不小于 6mm 的铜棒或铜管，应加装绝缘套		
3	电气元件检查	（1）电器元件外观应完好，附件应齐全，排列应整齐，固定应牢固，密封应良好。 （2）发热元件宜安装在散热良好的地方，两个发热元件之间的连线应采用耐热导线	（1）工作前断开柜内各类交直流电源并确认无压。 （2）工作中应使用绝缘良好工具	
4	遥信、遥测回路检查	（1）熔断器的规格、断路器的参数应符合要求。 （2）压板应接触良好，相邻压板应有足够的安全距离，切换时不应碰及相邻压板。 （3）信号回路的声、光、电信号等应正确，工作应可靠		
5	馈出电缆检查	（1）多股导线与端子、设备连接应连接可靠、紧固。 （2）电缆芯线和所配导线的端部均应标明其回路编号，编号应正确，字迹应清晰，不易脱色。 （3）配线应整齐、清晰、美观，导线绝缘应良好。	测试、清扫工作至少两人进行，使用工具做好绝缘措施，防止直流短路、接地	

序号	关键工序	标准及要求	风险辨识与预控措施	执行完打√或记录数据
5	馈出电缆检查	（4）铠装电缆进入盘、柜后，应将钢带切断，切断处应扎紧，钢带应在盘、柜侧一点接地		

3. 签名确认

工作人员确认签名	

4. 执行评价

工作负责人签名：

附录 U-2 站用低压断路器检修标准作业卡

编制人：_____   审核人：_____

1. 作业信息

设备双重编号		工作时间	年　月　日 至 年　月　日	作业卡编号	变电站名称＋工作类别＋年月＋序号

2. 工序要求

序号	关键工序	标准及要求	风险辨识与预控措施	执行完打√或记录数据
1	工作前准备	根据工作计划，准备现场标准作业文本、材料及工器具，工作前断开柜内各类交直流电源并确认无电压		
2	低压断路器更换、检修	（1）外壳完整无损，线缆固定螺栓、接线端子紧固。 （2）用手缓慢分、合闸，检查辅助触点的动断、动合工作状态应符合规程要求，同时清擦其表面，对损坏的触头应予及时更换。 （3）低压断路器脱扣器的衔接和弹簧活动正常，动作应无卡阻，电磁铁工作极面应清洁平滑，无锈蚀、毛刺和污垢。 （4）热元件的各部位无损坏，间隙符合规程要求，机构应可靠动作，应加润滑油。 （5）低压断路器手动操作开关储能正常、分合闸位置指示正确	（1）应戴手套，使用带绝缘柄或经绝缘处理的工具，工作过程中注意加强监护，不得碰触带电导体。 （2）检修时防止造成人手挤伤、碰伤。 （3）更换检修总路进线断路器时，断开被更换低压断路器，检查主变压器冷控、直流电源、通信电源、不间断电源、机房空调等重要负载运行正常，如有异常应立即恢复，并查明原因。 （4）更换检修馈线断路器时，应断开被更换回路断路器，检查低压交流断路器上下端确已无电压后方可拆出（断路器上端直接接入母线时，上端带电拆除）。 （5）拆、接电缆均应做好绝缘包扎及标记，确保正确恢复、接入。 （6）屏柜内作业时应与带电导体保持安全距离，并做好遮蔽措施。 （7）作业完毕后，应逐个检查螺栓紧固，接线、相序正确无误且回路无短路故障，核对交流断路器状态、定值整定正确	
3	电气回路检查传动	（1）断路器在试验位置进行电气传动，确保二次回路接通。 （2）电动分合闸正常无误，位置指示正确。 （3）交流断路器脱扣、延时定值整定正确，灵敏度满足 DL/T 5155—2016《220～1000kV 变电站站用电设计技术规程》要求。 （4）交流断路器工作状态、信号报警正常	（1）应戴手套，使用带绝缘柄或经绝缘处理的工具，工作过程中注意加强监护，不得碰触带电导体。 （2）屏柜内作业时应与带电导体保持安全距离，并做好遮蔽措施	

序号	关键工序	标准及要求	风险辨识与预控措施	执行完打 √ 或记录数据
4	遥信检查	监控后台进线断路器分、合位置指示正确,断路器故障跳闸报警信号正确		

3. 签名确认

工作人员确认签名	

4. 执行评价

工作负责人签名:

附录 U-3 站用交流动力电缆检修标准作业卡

编制人：＿＿＿＿＿＿＿　　审核人：＿＿＿＿＿＿＿

1. 作业信息

设备双重编号		工作时间	年　月　日 至 年　月　日	作业卡编号	变电站名称＋工作类别＋年月＋序号

2. 工序要求

序号	关键工序	标准及要求	风险辨识与预控措施	执行完打√或记录数据
1	开工前准备	（1）开工前现场做好消防措施，保持通风良好，配置足够数量的防护用品。 （2）在运输装卸过程中，不应使电缆及电缆盘受到损伤。 （3）工作中应使用绝缘良好工具。 （4）电缆在敷设过程中，应统一由专人指挥	（1）搬运、敷设过程中，防止砸伤、碰伤。 （2）在拆接电缆头时应确认电源已断开，不得带电拆接电缆	
2	电缆检修	（1）电缆型号、规格及敷设应符合设计，电缆应使用阻燃、铠装电缆， 电缆的屏蔽及铠装应可靠接地。 （2）电缆终端及接头应优先采用合格的成品附件。 （3）电缆外观应无损伤、绝缘良好。 （4）电缆各部位接头紧固，接触良好。 （5）电缆相序正确，标示清楚。 （6）电力电缆在终端头与接头附近宜留有备用长度。 （7）动力电缆应尽量避免与控制电缆同沟敷设，无法分隔时应分层分侧敷设并做好防火隔离措施。 （8）不同站用变低压交流动力电缆应分沟敷设。 （9）用防火堵料封堵电缆孔洞	（1）电缆在敷设过程中，应统一由专人指挥。 （2）施放过程中作业人员协同配合，不得野蛮施工，使用工具时注意滑轮表面光滑转角处不得有毛刺，转弯角度不得过小损伤电缆。 （3）电缆不得有中间接头。 （4）电缆施放接入完毕后应检查相序正确、螺栓紧固。 （5）电缆沟、电缆竖井等作业区域盖板揭开后应设置警示标志，必要时设置围栏、遮栏，作业完毕及时恢复盖板。 （6）电缆夹层、竖井内等高处作业时应系好安全带，安全带应挂在牢固固件上，不可低挂高用。 （7）使用梯子时，应按规定正确使用，固定良好，应由专人监护、撑扶。 （8）敷设电缆时，应注意敷设速度，防止弯曲半径过小损伤电缆；敷设在电缆沟道或隧道的电缆支架上时，应提前安排好电缆在支架上的位置和各种电缆敷设的先后次序，避免电缆交叉穿越。注意电缆有伸缩余地。机械牵引时注意防止电缆与沟底弯曲转角处摩擦挤压损伤电缆。 （9）电缆敷设前应检查核对电缆的型号、规格是否符合设计要求，检查好电缆线盘及其保护层是否完好，电缆两端有无受潮	

3．签名确认

工作人员确认签名	

4．执行评价

工作负责人签名：

附录 U-4　站用交流电源柜及不间断电源专业巡视标准作业卡

编制人：＿＿＿＿＿＿＿　　审核人：＿＿＿＿＿＿＿

1．作业信息

设备双重编号		工作时间	年　月　日 至 年　月　日	作业卡编号	变电站名称＋工作类别＋年月＋序号

2．工序要求

序号	关键工序	标准及要求	风险辨识与预控措施	执行完打√或记录数据
1	站用交流电源柜巡视	（1）电源柜安装牢固，接地良好。 （2）电源柜各接头接触良好，线夹无变色、氧化、发热变红等。 （3）电源柜及二次回路各元件接线紧固，无过热，异味，冒烟，装置外壳无破损，内部无异常声响。 （4）电源柜装置的运行状态、运行监视正确，无异常信号。 （5）电源柜上各位置指示、电源灯指示正常，检查装置配电柜上各切换开关位置正确，交流馈线低压断路器位置与实际相符。 （6）电源柜上装置连接片投退正确。 （7）母线电压指示正常，所用交流电压相间值应不超过420V，不低于380V，且三相不平衡值应小于10V。三相负载应均衡分配。 （8）站用电系统重要负荷（如主变压器冷却器、低压直流系统充电机、不间断电源、消防水泵等）应采用双回路供电，且接于不同的站用电母线段上，并能实现自动切换。 （9）低压熔断器无熔断。 （10）电缆名称编号齐全、清晰、无损坏，相色标示清晰，电缆孔洞封堵严密。 （11）电缆端头接地良好，无松动，无断股和锈蚀，单芯电缆只能一端接地。 （12）低压断路器名称编号齐全，清晰无损坏，位置指示正确。 （13）多台站用变压器低压侧分列运行时，低压侧无环路。 （14）低压配电室空调或轴流风机运行正常，室内温湿度在正常范围内	（1）应戴手套，并使用带绝缘柄或经绝缘处理的工具。 （2）巡视人员与带电设备保持足够安全距离，防止人身触电的危险。 （3）工作时至少应有两人。 （4）单人巡视时禁止独自打开柜后门，防止误触误碰带电设备	

序号	关键工序	标准及要求	风险辨识与预控措施	执行完打√或记录数据
2	站用交流不间断电源巡视	（1）站用交流不间断电源系统风扇运行正常。 （2）屏柜内各切换把手位置正确。 （3）出线负荷开关位置正确，指示灯正常，开关标识齐全。 （4）屏柜设备、元件应排列整齐。 （5）面板指示正常，无电压、绝缘异常告警。 （6）输出电压、电流正常。 （7）环境监控系统空调风机、各类传感器等辅助系统中的现场设备运行应正常、无损伤。 （8）站用逆变电源控制操纵面板显示运行状态正常，无异音，无故障和报警信息。 （9）站用逆变电源接线桩头、铜排等连接部位无过热痕迹。 （10）站用逆变电源所带负载量和电池后备时间无变化。 （11）站用逆变电源机柜上的风扇运行正常，排空气的过滤网应无堵塞。 （12）站用逆变电源的滤波电容应完好	（1）应戴手套，并使用带绝缘柄或经绝缘处理的工具。 （2）巡视人员与带电设备保持足够安全距离，防止人身触电的危险。 （3）工作时至少应有两人。 （4）单人巡视时禁止独自打开柜后门，防止误触误碰带电设备	

3. 签名确认

工作人员确认签名	

4. 执行评价

工作负责人签名：

附录 U-5 站用直流电源系统专业巡视标准作业卡

编制人：_____ 审核人：_____

1. 作业信息

设备双重编号		工作时间	年　月　日 至 年　月　日	作业卡编号	变电站名称＋工作类别＋年月＋序号

2. 工序要求

序号	关键工序	标准及要求	风险辨识与预控措施	执行完打√或记录数据
1	蓄电池组巡视	（1）蓄电池室通风、照明及消防设备完好，温度符合要求，无易燃、易爆物品。 （2）蓄电池组外观清洁，无短路、接地。 （3）各连片连接可靠无松动，逐只进行蓄电池清理。 （4）蓄电池外壳无裂纹、无鼓肚、漏液，呼吸器无堵塞，密封良好，电解液液面高度在合格范围。 （5）蓄电池极板无龟裂、弯曲、变形、硫化和短路，极板颜色正常，极柱无氧化、生盐。 （6）无欠充电、过充电，蓄电池壳体温度不超过35℃。 （7）典型蓄电池电压在合格范围内。 （8）蓄电池室的运行温度宜保持在5～30℃，最高不应超过35℃。 （9）清理结束，打扫现场，防止遗漏物品	（1）进入蓄电池室后应打开门窗，注意通风。 （2）巡视人员与带电部位保持足够安全距离，防止人触电的危险。 （3）应戴手套，并使用带绝缘柄或经绝缘处理的工具。 （4）工作过程中注意加强监护，人身不得碰触带电导体。 （5）工作时至少应有两人	
2	充电装置巡视	（1）充电模块：交流输入电压、直流输出电压和电流显示正确，充电装置工作正常、无告警，风冷装置运行正常，滤网无明显积灰。 （2）母线调压装置：在动力母线（或蓄电池输出）与控制母线间设有母线调压装置的系统，应采用严防母线调压装置开路造成控制母线失压的有效措施。直流控制母线、动力母线电压值在规定范围内，浮充电流值符合规定。	（1）巡视人员与带电部位保持足够安全距离，防止人触电的危险。 （2）应戴手套，并使用带绝缘柄或经绝缘处理的工具。	

序号	关键工序	标准及要求	风险辨识与预控措施	执行完打√或记录数据
2	充电装置巡视	（3）电压、电流监测：充电装置交流输入电压、直流输出电压、电流正常，表计指示正确，保护的声、光信号正常。运行声音无异常。直流电压表、电流表精度不低于1.5级，数字显示表精度不低于0.1级。电池监测仪应实现对每个单体电池电压的监控，其测量误差应≤2‰。 （4）充电装置的保护及声光报警功能：充电装置应具有过流、过压、欠压、交流失压、交流缺相等保护及声光报警功能。额定直流电压220V系统过压报警整定值为额定电压的115%、欠压报警整定值为额定电压的90%、直流绝缘监察整定值为25kΩ。额定直流电压110V系统过压报警整定值为额定电压的115%、欠压报警整定值为额定电压的90%、直流绝缘监察整定值为15kΩ。 （5）巡视检查到位，屏柜及元器件清洁	（3）工作过程中注意加强监护，人身不得碰触带电导体。 （4）工作时至少应有两人。 （5）单人巡视时禁止独自打开柜后门，防止误触误碰带电设备	
3	直流屏（柜）巡视	（1）各支路的运行监视信号完好，指示正常，熔断器应无熔断，直流断路器位置正确。 （2）柜内母线、引线应采取硅橡胶热缩或其他防止短路的绝缘防护措施。 （3）直流系统的馈出网络应采用辐射状供电方式，严禁采用环状供电方式。 （4）直流屏（柜）通风散热良好，防小动物封堵措施完善。 （5）柜门与柜体之间应经截面积不小于4mm²的多股裸体软导线可靠连接。 （6）直流屏（柜）设备和各直流回路标识清晰正确、无脱落。 （7）各元件接线紧固，无过热、异味、冒烟，装置外壳无破损，内部无异常声响。 （8）引出线连接线夹应紧固，无过热	（1）巡视人员与带电部位保持足够安全距离，防止人触电的危险。 （2）应戴手套，并使用带绝缘柄或经绝缘处理的工具。 （3）工作过程中注意加强监护，人身不得碰触带电导体。 （4）工作时至少应有两人。 （5）单人巡视时禁止独自打开柜后门，防止误触误碰带电设备	
4	直流系统绝缘监测装置巡视	（1）直流系统正对地和负对地的（电阻值和电压值）绝缘状况良好，无接地报警。 （2）装有微机型绝缘监测装置的直流电源系统，应能监测和显示其各支路的绝缘状态。	（1）巡视人员与带电部位保持足够安全距离，防止人触电的危险。	

序号	关键工序	标准及要求	风险辨识与预控措施	执行完打√或记录数据
4	直流系统绝缘监测装置巡视	（3）直流系统绝缘监测装置，应具备交流窜直流故障的测记和报警功能。 （4）220V 直流系统两极对地电压绝对值差不超过 40V 或绝缘未降低到 25kΩ 以下、110V 直流系统两极对地电压绝对值差不超过 20V 或绝缘未降低到 15kΩ 以下。 （5）接线端子紧固	（2）应戴手套，并使用带绝缘柄或经绝缘处理的工具	
5	直流系统微机监控装置巡视	（1）三相交流输入、直流输出、蓄电池以及直流母线电压正常。 （2）蓄电池组电压、充电模块输出电压和浮充电的电流正常。 （3）微机监控装置运行状态以及各种参数正常	（1）巡视人员与带电部位保持足够安全距离，防止人触电的危险。 （2）应戴手套，并使用带绝缘柄或经绝缘处理的工具	
6	直流断路器、熔断器巡视	（1）直流回路中严禁使用交流空气断路器。 （2）直流断路器位置与实际相符、熔断器无熔断，无异常信号、电源灯指示正常。 （3）各直流断路器标识齐全、清晰、正确。 （4）各直流断路器两侧接线无松动、断线。 （5）直流断路器、熔断器接触良好，无过热。 （6）使用交直流两用空气断路器应满足开断直流回路短路电流和动作选择性的要求。 （7）蓄电池组、交流进线、整流装置直流输出等重要位置的熔断器、断路器应装有辅助报警触点。 （8）除蓄电池组出口总熔断器以外，其他地方均应使用直流专用断路器	（1）巡视人员与带电部位保持足够安全距离，防止人触电的危险。 （2）应戴手套，并使用带绝缘柄或经绝缘处理的工具	
7	电缆巡视	（1）蓄电池组正极和负极的引出线不应共用一根电缆。 （2）蓄电池组电源引出电缆不应直接连接到极柱上，应采用过渡板连接，并且电缆接线端子处应有绝缘防护罩。 （3）两组蓄电池的电缆应分别铺设在各自独立的通道内，尽量避免与交流电缆并排铺设，在穿越电缆竖井时，两组蓄电池电缆应加穿金属套管。 （4）电缆防火措施完善。 （5）电缆标识牌齐全、正确。 （6）电缆接头良好，无过热	（1）巡视人员与带电部位保持足够安全距离，防止人触电的危险。 （2）应戴手套，并使用带绝缘柄或经绝缘处理的工具	

3. 签名确认

工作人员确认签名	

4. 执行评价

工作负责人签名:

附录 V-1 格构式避雷针例行检查标准作业卡

编制人：_____ 审核人：_____

1. 作业信息

设备双重编号		工作时间	年 月 日 至 年 月 日	作业卡编号	变电站名称＋工作类别＋年月＋序号

2. 工序要求

序号	关键工序	标准及要求	风险辨识与预控措施	执行完打√或记录数据
1	格构式避雷针例行检查	（1）对锈蚀严重的部位进行更换或防腐处理，防腐应采用热喷涂锌或涂富锌涂层进行修复，修复层的厚度比镀锌层要求的最小厚度厚 30μm 以上。 （2）对倾斜、弯曲、裂纹部分进行更换、调整或补强。 （3）补齐缺失的塔材、螺栓，更换锈蚀或变形螺栓。 （4）各连接部件应紧固，无锈蚀、裂纹、变形，焊接部位无脱焊或裂纹。 （5）修补破损的基础，并无沉降、裂纹。 （6）更换熔化、断裂的针尖。 （7）重新焊接连接不可靠的接地线并对焊接部位进行防腐处理，接地引下线导通及接地电阻合格	（1）雷雨天气严禁进行避雷针检修作业。 （2）在工作过程中应注意与带电部位保持足够的安全距离。 （3）登高检查应做好防坠落、防坠物措施。无法直接登高时，可借助长焦距相机、高空作业车、无人机等多种手段，采用无人机排查需结合停电进行，应充分考虑无人机在变电站内飞行存在的安全风险，避免因无人机掉落而造成设备跳闸事故	

3. 签名确认

工作人员确认签名	

4. 执行评价

工作负责人签名：

附录 V-2 钢管杆避雷针例行检查标准作业卡

编制人：＿＿＿＿＿＿＿＿　　　审核人：＿＿＿＿＿＿＿＿

1．作业信息

设备双重编号		工作时间	年　月　日 至 年　月　日	作业卡编号	变电站名称＋工作类别＋年月＋序号

2．工序要求

序号	关键工序	标准及要求	风险辨识与预控措施	执行完打 √ 或记录数据
1	钢管杆避雷针例行检查	（1）对锈蚀严重的部位进行更换或防腐处理，防腐应采用热喷涂锌或涂富锌涂层进行修复，修复层的厚度比镀锌层要求的最小厚度厚 30μm 以上。 （2）补齐缺失的螺栓，更换锈蚀或变形螺栓。 （3）各连接部件应紧固，无锈蚀、裂纹、变形，焊接部位无脱焊或裂纹。 （4）修补破损的基础，并无沉降、裂纹。 （5）更换熔化、断裂的针尖。 （6）重新焊接连接不可靠的接地线并对焊接部位进行防腐处理，接地引下线导通及接地电阻合格。 （7）清理疏通存在堵塞的排水孔	（1）雷雨天气严禁进行避雷针检修作业。 （2）在工作过程中应注意与带电部位保持足够的安全距离。 （3）登高检查应做好防坠落、防坠物措施。无法直接登高时，可借助长焦距相机、高空作业车、无人机等多种手段，采用无人机排查需结合停电进行，应充分考虑无人机在变电站内飞行存在的安全风险，避免因无人机掉落而造成设备跳闸事故	

3．签名确认

工作人员确认签名	

4．执行评价

工作负责人签名：

附录 V-3 水泥杆避雷针例行检查标准作业卡

编制人：_____ 审核人：_____

1．作业信息

设备双重编号		工作时间	年 月 日 至 年 月 日	作业卡编号	变电站名称＋工作类别＋年月＋序号

2．工序要求

序号	关键工序	标准及要求	风险辨识与预控措施	执行完打√或记录数据
1	水泥杆避雷针例行检查	（1）对锈蚀严重的部位进行更换或防腐处理，防腐应采用热喷涂锌或涂富锌涂层进行修复，修复层的厚度比镀锌层要求的最小厚度厚 30μm 以上。 （2）补齐缺失的螺栓，更换锈蚀或变形螺栓。 （3）各连接部件应紧固，无锈蚀、裂纹、变形，焊接部位无脱焊或裂纹。 （4）更换熔化、断裂的针尖。 （5）重新焊接连接不可靠的接地线并对焊接部位进行防腐处理，接地引下线导通及接地电阻合格。 （6）对锈蚀严重的钢圈进行防腐处理	（1）雷雨天气严禁进行避雷针检修作业。 （2）在工作过程中应注意与带电部位保持足够的安全距离。 （3）登高检查应做好防坠落、防坠物措施。无法直接登高时，可借助长焦距相机、高空作业车、无人机等多种手段，采用无人机排查需结合停电进行，应充分考虑无人机在变电站内飞行存在的安全风险，避免因无人机掉落而造成设备跳闸事故	

3．签名确认

工作人员确认签名	

4．执行评价

工作负责人签名：

附录 V-4   构架避雷针例行检查标准作业卡

编制人：＿＿＿＿＿＿＿＿＿＿   审核人：＿＿＿＿＿＿＿＿＿＿

1．作业信息

设备双重编号		工作时间	年　月　日 至 年　月　日	作业卡编号	变电站名称＋工作类别＋年月＋序号

2．工序要求

序号	关键工序	标准及要求	风险辨识与预控措施	执行完打√或记录数据
1	构架避雷针例行检查	（1）对避雷针锈蚀严重的部位进行更换或防腐处理，防腐应采用热喷涂锌或涂富锌涂层进行修复，修复层的厚度比镀锌层要求的最小厚度厚 30μm 以上。 （2）对倾斜、弯曲、裂纹部分进行更换、调整或补强。 （3）补齐缺失的螺栓，更换锈蚀或变形螺栓。 （4）各连接部件应紧固，无锈蚀、裂纹、变形，焊接部位无脱焊或裂纹。 （5）更换熔化、断裂的针尖。 （6）重新焊接连接不可靠的接地线并对焊接部位进行防腐处理，接地引下线导通及接地电阻合格	（1）雷雨天气严禁进行避雷针检修作业。 （2）在工作过程中应注意与带电部位保持足够的安全距离。 （3）登高检查应做好防坠落、防坠物措施。无法直接登高时，可借助长焦距相机、高空作业车、无人机等多种手段，采用无人机排查需结合停电进行，应充分考虑无人机在变电站内飞行存在的安全风险，避免因无人机掉落而造成设备跳闸事故	

3．签名确认

工作人员确认签名	

4．执行评价

工作负责人签名：

附录 V-5 避雷针专业巡视标准作业卡

编制人：_____   审核人：_____

1. 作业信息

设备双重编号		工作时间	年　月　日 至 年　月　日	作业卡编号	变电站名称＋工作类别＋年月＋序号

2. 工序要求

序号	关键工序	标准及要求	风险辨识与预控措施	执行完打√或记录数据
1	格构式避雷针专业巡视	（1）镀锌层完好、金属部件无锈蚀。 （2）基础无破损、酥松、裂纹、露筋及下沉。 （3）避雷针无倾斜，塔材无弯曲、缺失和脱落，螺栓、角钉等连接部件无缺失、松动、破损，塔脚未被土埋。 （4）铁塔上不应安装其他设备。 （5）避雷针接地线连接正常，无锈蚀	雷雨天气巡视时，应穿绝缘靴，并不准靠近避雷针	
2	钢管杆避雷针专业巡视	（1）镀锌层完好、金属部件无锈蚀。 （2）基础无破损、酥松、裂纹、露筋及下沉。 （3）钢管杆无倾斜、弯曲，连接部件无缺失、松动、破损，排水孔无堵塞。 （4）钢管杆避雷针无涡激振动现象。 （5）钢管杆上不应安装其他设备。 （6）避雷针接地线连接正常，无锈蚀	雷雨天气巡视时，应穿绝缘靴，并不准靠近避雷针	
3	水泥杆避雷针专业巡视	（1）镀锌层完好、金属部件无锈蚀。 （2）水泥杆无倾斜、破损、裂纹及未封顶等现象。 （3）避雷针本体无倾斜、弯曲，连接部件无缺失、松动、破损。 （4）水泥杆上不应安装其他设备。 （5）避雷针接地线连接正常，无锈蚀。 （6）水泥杆钢圈无裂纹、脱焊及锈蚀	雷雨天气巡视时，应穿绝缘靴，并不准靠近避雷针	

序号	关键工序	标准及要求	风险辨识与预控措施	执行完打 √ 或记录数据
4	构架避雷针专业巡视	（1）镀锌层完好、金属部件无锈蚀。 （2）避雷针本体无倾斜、弯曲，连接部件无缺失、松动、破损。 （3）避雷针接地线连接正常，无锈蚀	雷雨天气巡视时，应穿绝缘靴，并不准靠近避雷针	

3．签名确认

工作人员确认签名	

4．执行评价

工作负责人签名：